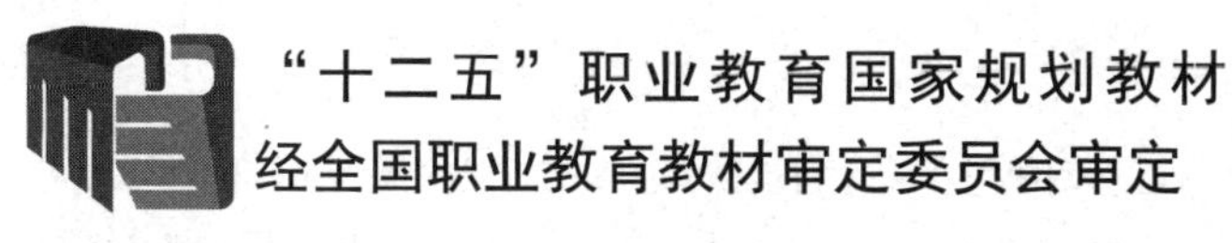

高职高专机电一体化专业系列教材

电气控制与PLC应用技术（西门子S 7-200）(第2版)

周开俊　主　编

徐呈艺　金美琴　石剑锋　副主编

電子工業出版社

Publishing House of Electronics Industry

北京 • BEIJING

内 容 简 介

本书从高职高专最新教学改革出发，根据当前社会对机电类人才技能结构的需求，结合编者多年的教学和工程实践经验编写而成，全面体现工学结合、教学做合一的理念。全书共分为5个单元，每个单元均由几个具体项目组成。本书以国内目前使用最普遍的异步电动机和S7-200 PLC为主要对象，详细介绍异步电动机拖动电路、普通机床电气控制、PLC硬件装置、PLC基本逻辑控制、顺序控制、功能控制、通信连接以及一些工业典型应用等。

本书适合作为高职高专院校、成人高校、民办高校及本科院校举办的二级职业技术学院机械制造与自动化、数控技术、数控设备应用与维护、机电一体化技术、机电设备维修与管理等专业的教学用书，也可作为机电、电气等行业从业人员的参考书及培训用书。

图书在版编目（CIP）数据

电气控制与PLC应用技术：西门子S7-200/周开俊主编. —2版. —北京：电子工业出版社，2016.6
ISBN 978-7-121-28832-6

Ⅰ. ①电… Ⅱ. ①周… Ⅲ. ①电气控制—高等职业教育—教材②plc技术—高等职业教育—教材
Ⅳ. ①TM571.2②TM571.6

中国版本图书馆CIP数据核字（2016）第105624号

策划编辑：贺志洪
责任编辑：贺志洪　　特约编辑：张晓雪　徐　堃
印　　刷：天津嘉恒印务有限公司
装　　订：天津嘉恒印务有限公司
出版发行：电子工业出版社
　　　　　北京市海淀区万寿路173信箱　邮编 100036
开　　本：787×1 092　1/16　印张：16.25　字数：416千字
版　　次：2012年8月第1版
　　　　　2016年6月第2版
印　　次：2024年7月第14次印刷
定　　价：36.00元

凡所购买电子工业出版社图书有缺损问题，请向购买书店调换。若书店售缺，请与本社发行部联系，联系及邮购电话：（010）88254888。

质量投诉请发邮件至zlts@phei.com.cn，盗版侵权举报请发邮件至dbqq@phei.com.cn。

服务热线：（010）88258888。

再版前言

科技的发展日新月异，人们已经不再谈论单纯的机械或单纯的电类产品，机电控制系统已成为提升机械产品档次，改善产品性能的重要一环，得到了越来越多制造企业的重视，掌握机电连接、调试和设计能力已成为许多岗位的重要核心技能。

本书紧扣维修电工（中）、数控机床装调维修工（中）、可编程序系统设计师（四级）和中小企业对生产设备保养维修工作岗位的要求，联合企业资深工程师，精选企业真实产品控制系统的工作过程，将电机拖动、普通机床电气控制、PLC 硬件装置、PLC 基本逻辑控制、顺序控制、功能控制、通信连接等内容有机结合起来，按照学生职业成长规律，设计了 5 个主要教学情境。在每个主情境中由简单到复杂、由局部到整体、由单一技能到综合技能再安排几个学习子情境（见图 Q-1），使学生熟悉传统继电器—接触器控制电路，掌握利用 PLC 进行一般控制系统的设计和改造的技能，最终能胜任中小企业生产设备电气控制系统设计、改造、维修和保养岗位的实际要求。

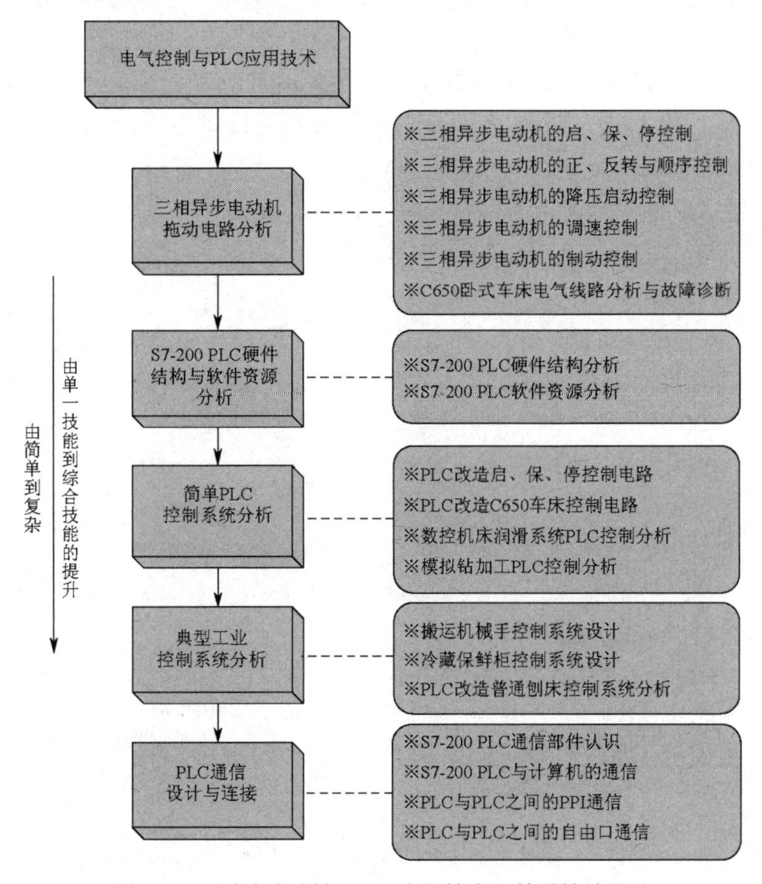

图 Q-1　《电气控制与 PLC 应用技术》教学情境设计

归纳起来，本书具有以下特点。

① 校企合作开发课程项目，以典型机械产品的控制系统为载体规划教学内容。通过深入的调研，与行业企业专家共同确定培养本课程核心能力的工作过程和载体产品，使学生在完成具体产品的控制系统的过程中学会相关理论知识，发展职业能力，完成相应的工作任务。让学生在“做中学，学中做”，充分发挥高职类学生形象思维较强的优势。

② 根据职业成长规律，设计了“工学结合、能力递进”的教学情境。学生在适宜的学习情境中，经历一系列的（递进的）学习性工作任务，主动构建自己的能力，同化－顺应－同化－顺应……循环往复，平衡－不平衡－平衡－不平衡……相互交替，最终形成自己的经验和知识体系，达到职业能力的递进成长。

③ 教学内容的设计紧密衔接职业资格标准。教学内容有机融合维修电工（中）、数控机床装调维修工（中）及可编程序系统设计师（四级）的职业资格对知识、技能和态度的要求，有效保证学生的岗位核心技能培养。

④ 全方位立体化的教学资源。读者可以随时访问课程网站 http://jjzx.ntvc.edu.cn/jxdqkz/，获取教材、电子教案、情境实施指导书、习题答案，以及相关仿真软件和编程说明书，也可进行在线测试，检验自己对知识的掌握情况，还可以通过学习平台与教师进行互动交流。

本书由周开俊、徐呈艺、石剑锋、金美琴、顾玉萍、陈淑侠、顾剑锋依据多年科研和教学经验共同编写而成。由周开俊担任主编，徐呈艺、金美琴和石剑锋担任副主编，全书由周开俊负责策划和定稿工作。

虽然本书作为校本教材已试用多年，但由于编写时间仓促，加之水平有限，书中不当之处在所难免，恳请读者和同行批评指正。读者如果遇到技术方面的问题，请与我们联系，E-mail：njzkj189@sohu.com。

编　者
2016年2月

目　录

第 1 单元　三相异步电动机拖动电路分析

【学习要点】

（1）掌握低压电器的概念，接触器、继电器、开关、主令电器、熔断器、低压断路器等低压电器的工作原理、图文符号。

（2）掌握常见低压电器的技术参数，能正确选取电器。

（3）掌握常用继电器—接触器典型控制环节的工作过程，相关原理图的绘制，如单向点动/单向连续运动、正反转控制、顺序启动/停止控制、降压启动、双速电动机调速控制、反接制动控制、能耗制动控制。

（4）能够灵活运用继电器—接触器典型控制环节的相关控制原理解决工程实际的控制问题。

（5）掌握读电气图的方法，了解常见机床的电气控制电路。

交流电动机按照转子转速与旋转磁场速度（同步速度）的异同，可分为交流同步电动机与交流异步电动机。同步电动机转子的速度与旋转磁场的速度相同，所以称为同步电动机，一般应用于恒速负载与发电场合；异步电动机转子的速度与旋转磁场的速度不同，所以称为异步电动机，异步电动机主要用做动力源，去拖动各种生产机械。和其他电动机比较，它具有结构简单、制造容易、价格低廉、运行可靠、维护方便、效率较高等一系列优点。异步电动机的缺点是不能经济地在较大范围内平滑调速，以及必须从电网吸收滞后的无功功率，使电网功率因数降低。

本单元主要介绍如何应用继电器-接触器来控制普通三相异步电动机的启动、停止、连续运行、正反转、降压启动、调速、电气制动等控制电路。

项目 1.1　三相异步电动机的启保停控制

【项目目标】

（1）掌握常用低压电器的分类、作用、符号、规格和选用方法等。

（2）掌握三相异步电动机的启动、保持、停止控制线路。

（3）能熟练进行三相异步电动机的启动、保持和停止控制线路的接线、调试及故障排除。

【项目分析】

异步电动机应用极为广泛，例如，在工业方面，如中小型轧钢设备、各种金属切削机床、轻工机械、矿山机械、通风机、压缩机等；在农业方面，如水泵、脱粒机、粉碎机及其他农副产品加工机械等都是用异步电动机来拖动的。此外，与人们日常生活密切相关的电扇、洗衣机等设备中都用到了异步电动机。在应用中首先遇到的是异步电动机的启动、连续运行和停止控制的问题。本项目的目标是学会三相异步电动机的启保停控制，其部分应用如图1-1所示。

（a）电动公交车　（b）机床　（c）观光电梯　（d）深井泵电机

图1-1　异步电动机的部分应用

【相关知识】

一、常用低压电器的定义与分类

电器是一种能根据外界的信号（机械力、电动力或其他物理量），自动或手动接通和断开电路，实现对电路或非电对象的切换、控制、保护、检测和调节用的电气元件或设备。低压电器就是指工作于交流额定电压1200V、直流额定电压1500V及以下的电路中起通断、保护、控制或调节作用的电器产品。电器的用途广泛、功能多样、种类繁多、结构各异，工作原理也不尽相同，因而有不同的分类方法。常见的分类方法如图1-2所示。

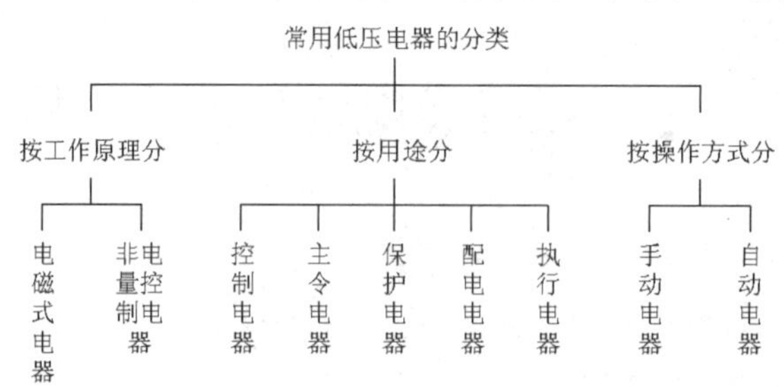

图1-2　常用低压电器的分类方法

1. 按工作原理分类

（1）电磁式电器：根据电磁感应原理工作的电器，如交直流接触器、各式电磁式继电器等。

（2）非电量控制电器：电器的工作是依靠外力或某种非电物理量的变化而动作，如刀开关、按钮、热继电器、速度继电器等。

2. 按用途分类

（1）控制电器：用于控制电路和控制系统的电器，如接触器、各种控制继电器等。

（2）主令电器：用于自动控制系统中发控制指令的电器，如控制按钮、热继电器、行程开关等。

（3）保护电器：用于保护电路及用电设备的电器，如熔断器、热继电器、各种保护继电器、避雷针等。

（4）配电电器：用于电能的输送和分配的电器，如低压断路器、隔离开关、刀开关等。

（5）执行电器：用于完成某种动作或传动功能的电器，如电磁铁、电磁离合器等。

3. 按操作方式分类

（1）自动电器：通过电磁（或压缩空气）操作来完成接通、分断、启动、停止等动作的电器称为自动电器，如接触器、继电器等。

（2）手动电器：通过人力做功直接操作来完成接通、分断、启动、反向、停止等动作的电器称为手动电器，如刀开关、转换开关、按钮等。

从以上可知，按照不同的分类标准，同一电器可属于多种类别。目前，低压电器并没有一个严格的分类标准。

二、电磁式低压电器的结构

电磁式低压电器在电气控制线路中使用量大、类型多，各类电磁式低压电器在工作原理和构造上基本相同，一般都具有两个基本组成结构，即检测部分（电磁机构）和执行部分（触头系统）。

1. 电磁机构

电磁机构由线圈、铁芯和衔铁组成。原理是通过电磁感应原理将电能转换成机械能，带动触头产生动作，完成接通和分断电路的功能。其结构形式按衔铁运动方式可分为直动式和拍合式，如图 1-3（a）和图 1-3（b）所示为拍合式电磁机构，图 1-3（c）所示为直动式电磁机构。

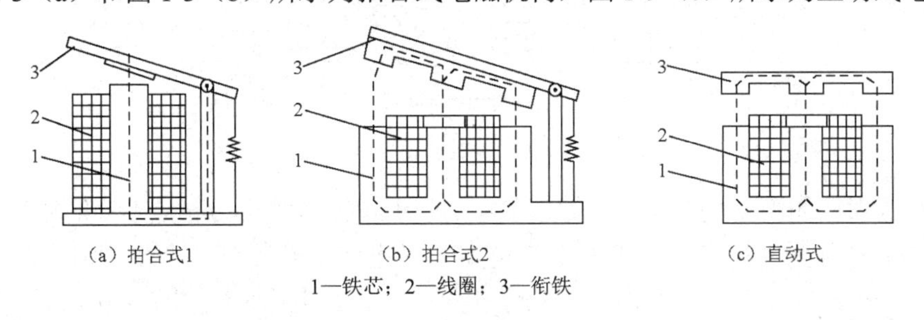

（a）拍合式1　（b）拍合式2　（c）直动式

1—铁芯；2—线圈；3—衔铁

图 1-3　电磁机构的结构形式

直流电磁机构线圈通入的是直流电，其铁芯不发热，只有线圈发热，因此线圈与铁芯接触以利于散热，线圈做成无骨架、高而薄的瘦高型，以改善线圈自身发热。铁芯和衔铁由软钢和工程纯铁制成。

交流电磁机构通入的是交流电，铁芯中存在着磁滞损耗和涡流损耗，线圈和铁芯都发热，因此吸引线圈设有骨架，使铁芯与线圈隔离。交流电磁机构将线圈制成短而厚的矮胖型，有利于线圈和铁芯散热。其铁芯由硅钢片叠加而成，以减小涡流损耗。

电磁机构的本质是当线圈通电产生电磁吸力，使衔铁吸合；当电磁线圈断电时，在复位弹簧反力的作用下恢复原位。因此，衔铁吸合时要求电磁吸力大于反力，衔铁复位时要求反力大于电磁吸力（此时是由剩磁产生的电磁吸力）。

交流电磁机构在电源电压变化的一个周期中吸合两次、释放两次，电磁机构产生剧烈的振动和噪声，会使电器结构松散，触头接触不良，容易被电弧火花熔焊与蚀损，因此必须采取有效措施，使得线圈在交流电压变小和过零时仍有一定的电磁吸力以消除衔铁的振动。为此，在铁芯端面开一小槽，在槽内嵌入铜质短路环，如图1-4所示。加上短路环后，磁通被分为大小接近、相位相差约90°的两相磁通，因两相磁通不会同时为零，故由两相磁通产生的合成电磁吸力变化较为平坦，使电磁机构通电期间电磁吸力始终大于反力，铁芯牢牢吸合，这样就消除了振动和噪声。一般短路环包围2/3的铁芯端面。

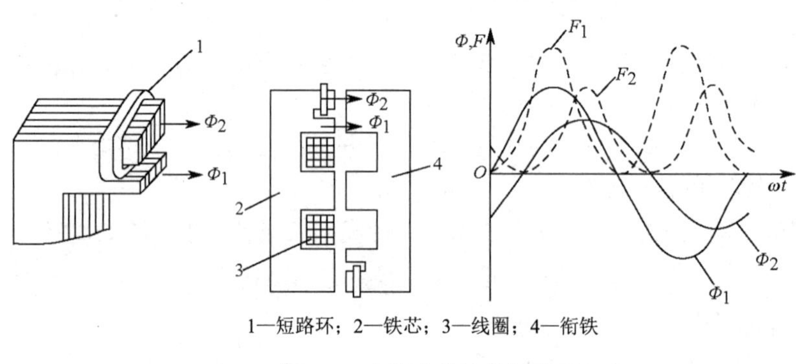

1—短路环；2—铁芯；3—线圈；4—衔铁

图1-4　交流电磁铁的短路环

交流电磁机构（无短路环）

交流电磁机构（有短路环）

2．触头系统

触头是电器的执行部分，用来接通和分断电路。在闭合状态下动、静触点完全接触，有工作电流通过时称为电接触。触头的接触形式如图1-5所示，点接触式适用于小电流，面接触式适用于大电流，线接触式（又称指形接触）适用于通断次数多、大电流的场合。

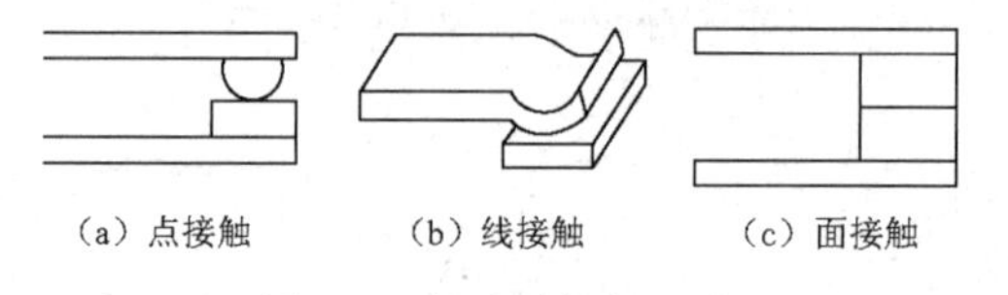
（a）点接触　（b）线接触　（c）面接触

图1-5　触头的接触形式

触头结构形式如图1-6所示，主要分为桥式触头和指形触头，固定不动的称为静触点，由连杆带着移动的称为动触点。电器触头在电器未通电或没有受到外力作用时所处的闭合位置称为动断（又称常闭）触点，常态时相互分开的动、静触头称为动合（又称常开）触点。

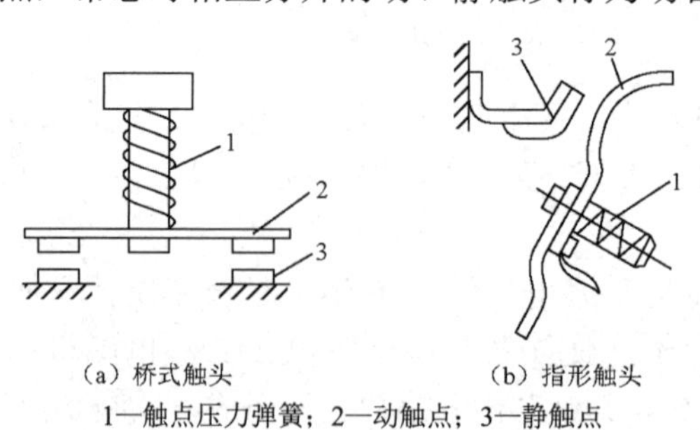

（a）桥式触头　（b）指形触头

1—触点压力弹簧；2—动触点；3—静触点

图1-6　触头结构形式

3．常用灭弧方法

电器触头在闭合或断开的瞬间，都会在触头间隙中由电子流产生弧状的火花，也称电弧。电弧会灼伤触点，减少触点的使用寿命，又使电路切断时间延长，甚至造成弧光短路或引起火灾事故，故应采取适当的措施熄灭电弧。

在低压控制电器中，常用的灭弧方法和装置有以下几种。

（1）电动力灭弧。图 1-7 所示为一双断点桥式触头。当触头打开时，在断点处产生电弧。两个电弧相当于平行载流导体，产生互相排斥的电动力，使电弧向外运动，电弧被拉长并接触冷却介质使电弧冷却而熄灭。这种灭弧方法不需要专门的灭弧装置，但通过电流较小时，电动力也小，多用在小容量的交流接触器中。当交流电流过零时，电弧更容易熄灭。

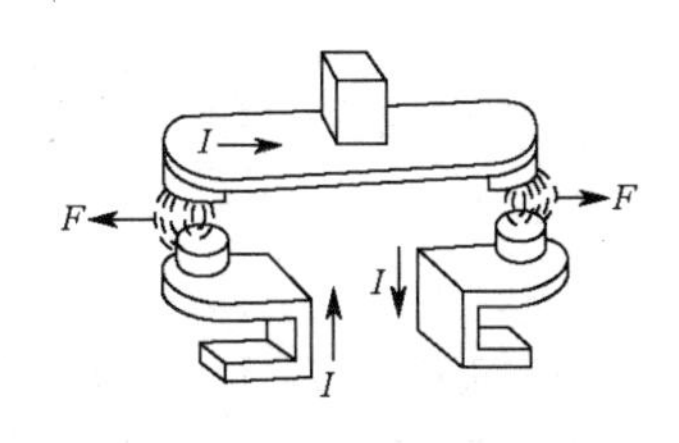

图 1-7　电动力灭弧示意图

（2）磁吹灭弧。如图 1-8 所示，在触头回路串一电流线圈，回路电流及其产生的磁通方向如图所示。当触头分断产生电弧时，根据左手定则，电弧受到向外拉的电磁力，使电弧拉长迅速冷却而熄灭。这种串联磁吹灭弧，电流越大，灭弧力越强。当线圈绕制方向定好后，磁吹力与电流方向无关。也可用并联磁吹线圈，这时应注意线圈的极性。交直流电器均可采用磁吹灭弧方式，直流接触器较多使用此方法，因为直流电弧较难熄灭。

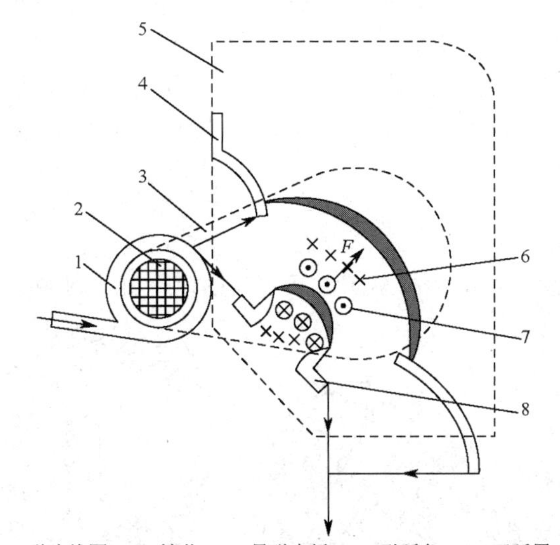

1—磁吹线圈；2—铁芯；3—导磁夹板；4—引弧角；5－灭弧罩；
6—磁吹线圈磁场；7—电弧电流磁场；8—动触头

图 1-8　磁吹灭弧原理示意图

（3）栅片灭弧。图 1-9 所示为栅片灭弧示意图，在耐热绝缘罩内卡放一组镀锌钢片，称为灭弧栅片。当触头分开时所产生的电弧，由于电动力作用被推向灭弧栅，电弧与金属片接触易于冷却，并且电弧被分割成许多段。每一个栅片相当于一个电极，每两片栅片之间都有 150～250V 的绝缘强度，使整个灭弧栅片绝缘强度大大加强，以致外加电压无法维持，电弧迅速被熄灭；栅片还可吸收电弧热量，使其迅速冷却。栅片灭弧用于交流比直流时效果好得多，因此交流电器多采用栅片灭弧。

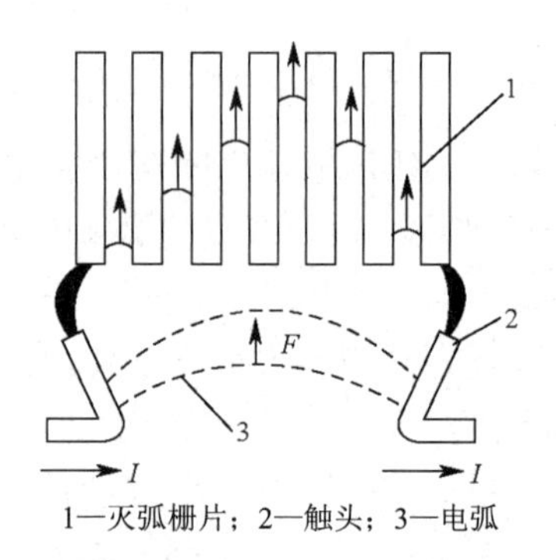

1—灭弧栅片；2—触头；3—电弧

图1-9　栅片灭弧示意图

（4）灭弧罩灭弧。比灭弧栅更为简单的是采用一个陶土和石棉水泥做成的耐高温灭弧罩。电弧进入灭弧罩后，可以降低弧温和隔弧。在直流接触器的触点上广泛采用这种灭弧装置。

三、接触器

接触器是一种用来自动地接通或断开大电流电路的电器。在大多数情况下，其控制对象是电动机，也可用于其他电力负载，如电热器、电焊机、电炉变压器等。接触器不仅能自动地接通和断开电路，还具有控制容量大、低电压释放保护、寿命长、能远距离控制等优点。

接触器按其主触点通过的电流种类不同，可分为直流接触器和交流接触器。它们的线圈电流种类既有与各自主触点电流相同的，也有不同的，如对于重要场合使用的交流接触器，为了工作可靠其线圈可采用直流励磁方式，即采用直流电磁机构。按接触器主触点的极数（即主触点的个数）不同，直流接触器可分为单极和双极两种；交流接触器可分为三极、四极和五极三种，其中用于单相双回路控制可采用四极，用于多速电动机的控制或自耦降压启动控制可采用五极。

1. 交流接触器

图1-10所示为交流接触器结构示意图，其主要由以下几个部分组成。

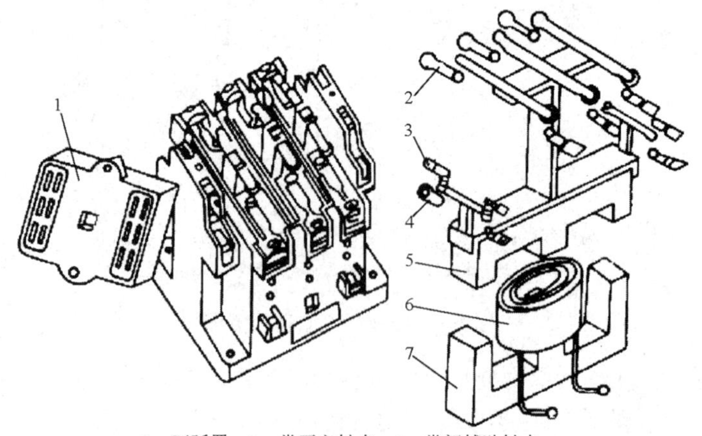

1—灭弧罩；2—常开主触点；3—常闭辅助触点；
4—常开辅助触点；5—衔铁；6—吸引线圈；7—铁芯

图1-10　交流接触器结构示意图

（1）电磁机构。交流接触器的电磁机构一般采用双E形衔铁直动式结构。

（2）触点系统。触点分主触点和辅助触点。主触点用在通断电流较大的主电路，其根据容量大小有桥式触点和指形触点；辅助触点有常开触点和常闭触点，在结构上它们均为桥式双断点，辅助触点的容量较小，接触器安装辅助触点的目的是使其在控制电路中起联动作用。辅助触点不设灭弧装置，所以它不能用来分合主电路。

（3）灭弧系统。容量在 10A 以上的接触器都有灭弧装置，灭弧装置大都采用灭弧罩及栅片灭弧结构。

（4）其他部分。包括反力装置、传动机构、接线柱、外壳等。

当交流接触器线圈通电后，在铁芯中产生磁通，由此在衔铁气隙外产生吸力，使衔铁产生闭合动作，主触点在衔铁的带动下也闭合，于是接通了主电路。同时衔铁还带动辅助触点动作，使原来打开的辅助触点闭合，使原来闭合的辅助触点打开。当线圈断电或电压显著降低时，吸力消失或减弱，衔铁在复位弹簧的作用下打开，主、辅触点又恢复到原来状态。

2．直流接触器

直流接触器和交流接触器一样，也由电磁机构、触点系统、灭弧装置等部分组成。图 1-11 所示为直流接触器的结构示意图。

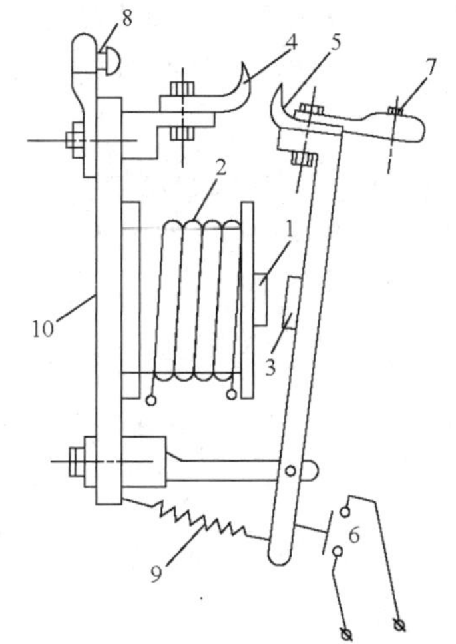

1—铁芯；2—线圈；3—衔铁；4—静触点；5—动触点；
6—辅助触点；7，8—接线柱；9—反作用弹簧；10—底板

图 1-11　直流接触器结构示意图

（1）电磁机构。直流接触器的电磁机构一般采用绕轴转动的拍合式结构。

（2）触点系统。直流接触器也设有主触点和辅助触点。主触点一级做成单极或双极，由于主触点接通或断开的电流较大，故采用滚动的指形触点；辅助触点电流较小，常采用点接触的双断点桥式触点。

（3）灭弧装置。直流接触器一般采用磁吹灭弧装置。

3．接触器主要技术参数、型号、图文符号

1）主要技术参数

（1）额定电压和额定电流：指主触点的额定工作电压和额定工作电流。常用交直流接触器的额定电压和额定电流见表 1-1。

（2）线圈额定电压：线圈常用额定电压等级见表 1-2。选用时一般交流负载用交流接触器，直流负载用直流接触器，但交流负载频繁动作时可采用直流线圈的交流接触器。

表 1-1　接触器的额定电压和额定电流的等级表

	直流接触器	交流接触器
额定电压/V	110、220、440、660	220、380、500、600
额定电流/A	5、10、20、40、60、100、150、250、400、600	5、10、20、40、60、100、150、250、400、600

表 1-2　接触器线圈的额定电压等级表

直流线圈/V	交流线圈/ V
24、48、110、220、440	36、110、220、380

（3）接通和分断能力：接触器在规定条件下，能在给定电压下接通或分断预期电流值，并且不发生熔焊、飞弧、过分磨损等现象。在低压电器标准中，接触器的用途分类规定了它的接通和分断能力，可查阅相关手册。

（4）机械寿命和电寿命：机械寿命指需要维修或更换零件、部件前（允许正常维护，包括更换触点）所承受的无载操作循环次数；电寿命指在规定的正常工作条件下，不需要修理或更换零部件的有载操作循环次数。

（5）操作频率：指每小时操作次数。交流接触器最高为 600 次/小时，直流接触器最高为 1200 次/小时。操作频率直接影响到接触器的电寿命和灭弧罩的工作条件，对于交流接触器还影响到线圈的温升。

2）接触器型号的含义

交流接触器型号的含义如下：

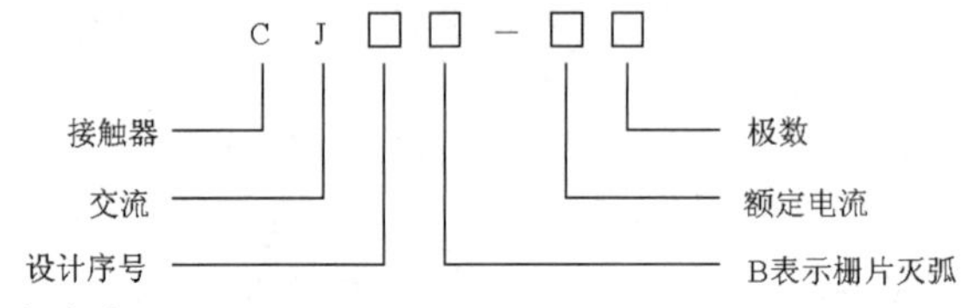

直流接触器型号的含义如下：

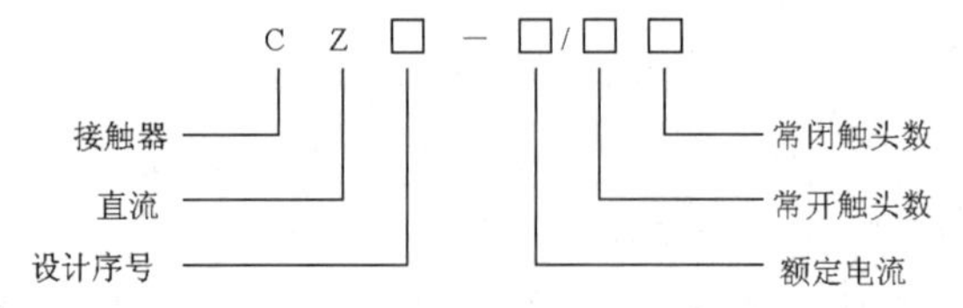

3）接触器图文符号

接触器的图形符号如图 1-12 所示，其文字符号为 QA。

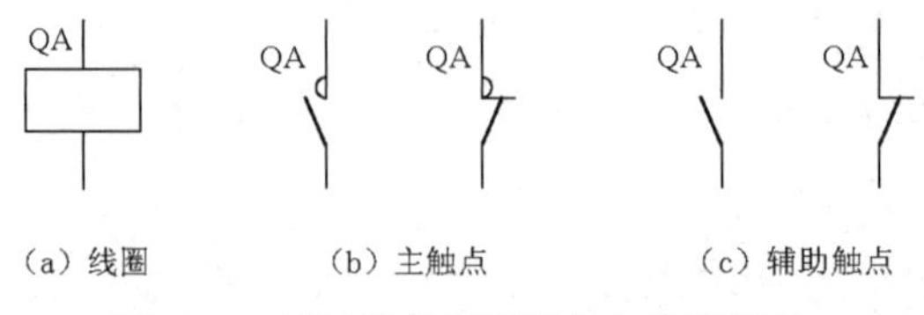

图 1-12　接触器的图形符号与文字符号

4. 接触器的选择与使用

1）接触器的选择

（1）接触器的类型选择。根据接触器所控制负载的轻重和负载电流的类型，来选择直流接触器和交流接触器。

（2）额定电压的选择。接触器的额定电压应大于或等于负载回路的电压。

（3）额定电流的选择。接触器额定电流应大于或等于被控回路的额定电流。对于电动机负载可按经验公式（1-1）计算：

$$I_{\mathrm{C}}=\frac{P_{\mathrm{N}}\times 10^{3}}{KU_{\mathrm{N}}} \tag{1-1}$$

式中，I_{C} 为流过接触器主触点电流（A）；

P_{N} 为电动机的额定功率（kW）；

U_{N} 为电动机的额定电压（V）；

K 为经验系数，一般取 1～1.4。

选择的接触器的额定电流应大于或等于 I_{C}，也可查相关手册根据其技术条件确定。接触器如使用在电动机频繁启动、制动或正反转的场合，一般将其额定电流降一个等级来选用。

（4）电磁线圈的额定电压选择。电磁线圈的额定电压应与所控制电路的电压一致。对简单控制电路可直接选用交流 380V、220V 电压，对线路复杂、使用电器较多者，应选用 110V 或更低的控制电压。

（5）接触器的触点数量、种类选择。接触器的触点数量和种类应根据主电路和控制电路的要求选择。如果辅助触点的数量不能满足要求时，可通过增加中间继电器的方法解决。

2）接触器的使用与维护

（1）接触器安装前应检查线圈额定电压等技术参数是否与实际相符，并且要将铁芯极面上的防锈油脂或黏结在极面上的锈垢用汽油擦净，以免多次使用后被油垢黏住，造成接触器断电时不能释放。然后再检查各活动部分（应无卡阻、歪曲现象）和各触点是否接触良好。

（2）安装时，接触器一般应垂直安装，其倾斜角度不得超过 50°，注意不要把螺钉等零件掉在接触器内。

四、开关

低压开关电器主要用于电源的隔离、线路的保护与控制。常用的低压开关电器有以下几种。

1. 刀开关

刀开关是低压配电电器中结构最简单、应用最广泛的手动电器，主要在低压成套配电装置中，用于不频繁地手动接通和分断交直流电路或做隔离开关，也可用于不频繁地接通与分断小容量的负载（如小型电动机等）。

刀开关按极数可分为单极、双极和三极，按操作方式可分为直接手柄操作式、杠杆操作机构式和电动操作机构式，按刀开关转换方向可分为单投、双投等。

1）开启式负荷开关

开启式负荷开关又称胶盖刀开关，简称闸刀开关，是一种结构最简单、应用最广泛的手动电器，适合在交流 50Hz、额定电压单相 220V、三相 380V、额定电流小于 100A 的电路中用做电路的电流开关和小容量的电动机非频繁启动的操作开关。胶盖刀开关由操作手柄与触刀、熔丝、触刀座和底座等组成，如图 1-13 所示。胶盖使电弧不能飞出灼伤操作人员，防止极间电弧造成电源短路；熔丝起短路保护作用。

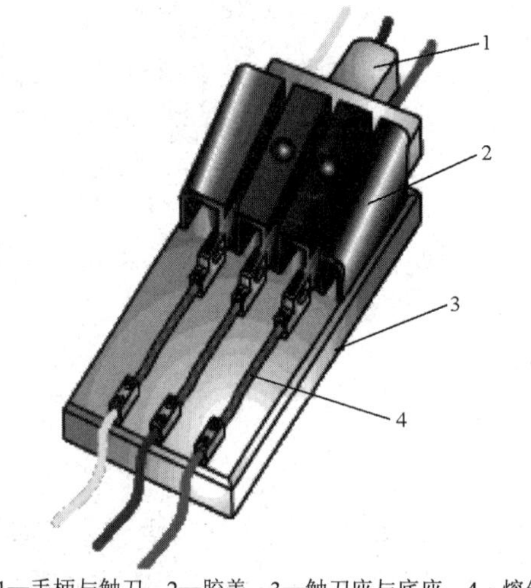

1—手柄与触刀；2—胶盖；3—触刀座与底座；4—熔丝

开启式负荷开关

图 1-13　胶盖刀开关的结构

刀开关安装时，手柄要向上，不得倒装或平装，倒装时手柄有可能在重力作用下自动下滑而引起误合闸，造成人身安全事故。接线时，应将电源线接在上端，负载线接在熔丝下端。这样拉闸后刀开关与电源隔离，便于更换熔丝。

QB　或　QB　QB

（a）单极　（b）双极　（c）三极

图 1-14　刀开关图形、文字符号

刀开关的图形、文字符号如图 1-14 所示。

2）封闭式负荷开关

封闭式负荷开关也称铁壳开关，图 1-15 是它的外形与结构图。它由安装在铸铁或钢板制成的外壳内的刀式触头和灭弧系统、熔断器以及操作机构等组成。与闸刀开关相比它有以下特点。

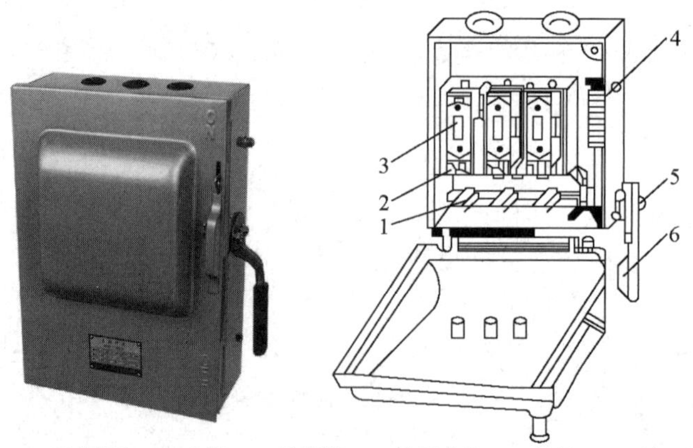

1—刀式触头；2—夹座；3—熔断器；4—速断弹簧；5—转轴；6—手柄

图 1-15　铁壳开关外形与结构图

（1）触头设有灭弧室（罩），电弧不会喷出，不必顾虑会发生相间短路事故。

（2）熔断丝的分断能力高，一般为 5kA，高者可达 50kA 以上。

（3）操作机构分为储能合闸式，且有机械连锁装置。前者可使开关的合闸和分闸速度与操作速度无关，从而改善开关的动作性能和灭弧性能；后者则保证了在合闸状态下打不开箱盖及箱盖未关好之前合不上闸，提高了安全性。

（4）有坚固的封闭外壳，可保护操作人员免受电弧灼伤。

铁壳开关有 HH3、HH4、HH10、HH11 等系列，其额定电流由 10A 到 400A 可供选择，其中 60A 及以下的可用于异步电动机的全压启动控制开关。

用铁壳开关控制电加热和照明电路时，可按电路的额定电流选择。用于控制异步电动机时，由于开关的通断能力为 4 倍电动机额定电流，而电动机全压启动电流却在 4～7 倍额定电流以上，故开关的额定电流应选为电动机额定电流的 1.5 倍以上。

封闭式负荷开关在电路图中的符号与开启式负荷开关相同，如图 1-14 所示。

2. 低压断路器

低压断路器又称自动开关或空气开关，可用以分配电能，不频繁地启动异步电动机，对电源线路及电动机等实行保护，当发生严重的过载、短路或欠电压等故障时能自动切断电路，而且在分断故障电路后一般不需要更换零部件，因而获得了广泛的应用。

1）低压断路器的结构及工作原理

低压断路器主要由触点系统、操作机构和保护元件三部分组成。低压断路器的工作原理如图 1-16 所示（实际情况要比该图复杂得多）。

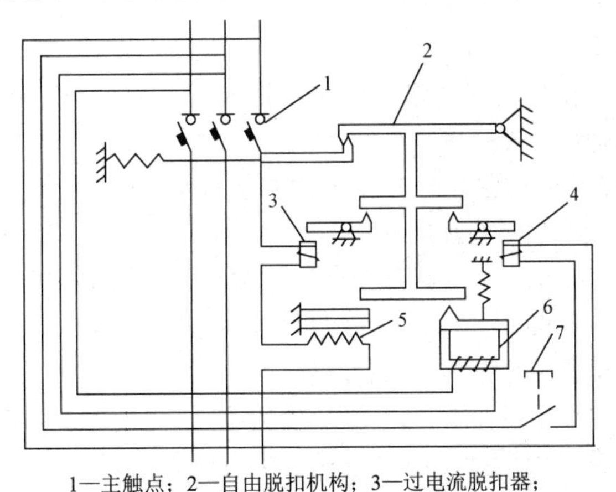

1—主触点；2—自由脱扣机构；3—过电流脱扣器；
4—分励脱扣器；5—热脱扣器；6—欠电压脱扣器；7—停止按钮

图 1-16　低压断路器工作原理图

空气开关原理图

主触点由耐弧合金制成，采用灭弧栅片灭弧。操作机构较复杂，其通断可用操作手柄操作，也可用电磁机构操作，故障时自动脱扣，触点通断瞬时动作与手柄操作速度无关。主触点闭合后，自由脱扣机构将主触点锁在合闸位置上。过电流脱扣器的线圈和热脱扣器的热元件与主电路串联，欠电压脱扣器的线圈和电源并联。当电路发生短路或严重过载时，过电流脱扣器的衔铁吸合，使自由脱扣机构动作，主触点断开主电路；当电路过载时，热脱扣器的热元件发热使双金属片向上弯曲，推动自由脱扣机构动作；当电路欠电压时，欠电压脱扣器的衔铁释放，使自由脱扣机构动作；分励脱扣器则用于远距离控制，在正常工作时，其线圈是断电的，当需要远距离控制时，按下启动按钮，使线圈通电，衔铁带动自由脱扣机构动作，使主触点断开。

低压断路器的图形、文字符号如图 1-17 所示。

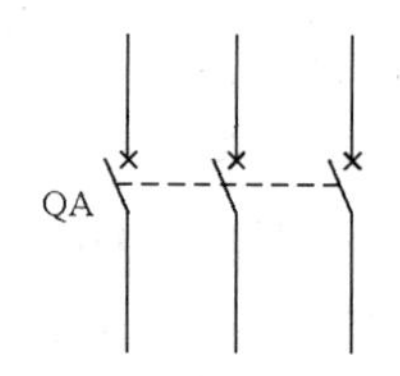

图 1-17　低压断路器的图形、文字符号图

2）低压断路器的类型及其主要参数

（1）按极数分：有单极、双极和三极。

（2）按保护形式分：有电磁脱扣式、热脱扣式、复合脱扣式（常用）和无脱扣式。

（3）按分断时间分：有一般式和快速式（最快动作时间可在 0.02s 以内，用于半导体整流元件和整流装置的保护）。

（4）按结构形式分：有塑壳式（常用）、框架式和模块式。

低压断路器的主要参数有：额定电压、额定电流、极数、脱扣器类型、电磁脱扣器整定范围、主触点的分断能力等。

3）低压断路器的选择

（1）低压断路器的额定电压和额定电流应大于或等于线路、设备的正常工作电压和工作电流。

（2）低压断路器的极限通断能力应大于或等于电路最大短路电流。

（3）欠电压脱扣器的额定电压应等于线路的额定电压。

（4）过电流脱扣器的额定电流应大于或等于线路的最大负载电流。

4）低压断路器的使用注意事项

（1）低压断路器投入使用前应先进行整定，按要求整定热脱扣器和电磁脱扣器的动作电流，使用后就不应随意旋动有关的螺钉和弹簧了。

（2）在安装低压断路器时应注意把来自电源的母线接到开关灭弧罩一侧的端子上，来自电气设备的母线接到另外一侧的端子上。

（3）在正常情况下，每 6 个月应对开关进行一次检修、清除灰尘等工作。

（4）发生开断短路事故的动作后，应立即对触点进行清理，检查有无熔坏并清除金属熔粒、粉尘等，特别要把散落在绝缘体上的金属粉尘清除掉。

使用低压断路器来实现短路保护要比熔断器优越，因为当三相电路短路时，很可能只有一相的熔断器熔断，造成单相运行。所以现在大部分的使用场合中，断路器取代了过去常用的闸刀开关和熔断器的组合。

五、熔断器

熔断器是一种广泛应用的最简单有效的保护电器之一，其具有结构简单、体积小、重量轻、使用和维护方便、价格低廉、可靠性高等优点。

1．熔断器的结构与分类

熔断器在结构上主要由熔断管（或盖、座）、熔体及导电部件等部分组成，其中熔体是主要部分，它既是感测元件又是执行元件。熔断管一般由硬质纤维或瓷质绝缘材料制成半封闭式或封闭式管状外壳，而熔体则装于其内。熔断管的作用是便于安装熔体和有利于熔体熔断时熄灭电弧。熔体（又称熔件）由不同金属材料（铅锡合金、锌、铜或银）制成丝状、带状、片状或笼状，串接于被保护电路，其作用是当电路发生短路或过载故障时，通过其上的电流使其发热，当达到熔化温度时自行熔断，从而分断故障电路。

熔断器的种类很多，按结构分有半封闭插入式、螺旋式、无填料密封管式、有填料密封管式等，它们的外形如图 1-18 所示。按用途分有一般工业用熔断器、半导体器件保护用快速熔断器和特殊熔断器（如具有两段保护特性的快慢动作熔断器、自复式熔断器）。

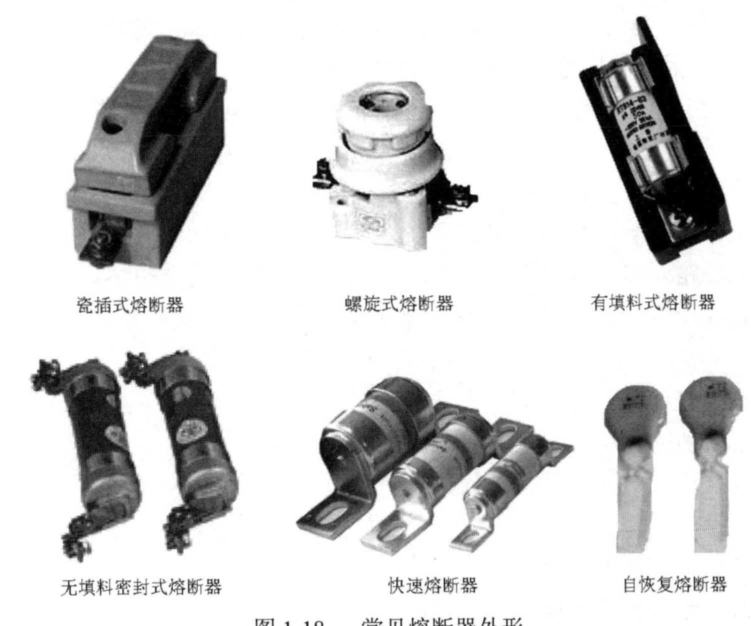

图 1-18　常见熔断器外形

在电气原理图中，熔断器的图形和文字符号如图 1-19 所示。

2. 工作原理

熔断器使用时利用金属导体作为熔体串联在保护电路中，当电路发生过载或短路故障时，通过熔断器的电流超过某一规定值时，以其自身产生的热量使熔体熔断，从而自动分断电路，起到保护作用。

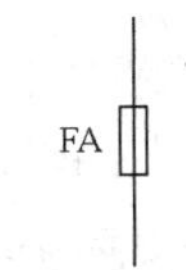

图 1-19　熔断器图形和文字符号

熔断器对过载反应不是很灵敏，当电气设备发生轻度过载时，熔断器将持续很长时间才熔断，有时甚至不能熔断。因此，除了在照明电路中，熔断器一般不宜用于过载保护，主要用于短路保护。

3. 熔断器的主要技术参数与选择

1）主要技术参数

(1) 额定电压。熔断器的额定电压是指熔断器长期工作时和分断后能够承受的电压，其值一般等于或大于电气设备的额定电压。

(2) 额定电流。熔断器的额定电流是指熔断器长期工作时，各部分温升不超过规定值时所能承受的电流。熔断器的额定电流等级比较少，而熔体的额定电流等级比较多，即在一个额定电流等级的熔断管内可以分装不同额定电流等级的熔体，但熔体的额定电流最大不能超过熔断器额定电流。

（3）极限分断能力。极限分断能力是指熔断器在规定的额定电压和功率因数（或时间常数）的条件下，能分断的最大电流值。在电路中出现的最大电流值一般是指短路电流值，所以极限分断能力也反映了熔断器分断短路电流的能力。

2）熔断器的选择

（1）熔断器类型选择。应根据使用场合、线路要求来选择熔断器的类型。电网配电一般选用封闭管式；有振动的场合，如电动机保护，一般选择螺旋式；静止场合，如照明电路，一般选用瓷插式；保护晶闸管应选用快速式熔断器。

（2）熔断器规格选择。熔断器额定电压选择——其额定电压应大于或等于线路的工作电压。

熔断器额定电流选择——其额定电流必须大于等于所装熔体的额定电流。

熔体额定电流的选择，可分以下几种情况。

① 对于变压器、电炉、照明电路等负载，熔体额定电流应略大于或等于负载电流。

② 对于配电线路，熔体额定电流应略小于或等于线路的安全电流。

保护一台电动机时，考虑到启动电流的影响，可按下列公式选择：

$$I_{FA} \geqslant (1.5\sim2.5)I_N$$

式中，I_N 为电动机额定电流（A）。

③ 对于频繁启动的电动机，该式中系数可选 2.5～3.5。

保护多台电动机时，可按下列公式选择：

$$I_{FA} \geqslant (1.5\sim2.5)I_{N.max} + \sum I_N$$

式中，$I_{N.max}$ 为容量最大的电动机的额定电流；

$\sum I_N$ 为其余电动机额定电流的总和。

3）熔断器使用维护注意事项

（1）安装前检查熔断器的型号、额定电压、额定电流、额定分断能力等参数是否符合规定要求。

（2）安装时注意熔断器与底座触刀应接触良好，以避免因接触不良造成温升过高，引起熔断器误动作和高峰期电气元件损坏。

（3）熔断器熔断时，应更换同一型号规格的熔断器。

（4）工业用熔断器的更换由专职人员负责，更换时应切断电源。

（5）使用时应经常清除熔断器表面的尘埃，在定期检修设备时，如发现熔断器有损坏，应及时更换。

六、热继电器

在电力拖动控制系统中，当三相交流电动机出现长期带负荷欠电压下运行、长期过载运行以及长期单相运行等不正常情况时，会导致电动机绕组严重过热乃至烧坏。为了充分发挥电动机的过载能力，保证电动机的正常启动和运转，当电动机一旦出现长时间过载时能自动切断电路，从而出现了能随过载程度而改变动作时间的电器，这就是热继电器。

热继电器是一种具有延时过载保护特性的过电流继电器，广泛用于电动机的过载保护，也可用于其他电气设备的过载保护。按相数分，热继电器有单相、两相和三相式共三种类型，每种类型按发热元件的额定电流又有不同的规格和型号，三相式热继电器常用于三相交流电动机的过载保护。

1. 热继电器的结构与工作原理

热继电器有各种各样的结构形式，最常用的是双金属片结构，图 1-20 为热继电器的结构原理图。双金属片 2 是用两种不同线膨胀系数的金属片，通过机械碾压在一起制成的，一端固定，另一端为自由端。当双金属片的温度升高时，由于两种金属的线膨胀系数不同，它将产生弯曲。热元件 3 串接在电动机定子绕组中，电动机绕组电流即为流过热元件的电流。当电动机正常运行时，热元件产生的热量虽能使双金属片 2 弯曲，但还不足以使继电器动作。当电动机过载时，热元件产生的热量增大，使双金属片弯曲位移增大，经过一定时间后，双金属片弯曲到推动导板 4，并通过补偿双金属片 5 与推杆 14 将常闭触点 9 和 6 分开。常闭触点 9 和 6 为热继电器串于接触器线圈回路的常闭触点，断开后使接触器线圈失电。接触器的主触点断开电动机的电源以保护电动机。

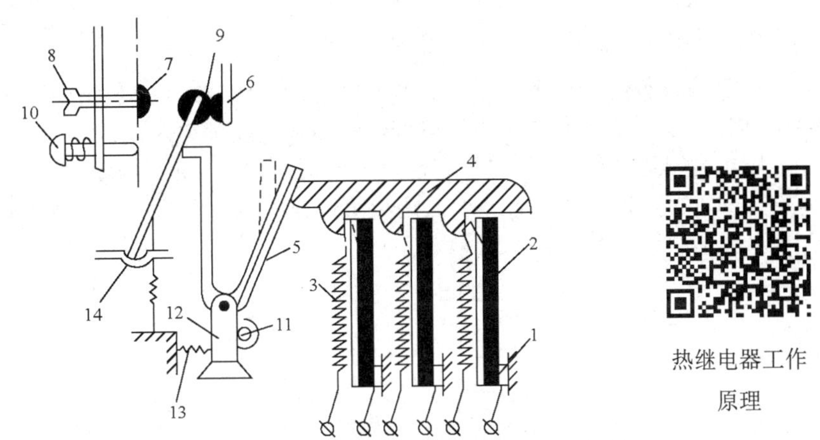

1—接线端子；2，5—双金属片；3—热元件；4—导板；6，9—常闭触点；7—常开动触点；
8—复位螺钉；10—按钮；11—调节旋钮；12—支撑杆；13—压簧；14—推杆

图 1-20　热继电器的结构原理图

调节旋钮 11 是一个偏心轮，它与支撑杆 12 构成一个杠杆，转动偏心轮，即可改变补偿双金属片 5 与导板 4 的接触距离，从而达到调节整定动作电流值的目的。此外，靠调节复位螺钉 8 来改变常开动触点 7 的位置，使热继电器能工作在手动复位和自动复位两种工作状态。调试手动复位时，在故障排除后须按下按钮 10，才能使常闭触点 9 恢复与常闭触点 6 相接触的位置。

2. 热继电器的选用

热继电器的选用是否得当，直接影响对电动机进行过载保护的可靠性，通常选用时应在电动机形式、工作环境、启动情况及负载情况等方面综合加以考虑。

（1）热继电器的额定电流原则上应按电动机的额定电流选择。但对于过载能力较差的电动机，其配用的热继电器（主要是发热元件）的额定电流要适当小一些。通常，热继电器的额定电流选为电动机额定电流的 60%～80%。

（2）在不频繁启动场合，要保证热继电器在电动机的启动过程中不产生误动作。通常，当电动机启动电流为其额定电流 6 倍以及启动时间不超 6s 时，若很少连续启动，就可按电动机的额定电流选取热继电器。

（3）当电动机为重复短时工作时，首先注意确定热继电器的允许操作频率，因为热继电器的操作频率是很有限的，如果用它保护操作频率较高的电动机，则效果很不理想，有时甚至不能使用。

（4）热继电器的复位有手动复位和自动复位两种方式。对于重要设备，宜采用手动复位方式；如果热继电器和接触器的安装地点远离操作地点，且从工艺上又易于看清过载情况，宜采用自动复位方式。

另外，热继电器必须按照产品说明书规定的方式安装。当与其他电器安装在一起时，应将热继电器安装在其他电器的下方，以免其动作受其他电器发热的影响。使用中应定期除去尘埃和污垢，若双金属片出现锈斑，可用棉布蘸上汽油轻轻擦拭，切忌用砂纸打磨。另外，当主电路发生短路事故后，应检查发热元件和双金属片是否已经发生永久变形，在进行调整时，绝不允许弯拆双金属片。热继电器的文字符号和图形符号如图1-21所示。

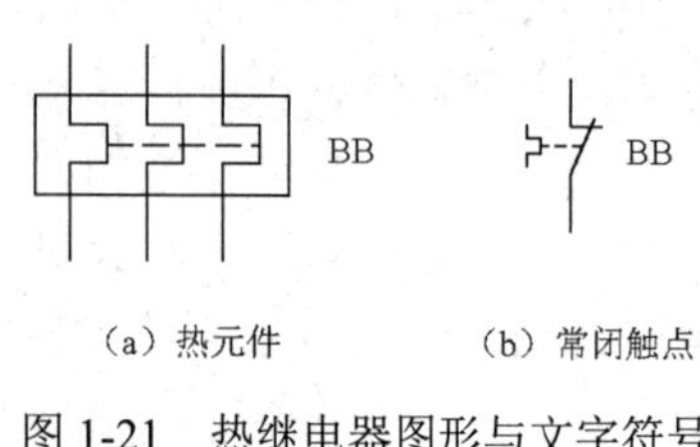

（a）热元件　（b）常闭触点

图1-21　热继电器图形与文字符号

七、按钮

按钮是一种结构简单、使用广泛的手动主令电器，在控制电路中用做远距离手动控制电磁式电器，也可以用来转换各种信号电路和电气连锁电路。

控制按钮的结构如图1-22所示，它由按钮帽1、复位弹簧2、动触点3、常开静触点4、常闭静触点5、外壳等组成，大多数按钮都制造成具有常开触点和常闭触点的复式结构。指示灯式按钮内可装入信号灯显示信号。

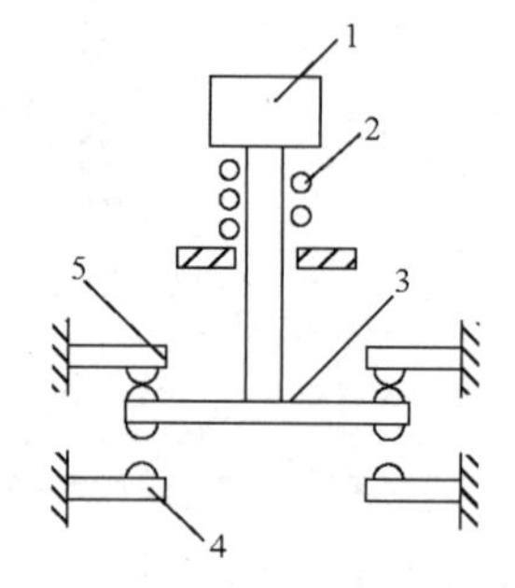

1—按钮帽；2—复位弹簧；3—动触点；4—常开静触点；5—常闭静触点

按钮开关结构

图1-22　按钮结构示意图

控制按钮在结构上有按钮式、紧急式、钥匙式、旋钮式和保护式5种，可根据使用场合和具体时间、用途来选用。为了标明各个按钮的作用，避免误操作，通常将按钮帽做成不同的颜色以示区别，其颜色有红、绿、黑、黄、蓝、白等。一般以红色表示停止按钮，绿色表示启动按钮，红色蘑菇头表示急停按钮，其他颜色的含义可查阅相关手册。

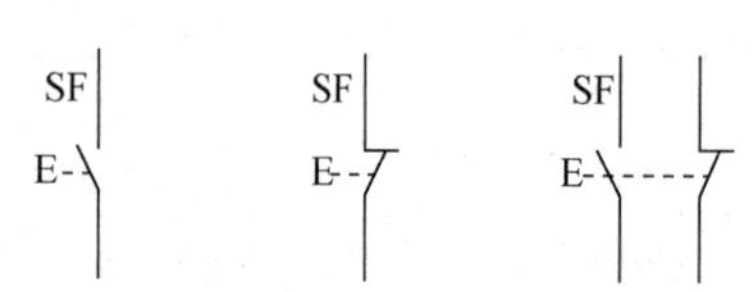

（a）常开触点　（b）常闭触点　（c）复合触点

图1-23　控制按钮的图形符号及文字符号

图1-23是按钮的图形符号及文字符号。控制按钮的选用主要根据需要的触点对数、动作要求、是否需带指示灯、使用场合以及颜色等要求决定。

八、电气控制线路图的绘制

为了便于电气元件的安装、调整、使用与维护，必须将控制线路表示出来，常用的是电气原理图，它可以反映电气控制系统中各种元件连接关系，但不能反映各电气元件的实际位置、大小和实际接线情况。电气原理图有统一的绘图标准，图中的各种电气元件均采用国家标准规定的统一图形符号。绘制电气原理图的基本规则如下。

（1）电气原理图一般分为主电路、控制电路和辅助电路。主电路包括从电源到电动机的电路，是大电流通过的部分，画在图的左边或上面。控制电路和辅助电路通过的电流相对较小，控制电路一般为继电器、接触器的线圈电路，包括各种主令电器、继电器、接触器的触点；辅助电路一般指照明、信号指示、检测等电路。各电路均应尽可能按动作顺序由上至下、由左至右画出。

（2）电气原理图中所有电气元件的图形和文字符号必须采用国家规定的统一标准（常用电气元件的图形和文字符号参见附录 A）。在图中，电气元件采用分离画法，即同一电器的各个部件可以不画在一起，但必须用同一文字符号标注。对于多个同类电器，应在文字符号后加数字序号以示区别。

（3）在电气原理图中，所有电器的可动部分均按原始状态画出，即对于继电器、接触器的触点，应按其线圈不通电时的状态画出；对于控制器，应按其手柄处于零位时的状态画出；对于按钮、行程开关等主令电器，应按其未受外力作用时的状态画出。

（4）动力电路的电源线应水平画出，主电路应垂直于电源线画出，控制电路和辅助电路一般应垂直于两条或几条水平电源线。画线时，要尽量减少线条数量和避免线条交叉；各导线之间有电导通时，应在导线交叉处画实心圆点。根据图面布置需要，可以将图形符号旋转绘制，一般按逆时针方向旋转 90°，但其文字符号不可倒置。

（5）在电气原理图上应标出各个电源电路的电压值、极性或频率及相数，对某些元件还应标注其特性（如电阻、电容的数值等），不常用的电器（如位置传感器、手动开关等）还要标注其操作方式和功能等。

（6）为了方便读图，在电气原理图中可将图分成若干个图区，并标明各图区电路的用途或作用。

【实施步骤】

一、所需工具器材

三相异步电动机启保停控制线路所需设备、工具和材料见表 1-3。

二、控制方案的确定

三相异步电动机的启保停控制就是能启动电动机，启动后电动机能保持运转，并能使电动机停转，根据这一要求设计控制线路，如图 1-24 所示。

表 1-3　三相异步电动机启保停控制线路所需设备、工具和材料

序号	名 称 及 说 明	数量
1	三相笼型异步电动机（380V，Y 连接）	1
2	熔断器（3A）	2
3	按钮（红、绿）	2
4	交流接触器	1
5	热继电器	1
6	低压断路器	1
7	导线	若干

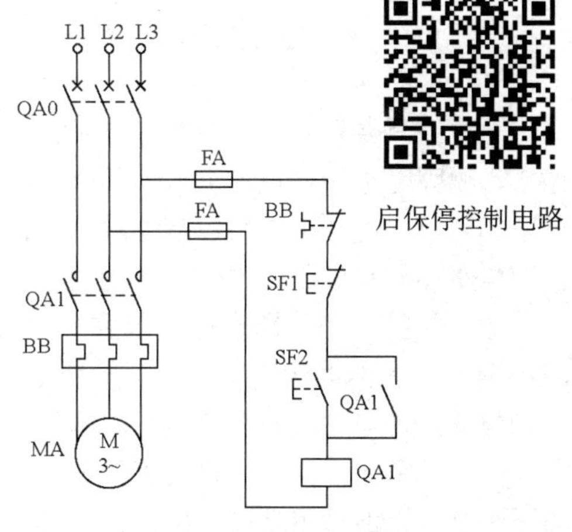

图 1-24　三相异步电动机的启保停控制线路

图 1-25 为采用斯沃电气仿真软件绘制的三相异步电动机的启保停电气控制线路实物接线图（有关斯沃电气仿真软件的使用可参见附录 B）。

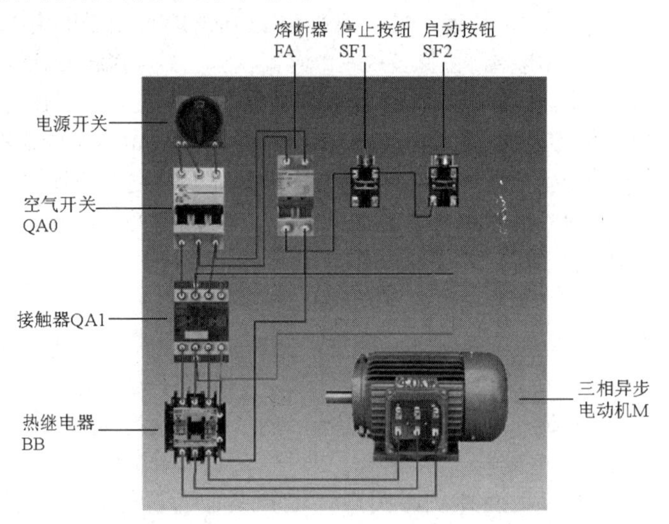

图 1-25　三相异步电动机的启保停控制线路实物仿真接线图

三、工作过程分析

图 1-24 中三相电源 L1、L2、L3 经空气开关 QA0、接触器 QA1 的主触点、热继电器 BB 的热元件到电动机 MA，这就构成了主电路部分，它流过的电流较大。由熔断器 FA、热继电器 BB 的动断触点、停止按钮 SF1、启动按钮 SF2 和接触器 QA 的线圈构成了控制电路部分，它流过的电流较小。具体工作过程如下。

合上空气开关 QA0。

启动过程如下：

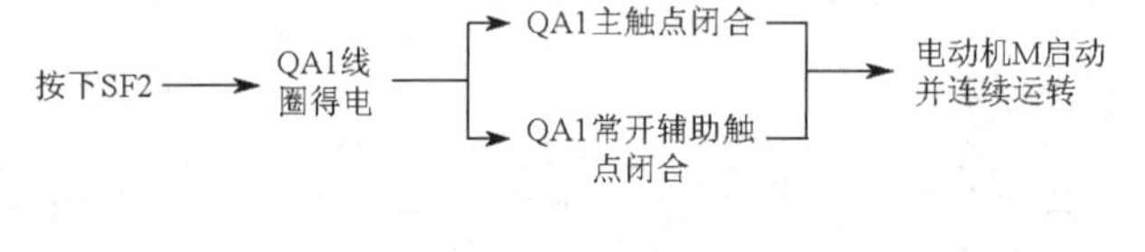

停止过程如下：

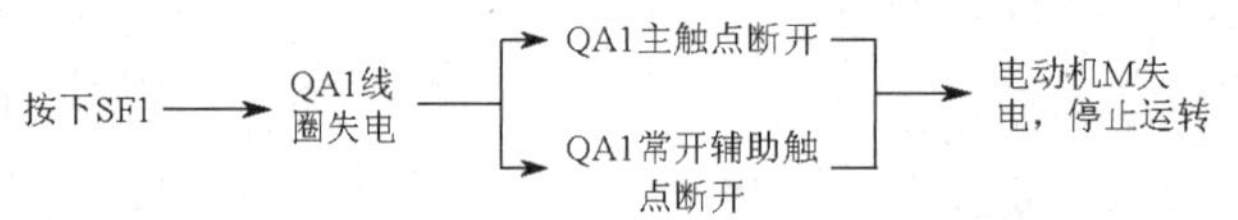

该电路只要按下启动按钮 SF2 后，电动机 M 能一直得电运转，直到按下停止按钮 SF1 才停止，原因是电路中设计了自锁环节。所谓自锁，即依靠接触器自身辅助触点而使其线圈保持通电的现象，起自锁作用的辅助触点即为自锁触点，如图 1-24 中的 QA1 常开辅助触点。此外自锁电路还具有欠压和失压保护功能。

欠压保护：当线路电压下降到一定值时，接触器电磁系统产生的电磁力减小，当电磁力减小到小于复位机构的反力时，衔铁就会释放，主触头和自锁触点同时分断，切断主电路和控制电路，使电动机断电停机，起到欠压保护的作用。

欠压的危害：当电动机的工作电压小于额定电压（即欠压）时，由于电动机的负载一定，需要维持一定的输出功率。由 $P=UI$ 可知，当 U 下降，P 维持不变，必然 I 上升。随着 I 增大，电机的发热增大，当发热增大到一定程度时，可使电动机绝缘电阻降低，从而使电动机轻则不能正常工作，严重则可导致电动机烧毁。

失压保护：在电动机正常工作过程中，由于某种原因突然停电，能自动切断电动机的电源，当重新供电时，电机不能自行启动的一种保护。

此外本电路中熔断器 FA 起到短路保护的作用，热继电器 BB 起到过载保护的作用。

四、注意事项

（1）电动机为 Y 连接，电源电压应该为 380V。

（2）为了设备的安全，主电路应接入空气开关，控制电路接熔断器。

（3）交流接触器线圈的额定电压为 380V，因此控制电路的电压也应是 380V。

（4）接线完毕后，注意导线不要碰到联轴器，以防止电动机旋转而拉断导线。

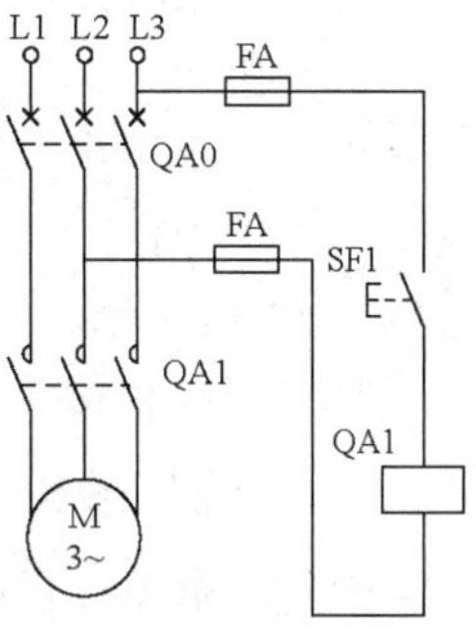

【知识扩展】

一、点动控制

三相笼型异步电动机单向点动控制，一般可用于机床调整、设备调试过程等场合。其控制线路图如图 1-26 所示。

图 1-26　单向点动控制线路

该电路工作过程如下。

启动：合上空气开关 QA0→引入电源，然后按下点动按钮 SF1→接触器 QA1 线圈得电→QA1 主触头闭合→电动机 M 启动运行。

停止：松开点动按钮 SF1→接触器 QA1 线圈失电→QA1 主触头断开→电动机 M 失电停转。

该电路的特点为，按下点动按钮 SF1 电动机就得电启动，松开按钮 SF1 电动机就停止。由于属于短时工作，电路中一般不设热继电器。

二、单向点动—连续混合控制

在生产实际中，有的生产机械既需要连续运转进行加工生产，又需要在进行调整工作时采用点动控制，这就产生了单向点动、自锁混合控制电路。

能实现单向点动、自锁混合控制的电路比较多，其关键是在单向点动时使自锁电路不能正常工作。常用手段有复合按钮、手动开关等，电路原理图如图 1-27 所示。

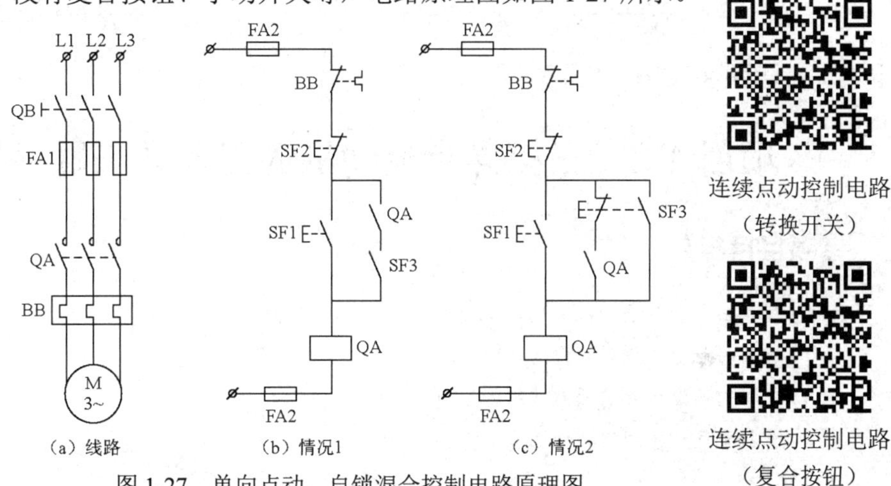

图 1-27　单向点动、自锁混合控制电路原理图

连续点动控制电路（转换开关）

连续点动控制电路（复合按钮）

下面以图1-27（c）为例，进行工作过程分析。

点动控制：合上开关QB，按下点动按钮SF3，其常闭触点先断开自锁电路，常开触点后闭合，接通控制电路，接触器QA线圈通电，主触点闭合，电动机启动旋转。当松开SF3时，接触器QA线圈断电，主触点断开，电动机停止转动。

连续运转控制：合上开关QB，按下启动按钮SF1，交流接触器QA线圈通电，接触器主触点闭合，电动机接通电源直接启动运转。同时与SF1并联的常开辅助触点QA闭合（此时与常开辅助触点QA串联的SF3是常闭触点，其处于闭合状态），使接触器QA线圈经两条路通电。这样，当手松开，SF1自动复位时，接触器QA的线圈仍可通过SF3常闭触点、接触器QA的常开辅助触点使接触器线圈继续通电，从而保持电动机的连续运转。

停止：按下停止按钮SF2，接触器QA线圈失电，其主触点断开，辅助触点也断开，电动机失电，停止工作。

图1-27（b）请自行分析。提示：该电路功能切换是通过手动选择开关SF3实现的，当需要点动时必须打开SF3。

三、多地与多条件控制

多地控制电路设置多套启、停按钮，分别安装在设备的多个操作位置，故称多地控制。启动按钮的常开触点并联，停止按钮的常闭触点串联，无论操作哪个启动按钮都可以实现电动机的启动；操作任意一个停止按钮都可以打断自锁电路，使电动机停止运行，如图1-28所示。

多条件启动控制和多条件停止控制电路，适用于电路的多条件保护。按钮或开关的常开触点串联，常闭触点并联。多个条件都满足（动作）后，才可以启动或停止，如图1-29所示。

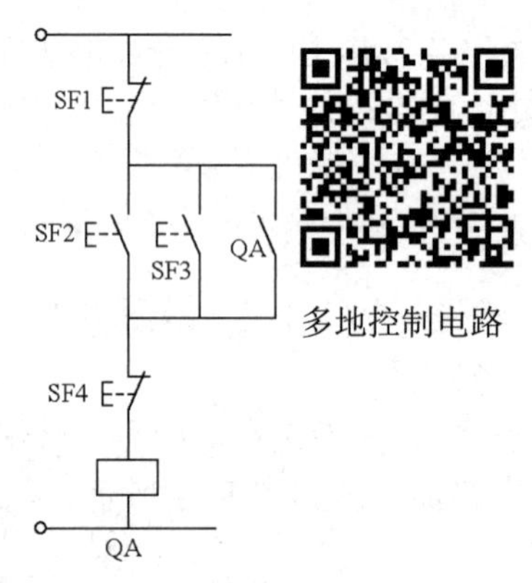

图1-28　多地控制示意图

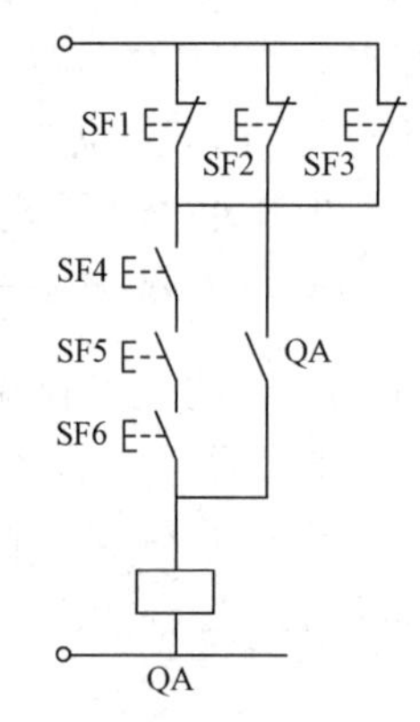

图1-29　多条件控制示意图

项目1.2　三相异步电动机的正反转与顺序控制

【项目目标】

（1）掌握三相异步电动机正反转与顺序控制线路的工作原理。

（2）掌握接触器连锁和双重连锁的实现办法。

（3）掌握时间继电器的原理、结构和用途。

（4）掌握电气控制线路的读图方法。

【项目分析】

生产机械的运动部件作正、反两个方向的运动（例如车床主轴的正向、反向运转，龙门刨床工作台的前进、后退，电梯的升降等），均要通过控制电动机的正、反转来实现。我们知道，对三相交流电动机，改变电动机电源的相序，其旋转方向就会跟着改变。为此，采用两只接触器分别给电动机送入正序和负序的电源，即对换两根电源线位置，电动机就能够分别正转和反转。

许多生产机械对多台电动机的启动和停止有一定的要求，必须按预先设计好的次序先后启停。比如，具有多台电动机拖动的机床，在操作时为保证设备的安全运行和工艺过程的顺利进行，电动机的启动、停止，必须按一定顺序来控制，这就称为电动机的联锁控制或顺序控制。这种情况在机床电路控制中经常用到。例如，油泵电动机要先于主轴电动机启动，主轴电动机又先于切削液泵电动机启动等。

本项目主要介绍如何对三相异步电动机进行正反转和顺序控制。

【相关知识】

一、如何识读电气控制线路图

识读电气控制线路图时，首先要分清主电路和控制电路，然后按照先看主电路，再看控制电路的顺序进行读图。一般读主电路时从下向上看，即从电气设备开始，经控制元件顺次往电源看。看控制电路一般自上而下、从左向右看，即先看电源再顺次看各个回路，分析各条回路的元件的工作情况，以及对主电路的控制关系。

在读主电路时，要掌握该项目的电源供给情况，电源要经过哪些控制元件到达用电设备，这些控制元件各起什么作用，它们在控制用电设备时是如何动作的。在读控制电路时，应掌握该电路的基本组成，通过“化整为零”找到原理图中各基本控制环节，各元件之间的相互关系及各元件的动作情况，再“集零为整”宏观考查各基本环节之间的关系，从而理解控制电路对主电路的控制情况，读懂整个电路的工作原理。在分析各种控制线路的工作原理时，常用电气图形符号和箭头配以少量的文字加以说明，来表达电路的工作原理。

二、联锁概念

将两个接触器的常闭触点互串在对方线圈电路中，使控制正转反转的接触器不能同时得电，形成相互制约的控制，这种相互制约的关系称为联锁控制。联锁也称为互锁，由接触器或继电器常闭触点构成的联锁称为电气联锁，起联锁作用的触点称为联锁触点。常见联锁方法还有机械联锁，是指通过复合按钮实现正转、反转两条控制回路不能同时得电。

三、时间继电器

时间继电器是一种利用电磁原理或机械动作原理，实现触点延时接通或断开的自动控制电器。它广泛用于需要按时间顺序进行控制的电气控制线路中。常用的时间继电器有电磁式、电动式、空气阻尼式、电子式等，延时方式有通电延时和断电延时两种。

目前电气控制系统中应用较多的是空气阻尼式时间继电器和电子时间继电器。

1. 空气阻尼式时间继电器

空气阻尼式时间继电器又称气囊式时间继电器，它利用空气通过小孔时产生阻尼的原理获得延时。它主要由电磁系统、延时机构和触点三部分组成。电磁机构为双 E 直动型；触点系统借用 LX5 型微动开关，可分为延时触点和瞬时触点；延时机构采用气囊式阻尼器。

空气阻尼式时间继电器的电磁机构可以是直流的，也可以是交流的；它既可以做成通电延时，也可以做成断电延时，如图 1-30 所示。

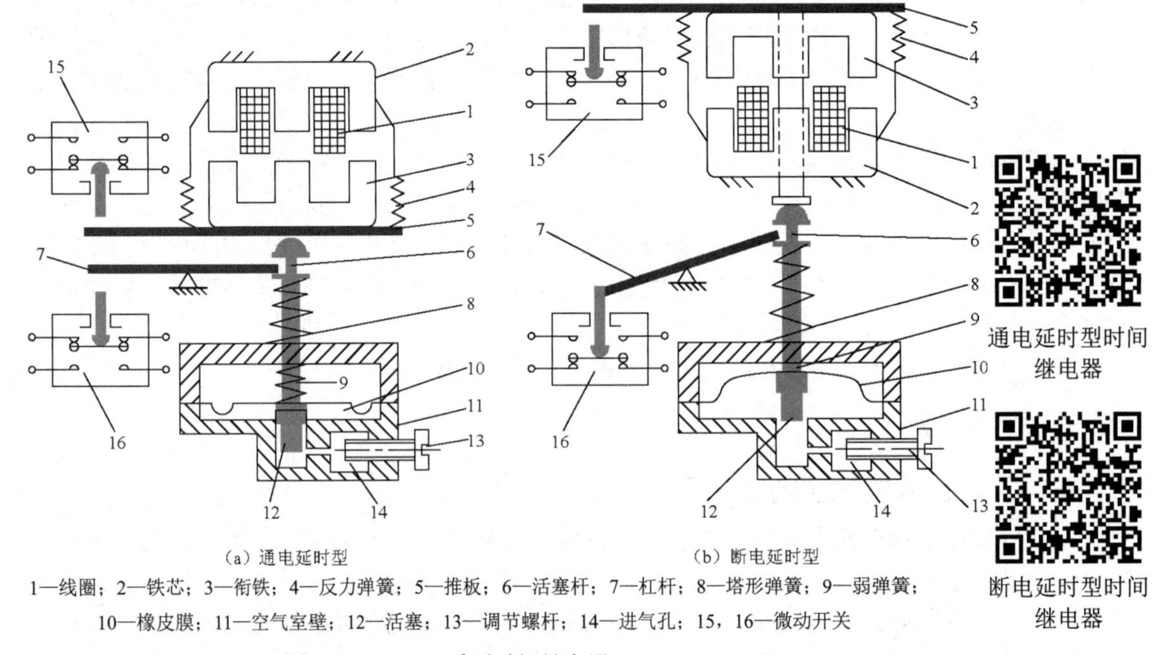

（a）通电延时型　　（b）断电延时型

1—线圈；2—铁芯；3—衔铁；4—反力弹簧；5—推板；6—活塞杆；7—杠杆；8—塔形弹簧；9—弱弹簧；10—橡皮膜；11—空气室壁；12—活塞；13—调节螺杆；14—进气孔；15，16—微动开关

图 1-30　JS7-A 系列时间继电器

以图 1-30（a）通电延时为例介绍其工作原理，当线圈得电后衔铁（动铁芯）吸合，活塞杆在塔形弹簧作用下带动活塞及橡皮膜向上移动，橡皮膜下方空气室空气变得稀薄形成负压，活塞杆只能缓慢移动，其移动速度由进气孔气隙大小来决定。经一段延时后，活塞杆通过杠杆压动微动开关，使其触点动作，起到通电延时作用。当线圈断电时衔铁释放，橡皮膜下方空气室内的空气通过活塞肩部所形成的单向阀迅速排出，使活塞杆、杠杆、微动开关等迅速复位。由线圈得电到触点动作的一段时间即为时间继电器的延时时间，其大小可以通过调节螺钉调节进气孔气隙大小来改变。

断电延时型的结构、工作原理与通电延时型相似，只是电磁铁安装方向不同，如图 1-30（b）所示，即当衔铁吸合时推动活塞复位，排出空气。当衔铁释放时活塞杆向上移动，实现断电延时。

空气阻尼式时间继电器结构简单，价格低廉，延时范围为 0.4～180s，但是延时误差较大，难以精确地整定延时时间，常用于延时精度要求不高的交流控制电路中。

2. 电子时间继电器

电子式时间继电器又称半导体式时间继电器，它是利用 RC 电路电容器充电时，电容电压不能突变，只能按照指数规律逐渐变化的原理来获得延时的。因此，只要改变 RC 充电回路的时间常数（改变电阻值），即可改变延时时间。继电器的输出形式分为有触点输出和无触点输出，有触点输出是利用晶体管驱动小型电磁式继电器，而无触点输出是采用晶体管或晶闸管输出。

常见的晶体管式时间继电器产品有 JSJ、JS13、JS14、JS15、JS20、JS14A、JS14P 等系

列，它们的参数可查阅相关资料。

电子式时间继电器具有延时范围广、精度高、体积小、耐冲击和振动、调节方便、寿命长等特点，因此应用很广泛，但电子式时间继电器的延时易受电源电压波动的影响，抗干扰能力较差。

3. 时间继电器的图形、文字符号

时间继电器的文字符号为 KF，图形符号如图 1-31 所示。

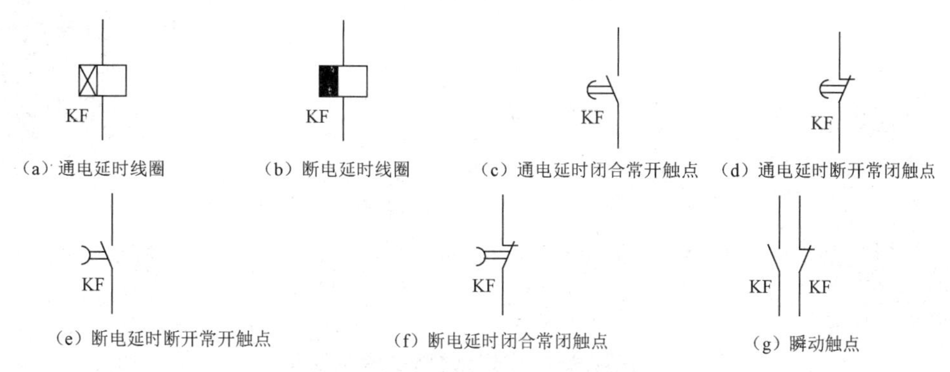

图 1-31　时间继电器的图形、文字符号

【实施步骤】

一、所需工具器材

三相异步电动机正反转控制线路所需设备、工具和材料见表 1-4。

三相异步电动机顺序控制线路所需设备、工具和材料见表 1-5。

表 1-4　三相异步电动机正反转控制线路所需设备、工具和材料

序号	名 称 及 说 明	数量
1	三相笼型异步电动机（380V，Y 连接）	1
2	熔断器（3A）	2
3	按钮	3
4	交流接触器	2
5	热继电器	1
6	空气开关	1
7	导线	若干

表 1-5　三相异步电动机顺序控制线路所需设备、工具和材料

序号	名 称 及 说 明	数量
1	三相笼型异步电动机（380V，Y 连接）	2
2	熔断器（3A）	2
3	按钮	4
4	交流接触器	2
5	热继电器	2
6	空气开关	1
7	时间继电器	1
8	导线	若干

二、控制方案的确定

实现正反转的方法较多，一般来说有“正—停—反”、“正—反—停”两种控制模式，其电路原理图如图 1-32 所示。

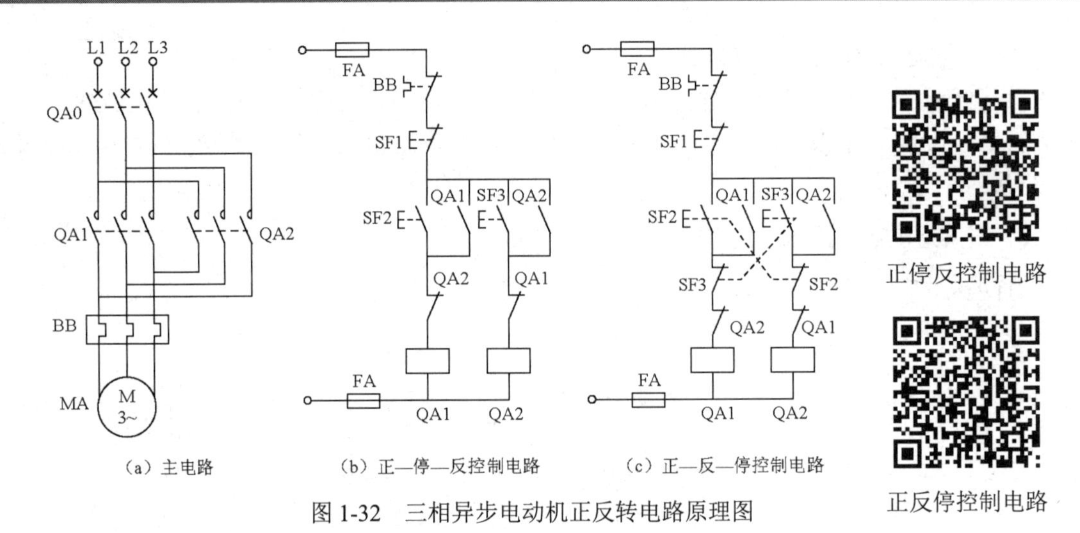

（a）主电路　（b）正—停—反控制电路　（c）正—反—停控制电路

图 1-32　三相异步电动机正反转电路原理图

图 1-33 为采用斯沃数控仿真软件绘制的图 1-32(c)所示正反转电气控制线路的实物接线图。

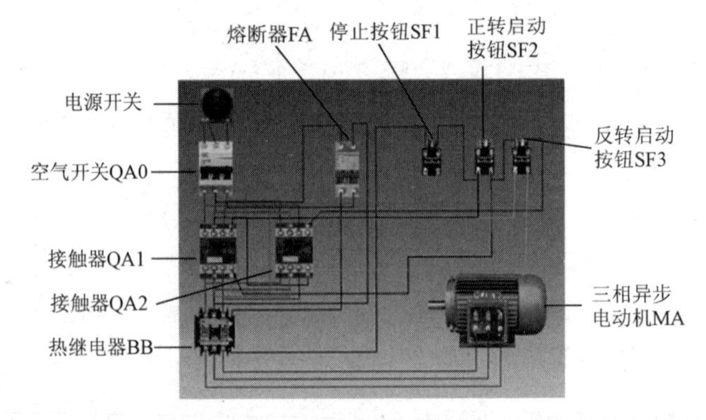

图 1-33　图 1-32（c）所示正反转电气控制线路的实物接线仿真图

电动机的顺序控制可采用控制开关、接触器来直接操作，也可采用按钮、接触器的控制电路来实现，若需要自动控制，则需用到时间继电器。图 1-34（b）为采用接触器实现的按动作顺序启动控制，图 1-34(c)为采用时间继电器实现的自动启动顺序控制。顺序停止的控制电路以此类推。

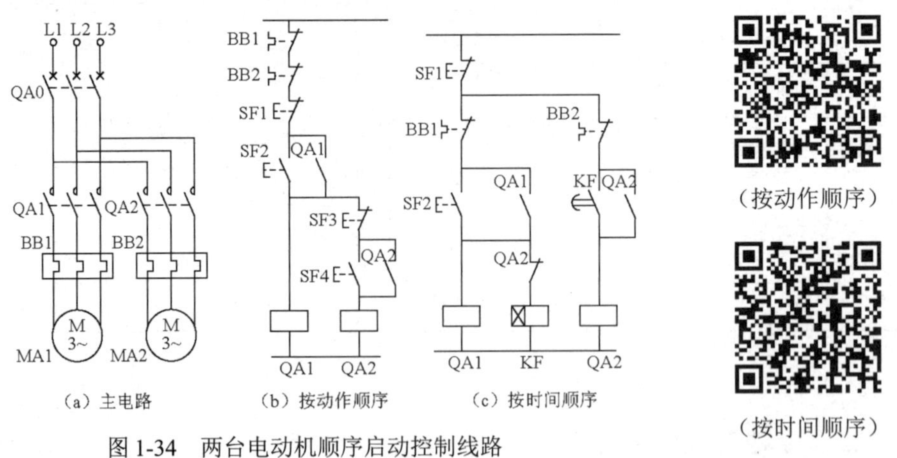

（a）主电路　（b）按动作顺序　（c）按时间顺序

图 1-34　两台电动机顺序启动控制线路

图 1-35 为采用斯沃数控仿真软件绘制的图 1-34（b）所示按动作顺序控制电器线路的实物

接线图。

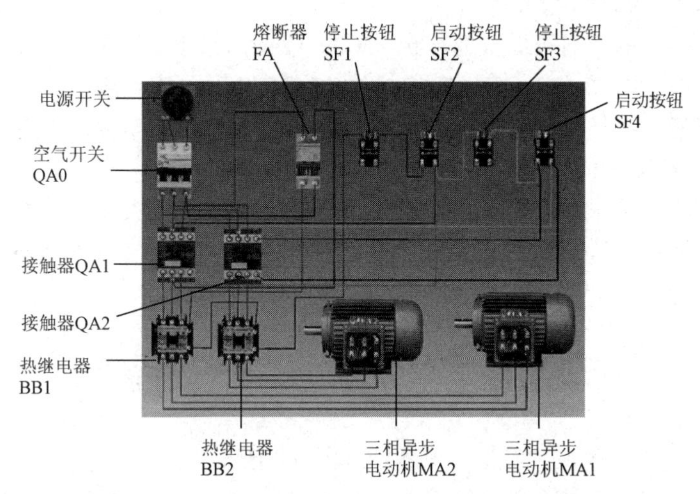

图 1-35　图 1-34（b）所示按动作顺序控制电气线路的实物接线仿真图

三、工作过程分析

（1）正—停—反控制，如图 1-32（b）所示。

图 1-32（b）中，由于两个接触器 QA1、QA2 触点所接电动机电源的相序不同，从而改变了电动机转向。从电路可看出，接触器 QA1 和 QA2 触点不可同时闭合，以免发生相间短路故障，为此就需要在各自的控制电路中串接对方的动断触点，构成互锁。电机正转时，按下正向启动按钮 SF2，QA1 得电并自锁，QA1 动断触点断开，这时，即使按下反向按钮 SF3，QA2 也无法通电。当需要反转时，先按下停止按钮 SF1，令接触器 QA1 断电释放，QA1 动断触点闭合，电动机停转；再按下反向启动按钮 SF3，接触器 QA2 才得电，电动机反转。由于电动机由正转切换成反转时，须先停下来，再反向启动，故称该电路为正—停—反电路。

具体工作过程如下。

合上空气开关 QA0；

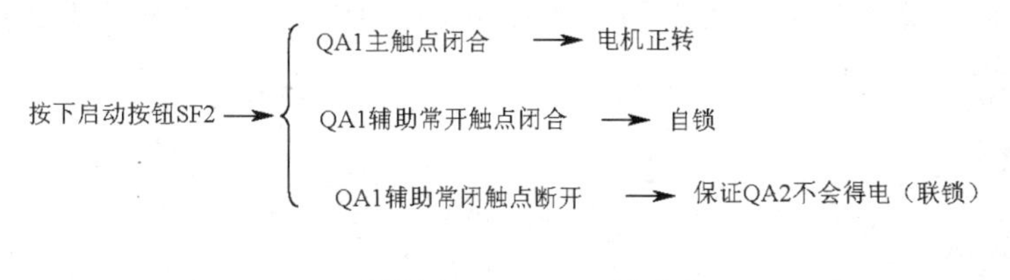

按下反转启动按钮 SF3，工作过程与正转类似。

（2）正—反—停控制，如图 1-32（c）所示。

图 1-32（b）中，使电动机从正转到反转，须先按停止按钮 SF1，这显然在操作上不便。为了解决这个问题，可利用复合按钮进行控制，如图 1-32（c）所示。

假定电动机在正转。此时，接触器 QA1 线圈吸合，主触点 QA1 闭合。欲切换电动机的转向，只要按下反向启动按钮 SF3 即可。按下复合按钮 SF3 后，其常闭触点先断开接触器 QA1 线圈回路，接触器 QA1 释放，主触点断开正转电源。复合按钮 SF3 的常开触点闭合，接通接触器 QA2 的线圈回路，接触器 QA2 通电吸合且自锁，接触器 QA2 的主触点闭合，反转电源送入电动机绕组，电动机做反向启动并运转。

（3）接触器实现的顺序控制。

如图 1-34（b）所示，工作过程为：合上开关 QA0，按下 SF2，接触器 QA1 线圈得电，QA1 主触点闭合，电动机 MA1 启动运转，同时 QA1 常开辅助触点闭合，完成自锁过程，保证电动机 MA1 一直运转；然后，按下 SF4，接触器 QA2 线圈得电，QA2 主触点闭合，电动机 MA2 启动运转，同时 QA2 常开辅助触点闭合，完成自锁过程。

按下按钮 SF3，电动机 MA2 可单独停止，若按下 SF1，MA1、MA2 同时停止。也就是说，若 MA2 工作，MA1 是不能单独停止的，从而实现了 MA2 工作时 MA1 必定工作，以及 MA1 停止时 MA2 必定停止的顺序关系。

实现顺序运动控制的关键是，必须将前一控制回路接触器的常开辅助触点串联到需要控制的回路中，这样才能实现前级电路正常工作后，后级电路才可能工作的要求，如图 1-34 所示的 QA1 常开辅助触点。

（4）时间继电器实现的顺序控制，如图 1-34（c）所示。

若设时间继电器的工作时间为 5s，则图 1-34（c）所示线路可以实现：电动机 MA1 先启动，5s 后 MA2 自动启动，且 MA1 与 MA2 能同时停止。工作工程如下：

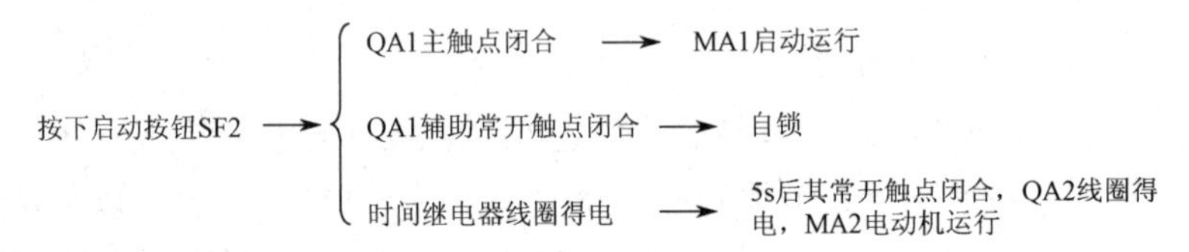

四、注意事项

（1）电动机为 Y 连接，电源电压应该为 380V。

（2）为了设备的安全，主电路和控制电路都应接入熔断器。

（3）接线完毕后，注意导线不要碰到联轴器，以防止电动机旋转而拉断导线。

（4）控制电器的线圈应接在电源的同一端，防止电源短路，同时也便于检修和安装接线。

（5）交流电器的线圈不能串联使用，这是因为交流电器线圈的感抗与它的衔铁吸合间隙有关。由于吸合时间不完全同步，只要有一个电器吸合动作，它的线圈上的压降就增大，从而使另一个电器达不到所需要的动作电压。

【知识扩展】

一、主令电器

常见的主令电器除了控制按钮之外，还有以下几种。

1. 行程开关

依照生产机械的行程发出命令以控制其运行方向或行程长短的主令电器称为行程开关。若将行程开关安装于生产机械行程终点处以限制其行程，则称为限位开关或终点开关。行程开关广泛用于各类机床和起重机械的控制，以限制这些机械的行程。当生产机械运动到某一预定位置时，行程开关就通过机械可动部分的动作，将机械信号转换为电信号以实现对生产机械的电气控制，限制它们的动作或位置，借此对生产机械进行必要的保护。

从结构上看，行程开关可分为三个部分：操作头、触点系统和外壳。行程开关的种类很多，其主要变化在于传动操作方式和传动头形状的变化。操作方式有瞬动型和蠕动型。头部结构有直动、滚动、杠杆、单轮、双轮、滚轮摆可调以及弹簧杆等。行程开关的工作原理与控制按钮类似，只是它用运动部件上的撞块来碰撞行程开关的推杆。触点结构是双断点直动式，为瞬动型触点。

常用的行程开关有 JLXK1、LX19、LX32、XL33 等多列，微动开关有 LXW-11、JLXK1-11、LXK3 等系列。图 1-36 所示为 LX19 系列行程开关外形、图形符号及文字符号。

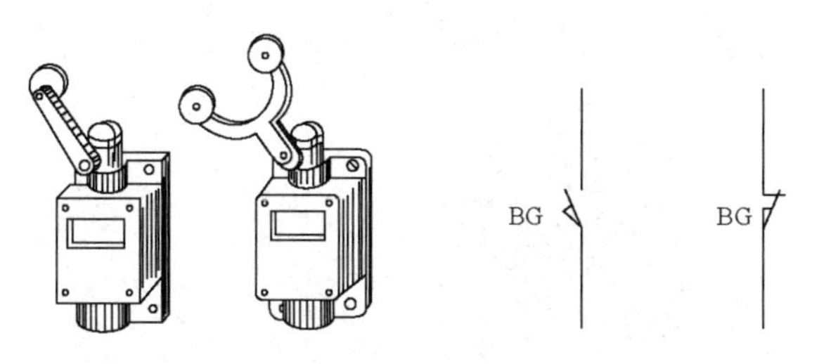

（a）单轮旋转式　（b）双轮旋转式　（c）常开触点　（d）常闭触点

图 1-36　LX19 系列行程开关外形、图形符号及文字符号

在选用行程开关时，主要根据机械位置对开关形式的要求和控制线路对触点的数量要求以及电流、电压等级来确定其型号。

2. 接近开关

接近开关是一种非接触式物体检测装置，又称无触点行程开关。其功能是当某种物体与之接近到一定距离时就发出动作信号，而不像机械行程开关那样需要施加机械力。接近开关是通过其感辨头与被测物体间介质能量的变化来取得信号的。接近开关的应用已远超出一般行程控制和限位保护的范畴，例如用于高速计数、测速、液面控制、检测金属体的存在、零件尺寸以及无触点按钮等。即使用于一般机械式行程控制，其定位精度、操作频率、使用寿命和对恶劣环境的适应能力也优于一般机械式行程开关。常见接近开关外形如图 1-37 所示。

目前市场上接近开关的产品很多、型号各异，但功能基本相同，外形有 M6～M34 圆柱型、方型、普通型、分离型、槽型等，适于工业生产自动化流水线定位检测、记数等配套使用。接近开关的图形符号及文字符号如图 1-38 所示。

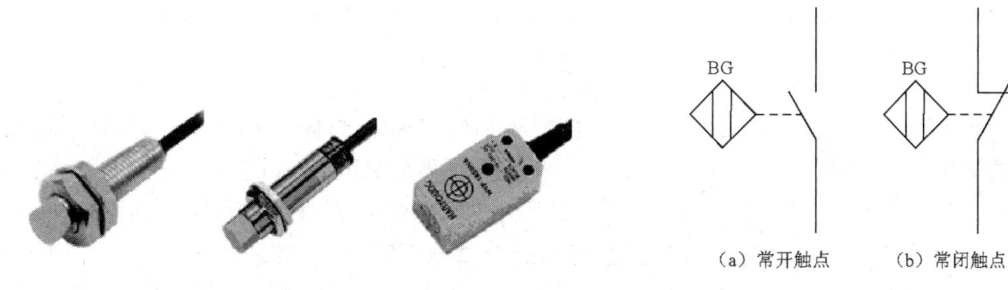

（a）常开触点　（b）常闭触点

图 1-37　常见接近开关外形图　　图 1-38　接近开关的图形及文字符号

3. 光电开关

光电开关又称无接触检测和控制开关，利用物质对光束的遮蔽、吸收或反射等作用，对物体的位置、形状、标志、符号等进行检测。光电开关能非接触、无损伤检测各种固体、液体、透明体、烟雾等，具有体积小，功能多，寿命长，功耗低，精度高，响应速度快，检测

距离远，抗光、电、磁干扰性能好等优点，广泛用于各种生产设备中的检测、液位检测、行程控制、产品计数、速度监测、产品精度检测、尺寸控制、宽度鉴别、色斑与标记识别、防盗警戒等，成为自动控制系统和生产线中不可缺少的重要元件。

光电开关是一种新兴的控制开关。在光电开关中最重要的是光电元件，它是把光照强弱的变化转换为电信号的传感元件。光电元件主要有发光二极管、光敏电阻、光电晶体管、光电耦合器等元件，它们构成了光电开关的传感系统。

常用光电开关外形、图形和文字符号如图 1-39 所示。

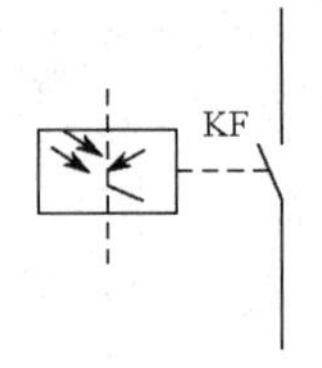

图 1-39　常用光电开关外形、图形和文字符号

4．主令控制器

主令控制器是用于频繁转换的复杂的多路控制电路的主令电器。它操作轻便，允许每小时接电次数较多，触点为双断点桥式结构，适用于按顺序操作多个控制回路。主令控制器的外形与结构原理如图 1-40 所示。

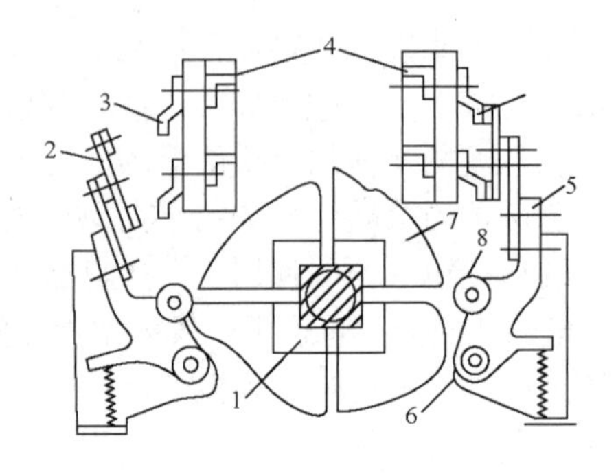

（a）外形　　　　（b）结构原理

1—凸轮块；2—动触点；3—静触点；4—接线端子；5—支杆；6—转动轴；7—凸轮块；8-小轮

图 1-40　主令控制器

主令控制器一般由触点、凸轮块、定位机构、转动轴、面板及其支承件等部分组成。从结构形式来看，主令控制器有两种类型，一种是凸轮调整式主令控制器，它的凸轮片上开有孔和槽，凸轮片的位置可根据给定的触点通断表进行调整；另一种是凸轮非调整式主令控制器，其凸轮不能调整，只能按接触点通断表做适当的排列组合。

主令控制器的图形符号及文字符号如图 1-41（a）所示。图形符号中“每一横线”代表一路触点；用竖的虚线代表手柄位置。哪一路接通，就在代表该位置的虚线上的触点下用黑点“•”表示。触点通断也可用通断表来表示，如图 1-41(b)所示，表中的“×”表示触点闭合，空白表示触点分断。例如图 1-41（b）中，当主令控制器的手柄置于“I”位时，触点“1”、“3”接通，其他触点断开；当手柄置于“II”位时，触点“2”、“4”、“5”、“6”接通，其他触点断开。

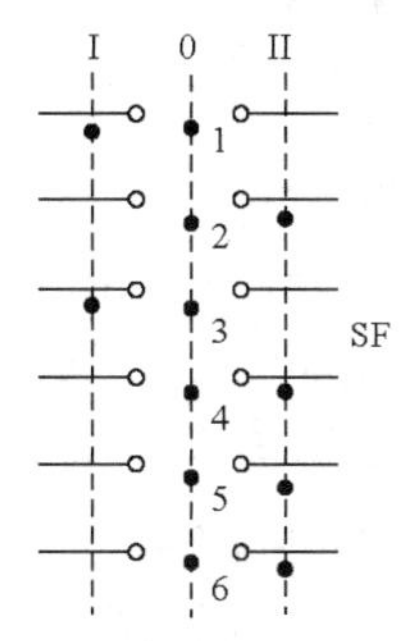

（a）图形符号及文字符号

触点号	I	0	II
1	×	×	
2		×	×
3	×	×	
4		×	×
5		×	×
6		×	×

（b）通断表

图 1-41　主令电器的图形符号、文字符号和通断表

5．万能转换开关

万能转换开关是由多组相同结构的触点组件叠装而成的多回路控制电器。它由操作机构、定位装置和触点三部分组成。主要用于各种配电装置的远距离控制，也可作为电气测量仪表的转换开关或用于小容量电动机的启动、制动、调速和换向的控制。

图 1-42　万能转换开关的外形

万能转换开关的外形如图 1-42 所示。由于每层凸轮可做成不同的形状，因此当手柄转到不同位置时，通过凸轮的作用，可以使各对触点按需要的规律接通和分断。

目前常用的万能转换开关有 LW2、LW5、LW6、LW8、LW9、LW12、LW15 等系列。其中 LW9 和 LW12 系列符合国际 IEC 有关标准和国家标准，该产品采用一系列新工艺、新材料，性能可靠，功能齐全，能替代目前全部同类产品。

万能转换开关的触点在电路图中的图形符号如图 1-43 所示。但由于其触点的分合状态是与操作手柄的位置有关的，为此，在电路图中除画出触点图形符号之外，还应有操作手柄位置与触点分合状态的表示方法。其表示方法有两种，一种是在电路图中画虚线和画"•"的方法，如图 1-43（a）所示，即用虚线表示操作手柄的位置，用有无"•"分别表示触点的闭合和打开状态。比如，在触点图形符号下方的虚线位置上画"•"，则表示当操作手柄处于该位置时，该触点处于闭合状态；若在虚线位置上未画"•"，则表示该触点处于打开状态。另一种方法是，在电路图中既不画虚线也不画"•"，而是在触点图形符号上标出触点编号，再用通断表表示操作手柄处于不同位置时的触点分合状态，如图 1-43（b）所示。在通断表中用有无"×"分别表示操作手柄于不同位置时触点的闭合和断开状态。

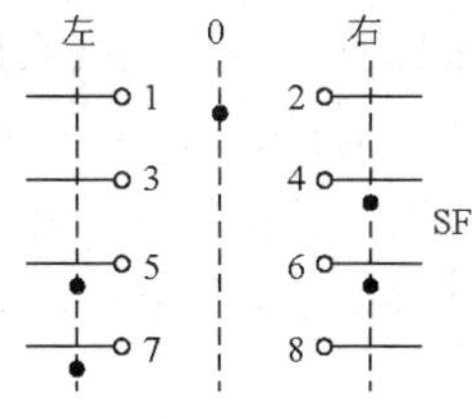

（a）图形符号及文字符号

触点号	左	0	右
1-2		×	
3-4			×
5-6	×		×
7-8	×		

（b）通断表

图 1-43　万能转换开关的图形符号、文字符号和通断表

万能转换开关主要用于低压断路操作机构的合闸与分闸控制、各种控制线路的转换、电压和电流表的换相测量控制、配电装置线路的转换和遥控等。

二、往复运动控制

1. 电路原理图

往复运动也是一种正反转控制电路，只不过采用行程开关作为控制元件来控制电动机的正转与反转。如图 1-44 所示，在正转接触器 QA1 的线圈回路中，串联接入正向行程开关 BG1 的常闭触点，在反转接触器 QA2 线圈回路中，串联接入反向行程开关 BG2 的常闭触点；同时，将 BG1 的常开触点并联在 SF3 两端，BG2 的常开触点并联在 SF2 的两端。这种电路能使生产机械每次启动后自动在规定的行程内往复循环运动，也常用于机械设备的行程极限保护。

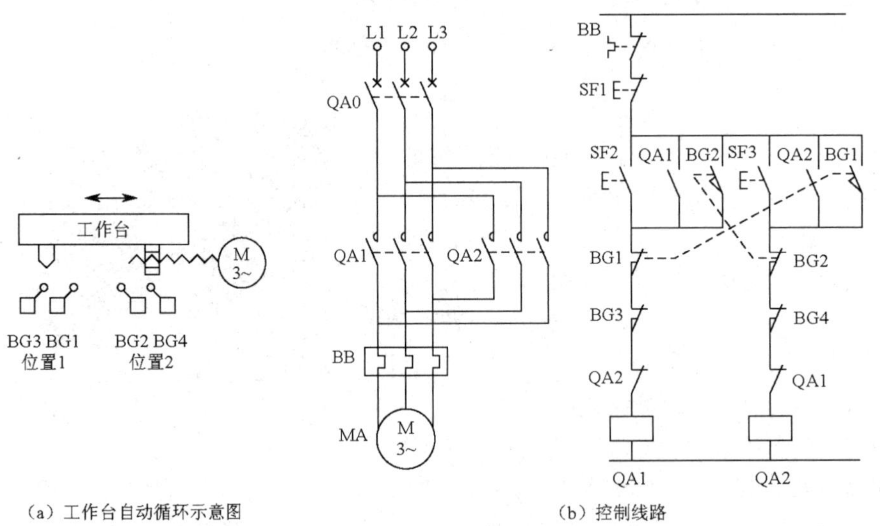

（a）工作台自动循环示意图　　（b）控制线路

图 1-44　自动往返运动电路

自动往返运动电路

2. 工作过程

合上空气开关 QA0，按下正转启动按钮 SF2，接触器 QA1 线圈得电，QA1 主触点和辅助触点动作，工作台开始正向（向左）运动；当工作台运动到位置开关 BG1 位置处，BG1 常开触点闭合、常闭触点断开，接触器 QA1 线圈失电，正转停止，同时接触器 QA2 线圈得电，工作台开始反向运动（向右）；当运动到位置开关 BG2 位置处，BG2 常开触点闭合、常闭触点断开，接触器 QA2 线圈失电，反转停止，同时接触器 QA1 线圈得电，工作台开始正向运动（向左）。这样工作台就在位置开关 BG1、BG2 之间进行往复运动。

在往复运动过程中的任意位置，当需要工作台停止时，只要按下停止按钮 SF1 即可。

图 1-44（a）中的 BG3、BG4 位置开关起到极限保护作用。当 BG1、BG2 位置开关出现不能正常工作情况时，工作台就会运动到 BG3 或 BG4 位置处，BG3 或 BG4 的常闭触点断开，切断接触器线圈电源，使主电路与电源断开，从而保护设备与相关人员安全。

这种应用运动部件行程作为控制参量的控制方法称为行程原则。

项目 1.3　三相异步电动机的降压启动控制

【项目目标】

（1）掌握三相异步电动机降压启动的方法。

（2）掌握三相异步电动机各种降压启动电路的组成和工作原理。

（3）熟练掌握时间继电器的应用。

【项目分析】

电动机从接通电源开始，转速由零上升到额定值的过程叫做启动过程。小型电动机的启动过程经历的时间在几秒之内，大型电动机的启动时间为几秒到几十秒，并且大容量笼型异步电动机的启动电流很大，会引起电网电压降低，使电动机转矩减小，甚至启动困难，而且还要影响同一供电网络中其他设备的正常工作，所以容量大的笼型异步电动机的启动电流应限制在一定的范围内，不允许直接启动。

生产过程中，电动机可否直接启动，应根据启动次数、电网容量和电动机的容量来决定。一般规定是：启动时，供电母线上的电压压降不得超过额定电压的10%～15%；启动时，变压器的短时过载不超过最大允许值，即电动机的最大容量不超过变压器容量的20%～30%。因此，小容量的三相异步电动机可以直接启动；但当电动机容量较大时，应采用降压启动，以减小启动电流，待电动机转速上升后，恢复额定电压，再进入正常运行状态。

本项目主要介绍用多种电气控制线路来完成对三相异步电动机降压启动的控制。

【相关知识】

一、三相异步电动机的直接启动

直接启动是最简单的启动方法。启动时用刀开关、电磁启动器或接触器将电动机定子绕组直接接到电源上。一般对于小型笼型异步电动机，如果电源容量足够大时，应尽量采用直接启动方法。对于某一电网，多大容量的电动机才允许直接启动，可按经验公式（1-2）来确定。

$$K_{\mathrm{I}}=\frac{\text{直接启动电流（A）}}{\text{额定电流（A）}}\leqslant\frac{3}{4}+\frac{\text{变压器总容量（kV·A）}}{4\times\text{电动机额定功率（kW）}} \tag{1-2}$$

电动机的启动电流倍数 K_{I} 须符合上式中电网允许的启动电流倍数，才允许直接启动。一般10kW以下的电动机都可以直接启动。随电网容量的加大，允许直接启动的电动机容量也变大。需要注意的是，对于频繁启动的电动机不允许直接启动，应采取降压启动。

二、三相异步电动机的降压启动

降压启动是指电动机在启动时降低加在定子绕组上的电压，启动结束时再施加额定电压运行的启动方式。降压启动虽然能降低电动机启动电流，但由于电动机的转矩与电压的平方成正比，因此降压启动时电动机的转矩也减小较多，故此法一般适用于电动机空载或轻载启动。降压启动的方法有以下几种。

1．定子串接电抗器或电阻的降压启动

方法：启动时，电抗器或电阻接入定子电路；启动后，切除电抗器或电阻，进入正常运行，如图 1-45 所示。

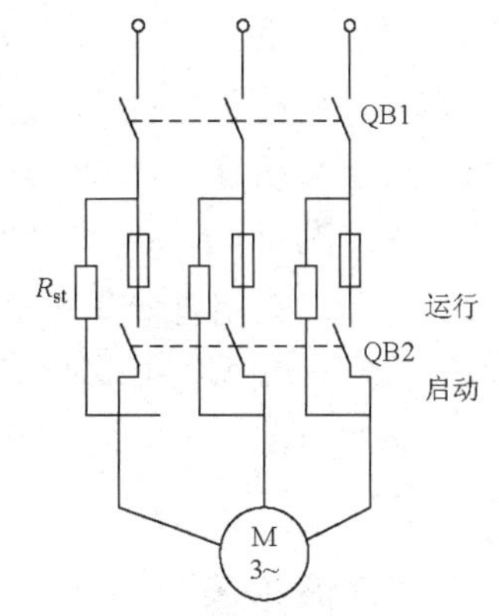

图 1-45　电阻降压启动

三相异步电动机定子串接电抗器或电阻器启动时，定子绕组实际所加电压降低，从而减小

启动电流。但定子绕组串接电阻启动时，能耗较大，实际应用不多。

2. 星形—三角形（Y—△）降压启动

方法：启动时定子绕组接成 Y 形，运行时定子绕组则接成△ 形，其接线图如图 1-46 所示。对于运行时定子绕组为 Y 形的笼型异步电动机，则不能用 Y—△ 启动方法。

Y—△ 启动时，定子绕组承受的电压只有三角形连接时的$1/\sqrt{3}$，启动电流为直接启动时电流的 1/3，而启动转矩也是直接启动时的 1/3。

Y—△ 启动方法简单，价格便宜，因此在轻载启动条件下，应优先采用。我国采用 Y—△ 启动方法的电动机额定电压都是 380V，绕组是△ 接法。

3. 自耦变压器降压启动

方法：自耦变压器也称启动补偿器。启动时，电源接自耦变压器原边，副边接电动机。启动结束后，电源直接加到电动机上。三相笼型异步电动机采用自耦变压器降压启动的接线如图 1-47 所示。

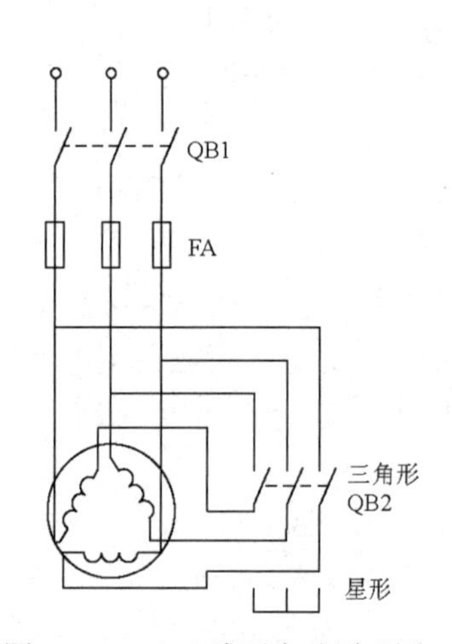

图 1-46　Y—△降压启动原理图

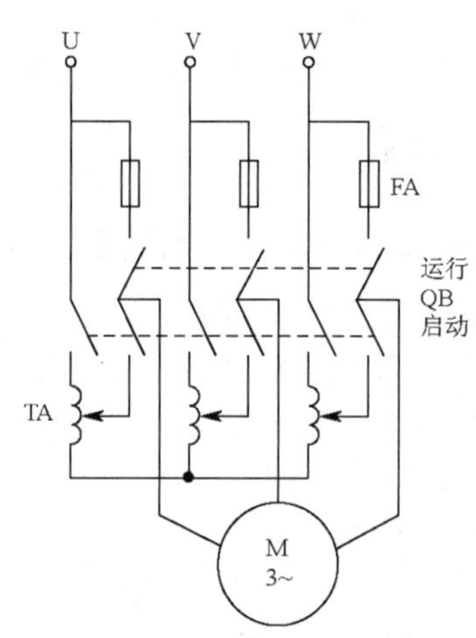

图 1-47　自耦变压器降压启动原理图

设自耦变压器的电压比$k = N_1 / N_2 = \sqrt{3}$，则启动时，电动机所承受的电压为$U_N / \sqrt{3}$（U_N为变压器原边电压），启动电流为全压启动时的$1/\sqrt{3}$，启动转矩为全压启动时的$1/3$。与定子串电阻降压启动不同的是，定子串电阻降压启动时，电动机的启动电流就是电网电流；而自耦变压器降压启动时，电动机的启动电流与电网电流的关系则是自耦变压器一、二次电流的关系。因一次电流$I_1 = I_2 / k$，因此这时电网电流为电动机启动电流的$1/\sqrt{3}$，只有直接启动时的$1/3$。

可见，采用自耦变压器降压启动，启动电流和启动转矩都降k^2倍。自耦变压器一般有 2～3 组抽头，其电压可以分别为原边电压U_N的 80%、65%或 80%、60%、40%。

该种方法对定子绕组采用 Y 形或△ 形接法的电动机都可以使用，缺点是设备体积大，投资较大。

【实施步骤】

一、所需工具器材

三相异步电动机降压启动控制线路所需设备、工具和材料见表 1-6。

二、控制方案的确定

1. 定子电路串电阻降压启动

其控制线路如图 1-48 所示。

表 1-6 三相异步电动机降压启动控制线路所需设备、工具和材料

序号	名 称 及 说 明	数量
1	三相笼型异步电动机（380V，可进行 Y—△ 变换）	1
2	熔断器（3A）	2
3	按钮	2
4	交流接触器	3
5	热继电器	1
6	低压断路器	1
7	时间继电器	1
8	导线	若干
9	串接电阻	3
10	自耦变压器	1

定子串电阻降压启动（手动）

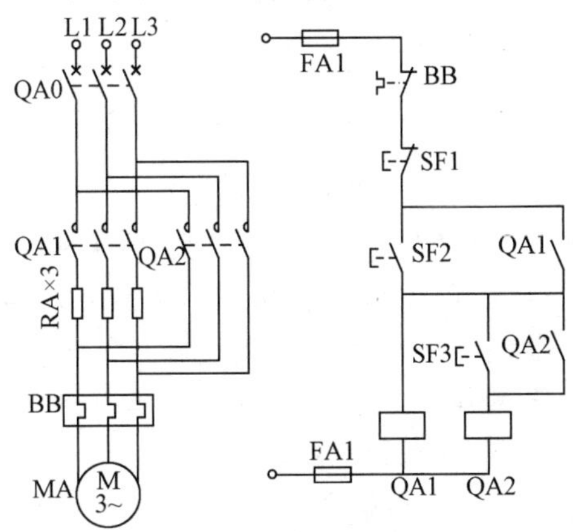

图 1-48　定子串电阻降压启动控制线路

2. 星形—三角形（Y—△）降压启动控制线路

其控制线路如图 1-49 所示。

星三角降压启动

自耦变压器降压启动

图 1-49　星形—三角形（Y—△）降压启动控制线路图

3. 自耦变压器降压启动控制线路

其控制线路如图 1-50 所示。

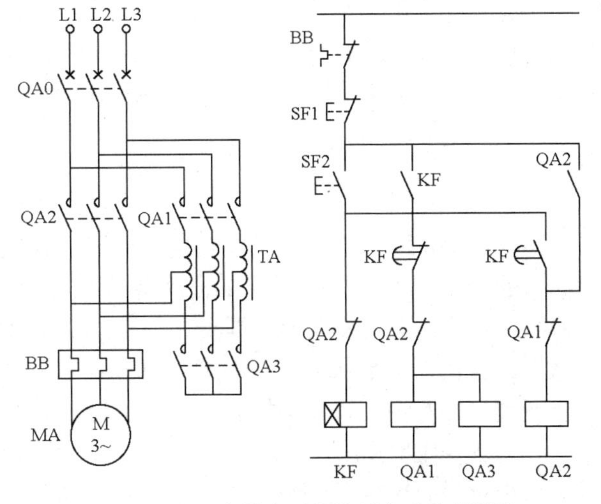

图 1-50　自耦变压器降压启动控制线路

三、工作过程分析

1. 定子电路串电阻减压启动

如图 1-48 所示，工作过程为：合上空气开关 QA0，按下 SF2，接触器 QA1 线圈得电，

QA1主触点闭合，引入三相电源，同时QA1辅助常开触点闭合，完成自锁过程；接触器QA1线圈得电，电动机MA降压启动，然后按下SF3，接触器QA2线圈得电，QA2主触点闭合，电动机MA全压运转。

该电路从启动到全压运行都由操作人员掌握，很不方便，而且若由于某种原因导致QA2不能动作时，电阻不能被短接，电动机将长期在低电压下运行，严重时将烧毁电动机。因此，应对此电路进行改进，如加互锁或信号电路等。

2．星形—三角形（Y—△）降压启动控制线路

如图1-49所示，工作过程为：合上空气开关QA0，按下启动按钮SF2，时间继电器KF、接触器QA3的线圈通电，接触器QA3主触点闭合，将电动机绕组接成星形。随着QA3通电吸合，QA1通电并自锁，电动机绕组在星形连接情况下启动。待电动机转速接近额定转速时，时间继电器延时完毕，其常闭延时断开触点KF断开，接触器QA3失电，其常闭触点复位，接触器QA2线圈得电，其主触点闭合，将电动机绕组按三角形连接，电动机进入全电压运行状态。

该控制电路的特点如下。

（1）接触器QA3先吸合，QA1后吸合。这样，QA3的主触点在无负载的条件下进行接触，可以延长QA3主触点的使用寿命。

（2）互锁保护措施。QA3常闭触点在电动机启动过程中锁住QA2线圈通路，只有在电动机转速接近额定值时（即时间继电器KF延时断开触点动作），QA3线圈失电后，QA2线圈才可能得电吸合；QA2的常闭触点与SF2串联，在电机正常运行时，QA3释放，QA2已吸合，如果有人误按启动按钮SF2，QA2的常闭触点能防止接触器QA3通电动作不至于造成电源短路，使电路工作更为可靠。另一种情况是在电动机停车以后，如果接触器的QA2的主触点由于焊住或机械故障而没有跳开，由于设置了QA2常闭触点(这时QA2常闭触点处于断开状态)电动机就不会再启动，防止了电源的短路事故。

（3）电机绕组由Y形向△形自动转换后，随着QA3失电，KF失电复位。这样，节约了电能，延长了电器使用寿命，同时KF常闭触点的复位为第二次启动做好了准备。

3．自耦变压器降压启动控制线路

其控制线路如图1-50所示。工作过程为：启动时，合上空气开关QA0，按下启动按钮SF2，接触器QA1、QA3的线圈和时间继电器KF的线圈同时得电，接触器QA1、QA3主触点闭合将电动机定子绕组经自耦变压器接至电源，开始降压启动。时间继电器经过一定时间延时后，其常闭延时断开触点断开，使接触器QA1、QA3线圈断电。QA1、QA3主触点断开，从而将自耦变压器从电网上切除；同时时间继电器常开延时闭合触点闭合，使接触器QA2线圈通电，于是电动机直接接到电网上运行，完成了整个启动过程。

自耦变压器降压启动方法的优点是启动时对电网的电流冲击小，功率损耗小。缺点是自耦变压器相对结构复杂，价格较高，而且不允许频繁启动。这种方法主要用于启动较大容量的正常工作接成星形或三角形的电动机，启动转矩可以通过改变自耦变压器抽头的连接位置而得到改变。

【知识扩展】

一、定子串电阻降压启动电路的改进

图1-48所示的定子串电阻降压启动的控制线路还存在一些缺陷，先做如下改进。如图1-51所

示，图 1-51（a）中增加了时间继电器 KF，由 KF 控制 QA2 将启动电阻自动切除。它存在的缺点是电动机启动结束后，QA1 和 KF 一直得电，这是不必要的，这样做会缩短元件的使用寿命。

图 1-51（b）对图 1-51（a）稍加补充就使得完成工作后的继电器及时退出工作，增加 QA2 常闭触点，切除启动结束后的 QA1 和 KF。增加 QA2 常开触点，实现自锁。该电路的工作原理为：接触器 QA2 得电后，用其常闭触点将 QA1 及 KF 的线圈电路切断，使它们退出工作，同时 QA2 自锁。这样在电动机启动后，只有 QA2 保持带电状态，且保证了电路正常运行。

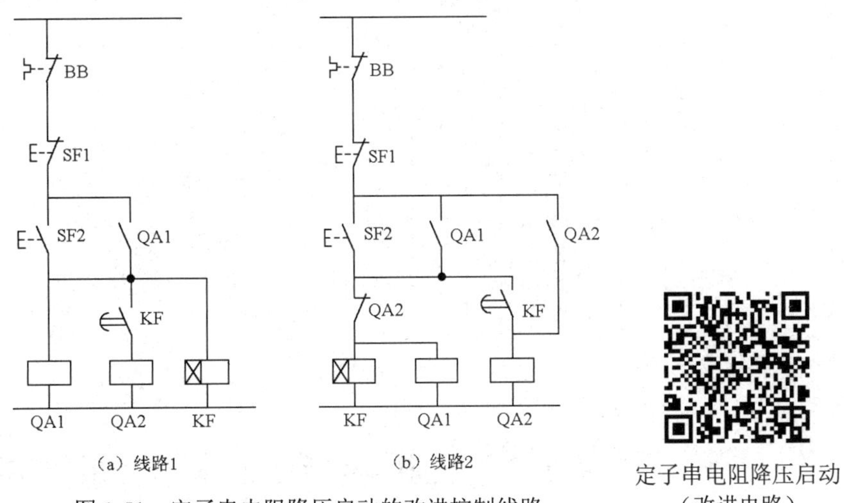

图 1-51　定子串电阻降压启动的改进控制线路

二、延边三角形降压启动控制电路

三相笼型异步电动机星形—三角形降压启动时，虽然不用增加启动设备，启动方式相对简单，但其启动转矩却只有额定电压启动时的 1/3，因此一般只适用于空载或轻载启动。而采用延边三角形启动时，每相绕组承受的电压比三角形连接时低，又比星形连接时高，介于两者之间，这样既不增加启动专用设备，实现降压启动，又可提高启动转矩。但采用该方法启动的电动机制造复杂，造价高。

该启动方式即在电动机启动时将绕组接成延边三角形，启动结束后，将绕组换接成三角形进入全压运行状态。图 1-52 为延边三角形接线原理图，其中 QA3 为延边三角形连接接触器，QA1 为线路接触器，QA2 为三角形连接接触器。

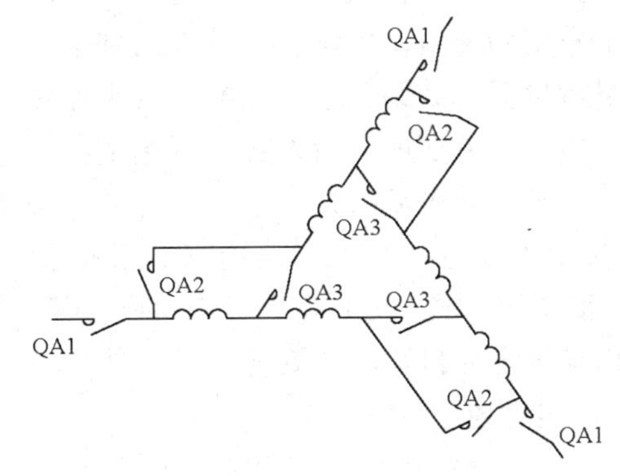

图 1-52　延边三角形接线原理图

图 1-53 为其降压启动控制线路。其启动过程为：合上刀开关 QB，按下启动按钮 SF2，接

触器 QA1、QA3 和时间继电器 KF 的线圈同时通电，接触器 QA1 的常开触点形成自锁，主电路中接触器 QA1、QA3 的主触点闭合，使电动机连接成延边三角形降压启动。延时一段时间后，时间继电器 KF 开始动作，其常闭延时断开触点断开，使 QA3 的线圈断电释放，常开延时闭合触点闭合使 QA2 的线圈得电，并形成自锁，主电路中电动机连接成三角形，正常运转。

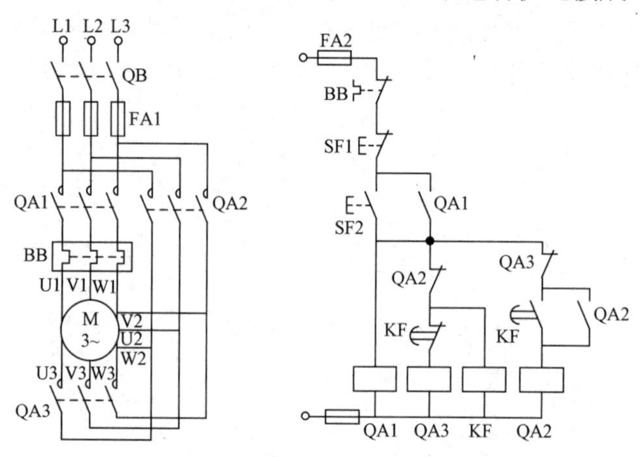

图 1-53 延边三角形降压启动控制线路

项目 1.4 三相异步电动机的调速控制

【项目目标】

（1）掌握三相异步电动机的调速方法。

（2）掌握三相异步电动机调速控制线路的组成和工作原理。

（3）了解变频器的结构、工作原理等知识。

【项目分析】

实际生产中的机械设备常有多种速度输出的要求，如立轴圆台磨床工作台的旋转需要高、低速进行磨削加工；玻璃生产线中，成品玻璃的传输根据玻璃厚度的不同采用不同的速度以提高生产效率。采用异步电动机配机械变速系统有时可以满足调速需求，但传动系统结构复杂、体积大，实际中常采用调速电动机进行大范围的调速，或者采用变频调速。调速电动机不能实现平滑调速，但造价低、线路简单，又能在一定程度上满足机械设备加工工艺上的要求，故得到了广泛使用。变频调速能平滑调速、调速范围广、效率高，又不受直流电动机换向带来的转速与容量的限制，同时随着技术进步，与以前相比其性价比有了很大提高，故变频器已经在很多领域获得了广泛应用，如轧钢机、工业水泵、鼓风机、起重机、纺织机、球磨机化工设备及家用空调等方面，但相对调速电机而言其系统较复杂、成本较高。

本项目除了要介绍三相异步电动机速度控制方面的一些理论，还要介绍用电气控制线路来完成对双速三相异步电动机进行速度控制。

【相关知识】

近年来，随着电力电子技术的发展，异步电动机的调速性能大有改善，交流调速应用日益广泛，在许多领域有取代直流电动机调速系统的趋势。三相笼型异步电动机的转速公式如式（1-3）所示。

$$n = n_1(1-s) = \frac{60 f_1}{p}(1-s) \tag{1-3}$$

式中，n_1 为电动机的同步转速；f_1 为电源的频率；s 为转差率。

（1）改变定子绕组的磁极对数 p，称为变极调速；

（2）改变供电电源的频率 f_1，称为变频调速；

（3）改变电动机的转差率 s，其方法有改变定子电压调速、绕线式电动机转子串电阻调速和串级调速。

一、变极调速

1．基本原理

在电源频率不变的条件下，改变电动机的极对数，电动机的同步转速就会发生变化，从而改变电动机的转速。若极对数减少一半，同步转速就提高一倍，电动机转速也几乎升高一倍。

通常用改变定子绕组的接法来改变极对数，这种电动机称为多速电动机。转子均采用笼型转子，转子感应的极对数能自动与定子相适应，在制造时从定子绕组中抽出一些线头，以便于使用时调换。下面以一相绕组来说明变极原理，先将其两个半相绕组 a_1x_1 与 a_2x_2 采用顺向串联，如图 1-54 所示，则产生两对磁极。若将 U 相绕组中的一半相绕组 a_2x_2 反向连接，如图 1-55 所示，则产生一对磁极。

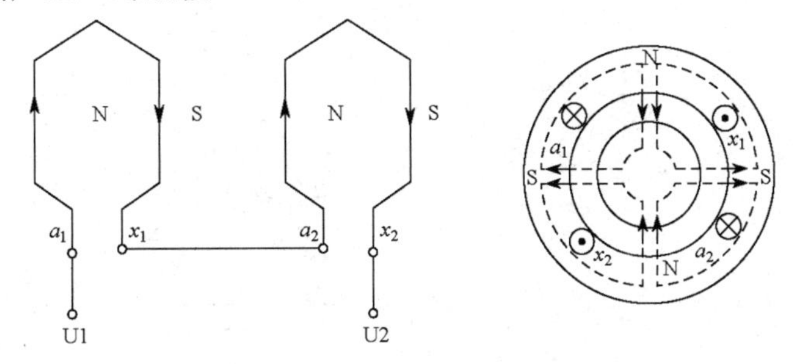

图 1-54　三相四极电动机定子 U 相绕组

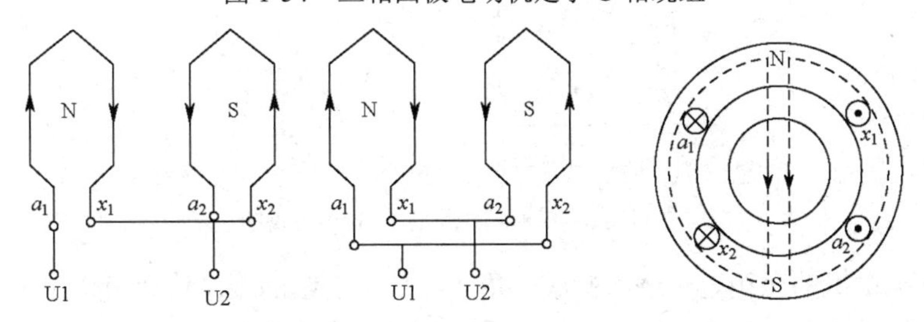

图 1-55　三相两极电动机 U 相绕组

目前，在我国多极电动机定子绕组连接方式最多有 3 种，常用的有两种：一种是从星形改成双星形，写作 Y/YY，如图 1-56 所示；另一种是从三角形改成双星形，写作△/YY，如图 1-57 所示。这两种接法都可使电动机极数减少一半。在改接绕组时，为了使电动机转向不变，应把绕组的相序改接一下。

变极调速主要用于各种机床及其他设备上，它所需设备简单、体积小、质量轻，但电动机绕组引出头较多，调速级数少，级差大，不能实现无级调速。

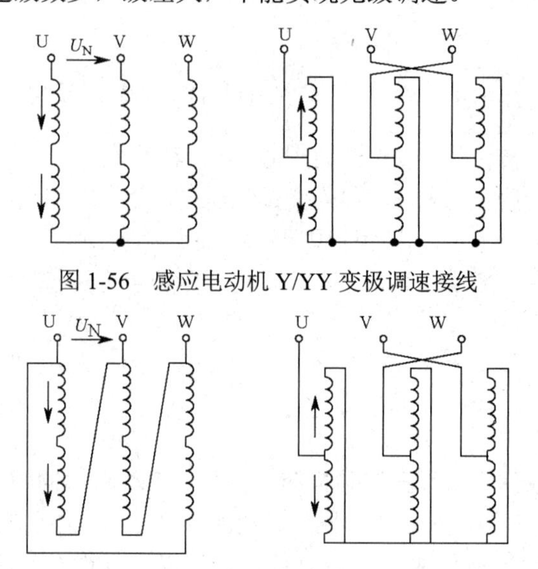

图 1-56　感应电动机 Y/YY 变极调速接线

图 1-57　感应电动机△ /YY 变极调速接线

2．双速电动机

双速电动机就是采用改变极对数来改变电动机的转速。双速电动机定子绕组的接线方法如图 1-58 所示。

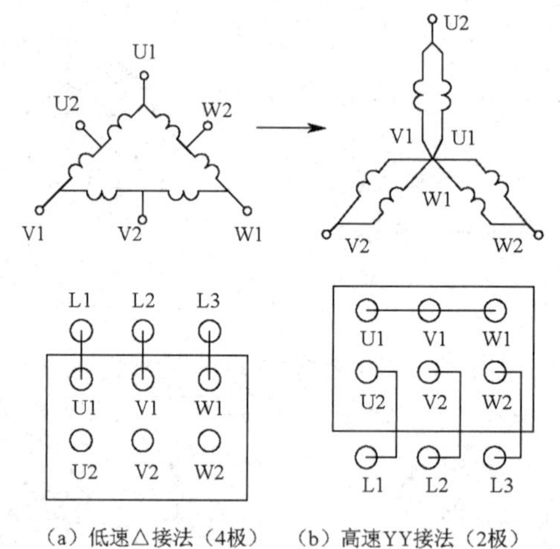

（a）低速△接法（4极）　（b）高速YY接法（2极）

图 1-58　双速电动机定子绕组接线图

图 1-58 中电动机的三相定子绕组接成三角形，三个绕组的三个连接点接出三个出线端 U1、V1、W1，每相绕组的中点各接出一个出线端 U2、V2、W2，共有 6 个出线端。改变这 6 个出线端与电源的连接方法就可得到两种不同的转速。要使电动机低速工作，只要将三相电源接至电动机定子绕组三角形连接顶点的出线端 U1、V1、W1 上，其余三个出线端 U2、V2、W2 空着不接，此时电动机定子绕组接成三角形，如图 1-58（a）所示，极数为 4 极，同步转速为 1500 r/min。

若要电动机高速工作，把电动机定子绕组的三个出线端 U1、V1、W1 连接在一起，电源接到 U2、V2、W2 三个出线端上，这时电动机定子绕组接成 YY 接法，如图 1-58（b）所示。此时极数为 2 极，同步转速为 3000r/min。

二、变频调速

三相异步电动机的同步转速为 $n=60f_1/p$，n 与 f_1 成正比。因此，改变三相异步电动机的电源频率，可以改变旋转磁场的同步转速，达到调速的目的。

额定频率称为基频，变频调速时，可以从基频向上调，也可以从基频向下调。

1. 从基频向下变频调速

在进行变频调速时，为了保证电动机的电磁转矩不变，即要保证电动机内旋转磁场的磁通量不变。三相异步电动机的每相电压 U 为 $U_1 \approx E_1 = 4.44 f_1 N_1 \Phi_m K_{w1}$，若电源电压 U_1 不变，当降低电源频率 f_1 调速时，则磁通 Φ_m 将增加，使铁芯饱和，从而导致励磁电流和铁损耗的大量增加，电动机温升过高等，这是不允许的。因此在变频调速的同时，为保持磁通 Φ_m 不变，就必须降低电源电压，使 $\dfrac{U_1'}{U_1}=\dfrac{f_1'}{f_1}=$定值。通常把这种变频调速方法称为变压变频（VVVF）调速，是目前最常见的变频方法。

2. 从基频向上变频调速

升高电源电压（$U>U_N$，U_N 为电源额定电压）是不允许的。因此，升高频率向上调速时，只能保持电压为 U_N 不变，频率越高，变频磁通 Φ_m 越低，这是一种降低磁通升速的方法，类似他励直流电动机弱磁升速的情况，通常把这种变频调速方法称为恒压变频（CVVF）调速。

异步电动机变频调速具有良好的调速性能，可与直流电动机媲美。

三、改变转差率调速

改变定子电压调速、转子电路串电阻调速和串级调速都属于改变转差率调速。这些调速方法的共同特点是在调速过程中都产生大量的转差功率，前两种调速方法都是把转差功率消耗在转子电路里，很不经济，而串级调速则能将转差功率加以吸收或大部分反馈给电网，提高了经济性能。

1. 改变定子电压调速

对于转子电阻大、机械特性曲线较软的笼型异步电动机而言，如加在定子绕组上的电压发生改变，则负载 T_L 对应于不同的电源电压 U_1、U_2、U_3，可获得不同的工作点 a_1、a_2、a_3，如图 1-59 所示，显然电动机的调速范围很宽。缺点是低压时机械特性太软，转速变化大，可采用带速度负反馈的闭环控制系统来解决该问题。

改变电源电压调速，这种方法主要应用于笼型异步电动机，靠改变转差率 s 调速。过去都采用定子绕组串电抗器来实现，目前已广泛采用晶闸管交流调压线路来实现。

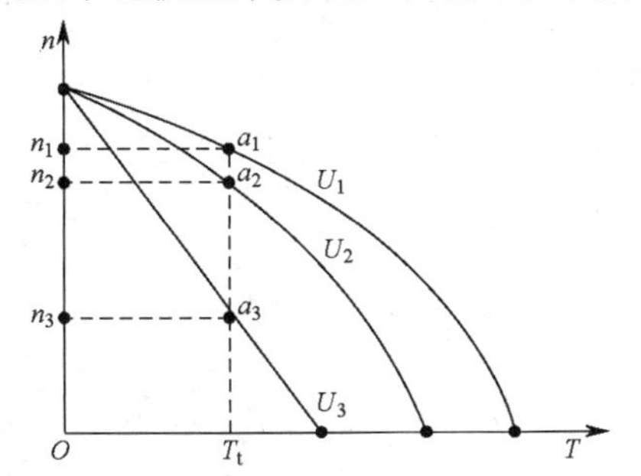

图 1-59　定子串电阻笼型电动机调压调速

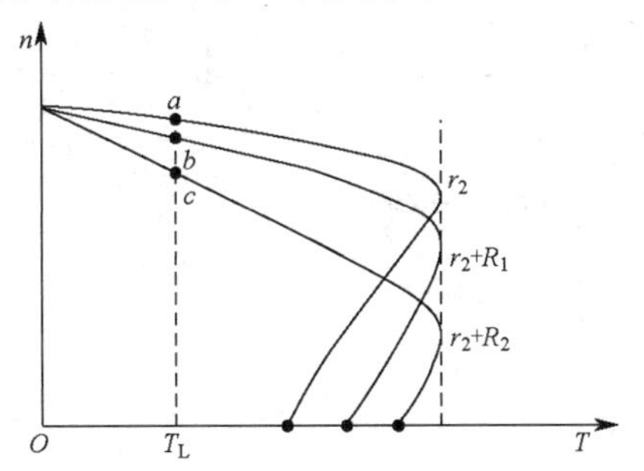

图 1-60　转子串电阻调速机械特性

2. 转子串电阻调速

绕线转子异步电动机转子串电阻调速的机械特性如图 1-60 所示。转子串电阻时最大转矩不变，临界转差率加大。所串电阻越大，运行段特性斜率越大。若带恒转矩负载，原来运行在固有特性曲线 1 的 a 点上，在转子串电阻 R_1 后，就运行在 b 点上，转速由 n_a 变为 n_b，以此类推。

转子串电阻调速的优点是方法简单，主要用于中、小容量的绕线转子异步电动机，如桥式起重机等。

3. 串级调速

所谓串级调速，就是在异步电动机的转子回路串入一个三相对称的附加电动势，其频率与转子电动势相同，改变附加电动势的大小和相位，就可以调节电动机的转速。它也适用于绕线转子异步电动机，靠改变转差率 s 调速。

串级调速性能比较好，过去由于附加电动势的获得比较难，长期以来没能得到推广。近年来，随着晶闸管技术的发展，串级调速有了广阔的发展前景。现已日益广泛用于水泵和风机的节能调速，应用于不可逆轧钢机、压缩机等很多生产机械。

【实施步骤】

一、所需工具器材

三相异步电动机调速控制线路所需设备、工具和材料见表 1-7。

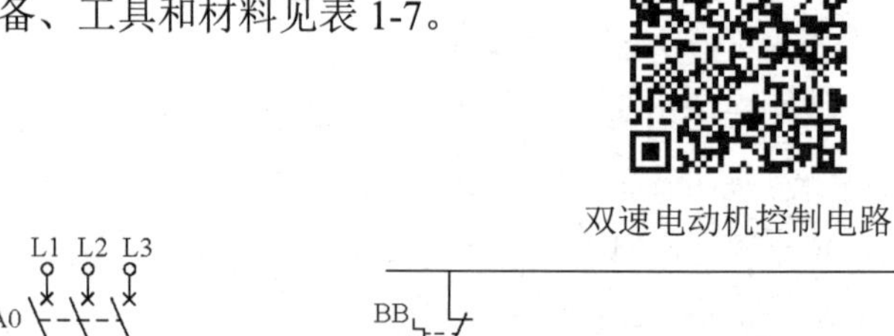

双速电动机控制电路

二、控制方案的确定

其控制线路如图 1-61 所示。

表 1-7　三相异步电动机调速控制线路所需设备、工具和材料

序号	名称及说明	数量
1	三相笼型异步电动机（380V，△连接，双速）	1
2	空气开关	1
3	按钮	3
4	交流接触器	3
5	热继电器	1
6	时间继电器	1
7	导线	若干

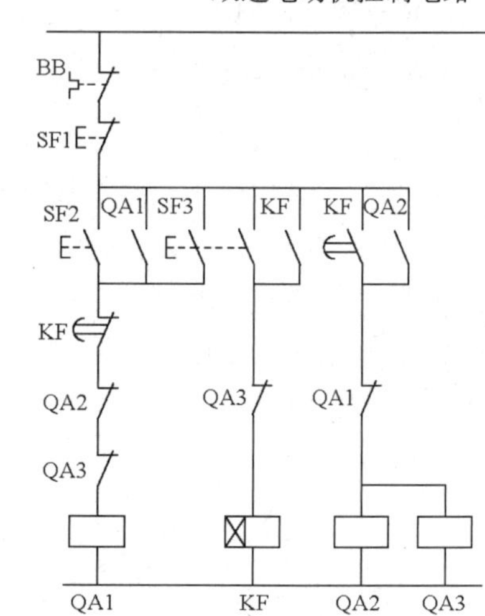

图 1-61　双速电动机控制电路

三、工作过程分析

图 1-61 中接触器 QA1 工作时，电动机为低速运行，接触器 QA2、QA3 工作时，电动机为高速运行。SF2、SF3 分别为低速和高速启动按钮。其工作过程如下。

若按下低速启动按钮 SF2，接触器 QA1 线圈得电，动合辅助触点闭合形成自锁，动断辅助触点断开形成电气互锁，QA1 主触点闭合，电动机接成△ 形低速启动运转。

若按下高速启动按钮 SF3，电动机通过时间继电器的延时作用，先低速运行，而后自动进入高速运行。采用时间继电器实现电动机绕组由△ 形自动切换为 YY 形。

可见，该控制电路对双速电机的高速启动是两级启动控制，以减少电动机在高速启动时的能量消耗。

【知识扩展】

一、变频器简介

如何能取得经济、可靠的变频电源，是实现异步电动机变频调速的关键，也是目前电力拖动系统的一个重要发展方向。目前，多采用由晶闸管或自关断功率晶体管元件组成的变频器。

变频器若按相数分类，可以分为单相和三相；若按性能分类，可以分为交—直—交变频器和交—交变频器。变频器的作用是将直流电源（可由交流经整流获得）变成频率可调的交流电（称为交—直—交变频器）或是将交流电源直接转换成频率可调的交流电（交—交变频器），以供给交流负载使用。交—交变频器将工频交流电直接变换成所需频率的交流电能，不经中间环节，也称直接变频器。

二、变频器的结构

所有变频器的结构基本相同，但具体电路各有差异。通用变频器由主电路和控制电路构成，如图 1-62 所示。

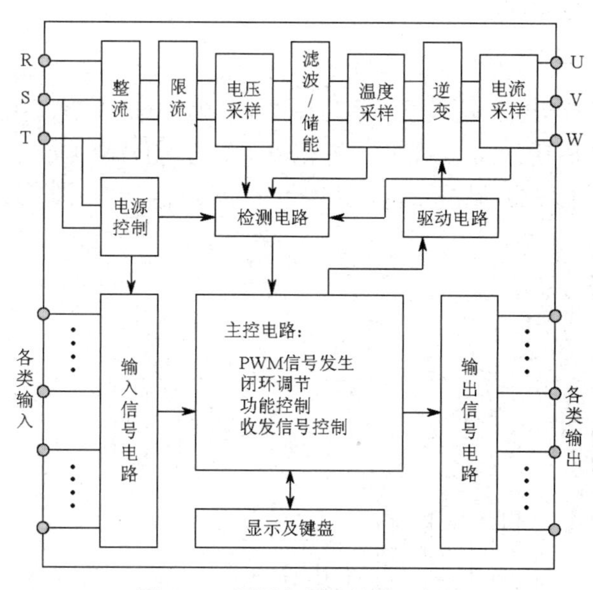

图 1-62　通用变频器结构示意图

1. 主电路

变频器主电路包括整流电路、滤波电路、限流电路、制动电路、逆变电路。

（1）整流电路：将三相交流电变成脉动直流电，主要通过桥式整流。

（2）滤波电路：使脉动直流电成为较平滑的直流电，对于电压型变频器采用电容器滤波，对于电流型变频器采用电感器滤波。

（3）限流电路：限制刚接通电源时的充电电流，以保护整流二极管。

（4）制动电路：吸收再生电压和增大电动机制动转矩。

（5）逆变电路：在驱动电路的控制下，将直流电变成交流电。逆变电路由6只绝缘栅双极晶体管（IGBT）V1～V6和6只续流二极管VD1～VD6构成三相逆变桥式电路，如图1-63所示。晶体管工作在开关状态，按一定规律轮流导通，将直流电逆变成三相正弦脉宽调制波（SPWM），驱动电动机工作。

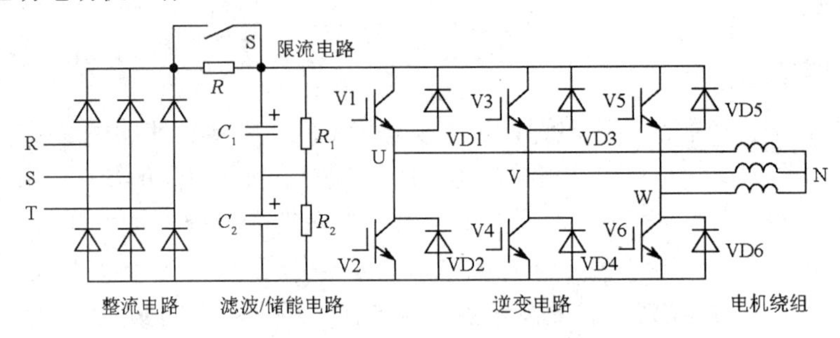

图1-63　变频器主电路结构

2．控制电路

变频器控制电路主要以单片机为核心构成，由检测电路、驱动电路、输入输出电路等部分组成，具有设定和显示参数、信号检测、系统保护、计算与控制、驱动逆变等功能。

三、变频器的工作原理

1．正弦脉宽调制波（SPWM）

正弦脉宽调制波（SPWM）是通过一系列等幅不等宽的脉冲来代替等效的波形。如图1-64所示，将正弦波的一个周期分成 N 等份，并把每一等份所包围的面积，用一个等幅的矩形脉冲来表示，且矩形脉冲的中点与相应正弦波等份中点重合，就得到了与正弦波等效的脉宽调制波，称为SPWM波。

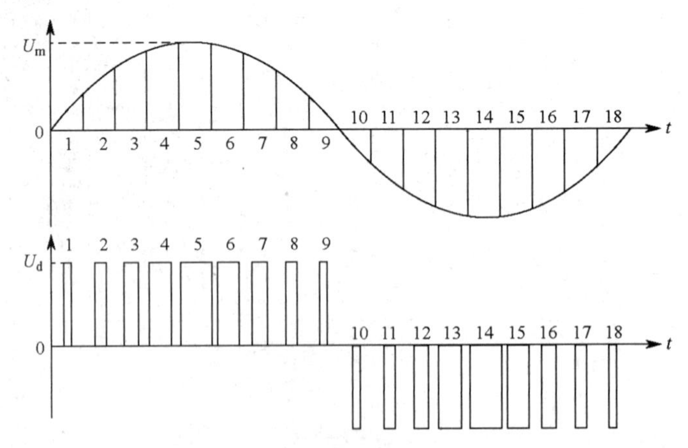

图1-64　正弦脉宽调制波（SPWM）

从图1-64中可知，等份数 N 越大，就越接近正弦波。N 在变频器中称为载波频率，一般载波频率为0.7～15kHz。正弦波的频率称为调制频率。

2. 变频调速的控制方式

1）U/f 控制方式

U/f 控制就是控制变频器输出电压（U）和输出频率（f）的比值。变频器采用这种控制方式比较简单，由于在改变频率的同时控制电压，使电动机的磁通保持一致，可以高效率地利用电动机，在较宽的调速范围内，得到较满意的转矩特性，此方式多用于通用变频器。

2）转差频率控制方式

在进行 $U/f=C$ 控制的基础上，只要知道异步电动机的实际转速 n_n 对应的电源频率 f_n，并根据希望得到对应某一转差频率 f_s 的转矩，按照频率关系调节变频器的输出频率 f，就可以使异步电动机具有某一所需的转差频率 f_s，由转矩公式即可得到异步电动机所需输出的转矩，这就是采用转差频率控制方式的基本原理。

对于异步电动机来说，几个频率之间有如下关系：$f=f_n+f_s$，其中，f 为变频器的输出频率，即异步电动机定子电源频率；f_n 为异步电动机实际转速作为同步转速时的频率；f_s 为转差频率。

异步电动机转矩为

$$T=\frac{mp}{4\pi}\left(\frac{E}{f}\right)^2\left[\frac{f_s r_2}{r_2^2+(2\pi f_s L_2)^2}\right] \tag{1-4}$$

3）矢量控制方式

将三相异步电动机定子电流分为产生磁场的电流分量（磁场电流）和产生转矩的电流分量（转矩电流），类似直流电动机，对励磁电流和转矩电流进行独立控制，从而可以像直流电动机那样进行快速的转矩和磁场控制，得到与直流电动机相似的稳态和动态性能，这就是矢量控制。矢量控制又可分为基于转差频率控制的矢量控制、有转速传感器矢量控制和无转速传感器矢量控制。

四、变频器的选型

正确选择变频器对控制系统正常运行是非常关键的，选择变频器时必须充分了解变频器所驱动负载特性。人们实践中常将生产机械分为三种类型：恒转矩负载、恒功率负载，以及风机、泵类负载。

1. 恒转矩负载

负载转矩 T 与转速 n 无关，任何转速下 T 总保持恒定或基本恒定。例如传送带、搅拌机、挤压机等摩擦类负载，以及吊车、提升机等位能负载都属于恒转矩负载。

变频器拖动恒转矩性质负载时，低速时转矩要足够大，有足够过载能力。另外还应该考虑标准异步电动机低速稳定运行时的散热能力，避免电动机温升过高。

2. 恒功率负载

机床主轴和轧机、造纸机、塑料薄膜生产线中的卷取机、开卷机等要求转矩大体与转速成反比，这就是所谓的恒功率负载。负载恒功率性质是就一定速度变化范围而言的，当速度很低时，受机械强度限制，转矩 T 不可能无限增大，因此低速时转变为恒转矩性质。负载恒功率区和恒转矩区对传动方案选择有很大影响。电动机恒磁通调速时，最大容许输出转矩不变，属于恒转矩调速；而弱磁调速时，最大容许输出转矩与速度成反比，属于恒功率调速。电动机恒转矩和恒功率调速范围与负载恒转矩和恒功率范围相一致时，即所谓“匹配”的情况下，电动机容量和变频器容量均最小。

3．风机、泵类负载

各种风机、水泵、油泵工作时，随叶轮转动空气或液体，一定速度范围内所产生阻力大致与速度的二次方成正比。随着转速减小，转矩按转速二次方减小。这种负载所需功率与速度三次方成正比。当所需风量、流量减小时，利用变频器调速方式来调节风量、流量，可以大幅度节约电能。高速时所需功率随转速增长过快，与速度的三次方成正比，通常不应使风机、泵类负载超工频运行。

目前，各大公司，如西门子公司，可以提供不同类型变频器，用户可以根据实际工艺要求和运用场合选择不同类型变频器。选择变频器时应注意以下几点。

（1）依据负载特性选择变频器，如负载为恒转矩负载，须选择 Siemens MMV/MDV 变频器；如负载为风机、泵类负载，应选择 Siemens ECO 变频器。

（2）选择变频器时应以实际电动机电流值作为变频器选择依据，电机额定功率只能作为参考。另外，应充分考虑变频器输出含有高次谐波，会造成电动机功率因数和效率变坏。用变频器给电动机供电与用工频电网供电相比较，电动机电流增加 10%而温度增加 20%左右。选择电动机和变频器时，应考虑到这种情况，适当留有余量，防止温度过高，影响电动机使用寿命。

（3）变频器若要长电缆运行时，应该采取措施抑制长电缆对耦合电容的影响，避免变频器出力不够。变频器应放大一挡选择或变频器输出端安装输出电抗器。

（4）当变频器用于控制几台并联电动机时，一定要考虑变频器到电动机电缆长度总和在变频器容许范围内，超过规定值，要放大一挡或两挡来选择变频器。另外此种情况下，变频器控制方式只能为V/F控制方式，变频器无法进行电动机过流和过载保护，每台电动机上须增加熔断器来实现保护。

（5）一些特殊应用场合，如高环境温度、高开关频率、高海拔高度等，会引起变频器降容，变频器须放大一挡选择。

（6）使用变频器控制高速电动机时，高速电动机电抗小，高次谐波会增加输出电流值。选择用于高速电动机的变频器时，应比普通电动机变频器稍大一些。

（7）变频器用于变极电动机时，应充分注意选择变频器容量，使变极电动机最大额定电流处于变频器额定输出电流之下。另外，运行中进行极数转换时，应先停止电动机工作，否则会造成电动机空转，恶劣时会造成变频器损坏。

（8）驱动防爆电动机时，变频器没有防爆构造，应将变频器设置在危险场所之外。

（9）使用变频器驱动齿轮减速电动机时，使用范围受到齿轮转动部分润滑方式制约。润滑油润滑时，低速范围内没有限制；超过额定转速以上的高速范围内，有可能发生润滑油用光的危险，不要超过最高转速容许值。

（10）绕线电动机与普通笼型电动机相比，绕线电动机绕组阻抗小，容易发生纹波电流而引起过电流跳闸现象，应选择容量稍大的变频器。一般绕线电动机多用于飞轮力矩较大场合，设定加减速时间时应多加注意。

（11）变频器驱动同步电动机时，与工频电源相比，降低输出容量 10%～20%，变频器连续输出电流要大于同步电动机额定电流与同步牵入电流标称值乘积。

（12）压缩机、振动机等转矩波动大负载和油压泵等有峰值负载情况下，根据电动机额定电流或功率值选择变频器时，有可能发生因峰值电流过大变频器产生电流保护动作现象，应了解工频运行情况，选择额定输出电流比其最大电流更大的变频器。潜水泵电动机额定电流比通常电动机额定电流大，选择变频器时，其额定电流要大于潜水泵电动机额定电流。

（13）当变频器控制罗茨风机时，其启动电流很大，选择变频器时一定要注意变频器容量是否足够大。

（14）选择变频器时，一定要注意其防护等级是否与现场情况相匹配，否则现场灰尘、水汽会影响变频器长久运行。

（15）单相电动机不适合用变频器驱动。

五、MM420 通用变频器

生产变频器的公司很多，变频器的种类也很多，由于功能不同，不同类型的变频器在使用上还是有一定差别的，但是大部分的使用方法是一样的。下面以西门子公司的 MM420 型变频器为例，简要说明变频器的使用方法。

MM420 通用变频器属于基本型通用变频器，适用于大多数普通用途的电动机变频调速控制的场合，尤其适用于风机、水泵和传动带系统的驱动。它具有完善的控制功能，在设置相关参数后，也可用于较高要求的调速系统中。一般情况下，利用默认的工厂设置参数就能满足控制要求。它具有线性 V/F 控制、二次 V/F 控制、可编程多点控制、磁通电流控制等控制模式；具有 3 个数字输入，1 个模拟输入，1 个模拟输出，1 个继电器输出；具有快速电流限制功能，可防止运行中不应有的跳闸；具有 7 个可编程固定频率，4 个可编程跳转频率；配有 RS-485 通信接口，可选配 Profibus-DP / Device-Net 通信模块。过载能力为 150%额定负载电流，持续时间为 60s；具有过电压、欠电压、过流、短路、过热、接地障碍、失速等一系列保护功能；采用 PIN 编号实现参数连续。

1．MM420 通用变频器的技术性能

MM420 通用变频器的技术性能见表 1-8。

表 1-8　MM420 通用变频器的技术性能

输入电压和功率范围	单相 AC 200～240（1±10%）V　0.12～3kW
	三相 AC 200～240（1±10%）V　0.12～5.5kW
	三相 AC 380～480（1±10%）V　0.37～11kW
输入频率	47～63Hz
输出频率	0～650Hz
功率因素	≥0.7
变频器效率	96%～97%
过载能力	1.5 倍额定输出电流，60s（每 300s 一次）
合闸冲击电流	小于额定输入电流
控制方式	线性 V/F（风机的特性曲线），可编程 V/F，磁通电流控制（FCC）
PWM 频率	2～16kHz（每级调整 2kHz）
固定频率	7 个，可编程
跳转频带	4 个，可编程

续表

频率设定值的分辨率	0.01Hz，数字设定；0.01Hz，串行通信设定；10 位，模拟设定
数字输入	3 个完全可编程的带隔离的数字输入，可切换为 PNP/NPN
模拟输入	1 个，用于设定值输入或 PI 输入（0～10V），可标定；可作为第 4 个数字输入使用
继电器输出	1 个，可组态为 30V 直流 5A（电阻负载）或 250V 交流 2A（感性负载）
模拟输出	1 个，可编程（0～20mA）
串行接口	RS-232，RS-485
电磁兼容性	可选用 EMC 滤波器，符合 EN55011 A 级或 B 级标准
制动	直流制动，复合制动
保护等级	IP20
工作温度范围	-10～50℃
存放温度	-40～70℃
湿度	相对湿度 95%，无结露
海拔	海拔 1000m 以下使用时不降低额定参数
保护功能	欠电压、过电压、过负载、接地故障、短路、防失速、电动机锁定保护、电动机过温、PTC、变频器过滤、参数 PIN 编号保护
标准	CL、CUL、CE、C-tick
标记	通过 EC 低电压规范 73/23/EEC 和电磁兼容性规范 89/336/EEC 的确认

2. MM420 型通用变频器电源连接

MM420 型通用变频器电源接线端子如图 1-65 所示。

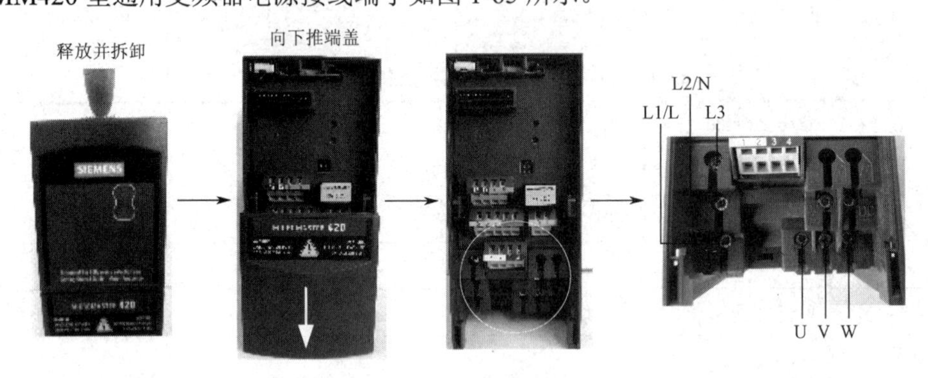

图 1-65　盖板的拆卸与接线端子

卸下盖板以后，用户可以在 MM420 变频器的电源接线端子和电动机接线端子上拆卸和连接导线。MM420 型通用变频器电动机与电源接线如图 1-66 所示。

3. MM420 型通用变频器控制端子

MM420 变频器控制端子接线见表 1-9。

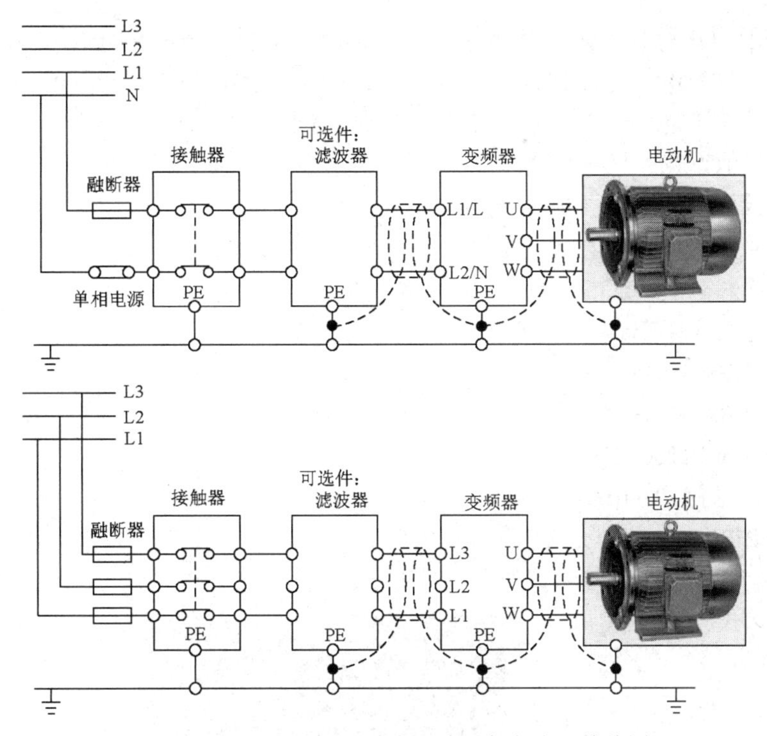

图 1-66　MM420 型通用变频器电动机与电源接线图

表 1-9　控制端子接线

端子号	标识	功　　能	
1	—	输出+10V	
2	—	输出 0V	
3	AIN+	模拟输入（+）	
4	AIN−	模拟输入（−）	
5	DIN1	数字输入 1	
6	DIN2	数字输入 2	
7	DIN3	数字输入 3	
8	—	带电位隔离的输出+24V/最大	
9	—	带电位隔离的输出+0V/最大	
10	RL1-B	数字输出/NO（常开）触头	
11	RL1-C	数字输出/切换触头	
12	DAC+	模拟输出（+）	
13	DAC−	模拟输出（−）	
14	P+	RS-485 串行接口	
15	N−	RS-485 串行接口	

4．MM420 型通用变频器的参数设定

一般采用默认设置，所谓默认设置就是 MICROMASTER 420 变频器在出厂时具有的参数

设置，即不需要再进行任何参数化就可以投入运行。为此，出厂时电动机的参数（P0304，P0305，P0307，P0310）是按照西门子公司 1LA7 型 4 极电动机进行设置的，实际连接的电动机额定参数必须与该电动机的额定参数相匹配（参看电动机的铭牌数据）。

出厂时的其他设置：

命令信号源 P0700 = 2 （数字输入，请参看图 1-67）

设定值信号源 P1000 = 2 （模拟输入，请参看图 1-67）

电动机的冷却方式 P0335 = 0

电动机的电流限值 P0640 = 150 %

最小频率 P1080=0Hz

最大频率 P1082=50Hz

斜坡上升时间 P1120=10s

斜坡下降时间 P1121=10s

控制方式 P1300=0

模拟和数字输入端子对应参数及数值见表 1-10。

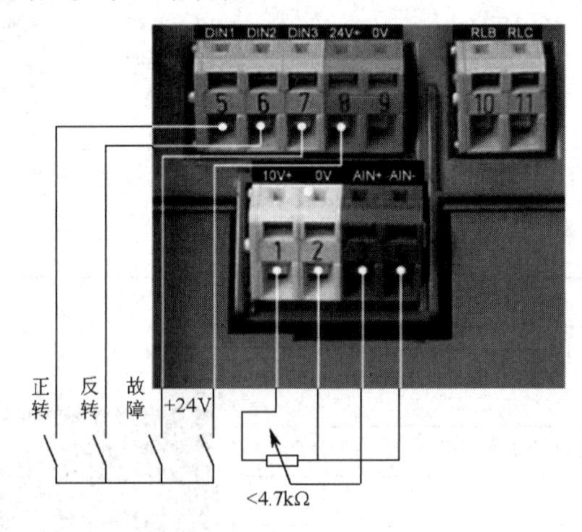

图 1-67　模拟和数字输入

表 1-10　常用参数意义

输入/输出	端子号	参数数值	功　能
数字输入 1	5	P0701=1	ON，正向运行
数字输入 2	6	P0702=12	反向运行
数字输入 3	7	P0703=9	故障复位
数字输出	8	–	+24V 数字控制电源输出
模拟输入/输出	3/4	P0700=0	频率设定值
	1/2	–	+10V/0V 模拟控制电源输出
继电器输出接点	10/11	P0731=52.3	变频器故障识别
模拟输出	12/13	P0771=21	输出频率

其他详细设置及参数的修改可参照相关产品使用手册。

项目 1.5　三相异步电动机的制动控制

【项目目标】

（1）掌握三相异步电动机的制动方法。

（2）掌握三相异步电动机制动控制线路的组成和工作原理。

（3）掌握速度继电器的使用方法。

【项目分析】

电动机自由停车的时间较长，并且随惯性大小而不同，而某些生产机械要求迅速、准确地停车，如镗床、车床的主电动机须快速停车；起重机为使重物停位准确及现场安全要求，也必须采用快速、可靠的制动方式。

本项目主要介绍用电气控制线路来完成对三相异步电动机的电气制动控制。

【相关知识】

制动有两个含义：一个是使电动机在切断电源后能迅速停止，另一个是限制电动机的转速。三相异步电动机制动运行状态的定义为：当力矩 M 与 n 的方向相反时，电动机运行于制动状态。

根据制动力矩 M 的来源制动可分为机械制动和电气制动。机械制动是利用机械装置使电动机在电源切断后能迅速停转，机械制动的结构有好几种形式，应用较普遍的是电磁抱闸制动。电气制动是在电动机转子上加一个与转向相反的制动电磁转矩，使电动机转速迅速下降，或稳定在另一转速。常用的电气制动形式有能耗制动和反接制动。

一、电磁抱闸制动

电磁抱闸制动主要用于起重机械上吊重物时，使重物迅速而又准确地停留在某一位置上。

1. 电磁抱闸的结构

主要由两部分组成：制动电磁铁和闸瓦制动器。制动电磁铁由铁芯、衔铁和线圈三部分组成。闸瓦制动器包括闸轮、闸瓦、弹簧等，闸轮与电动机装在同一根转轴上。

2. 工作原理

如图 1-68 所示，按下启动按钮 SF1，接触器 QA 线圈得电，接触器 QA 主触点闭合，接触器常开辅助触点对 SF1 形成自锁，电动机接通电源工作，同时电磁抱闸线圈 MB 也得电，衔铁吸合，克服弹簧的拉力使制动器的闸瓦与闸轮分开，电动机正常运转。按下停止按钮 SF2，接触器 QA 线圈掉电，其主触点和辅助常开触点恢复原位，电动机失电，同时电磁抱闸线圈 MB 也失电，衔铁在弹簧拉力作用下与铁芯分开，并使制动器的闸瓦紧紧抱住闸轮，电动机被制动而停转。

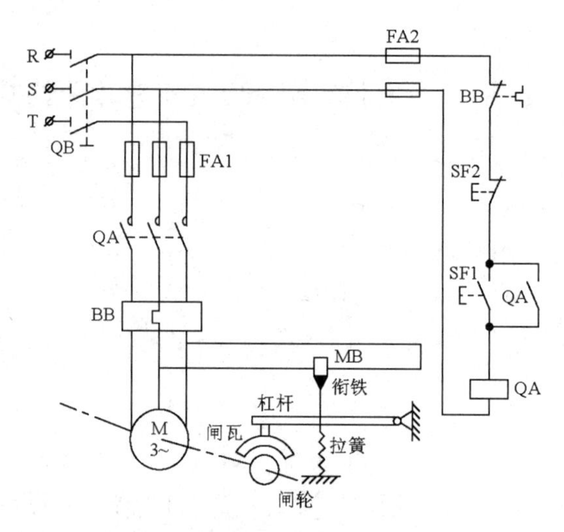

图1-68　机械抱闸制动控制示意图

3. 电磁抱闸制动的特点

电磁抱闸制动的制动力强，广泛应用在起重设备上。它安全可靠，不会因突然断电而发生事故。但电磁抱闸体积较大，制动器磨损严重，快速制动时会产生振动。

二、能耗制动

方法：将运行着的异步电动机的定子绕组从三相交流电源上断开后，立即接到直流电源上，如图1-69所示，用断开QA、闭合QB来实现。

当定子绕组通入直流电源时，在电动机中将产生一个恒定磁场。转子因机械惯性继续旋转时，转子导体切割恒定磁场，在转子绕组中产生感应电动势和电流，转子电流和恒定磁场作用产生电磁转矩，根据左手定则可以判电磁转矩的方向与转子转动的方向相反，为制动转矩。在制动转矩作用下，转子转速迅速下降，当 n=0 时，T=0，制动过程结束。这种方法是将转子的动能转变为电能，消耗在转子回路的电阻上，所以称为能耗制动。如图1-70所示，电动机正向运行时工作在固有机械特性曲线1的 a 点上。定子绕组改接直流电源后，因电磁转矩与转速反向，因而能耗制动时机械特性位于第二象限，如曲线2所示。电动机运行点也移至 b 点，并从 b 点顺曲线2减速到 O 点。

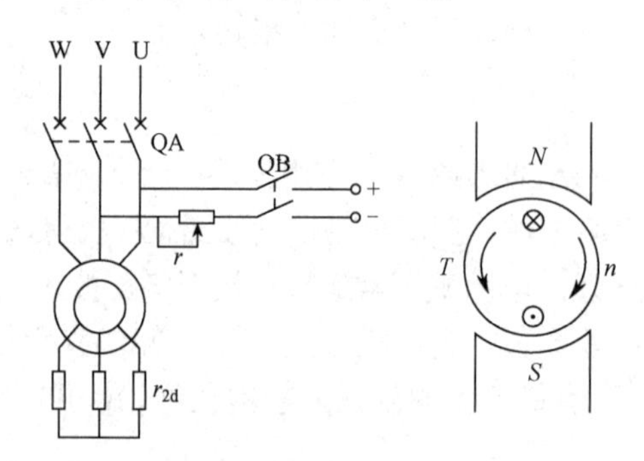

图1-69　异步电动机能耗制动原理图

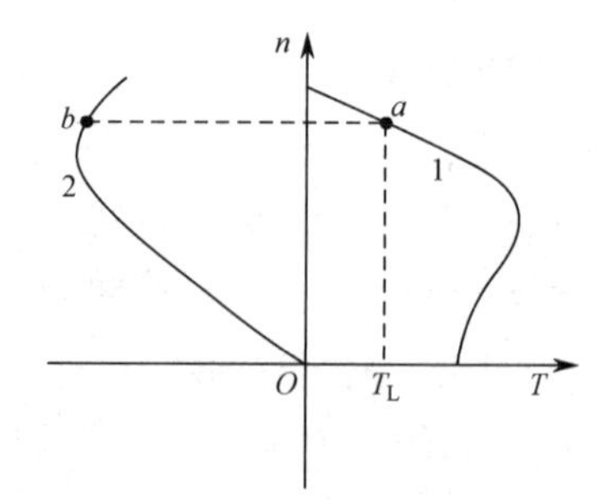

图1-70　能耗制动机械特性

能耗制动的优点是制动力强，制动较平稳。缺点是需要一套专门的直流电源供制动用。

三、反接制动

方法：改变电动机定子绕组与电源的连接相序，如图 1-71 所示，断开 QA1，接通 QA2 即可。电源的相序改变，旋转磁场立即反转，而使转子绕组中感应电势、电流和电磁转矩都改变方向，因机械惯性，转子转向未变，电磁转矩与转子的转向相反，电动机进行制动，因此称为电源反接制动。如图 1-72 所示，制动前，电动机工作在曲线 1 的 a 点；电源反接制动时，$n_1<0$，$n>0$，相应的转差率 $s>1$，且电磁转矩 $T<0$，机械特性如曲线 2 所示。因机械惯性，转速瞬时不变，工作点由 a 点移至 b 点，并逐渐减速，到达 c 点时 $n=0$，此时切断电源并停车，如果是位能性负载须使用抱闸，否则电动机会反向启动旋转。一般为了限制制动电流和增大制动转矩，绕线转子异步电动机可在转子回路中串入制动电阻，特性如曲线 3 所示，制动过程同上。

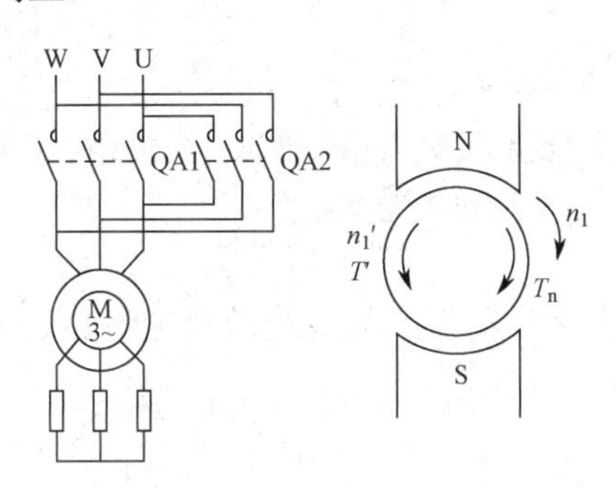

图 1-71　电源反接制动图

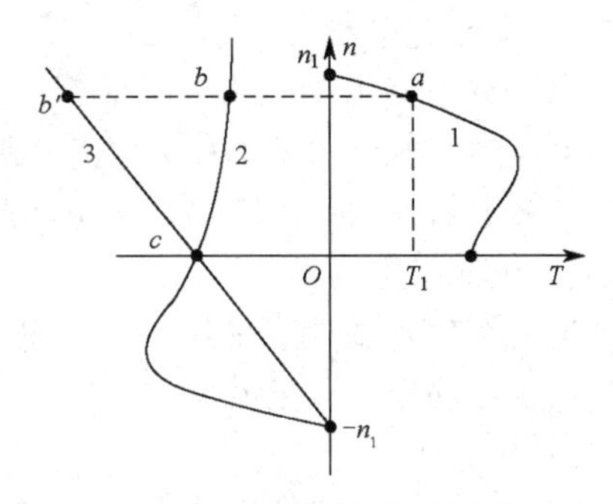

图 1-72　电源反接制动机械特性

四、继电器

继电器是根据某种输入信号来接通或断开小电流控制电路，以实现远距离控制和保护的自动控制电器。其输入量可以是电流、电压等电量，也可以是温度、时间、速度、压力等非电量，而输出量则是触头的动作或者电路参数的变化。除了前面已经介绍的热继电器和时间继电器外，常用的继电器还有电磁式电压继电器、电磁式电流继电器、电磁式中间继电器、速度继电器等。

1. 电磁式电压继电器

电压继电器用于电力拖动系统的电压保护和控制。使用时电压继电器线圈并联接入主电路，感测主电路的电路电压；触头接于控制电路，为执行元件。电压继电器的线圈匝数多、导线细、阻抗大。电压继电器又分为过电压继电器、欠电压继电器和零电压继电器。

1）过电压继电器

过电压继电器线圈在额定电压值时，衔铁不产生吸合动作，只有当电压高于额定电压 105%～115%以上时才产生吸合动作。

2）欠电压、零电压继电器

当电路中的电气设备在额定电压下正常工作时，欠电压或零电压继电器的衔铁处于吸合状态。如果电路出现电压降低时，并且低于欠电压或零电压继电器线圈的释放电压，其衔铁打开，触点复位，从而控制接触器及时分开电气设备的电源。

通常欠电压继电器的吸合电压值的整定范围是额定电压值的 30%～50%，释放电压值整定范围是额定电压值的 10%～35%。

零电压继电器当电路电压降低到额定电压值的 5%～25%时释放，对电路实现零电压保护，用于电路的失压保护。

电压继电器的图形符号如图 1-73 所示，其文字符号用KF 表示。图中左边线圈符号为过电压线圈符号，右边线圈符号为欠电压线圈符号。

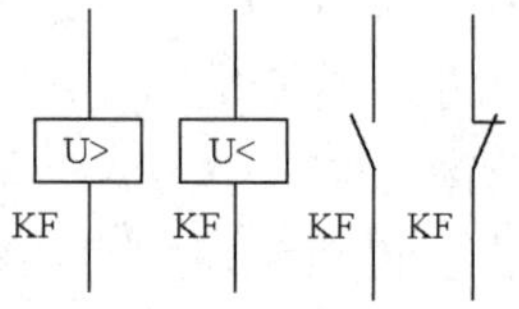

图 1-73　电压继电器的图形符号

2. 电磁式电流继电器

电流继电器用于电力拖动系统的电流保护和控制。使用时，电流继电器线圈串联接入主电路，用来感测主电路的电流；触头接于控制电路，为执行元件。电流继电器反映的是电流信号。根据通过继电器线圈自身电流的大小而动作，实现对被控电路的通断控制。电流继电器的线圈的匝数少、导线粗、阻抗小。根据用途不同电流继电器又分为过电流继电器和欠电流继电器。

1）欠电流继电器

欠电流继电器用于电路欠电流保护，吸引电流为线圈额定电流的 30%～65%，释放电流为额定电流的10%～20%，因此，在电路正常工作时，衔铁是吸合的，只有当电流降低到某一定值时，继电器释放，控制电路失电，从而控制接触器及时分断电路。

2）过电流继电器

过电流继电器线圈在额定电流值时，衔铁不产生吸合动作，只有当负载电流超过一定值时才产生吸合动作。过电流继电器常在电力拖动控制系统中起保护作用。

通常，交流过电流继电器的吸合电流整定范围为额定电流的 1.1～4 倍，直流过电流继电器的吸合电流整定范围为额定值的 0.7～3.5 倍。

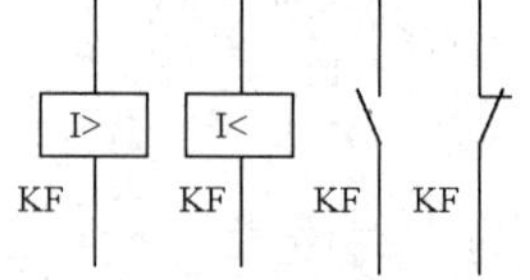

图 1-74　电流继电器的图形符号

电流继电器的图形符号如图 1-74 所示，其文字符号用KF 表示。图中左边线圈符号为过电流线圈符号，右边线圈符号为欠电流线圈符号。

3. 电磁式中间继电器

中间继电器的特点是触点数量较多（一般有 4 副常开、4 副常闭共 8 对），触点容量较大（额定电流为 5～10A），动作灵敏。主要用途：当其他接触器、继电器的触点数量或容量不够时，可借助中间继电器来扩大触点数目或触点容量，起到中间转换作用。

中间继电器的文字符号为 KF。外形与图形符号如图 1-75 和图 1-76 所示。

图 1-75　中间继电器外形

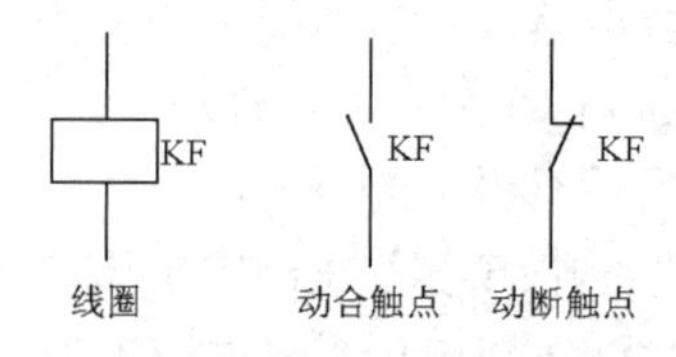

图 1-76　中间继电器图形符号

4. 速度继电器

速度继电器常用于三相异步电动机按速度原则控制的反接制动线路中，故又称反接制动继电器，主要由转子、定子和触点三部分组成。转子是一个圆柱形永久磁铁，定子是一个笼型空心圆环，由硅钢片叠成，并装有笼型绕组。

速度继电器的工作原理如图 1-77 所示。其转子轴与电动机轴相连接，定子空套在转子上。当电动机转动时，速度继电器的转子（永久磁铁）随之转动，在空间产生旋转磁场，切割定子绕组，从而在其中感应出电流。此电流又在旋转磁场作用下产生转矩，使定子随转子方向旋转一定的角度，与定子装在一起的摆锤推动触点动作，使常闭触点断开，常开触点闭合。当电动机转速低于某一值时，定子产生的转矩减小，动触点复位。

常用的速度继电器有 JY1 型和 JFZ0 型。JY1 型能在 3000r/min 以下可靠地工作；JFZ0-1 型适用于 300～1000r/min，JFZ0-2 型适用于 1000～3600r/min；JFZ9 型有两对常开、常闭触点。一般速度继电器转速在 120r/min 左右即能动作，在 100r/min 以下触点复位。速度继电器的图形符号及文字符号如图 1-78 所示。

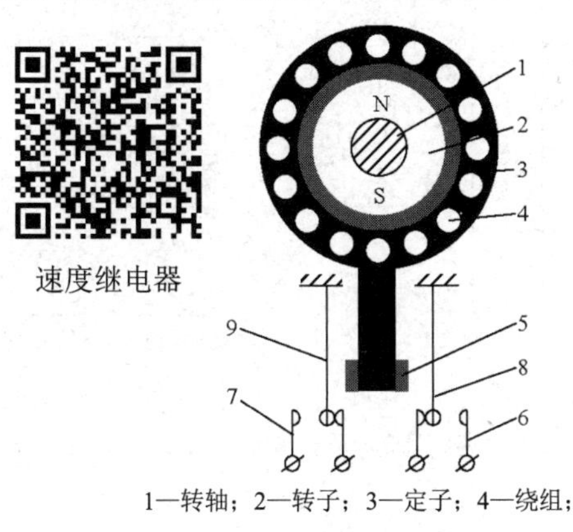

1—转轴；2—转子；3—定子；4—绕组；
5—摆锤；6、7—静触点；8、9—动触点

图 1-77　速度继电器原理示意图

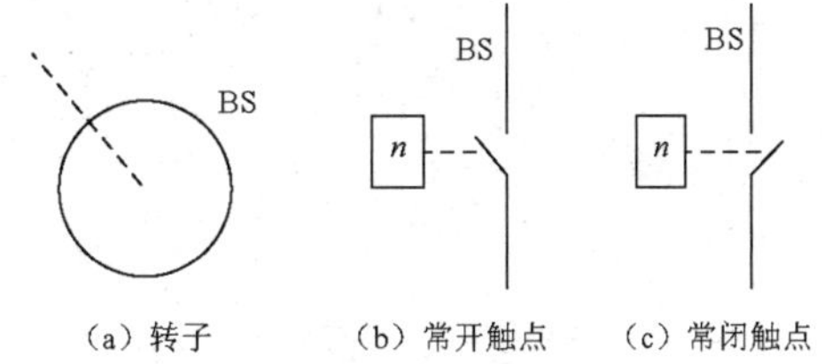

（a）转子　（b）常开触点　（c）常闭触点

图 1-78　速度继电器的图形符号及文字符号

【实施步骤】

一、所需工具器材

三相异步电动机制动控制线路所需设备、工具和材料见表 1-11。

表 1-11　三相异步电动机制动控制线路所需设备、工具和材料

序号	名称及说明	数量
1	三相笼型异步电动机（380V，△ 连接）	1
2	空气开关	1
3	按钮	2
4	交流接触器	2
5	热继电器	1
6	时间继电器	1
7	速度继电器	1
8	能耗制动直流变压器	1
9	导线	若干

二、控制方案的确定

1. 采用时间继电器进行能耗制动的控制线路

能耗制动控制线路如图 1-79 所示（按时间原则进行），此外还有按速度原则控制的能耗制动控制，参见后面的知识扩展部分。

2. 电源反接制动的控制线路

电源反接制动控制线路如图 1-80 所示。

三、工作过程分析

1. 采用时间继电器进行能耗制动的控制线路

如图 1-79 所示，启动控制时，合上空气开关 QA0，按下启动按钮 SF2，接触器 QA1 线圈

能耗制动控制线路（时间原则）

反接制动控制线路

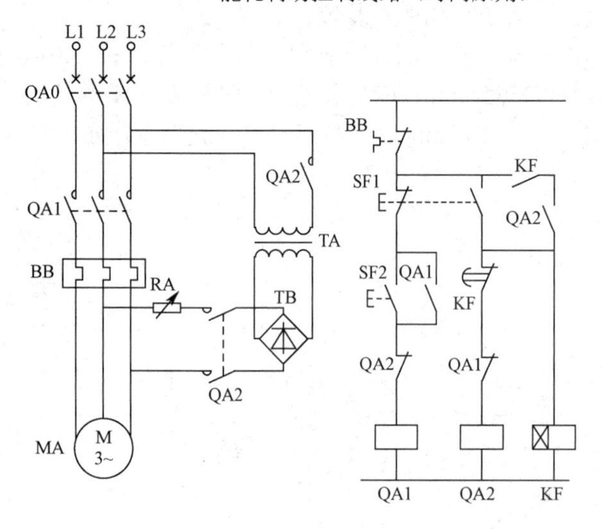

图 1-79　能耗制动控制线路

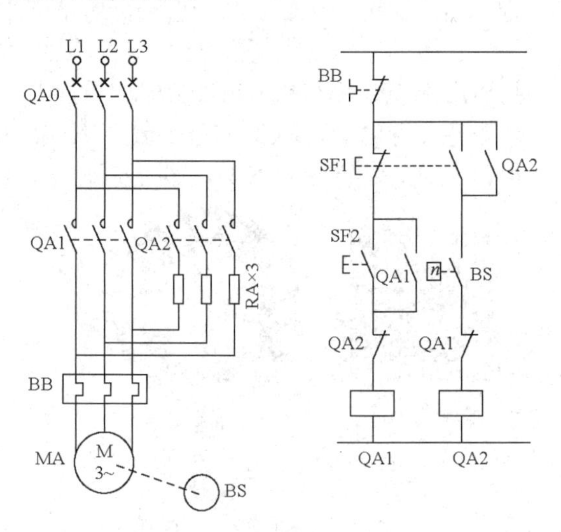

图 1-80　反接制动控制线路

获电吸合，QA1 主触点闭合，电动机 MA 启动运转。

停止时，进行能耗制动时，按下停止按钮 SF1，接触器 QA1 线圈断电释放，QA2 和时间继电器 KF 线圈得电吸合，QA2 主触点闭合，电动机 MA 定子绕组通入全波整流脉动直流电进行能耗制动；能耗制动结束后，KF 动断触点延时断开，接触器 QA2 线圈断电释放，QA2 主触点断开全波整流脉动直流电源。

2．电源反接制动的控制线路

如图 1-80 所示，启动时，合上空气开关 QA0，按下启动按钮 SF2，接触器 QA1 线圈得电吸合，QA1 主触点闭合，电动机启动运转。当电动机转速升高到一定数值时，速度继电器 BS 的动合触点闭合，为反接制动做准备。

停车时，按停止按钮 SF1，接触器 QA1 线圈断电释放，而接触器 QA2 线圈得电吸合，QA2 主触点闭合，串入限流电阻 RA 进行反接制动，电动机产生一个反向电磁转矩（即制动转矩），迫使电动机转速迅速下降。当转速降至 100r/min 以下时，速度继电器 BS 的动合触点断开，接触器 QA2 线圈断电释放，电动机断电，防止反向启动。

四、注意事项

1．电气控制电路图要画得合理和正确

例如照图 1-81（a）的接法，虽然原理不错，但不合理。因为按钮是一起安装在操纵盒内的，而接触器是安装在电气柜内的，把停止按钮 SF1 和启动按钮 SF2 分开来接线，造成接线来回多次重复。图 1-81（b）的不合理处是，虽然每个接触器（或继电器）线圈电压为 110V，但仍不能将两个线圈串联在 220V 电路中（因为线圈在通电使触点动作的过程中线圈阻抗变化很大），这样连接时两个线圈控制的两个电器不可能同时动作。

2．合理使用继电器的触点

在设计控制电路时，应避免许多电器依次动作才能接通另一个电器的现象（有特殊控制要求的除外）。如图 1-82（a）中继电器 KF4 在 KF1、KF2 和 KF3 相继动作后才能接通电源，也就是说 KF4 的接通要经过 KF1、KF2 和 KF3 这三对触点。而图 1-82（b）中 KF4 的接通只需经过 KF2 即可，工作较为可靠。

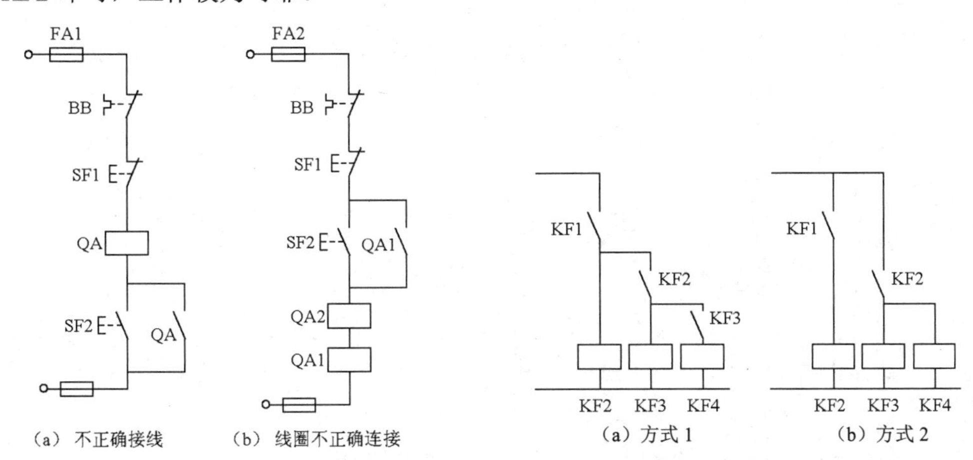

（a）不正确接线　（b）线圈不正确连接

图 1-81　控制电路的不合理接线

（a）方式 1　（b）方式 2

图 1-82　继电器触点的合理使用

3．适当减少继电器触点的数量

在控制线路中，应尽量减少触点的数量，以提高线路工作的可靠性。在简化、合并触点的过程中，应注意同类性质触点的合并，并注意触点的额定电流是否允许，如图 1-83 所示。

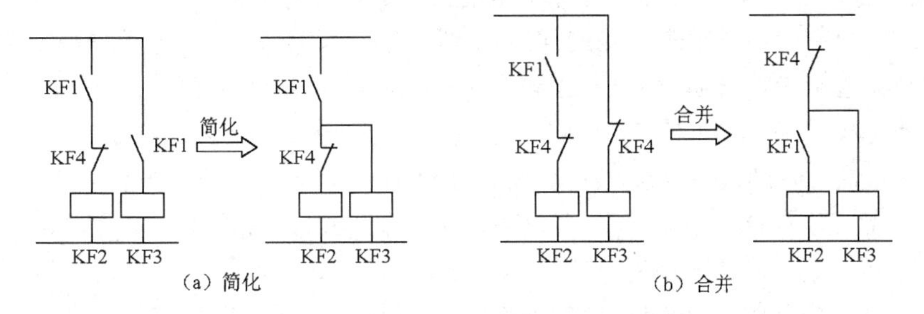

（a）简化　（b）合并

图 1-83　继电器触点的化简与合并电路图

【知识扩展】

一、具有反接制动电阻的可逆运行反接制动控制电路分析

1．电路原理图

如图 1-84 所示，电阻 RA 是反接制动电阻，同时也具有限制启动电流的作用。BS1 和 BS2 分别为速度继电器 BS 正反两个方向的动合触点；KF1、KF2、KF3、KF4 为中间继电器。

该电路工作原理为：当按下 SF2 时，电动机正转，速度继电器的动合触点 BS1 闭合，为反接制动做准备；同样，当按下 SF3 时，电动机反转，速度继电器的另一副动合触点 BS2 闭合。为反接制动做准备。应该注意的是，BS1 和 BS2 两动合触点接线时不能接错，否则就达不到反接制动的目的了。

在这个控制电路中还使用了中间继电器 KF_1～KF_4，是为了防止当操作人员因工作需要转动工件或主轴时，电动机带动速度继电器也随之旋转，当转速达到一定值时，速度继电器的动合触点闭合，电动机会获得电源转动，造成工伤事故。

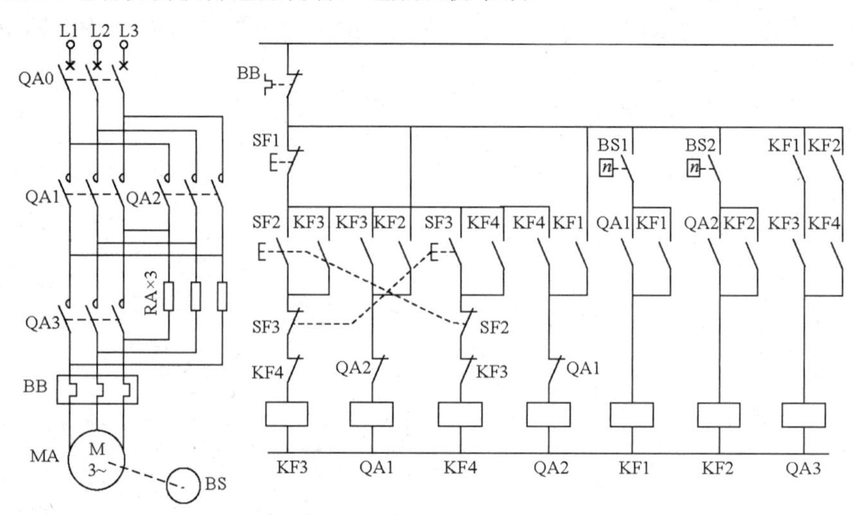

图 1-84　可逆运行的反接制动控制电路

2．工作过程

按下正转启动按钮 SF2，KF3 线圈得电并自锁，其常开触点闭合，使接触器 QA1 线圈得电，QA1 主触点闭合，电动机降压启动，同时 KF3 的常闭触点断开， KF4 线圈电路互锁，防止 QA2 线圈得电。当电动机转速上升到一定值时，速度继电器的正转常开触点 BS1 闭合，为反接制动做准备，并使中间继电器 KF1 得电形成自锁，其常开触点闭合使得 QA3 线圈得电，其主触点闭合，短接电阻 RA，电动机从降压启动过渡到正常运行。

若按下停止按钮 SF1，则 KF3、QA1、QA3 三个线圈相继断电。但由于此时电动机转子的惯性转速仍然很高，使速度继电器的正转常开触点 BS1 尚未复原，中间继电器 KF1 仍处于工作状态，所以在接触器 QA1 常闭触点复位后，接触器 QA2 线圈得电，其主触点闭合，电动机串电阻反接制动，电动机转速迅速下降。当电动机 MA 转速低于一定值时，速度继电器的动合触点 BS1 断开，中间继电器 KF1 和接触器 QA2 的线圈先后断电释放，正向反接制动结束。

电动机反向启动和制动停车过程与正转时相同，请自行分析。

二、以速度原则控制的单向能耗制动控制电路分析

其电路原理图如图 1-85 所示。

图 1-85 中在电动机轴端安装了速度继电器 BS，用 BS 的常开触点代替了图 1-79 中时间继电器 KF 的延时断开常闭触点。该电路中当电动机刚刚脱离三相电源时，由于电动机转子的惯性速度仍然很高，因此速度继电器 BS 的常开触点仍然处于闭合状态，所以接触器 QA2 线圈能够依靠停止按钮 SF1 的动作而得电并自锁。于是两相定子绕组获得直流电源，电动机进入能耗制动状态。当电动机转子的惯性速度低于速度继电器 BS 的动作值时，BS 常开触点复位，接触器 QA2 线圈断电释放，能耗制动结束。

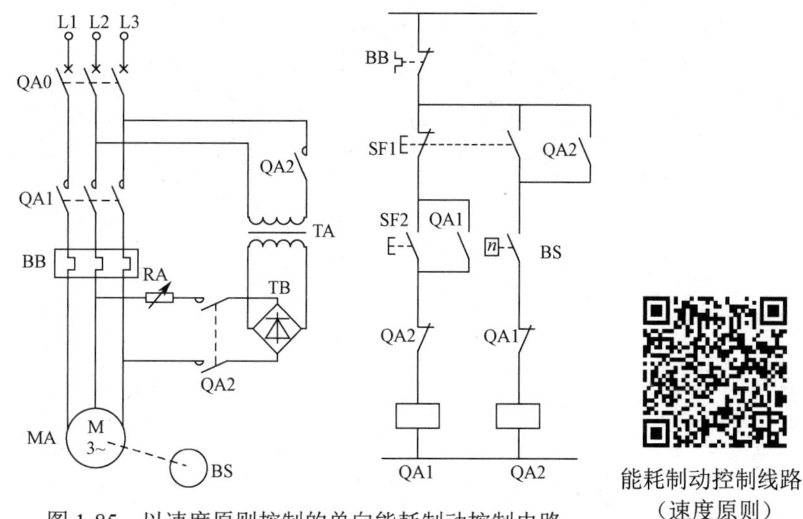

图 1-85　以速度原则控制的单向能耗制动控制电路

项目 1.6　C650 卧式车床电气控制线路分析与故障诊断

【项目目标】

（1）熟悉车床的主要结构及电气控制要求，了解其主要运动形式。

（2）能熟练分析 C650 车床的电气线路工作原理。

（3）掌握电气控制原理图的分析方法。

（4）掌握机床电气线路故障的排除方法，能熟练分析和排除 C650 卧式车床电气线路的常见故障。

【项目分析】

车床是机械加工中用得最广泛的一种机床，约占机床总数的 20%～50%。车床的种类很多，应用最多的是普通车床。

车床利用工件的旋转运动和刀具的直线移动来完成工件的加工，主要用来加工各种带有旋转表面的零件，其最主要的车削加工内容有车外圆、车端面、车内孔、车外螺纹、车内螺纹、切断、车外圆锥面、车内圆锥面、车成形面、滚花等。此外，在车床上还可以进行钻孔、扩孔、铰孔、攻螺纹、套螺纹等操作。

图 1-86 为车床切削加工示意图，根据在切削加工过程中所起的作用不同，普通车床切削加工运动可分为主运动和进给运动。

（1）主运动。直接切除工件上的切削层，使之转变为切屑，从而形成工件新表面的运动，称为主运动。主运动的速度较高，消耗的功率较大；主运动只有一个，为车床主轴带动工件的旋转运动。

（2）进给运动。不断地把切削层投入切削，以逐渐切出整个工件表面的运动，称为进给运动。进给运动的速度较低，消耗的功率较少；进给运动可以是连续的或断续的，普通车床的进给运动为车刀纵向及横向的直线运动。

本项目以 C650 普通车床为例来介绍普通车床主运动、进给运动和其他辅助功能的控制电路的分析方法及常见故障的诊断方法。

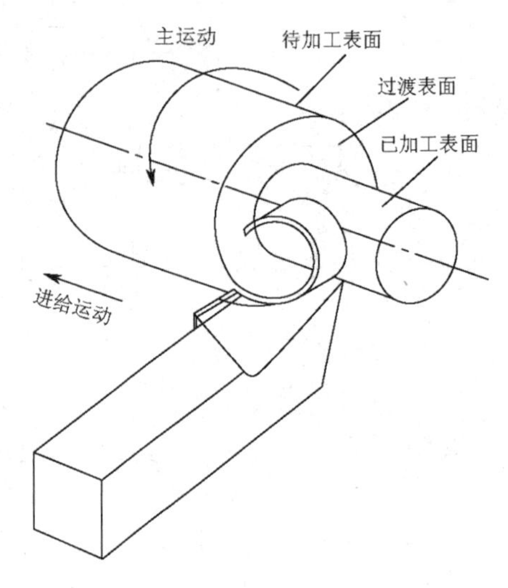

图 1-86　普通车床切削加工示意图

【相关知识】

一、电气图的相关知识

为了表达生产设备电气控制系统的结构、原理等，也为了便于电气元件的安装、调整、使用与维护，将电气控制系统中各电气元件的连接用一定的图形表达出来，即电气控制系统图。在图上用不同的图形符号来表示各种电气元件，用不同的文字符号进一步说明图形符号所代表的电气元件的基本名称、用途、主要特征及编号等。

由于电气控制系统描述的对象复杂，应用领域广泛，表达形式多种多样，因此表示一项电气工程或一种电气装置的电气控制系统图有多种，它们以不同的表达方式反映同一工程问题的不同侧面，其间又有一定的对应关系，有时需要对照起来阅读。电气控制系统图一般包括电气原理图、电气布置图和电气安装接线图三种。

电气原理图的绘制原则已经在项目 1.1 中叙述过，在此不再赘述。下面介绍一下有关电气布置图和电气安装接线图的基本知识。

1．电气元件布置图

电气元件布置图中绘出机械设备上所有电气设备和电气元件的实际位置，是生产机械电气控制设备制造、安装和维修必不可少的技术文件。电气元件布置图根据设备的复杂程度可集中绘制在一张图上，控制柜、操作台的电气元件布置图也可以分别绘出。图 1-87 为某普通车床电气元件布置图。图中 FA1～FA4 为熔断器、QA 为接触器、BB 为热继电器、TA 为照明变压器、XD 为接线端子板。

2．电气安装接线图

电气安装接线图又称电气互连图，用来表明电气设备各单元之间的连接关系。它清楚地表明了电气设备外部元件的相对位置及它们之间的电气连接，是实际安装接线的依据，在具体施工和检修中能够起到电气原理图所起不到的作用，在生产现场得到了广泛应用。

图 1-88 为某普通车床电气控制系统的电源进线、用电设备和各电气元件之间的接线关系，并分别框出了电气柜、操作台等接线板上的电气元件，画出了电气柜与操作台之间的连接关系。

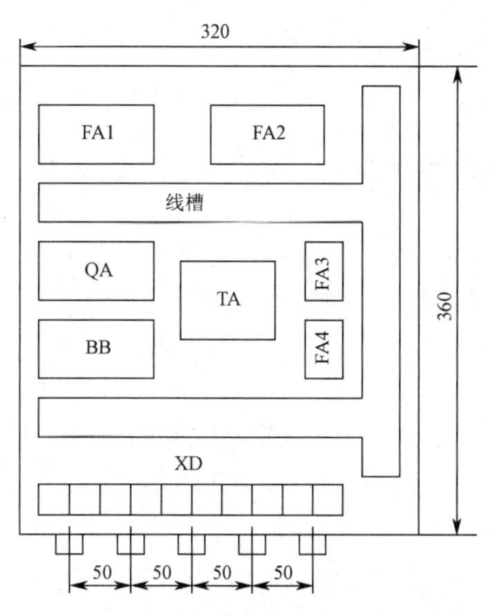

图 1-87　某普通车床的电气元件布置图

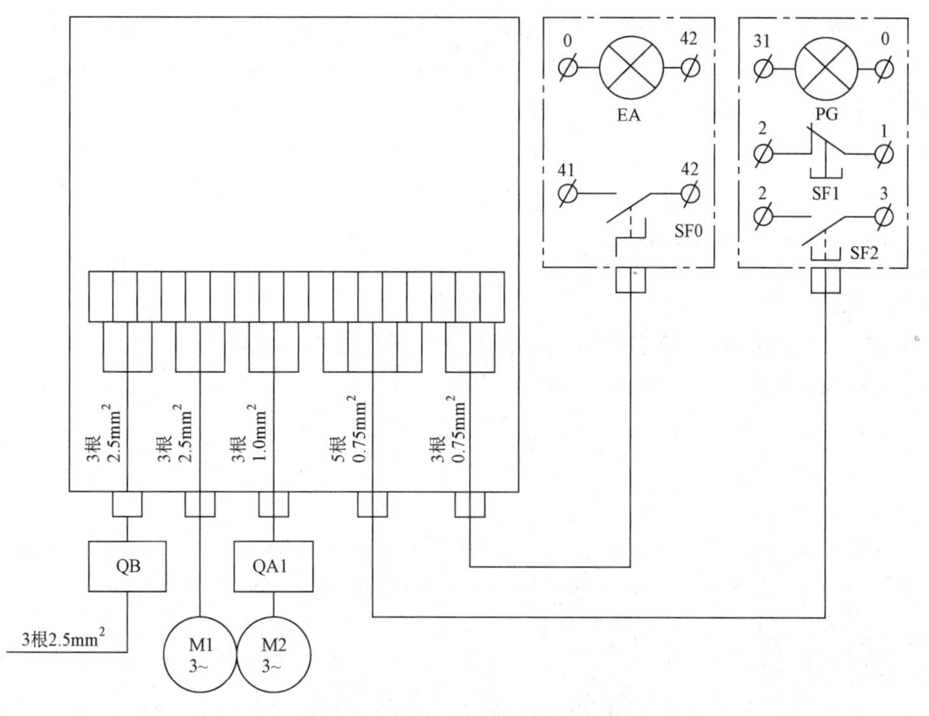

图 1-88　某普通车床安装接线图

电气安装接线图一般遵循如下原则：

（1）外部单元同一电器的各部件画在一起，其布置尽可能符合电气实际情况。

（2）各电器元件的图形符号、文字符号和回路标记均以电气原理图为准，并保持一致。

（3）不在同一控制箱和同一配电盘上的各电气元件，必须经接线端子板进行连接。互连图中的电气互连关系用线束表示，连接导线应注明导线规格（数量、截面积），一般不表示实际走线途径。

（4）对于控制装置的外部连接线应在图上或用接线表表示清楚，并注明电源的引入点。

二、电气控制电路分析的内容

1. 设备说明书

设备说明书由机械（包括液压部分）与电气两部分组成。在分析时首先要阅读这两部分说明书，了解以下内容。

（1）设备的构造，主要技术指标，机械、液压气动部分的工作原理。

（2）电气传动方式，电机、执行电器的数目、规格型号、安装位置、用途及控制要求。

（3）了解设备的使用方法，各操作手柄、开关、旋钮、指示装置的布置以及在控制电路中的作用。

（4）必须清楚地了解与机械、液压部分直接关联的电器（行程开关、电磁阀、电磁离合器、传感器等）的位置、工作状态及其与机械、液压部分的关系，在控制中的作用等。

2. 电气控制电路图

这是控制电路分析的中心内容，电气控制电路图由主电路、控制电路、辅助电路、保护及连锁环节以及特殊控制电路等部分组成。

在分析电路图时，必须与阅读其他技术资料结合起来。例如，各种电动机及执行元件的控制方式、位置及作用，各种与机械有关的位置开关、主令电器的状态等，只有通过阅读说明书才能了解。

在电路图分析中，还可以通过所选用的电气元件的技术参数分析出控制电路的主要参数和技术指标，可估计出各部分的电流、电压值，以便在调试或检修中合理地使用仪表。

3. 电气控制原理图的阅读分析方法

1）基本原则

化整为零、顺藤摸瓜、先主后辅、集零为整、安全保护、全面检查。

采用化整为零的原则，以某一电动机或电气元件（如接触器或继电器线圈）为对象，从电源开始，自上而下，自左而右，逐一分析其接通、断开关系。

2）分析方法与步骤

（1）分析主电路。

无论线路设计还是线路分析都是先从主电路入手。主电路的作用是保证机床拖动要求的实现。从主电路的构成可分析出电动机或执行电器的类型、工作方式，启动、转向、调速、制动等控制要求与保护要求等内容。

（2）分析控制电路。

主电路各控制要求是由控制电路来实现的，运用“化整为零”、“顺藤摸瓜”的原则，将控制电路按功能划分为若干个局部控制线路，从电源和主令信号开始，经过逻辑判断，写出控制流程，以简便明了的方式表达出电路的自动工作过程。

（3）分析辅助电路。

辅助电路包括执行元件的工作状态显示、电源显示、参数测定、照明、故障报警等。这部分电路具有相对独立性，起辅助作用但又不影响主要功能。辅助电路中很多部分是由控制电路中的元件来控制的。

（4）分析连锁与保护环节。

生产机械对于安全性、可靠性有很高的要求，实现这些要求，除了合理地选择拖动、控制方案外，在控制线路中还设置了一系列电气保护和必要的电气连锁。在电气控制原理图的分析过程中，电气连锁与电气保护环节是一个重要内容，不能遗漏。

（5）总体检查

经过“化整为零”，逐步分析了每一局部电路的工作原理以及各部分之间的控制关系之后，还必须用“集零为整”的方法检查整个控制线路，看是否有遗漏。特别要从整体角度去进一步检查和理解各控制环节之间的联系，以达到正确理解原理图中每一个电气元件的作用。

三、机床电气故障排除的方法

1．机床电气设备故障的诊断步骤

1）故障调查

问：机床发生故障后，首先应向操作者了解故障发生的前后情况，有利于根据电气设备的工作原理来分析发生故障的原因。一般询问的内容有：故障发生在开车前、开车后，还是发生在运行中？是运行中自行停车，还是发现异常情况后由操作者停下来的？发生故障时，机床工作在什么工作顺序，按动了哪个按钮，扳动了哪个开关？故障发生前后，设备有无异常现象（如响声、气味、冒烟或冒火等）？以前是否发生过类似的故障，是怎样处理的？

看：熔断器内熔丝是否熔断，其他电气元件有无烧坏、发热、断线，导线连接螺钉是否松动，电动机的转速是否正常。

听：电动机、变压器和有些电气元件在运行时声音是否正常，可以帮助寻找故障的部位。

摸：电动机、变压器和电气元件的线圈，发生故障时，温度显著上升，可切断电源后用手去触摸。

2）电路分析

根据调查结果，参考该电气设备的电气原理图进行分析，初步判断出故障产生的部位，然后逐步缩小故障范围，直至找到故障点并加以消除。

分析故障时应有针对性，如接地故障一般先考虑电气柜外的电气装置，后考虑电气柜内的电气元件。断路和短路故障，应先考虑动作频繁的元件，后考虑其余元件。

3）断电检查

检查前先断开机床总电源，然后根据故障可能产生的部位，逐步找出故障点。检查时应先检查电源线进线处有无碰伤而引起的电源接地、短路等现象，螺旋式熔断器的熔断指示器是否跳出，热继电器是否动作。然后检查电气元件外部有无损坏，连接导线有无断路、松动，绝缘有否过热或烧焦。

4）通电检查

断电检查仍未找到故障时，可对电气设备做通电检查。

在通电检查时要尽量使电动机和其所传动的机械部分脱开，将控制器和转换开关置于零位，行程开关还原到正常位置。然后万用表检查电源电压是否正常，有否缺相或严重不平衡。再进行通电检查，检查的顺序为：先检查控制电路，后检查主电路；先检查辅助系统，后检查主传动系统；先检查交流系统，后检查直流系统；合上开关，观察各电气元件是否按要求动作，有否冒火、冒烟、熔断器熔断的现象，直至查到发生故障的部位。

2．机床电气设备故障诊断方法

机床电气故障的检修方法较多，常用的有电压法、电阻法和短接法等。

1）电压测量法

电压测量法指利用万用表测量机床电气线路上某两点间的电压值来判断故障点的范围或故障元件的方法。

（1）分阶测量法。电压的分阶测量法如图 1-89 所示。

检查时，首先用万用表测量 1、7 两点间的电压，若电路正常应为 380V。然后按住启动按钮 SF2 不放，同时将黑色表棒接到点 7 上，红色表棒按 6、5、4、3、2 标号依次向前移动，分别测量 7—6、7—5、7—4、7—3、7—2 各阶之间的电压，电路正常情况下，各阶的电压值均为 380V。如测到 7—6 之间无电压，说明是断路故障，此时可将红色表棒向前移，当移至某点（如 2 点）时电压正常，说明点 2 以后的触头或接线有断路故障。一般是点 2 后第一个触点（即刚跨过的停止按钮 SF1 的触头）或连接线断路。

（2）分段测量法。电压的分段测量法如图 1-90 所示。

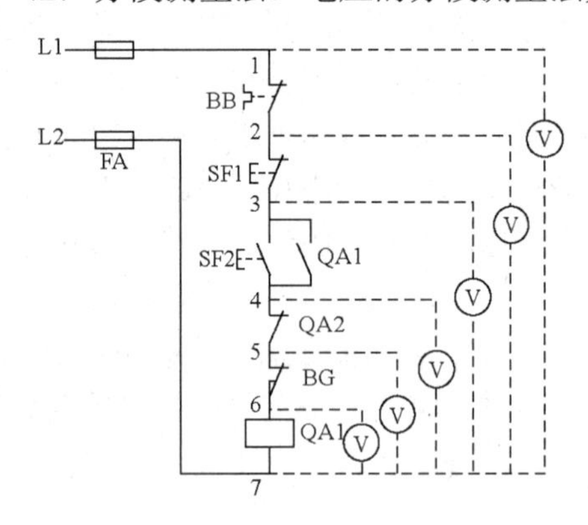

图 1-89　电压的分阶测量法

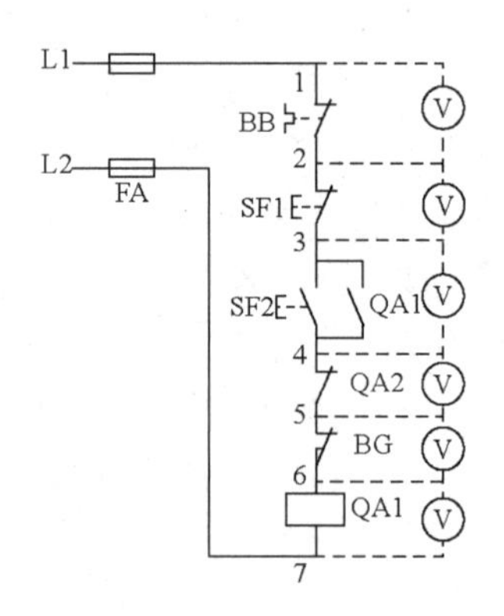

图 1-90　电压的分段测量法

先用万用表测试 1、7 两点，电压值为 380V，说明电源电压正常。

电压的分段测试法是将红、黑两根表棒逐段测量相邻两标号点 1—2、2—3、3—4、4—5、5—6、6—7 间的电压。

如电路正常，按 SF2 后，除 6—7 两点间的电压等于 380V 之外，其他任何相邻两点间的电压值均为零。

如按下启动按钮 SF2，接触器 QA1 不吸合，说明发生断路故障，此时可用电压表逐段测试各相邻两点间的电压。如测量到某相邻两点间的电压为 380V 时，说明这两点间所包含的触点、连接导线接触不良或有断路故障。例如标号 4-5 两点间的电压为 380V，说明接触器 QA2 的常闭触点接触不良。

2）电阻测量法

电阻测量法指利用万用表测量机床电气线路上某两点间的电阻值来判断故障点的范围或故障元件的方法。

（1）分阶测量法。电阻的分阶测量法如图 1-91 所示。

按下启动按钮 SF2，接触器 QA1 不吸合，该电气回路有断路故障。

用万用表的电阻挡检测前应先断开电源，然后按下 SF2 不放，先测量 1—7 两点间的电阻，如电阻值为无穷大，说明 1—7 之间的电路断路。然后分阶测量 1—2、1—3、1—4、1—5、1—6 各点间电阻值。若电路正常，则该两点间的电阻值应为 0；当测量到某标号间的电阻值为无穷大，则说明表棒刚跨过的触头或连接导线断路。

（2）分段测量法。电阻的分段测量法如图 1-92 所示。

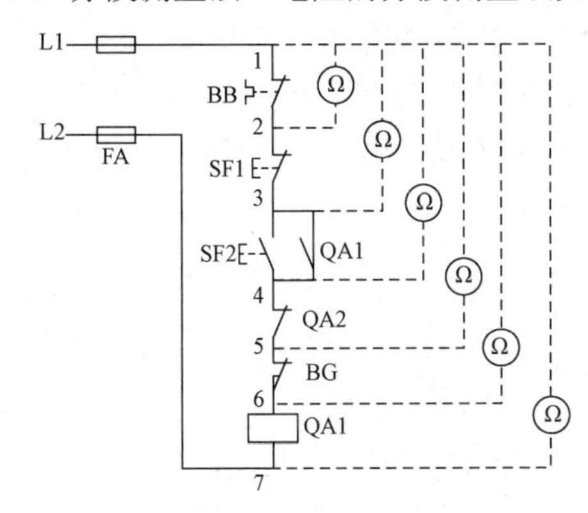

图 1-91　电阻的分阶测量法

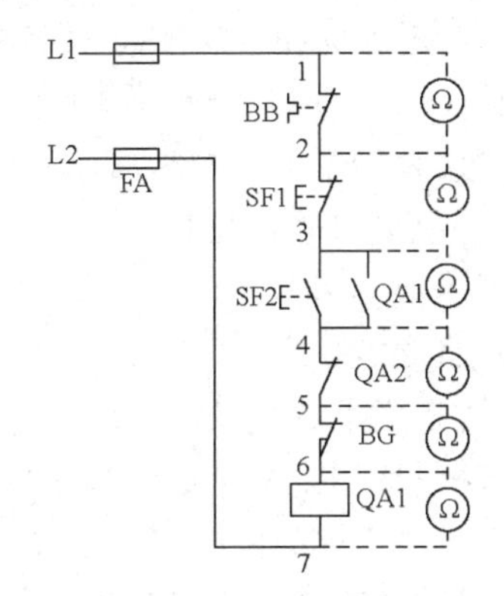

图 1-92　电阻的分段测量法

用万用表的电阻挡检查时，先切断电源，按下启动按钮 SF2，然后依次逐段测量相邻两标号点 1—2、2—3、3—4、4—5、5—6 间的电阻。如测得某两点间的电阻为无穷大，说明这两点间的触头或连接导线断路。例如当测得 2—3 两点间电阻值为无穷大时，说明停止按钮 SF1 或连接 SF1 的导线断路。

电阻测量法要点如下。

① 用电阻测量法检查故障时一定要断开电源。

② 如被测的电路与其他电路并联时，必须将该电路与其他电路断开，否则所测得的电阻值是不准确的。

③ 测量高电阻值的电气元件时，把万用表的选择开关旋转至合适的电阻挡。

3）短接法

短接法指用导线将机床线路中两等电位点短接，以缩小故障范围，从而确定故障范围或故障点。

（1）局部短接法。局部短接法如图 1-93 所示。

按下启动按钮 SF2 时，接触器 QA1 不吸合，说明该电路有故障。检查前先用万用表测量 1—7 两点间的电压值，若电压正常，可按下启动按钮 SF2 不放，然后用一根绝缘良好的导线，分别短接标号相邻的两点，如短接 1—2、2—3、3—4、4—5、5—6。当短接到某两点时，接触器 QA1 吸合，说明断路故障就在这两点之间。

（2）长短接法。长短接法检查断路故障如图 1-94 所示。

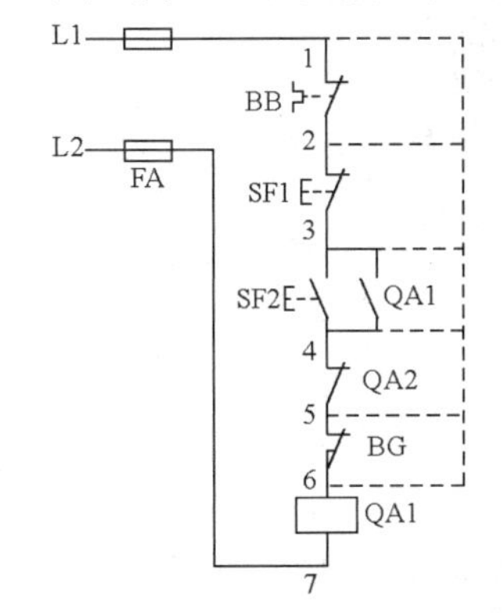

图 1-93　局部短接法

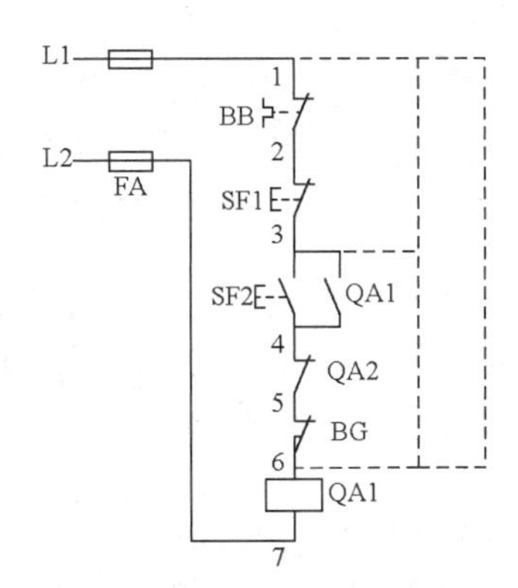

图 1-94　长短接法

长短接法是指一次短接两个或多个触头来检查故障的方法。

当 BB 的常闭触头和 SF1 的常闭触头同时接触不良，如用上述局部短接法短接 1—2 点，按下启动按钮 SF2，QA1 仍然不会吸合，可能会造成判断错误。而采用长短接法将 1—6 短接，如 QA1 吸合，说明 1—6 这段电路中有断路故障；然后再短接 1—3 和 3—6，若短接 1—3 时 QA1 吸合，则说明故障在 1—3 段范围内。再用局部短接法短接 1—2 和 2—3，能很快地排除电路的断路故障。

短接法检查要点如下：

① 短接法是用手拿绝缘导线带电操作的，所以一定要注意安全，避免触电事故发生。

② 短接法只适用于检查压降极小的导线和触头之类的断路故障。对于压降较大的电器，如电阻、线圈、绕组等断路故障，不能采用短接法，否则会出现短路故障。

③ 对于机床的某些要害部位，必须保障电气设备或机械部位不会出现事故的情况下才能使用短接法。

除上述三种方法之外，还可以利用试电笔进行测试，这也是判断电路通断的一种比较简单和常用的方法。

【实施步骤】

一、C650 型普通车床主要结构

C650 型普通车床由床身、主轴变速箱、进给箱、溜板箱、刀架、尾架、丝杆、光杆等部分组成，如图 1-95 所示。最大加工工件回转直径为 1020mm，最大工件长度为 3000mm。

车床有两种主要运动，一种是主轴上的卡盘或顶尖带着工件的旋转运动，称为主运动；另一种是溜板带着刀架的直线移动，称为进给运动。电动机的动力，由三角皮带通过主轴变速箱传给主轴。变换主轴变速箱外的手柄位置，可以改变主轴的转速。主轴一般只要求单方向旋转，只有在车螺纹时才需要用反转来退刀。

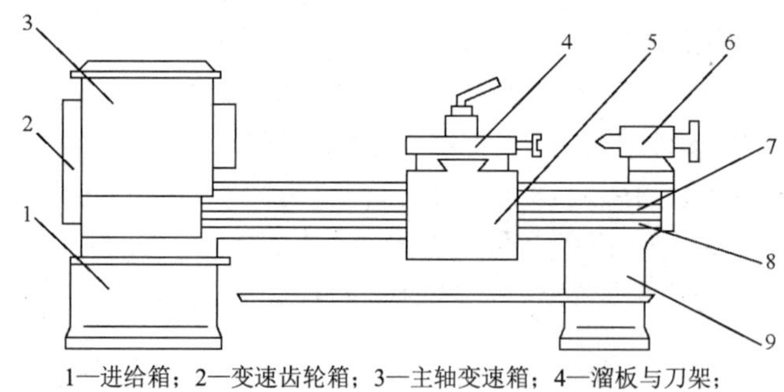

1—进给箱；2—变速齿轮箱；3—主轴变速箱；4—溜板与刀架；
5—溜板箱；6—尾座；7—丝杆；8—光杆；9—床身

图 1-95　C650 型车床结构示意图

为保证螺纹加工的质量，要求工件的旋转速度与刀具的移动速度之间有严格的比例关系。为此，C650 车床溜板箱与主轴变速箱之间通过齿轮传动来连接，用同一台电动机拖动。

C650 车床的床身较长，为减少辅助时间，专门设置了一台 2.2kW 的电动机来拖动溜板箱快速移动，并采用点动控制。

车削加工时，刀具的温度往往很高，为此，要配备冷却泵及电动机。

一般车床的调速范围较大，常用齿轮变速结构来调速，调速范围可达 40 倍以上。C650 车床的主电机采用普通鼠笼异步电动机，功率为30kW。为提高工作效率，该机床采用了反接制动。

二、运动形式与控制要求

（1）主电动机 MA1：车床的主运动及进给运动均由主电动机来拖动。主电动机采用直接启动方式，可实现正反转、点动控制、反接制动等。

（2）冷却泵电动机 MA2：车削加工时，为防止刀具和工件的温升过高，需要用冷却液冷却，因此须安装一台冷却泵，由冷却泵电动机拖动。它只需要单方向运转。

（3）快速移动控制电机 MA3：为减少辅助时间，专门设置了一台电动机来拖动溜板箱快速移动，并采用点动控制。

（4）保护及照明电路：主电动机 MA1 和冷却泵电动机 MA2 应具有必要的短路保护和过载保护。为安全起见，照明电路采用36V安全电压。

三、C650卧式车床电气控制线路的特点

（1）主轴与进给电动机 MA1 主电路具有正、反转控制和点动控制功能，并设置有监视电动机绕组工作电流变化的电流表和电流互感器。

（2）该机床采用反接制动的方法控制 MA1 的正、反转制动。

（3）能够进行刀架的快速移动。

四、电路分析

C650车床电气控制原理图如图1-96所示。表1-12为车床中所用电气元件符号及功能说明表。

表1-12　电气元件符号及功能说明

符号	名称及用途	符号	名称及用途
MA1	主电动机	SF1	总停按钮
MA2	冷却泵电动机	SF2	主电动机正向点动按钮
MA3	快速移动电动机	SF3	主电动机正向启动按钮
QA1	主电动机正转接触器	SF4	主电动机反向启动按钮
QA2	主电动机反转接触器	SF5	冷却泵电动机停止按钮
QA3	短接限流电阻接触器	SF6	冷却泵电动机启动按钮
QA4	冷却泵电动机接触器	TA	控制变压器
QA5	快移电动机接触器	FA1～FA3	熔断器
KF2	中间继电器	BB1	主电动机过载保护热继电器
KF1	通电延时时间继电器	BB2	冷却泵电动机保护热继电器
BG	快移电动机点动手柄开关	RA	限流电阻
SF0	照明灯开关	EA	照明灯
BS	速度继电器	BE	电流互感器
PG	电流表	QA0	隔离开关

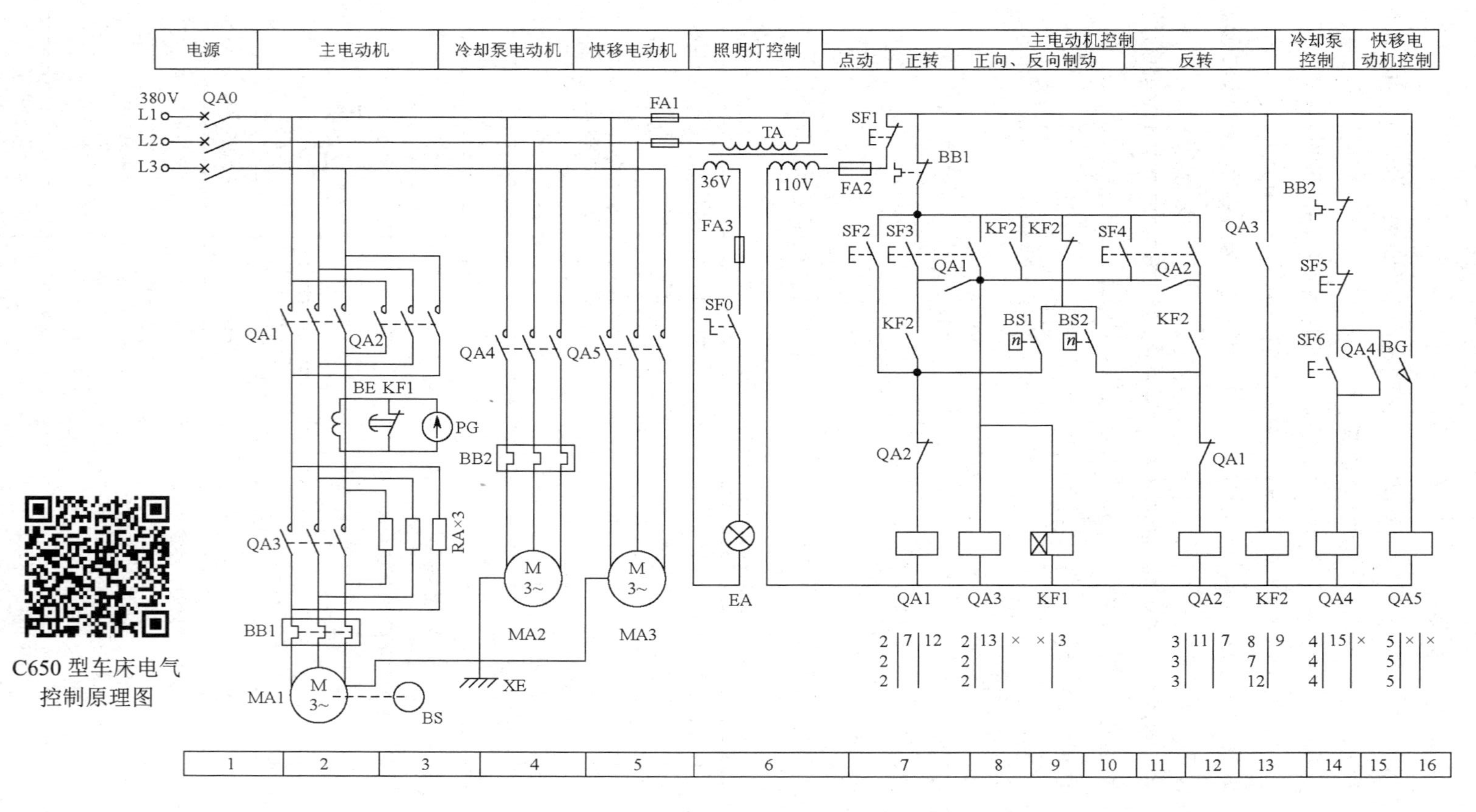

图 1-96　C650 型车床电气控制原理图

C650 型车床电气控制原理图

1. 主电路分析

主电路中空气开关 QA0 为电源开关，开关右侧分别为电动机 MA1、MA2、MA3 的主电路。

根据控制要求，主电路用接触器 QA1、QA2 主触点接成主轴电动机 MA1 的正、反转控制电路；电阻 RA 在反接制动和点动控制时起限流作用；接触器 QA3 在运行时起短接电阻 RA 的作用。

电流互感器 BE、电流表 PG 和时间继电器 KF1 用于检测主轴电动机 MA1 启动结束后的工作电流。启动过程中 KF1 常闭延时断开触点闭合，电流表 PG 被短路；启动结束，KF1 常闭延时断开触点打开，电流表 PG 投入工作，监视电动机运行时的定子工作电流。

热继电器 BB1 用于过载保护，速度继电器 BS 用于感应电动机 MA1 转动速度，以便控制其动合触点的动作。

接触器 QA4 控制冷却泵电动机 MA2 的启动和停止，BB2 用于电动机 MA2 的过载保护。

接触器 QA5 用于控制快速移动电动机 MA3 工作，由于快速移动为短时操作，故电动机 MA3 不设过载保护。

控制电路采用变压器 TA 隔离降压的 110V 电源供电，熔断器 FA1 用于控制电路的短路保护。

2. 主轴电机控制分析

主轴电动机 MA1（30kW）不要求频繁启动，采用直接启动方式，要求供电变压器的容量足够大，主轴电动机能够实现正反转、正向点动、反接制动等电气控制，控制电路如图 1-97 所示。

1）正、反转控制

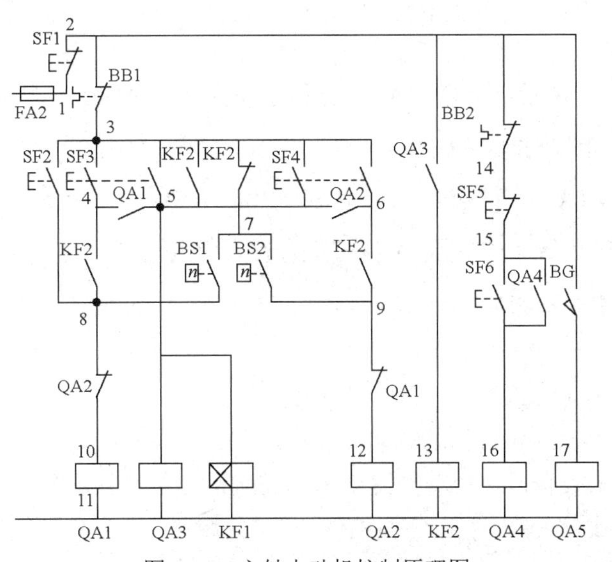

图 1-97　主轴电动机控制原理图

按下正向启动按钮 SF3 时，两个常开触点同时闭合，SF3 右侧常开触点（3—5）闭合使接触器 QA3 通电、时间继电器 KF1 线圈通电延时，接触器 QA3 常开辅助触点（1—13）闭合，中间继电器 KF2 线圈通电，SF3 左侧（3—4）常开触点使接触器 QA1 线圈通电并通过 KF2 的两个常开触点（4—8，3—5）自锁，主电路的主轴电动机 MA1 启动（全压）。时间继电器 KF1 延时时间到，启动过程结束，主电机 MA1 进入正转工作状态，主电路 KF1 常闭延时动断触点断开，电流表 PG 投入工作，动态指示电动机运行工作的线电流。在电动机正转工作状态，控制电路线圈通电工作的电器有 QA1、QA3、KF1、KF2 等。反向启动的控制过程与正向启动类似，SF4为反向启动按钮，在MA1反转运行状态，控制电路线圈通电工作的电器有QA2、QA3、KF1、KF2等。

2）正向点动控制

按下点动按钮SF2（手不松开）时，接触器QA1线圈通电（无自锁回路），主电路电源经QA1的主触点和限流电阻RA后进入主轴电动机MA1，主轴电动机MA1正向点动。松开按钮SF2后，接触器QA1线圈断电，主轴电动机MA1点动停止。

3）反接制动

下面首先讨论正转的反接制动，MA1正转过程中，控制电路QA1、QA3、KF1、KF2线圈通电，速度继电器BS的正转常开触点（7—9）闭合，为反接制动做好了准备。按动停止按钮SF1，依赖自锁环节通电的QA1、QA3、KF1、KF2线圈均失电，自锁电路打开，触点复位，松开停止按钮SF1后，控制电流经SF1、KF2、QA1的常闭触点（1—2、3—7、9—12）和BS2（n>120r/min）的常开触点（7—9）使接触器QA2线圈通电，主轴电动机MA1定子串电阻RA接入反相序电源进行反接制动，当电动机转速接近于零时，BS的常开触点（7—9）断开，QA2线圈断电，电动机MA1主电路断电，反接制动过程结束。

3．冷却泵控制和刀架快速移动

冷却泵电动机MA2为连续运行工作方式，控制按钮SF5、SF6和接触器QA4构成了电动机MA2的启停控制电路，热继电器BB2起过载保护作用。

转动刀架手柄，压下位置开关BG，接触器QA5线圈通电，电动机MA3启动，经传动机构驱动溜板箱带动刀架快速移动。刀架手柄复位时，BG复位，QA5线圈失电，快移电动机MA3停转，快移结束。由于电动机MA3工作在手动操作的短时工作状态，故未设过载保护。

4．照明电路等其他控制电路分析

车床照明电路采用36V安全供电，旋转开关SF0为照明灯EA的控制开关。

五、C650卧式车床电气控制线路常见故障诊断

1．主轴电动机MA1不能启动

原因分析：

① 熔断器FA1、FA2熔断。

② 热继电器BB1已动作过，动断触点未复位。

③ 接触器QA1未吸合，按启动按钮SF3，接触器QA1若不动作，故障必定在控制电路，如按钮SF3、SF4的触头接触不良，接触器线圈松动或烧坏，其触点接触不良等均会导致QA1不能通电动作。

当按SF3后，若接触器吸合，但主轴电动机不能启动，故障原因必定在主电路中，可依次检查接触器QA1主触点及三相电动机的接线端子等是否接触良好。

④ 各连接导线虚接或断线。

⑤ 主轴电动机损坏，应修复或更换。

2．主轴电动机启动运转后不能自锁

原因分析：

当按下按钮SF3时，电动机能运转，但放松按钮后电动机即停转，这是由于接触器QA1

的辅助常开触头接触不良或位置偏移、卡阻现象引起的故障。这时只要将接触器 QA1 的辅助常开触点进行修整或更换即可排除故障。辅助常开触点的连接导线松脱或断裂也会使电动机不能自锁。

3．刀架快速移动电动机不能启动

原因分析：

① 位置开关 BG 已损坏，应修复或更换。

② 接触器 QA5 线圈或触点已损坏，应修复或更换。

③ 快速移动电动机已损坏，应修复或更换。

4．主轴电动机 MA1 能启动，不能反接制动

启动主轴电动机 MA1 后，若要实现反接制动，只要按下停止按钮 SF1 即可。若按下停止按钮 SF1，不能实现反接制动，其故障现象通常有两种：一种是电动机 MA1 能自然停车；另一种是电动机 MA1 不能停车，仍然转动不停。

后一种情况即为主轴电动机不能停转，这类故障多数是由于接触器 QA1 的铁芯面上的油污使铁芯不能释放或 QA1 的主触点发生熔焊，或者停止按钮 SF1 的常闭触点短路所造成的。应切断电源，清洁铁芯面上的污垢或更换触点，即可排除故障。

前一种情况，按下停止按钮 SF1，只能自由停车，其故障范围可能在主电路中，也可能在控制电路中。

下面利用电压的分阶测量法来诊断车床不能实现反接制动的故障所在。

首先要检查主电路中 QA2 的主触点接触是否良好，若排除此故障后，则故障必在控制电路中。控制反接制动的线路如图 1-98 所示。

检查时，首先用万用表测量 1、11 两点间的电压，若电路正常应为 110V。然后将黑色表棒接到点 11 上，红色表棒按 12、9、7、3、2 标号依次向前移动，分别测量 11—12、11—9、11—7、11—3、11—2 各阶之间的电压，电路正常情况下，各阶的电压值均为 110V。如测到 11—12 之间无电压，说明是断路故障，此时可将红色表棒向前移，当移至某点（如 9 点）时电压正常，说明点 9 以后的触头或接线有断路故障。一般是点 9 后第一个触点（即刚跨过的接触器 QA1 的常闭辅助触点 QA1）或连接线断路。

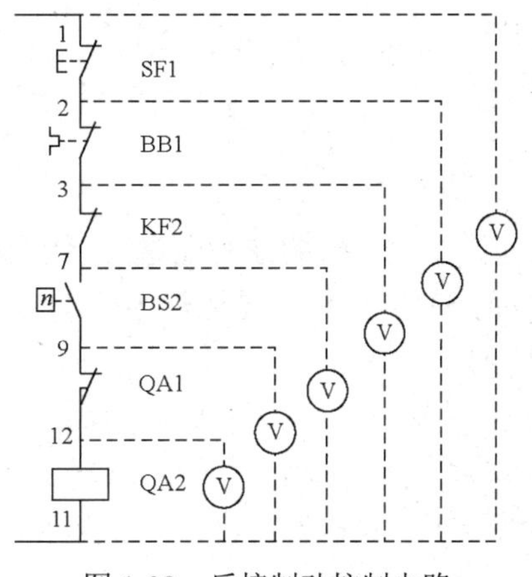

图 1-98　反接制动控制电路

【思考题与习题】

1．什么是低压电器？常用的低压电器有哪些？

2．熔断器在电路中的作用是什么？它由哪些主要部件组成？

3．封闭式负荷开关与开启式负荷开关在结构和性能上有什么区别？

4．接触器的主要作用是什么？接触器主要由哪些部分组成？交流接触器和直流接触器的铁芯和线圈的结构各有什么特点？

5．线圈电压为220V的交流接触器，误接到交流380V电源上会发生什么问题？为什么？

6．从接触器的结构上，如何区分是交流接触器还是直流接触器？如何选用接触器？

7．中间继电器有何用途？试比较中间继电器和交流接触器的相同之处和不同之处。

8．简述速度继电器的结构、工作原理及用途。

9．既然在电动机的主电路中装有熔断器，为什么还要装热继电器？装有热继电器是否就可以不装熔断器？为什么？

10．电动机的启动电流很大，当电动机启动时，热继电器会不会动作？为什么？

11．什么是主令电器？常用的主令电器有哪些？行程开关在机床控制中一般的用途有哪些？与按钮开关有何不同和相同之处？

12．画出下列电器元件的图形符号，并标出其文字符号：

① 熔断器；② 热继电器的动断触点；③ 时间继电器的动合延时触点；④ 时间继电器的动断延时触点；⑤ 热继电器的热元件；⑥ 接触器的线圈；⑦ 中间继电器的线圈；⑧ 断路器。

13．什么叫“自锁”？如果自锁触点因熔焊而不能断开又会怎么样？

14．什么叫“互锁”？在控制电路中互锁起什么作用？

15．什么是失压、欠压保护？利用哪些电气电路可以实现失压、欠压保护？

16．电动机正、反转直接启动控制电路中，为什么正反向接触器必须互锁？

17．按钮和接触器双重连锁的控制电路中，为什么不要过于频繁进行正反相直接换接？

18．双速电动机高速运行时通常须先低速启动而后转入高速运行，这是为什么？

19．试分析三个接触器控制的电动机星形—三角形降压启动控制电路的工作原理。

20．按下列要求画出三相笼型异步电动机的控制线路：

（1）既能点动又能连续运转；

（2）能正反转控制；

（3）能在两处启停；

（4）有必要的保护。

21．设计一个控制三台三相异步电动机的控制电路，要求MA1启动20s后，MA2自行启动，运行5s后，MA1停转，同时MA3启动，再运行5s后，三台电动机全部停转。

22．有两台电动机MA1和MA2，要求：

（1）MA1先启动，MA1启动20s后，MA2才能启动；

（2）若MA2启动，MA1立即停转。试画出其控制电路。

23．设计一台电动机启动的控制电路，要求满足以下功能：

（1）采用手动和自动降压启动；

（2）能实现连续运转和点动控制，且要求当点动工作时处于降压运行状态；

（3）具有必要的连锁与保护环节。

24．设计一小车运行的电路图，要求动作过程如下：

（1）小车由原位开始前进，到终端后自动停止。

（2）在终端停留 2min 后，自动返回原位停止。

（3）在前进或后退途中任意位置都能停止或再启动。

25．现有一台双速笼型感应电动机（具有低速启动→低速运行和低速启动→高速运行两种启动、运行状态），试按下列要求设计电路图：

（1）分别由两个按钮控制电动机的高速启动和低速启动，由同一个按钮控制电动机停止。

（2）电动机高速启动时，先接成低速，经延时后自动换接成高速。

（3）具有必要的保护。

26．试述 C650 型车床主轴电动机的控制特点及时间继电器 KF1 的作用。

27．试设计一台机床的电气控制电路，该机床共有三台三相笼型异步电动机：主轴电动机 MA1、润滑泵电动机 MA2、冷却泵电动机 MA3。设计要求如下：

（1）MA1 直接启动，单向旋转，不需要电气调速，采用能耗制动，并可点动试车。

（2）MA1 必须在 MA2 工作 3min 之后才能启动。

（3）MA2、MA3 共用一只接触器控制，如不需要 MA3 工作，可用转换开关 SF0 切断。

（4）具有必要的保护环节。

（5）装有机床工作照明灯一盏，电压为 36V；电网电压及控制电路电压均为 380V。

本单元我们设置了自测题，可以扫描边上的二维码进行自测。

第一单元　自测题

第 2 单元　S7–200 PLC 硬件结构与软件资源分析

【学习要点】

（1）了解 S7-200 PLC 的硬件结构及基本功能。

（2）掌握 S7-200 PLC 的接线方法。

（3）掌握 S7-200 PLC 的工作原理。

（4）理解 S7-200 PLC 的内存结构及寻址方法。

传统的生产机械自动控制装置，即继电器接触器控制系统具有结构简单、价格低廉、容易操作等特点，适用于工作模式固定、控制逻辑简单等工业应用场合。但是随着工业生产方式向多品种、少批量方向的发展，产品的市场周期日趋缩短，传统的继电器接触器控制系统缺点日益突出，体积庞大、生产周期长、接线复杂、故障率高、可靠性差，特别是由于它是靠硬连线逻辑构成的系统，当生产工艺或对象需要改变时，原有的接线和控制柜必须进行更换，通用性和灵活性很差。为了解决这些问题，就需要先进的自动控制装置，如图 2-1 所示，它能把计算机的功能完善、通用、灵活等优点和继电器控制系统的简单易懂、操作方便、价格便宜等优点结合起来，制成一种通用控制装置，将继电器接触器控制的硬连线逻辑转变为计算机的软件逻辑编程思想。

图 2-1　先进自动控制装置的形成

美国数字设备公司（DEC）根据这一设想，于 1969 年研制开发出了世界上第一台 PLC，并成功应用到美国通用汽车公司的生产线上。PLC 英文全称是 Programmable Logic Controller，中文全称为可编程逻辑控制器。它是一种数字运算操作的电子系统，专为在工业环境应用而设计的；它采用一类可编程的存储器，用于其内部存储程序，执行逻辑运算、顺序控制、定时、计数与算术操作等面向用户的指令，并通过数字式或模拟式输入/输出控制各种类型的机械或生产过程；而有关的外围设备，都应按易于与工业系统连成一个整体、易于扩充其功能的原则设计。目前，世界上有 200 多个厂家生产 300 多种 PLC 产品，比较著名的厂家有日本的三菱、欧姆龙，德国的西门子，法国的施耐德，美国的 AB 和 GE 等公司。其中，德国西门子公司生产的 S7-200 PLC 是一种小型 PLC，其许多功能达到了大、中型 PLC 的水平，而价格却和小型 PLC 一样，因此一经推出，就受了广泛关注。该系列PLC主要由CPU模块和丰富的扩展模块组成，根据实际设计需要自由配置，可以很好地满足小规模控制系统的要求，深受市场欢迎。

项目 2.1　S7-200 PLC 硬件结构分析

【项目目标】

（1）了解 PLC 的分类方法。

（2）掌握 S7-200 PLC 硬件结构及基本功能。

（3）掌握 S7-200 PLC 的接线方法。

（4）掌握 PLC 的循环扫描的工作方式。

（5）理解 PLC 控制与其他控制方式的区别。

【项目分析】

PLC 的硬件结构主要由中央处理器（CPU）、存储器、输入接口、输出接口、通信接口、扩展接口、电源等部分组成，如图 2-2 所示。其中，CPU 是 PLC 的核心，负责完成控制系统逻辑控制、数字运算等；输入接口与输出接口连接现场输入/输出设备，负责外部信息的输入和驱动外部执行元件；通信接口用于与编程器、上位计算机等外设连接。

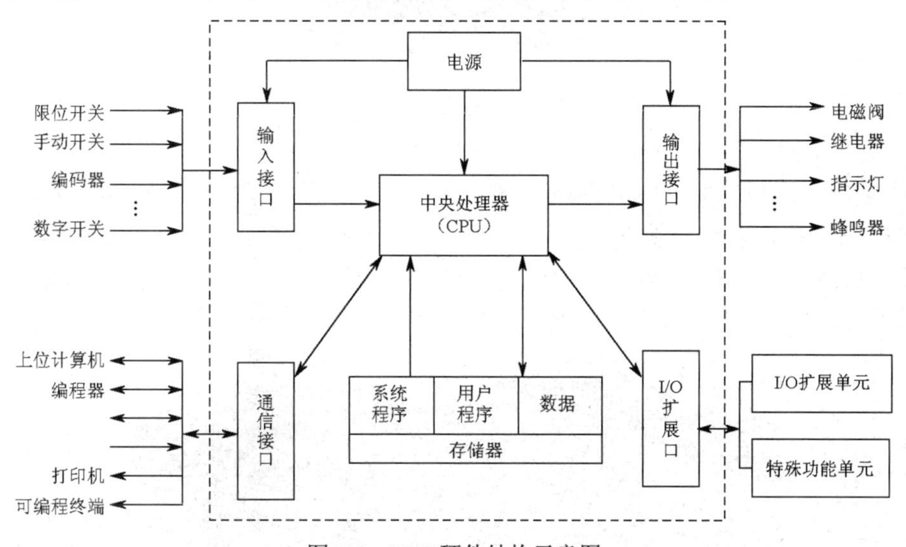

图 2-2　PLC 硬件结构示意图

PLC 的硬件为软件的运行提供了支持环境，是 PLC 控制功能执行的载体。熟悉 PLC 的硬件结构不仅能加深理解 PLC 的工业使用特性（专为工业环境下应用而设计，具有很强的抗干扰能力、广泛的适应能力和应用范围），同时也有助于更好地使用 PLC。

【相关知识】

一、PLC 的分类

由于 PLC 应用广泛，发展迅速，已经有很多类型，而且功能也不尽相同。目前，PLC 的分类方法主要有两类：一类按PLC的硬件结构类型分类，另一类按PLC的I/O点的容量分类。

1. 按 PLC 的硬件结构类型分类

根据 PLC 硬件结构形式不同，PLC 主要可分为整体式和模块式两类。

1）整体式结构

整体式结构的特点是将 PLC 的基本部件，如 CPU 模块、I/O 模块、电源模块等安装在一个标准机壳内，构成一个整体，组成 PLC 的一个基本单元（主机）。基本单元上设有扩展端口，通过扩展电缆与扩展单元相连，以构成不同配置的 PLC。整体式 PLC 还配备了许多专用的特殊功能模块，如模拟量输入/输出模块、通信模块、运动控制模块等，以构成不同的配置，完成特定的控制任务。整体式 PLC 具有体积小、成本低、安装方便等优点，但受制于基本单元的处理能力和扩展能力，相比模块式 PLC 控制功能和运行速度要低一些。S7-200 系列 PLC 采用的是整体式结构。图 2-3 所示为小型整体式 PLC 结构。

图 2-3　小型整体式 PLC 结构

2）模块式结构

模块式结构的 PLC 由一些模块单元构成，这些标准模块有 CPU 模块、输入模块、输出模块、电源模块及各种功能模块等。使用时像堆积木一样，将这些模块插在框架或基板上即可。各模块功能是独立的，外形尺寸是统一的，可根据实际需要灵活配置。目前，大、中型 PLC 多采用这种结构形式。图 2-4 所示为大型模块式 PLC 结构。

图 2-4　大型模块式 PLC 结构

2. 按 PLC 的 I/O 点数容量分类

按 PLC 的 I/O 点数的多少可将 PLC 分为三类，即小型机、中型机和大型机。

（1）小型机。小型 PLC 输入/输出总点数一般在 256 点以内，用户程序内存在 4KB 以下，其功能以处理开关量逻辑控制为主。这类 PLC 的特点是价格低廉、体积小巧，适合于控制单机设备和开发机电一体化产品。

典型的小型机有 SIEMENS 公司的 S7-200 系列，OMRON 公司的 CPM2A 系列，三菱 F-40、MODICONPC-085 等整体式 PLC 产品。

（2）中型机。中型 PLC 的 I/O 点数在 256～2048 点，用户程序内存在 8KB 以下，不仅具有极强的开关量和模拟量的控制功能，还具有很强的数字计算处理、通信处理和模拟量处理能力，适用于复杂的逻辑控制系统以及连续生产过程控制场合。

典型的中型机有 SIEMENS 公司的 S7-300 系列，OMRON 公司的 C200H 系列，AB 公司的 SLC500 系列等 PLC 产品。

（3）大型机。大型 PLC 的输入/输出总点数在 2048 点以上，程序和数据存储容量最高分别可达 10MB，其性能已经与工业控制计算机相当，具有计算、控制、调节功能，还具有强大的网络结构和通信联网能力。它的监视系统能够表示过程的动态流程，记录各种曲线、PID 调节参数等。大型机适用于设备自动化控制、过程自动化控制和过程监控系统。

典型的 PLC 大型机有 SIEMENS 公司的 S7-400 系列，OMRON 公司的 CVM1 和 CS1 系列等 PLC 产品。

二、S7-200 PLC 硬件结构

1．S7-200 PLC 的外形

S7-200 PLC 的外形如图 2-5 所示，顶部端子盖下为 PLC 电源端子和输出端子，前盖下主要是模式选择开关 TERM / RUN / STOP、模拟电位器、扩展端口（适用于大部分 CPU），底部端子盖下是输入量的接线端子和为传感器提供的 24V 直流电源端子，可选卡插槽主要是放存储卡、时钟卡等，状态 LED 指示主要有三种：SF/DIAG（系统错误/诊断）、RUN（运行）和 STOP（停止）。

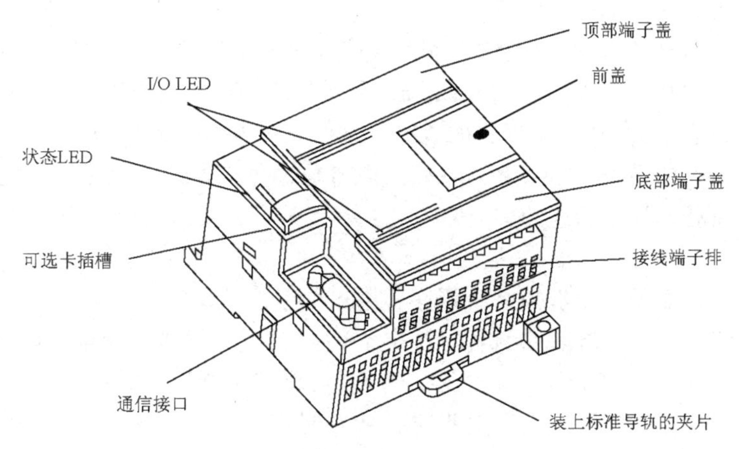

图 2-5　S7-200 PLC 外形图

模拟电位器用来改变特殊寄存器（SM28，SM29）中的数值，以改变程序运行时的参数。如定时器、计数器的预置值，过程量的控制参数。

可选卡插槽可安装扩展卡。扩展卡有 EEPROM 存储卡、电池和时钟卡等模块。存储卡用于用户程序的复制。在 PLC 通电后插此卡，通过操作可将 PLC 中的程序装载到存储卡中。当

卡已经插在基本单元上时，PLC 通电后不需要任何操作，卡上的用户程序数据会自动复制到 PLC 中。利用这一功能，可对无数台实现同样控制功能的 CPU22X 系列 PLC 进行程序写入。

2. S7-200 PLC 的基本组成

S7-200 PLC 将一个微处理器、一个集成电源和数字量 I/O 口集成在一个紧凑的封装中，从而形成了一个功能强大的微型 PLC，如图 2-6 所示。一台 S7-200 PLC 包含一个单独的 S7-200 主机，或者带有各种各样的可选扩展单元。

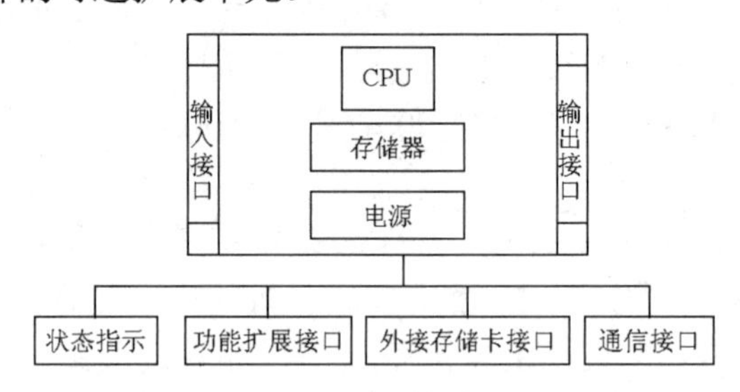

图 2-6　S7−200 PLC 硬件系统组成示意图

1）电源

向 PLC 的 CPU 及所扩展的各模块、输入 I/O 口等供电。CPU22x 的输入电压为 20.4～28.8VDC / 85～264VAC（47～63Hz）。

2）中央处理器（CPU）

CPU 是可编程控制器的控制中枢，相当于人的大脑。CPU 一般由控制电路、运算器和寄存器组成。这些电路通常都被封装在一个集成的芯片上，CPU 通过地址总线、数据总线、控制总线与存储单元、输入/输出接口电路连接。CPU 的功能有：它在系统监控程序的控制下工作，通过扫描方式，将外部输入信号的状态写入输入映像寄存区域，PLC 进入运行状态后，从存储器逐条读取用户指令，按指令规定的任务进行数据的传送、逻辑运算、算术运算等，然后将结果送到输出映像寄存区域。

CPU 常用的微处理器有通用型微处理器、单片机和位片式计算机等。通用型微处理器常见的如 Intel 公司的 8086、80186，到 Pentium 系列芯片，单片机型的微处理器如 Intel 公司的 MCS-96 系列单片机，位片式微处理器如 AMD 2900 系列微处理器。小型 PLC 的 CPU 多采用单片机或专用 CPU，中型 PLC 的 CPU 大多采用 16 位微处理器或单片机，大型 PLC 的 CPU 多用高速位片式处理器，具有高速处理能力。

3）存储器

PLC 内的存储器主要用于存放系统程序、用户程序、数据等。

（1）系统程序存储器。PLC 系统程序决定了 PLC 的基本功能，该部分程序由 PLC 制造厂家编写并固化在系统程序存储器中，主要有系统管理程序、用户指令解释程序、功能程序与系统程序调用等部分。系统管理程序主要控制 PLC 的运行，使 PLC 按正确的次序工作；用户指令解释程序将 PLC 的用户指令转换为机器语言指令，传输到 CPU 内执行；功能程序与系统程序调用则负责调用不同的功能子程序及其管理程序。

系统程序属于需要长期保存的重要数据，所以其存储器采用 ROM 或 EPROM。ROM 是只读存储器，该存储器只能读出内容，不能写入内容，ROM 具有非易失性，即电源断开后仍能保存已存储的内容。

（2）用户程序存储器。用户程序存储器用于存放用户载入的 PLC 应用程序，载入初期的用户程序因需要修改与调试，所以称为用户调试程序，存放在可以随机读/写操作的随机存取存储器（RAM）内以方便用户修改与调试。

通过修改与调试后的程序称为用户执行程序，由于不需要再做修改与调试，所以用户执行程序就被固化到 EPROM（可擦写可编程）内长期使用。

（3）数据存储器。PLC 运行过程中需要生成或调用中间结果数据（如输入/输出元件的状态数据、定时器、计数器的预置值和当前值）和组态数据（如输入/输出组态、设置输入滤波、脉冲捕捉、输出表配置、定义存储区保持范围、模拟电位器设置、高速计数器配置、高速脉冲输出配置、通信组态等），这类数据存放在工作数据存储器中，由于工作数据与组态数据不断变化，且不需要长期保存，所以采用随机存取存储器（RAM）。

RAM 是一种高密度、低功耗的半导体存储器，可用锂电池作为备用电源，一旦断电就可通过锂电池供电，保持 RAM 中的内容。

4）接口

输入/输出接口是 PLC 与工业现场控制或检测元件和执行元件连接的接口电路。

（1）输入接口。输入接口是连接外部输入设备和 PLC 内部的桥梁，用于接收和采集两种类型的输入信号，一类是由按钮、转换开关、行程开关、继电器触头等开关量输入信号，另一类是由电位器、测速发电机和各种变换器提供的连续变化的模拟量输入信号。

为防止现场的干扰信号进入 PLC，输入接口电路采用光电耦合器进行隔离，由发光二极管和光电三极管组成，如图 2-7 所示的直流输入接口电路，当输入端子连接的外部按钮未闭合时，光电耦合器中的两个反向并联二极管不导通，光电三极管截止，内部电路 CPU 在输入端读入的数据是“0”；当输入按钮闭合时，电流 24V 电源正极（或负极）经过外部触点 I0.0、电阻、光电耦合器中的发光二极管，到达公共端 1M，最终回到电源负极（或正极）。有一个发光二极管导通，光电三极管饱和导通，外部信息进入内部电路，使内部“输入软继电器”为 1，从而驱动程序中的对应常开或常闭触点。输入接口公共端既可以接正极，也可以接负极。

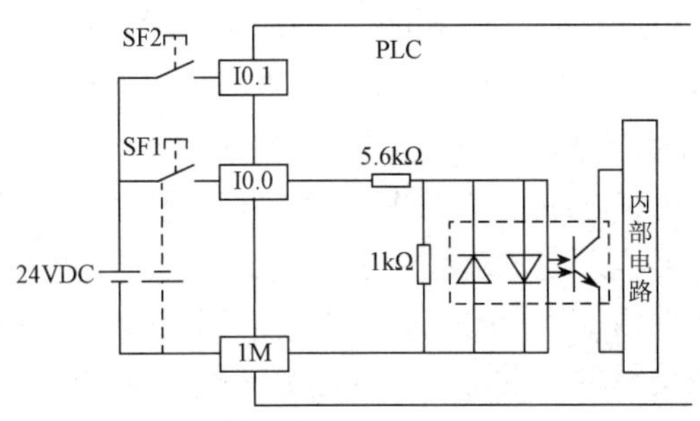

图 2-7　PLC 输入接口电路

（2）输出接口。输出接口电路将 CPU 送出的弱电控制信号转换成现场需要的强电信号输出，向被控对象的各种执行元件输出控制信号。常用执行元件有接触器、电磁阀、调节阀（模拟量）、调速装置（模拟量）、指示灯、数字显示装置、报警装置等。输出接口电路一般由微型计算机输出接口电路和功率放大电路组成，与输入接口电路类似，内部电路与输出接口电路之间采用光电耦合器进行抗干扰电隔离。S7-200 PLC 的输出电路主要有晶体管输出电路和继电器输出两种。

图 2-8 所示为场效应晶体管输出电路，接 24V 直流负载，当 PLC 内部输出锁存器为 0 时，光电耦合器光电三极管截止，使场效应晶体管截止，输出回路断开，外部负载不动作。反之，当 PLC 内部输出锁存器为 1 时，光电三极管导通，使场效应晶体管导通，外部负载得电。晶体管输出电路开关速度高，适合数码显示、输出脉冲控制步进电动机等高速控制场合。输出端内部已并联反偏二极管，实行了内部保护。

在继电器输出电路中（图 2-9），继电器同时起隔离和功率放大作用，每一端子提供常开触点，可以接交流或直接负载，但受继电器开关速度低的限制，只能满足一般的低速控制需要，为了延长继电器触点的寿命，在外部电路中，对直流感性负载，应并联反偏二极管，对交流感性负载应并联 RC 高压吸收元件。

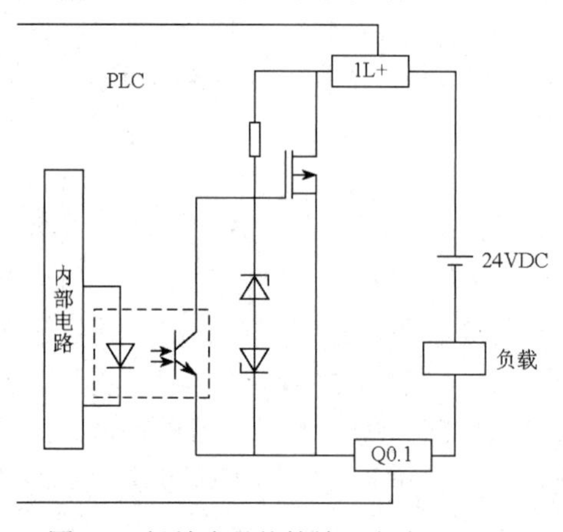

图 2-8　场效应晶体管输出电路

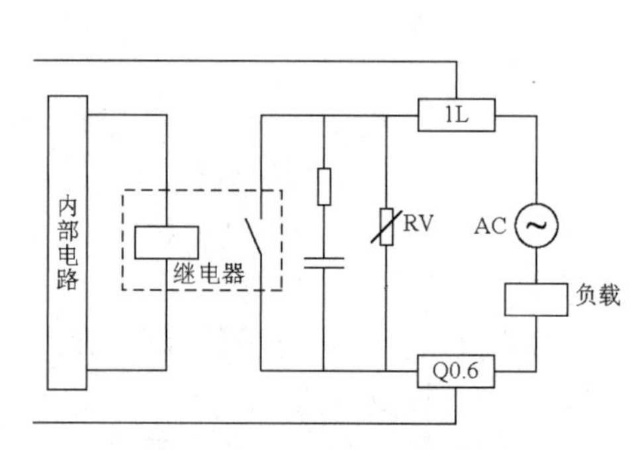

图 2-9　PLC 继电器输出电路

（3）其他接口。若主机单元的 I/O 数量不够用，可通过 I/O 扩展接口电缆与 I/O 扩展单元（不带 CPU）相接进行扩充。PLC 还常配置连接各种外围设备的接口，可通过电缆实现串行通信、EPROM 写入等功能。

三、S7-200 PLC 的接线方法

PLC 的外端子是 PLC 外电源、输入和输出的连接端子。型号规格中用斜线分割的三部分分别表示 CPU 电源的类型、输入接口电路的类型及输出接口电路的类型。其中输出接口类型中，RLY 为继电器输出，DC 为晶体管输出。如 CPU224 AC/DC/RLY，其中 AC 代表 CPU 由 220V 交流电源供电，DC 代表 24V 直流输入，RLY 代表负载采用了继电器驱动，所以既可以选用直流电为负载供电，也可以采用交流电为负载供电。

CPU 模块的电源输入端通常位于模块的右上角，标记 M、L+为外部 DC 电源输入端，标记 N、L1 为外部 AC 电源输入端，直流或交流电源供电接线如图 2-10 所示。PLC 的输入接线示意图如图 2-11 所示，有 24V 漏型输入和 24V 源型输入。PLC 的输入有多组公共端，不同公共端在 PLC 内部是互不接通的，其目的是适应外接不同性质的输入信号。PLC 的输出接线示意图如图 2-12 所示，有直流输出和继电器输出，直流输出又分为 24VDC 源型和漏型，PLC 的输出也有多组公共端，不同公共端在 PLC 内部同样是互不接通的，其目的是适应外部不同电压的负载。

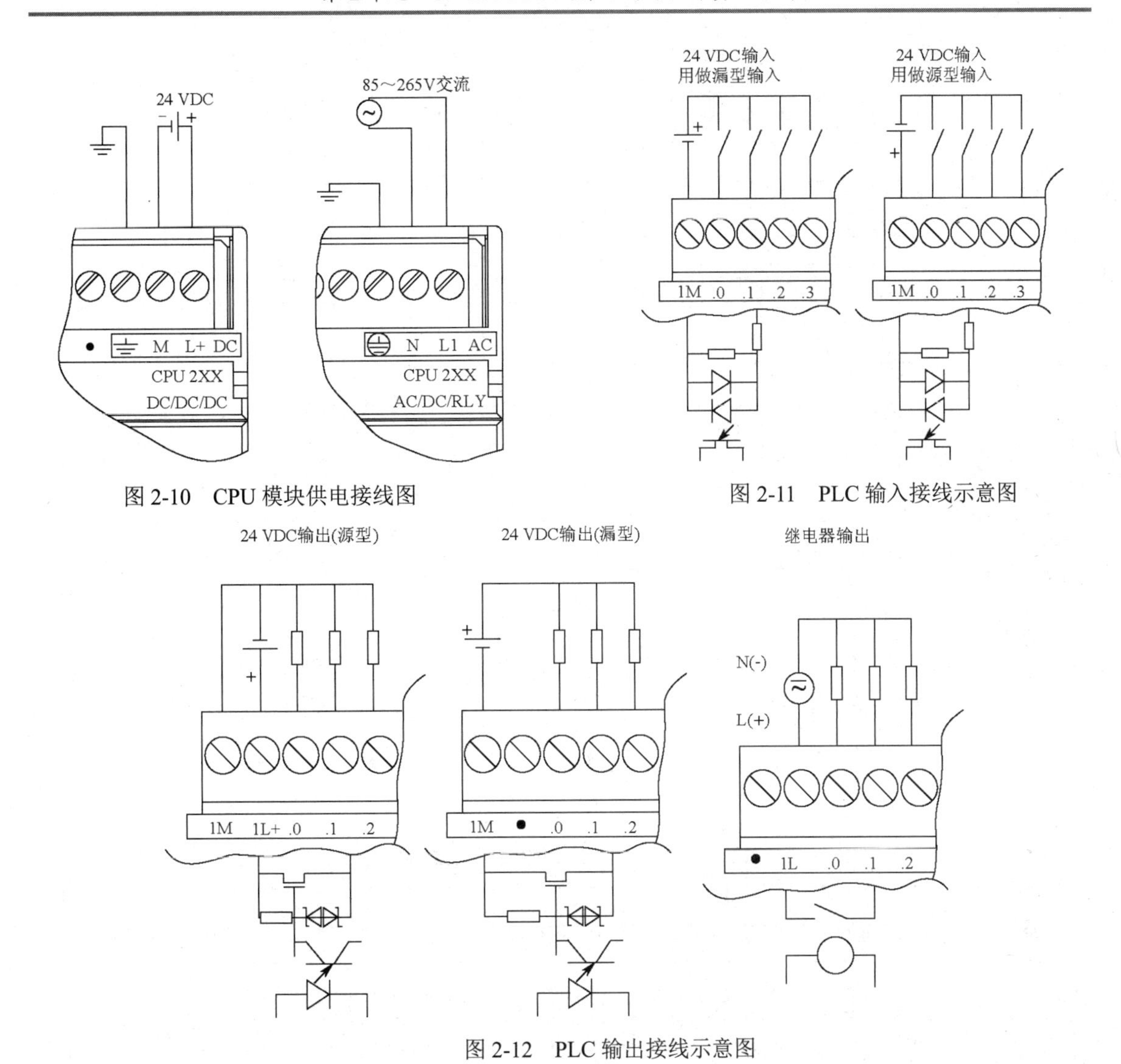

图 2-10　CPU 模块供电接线图

图 2-11　PLC 输入接线示意图

图 2-12　PLC 输出接线示意图

以 CPU224 DC/DC/DC 和 CPU224 AC/DC/RLY 为例，这两种型号的 PLC 输入/输出点数及物理布置均一致，但输入/输出类型不同。CPU224XP DC/DC/DC 为晶体管输出电路，PLC 由 24V 直流供电，负载采用了 MOSFET 功率驱动元件，所以只能采用直流为负载供电。输出端将数字量输出分为两组，每组有一个公共端，共有 1L、2L 两个公共端，可接入不同电压等级的负载电源，接线如图 2-13 所示。CPU224 AC/DC/RLY 为继电器输出电路，数字量输出分为三组，每组的公共端为本组的电源供给端，Q0.0～Q0.3 共用 1L，Q0.4～Q0.6 共用 2L，Q0.7～Q1.1 共用 3L，各组之间可接入不同电压等级、不同电压性质的负载电源，接线如图 2-14 所示。

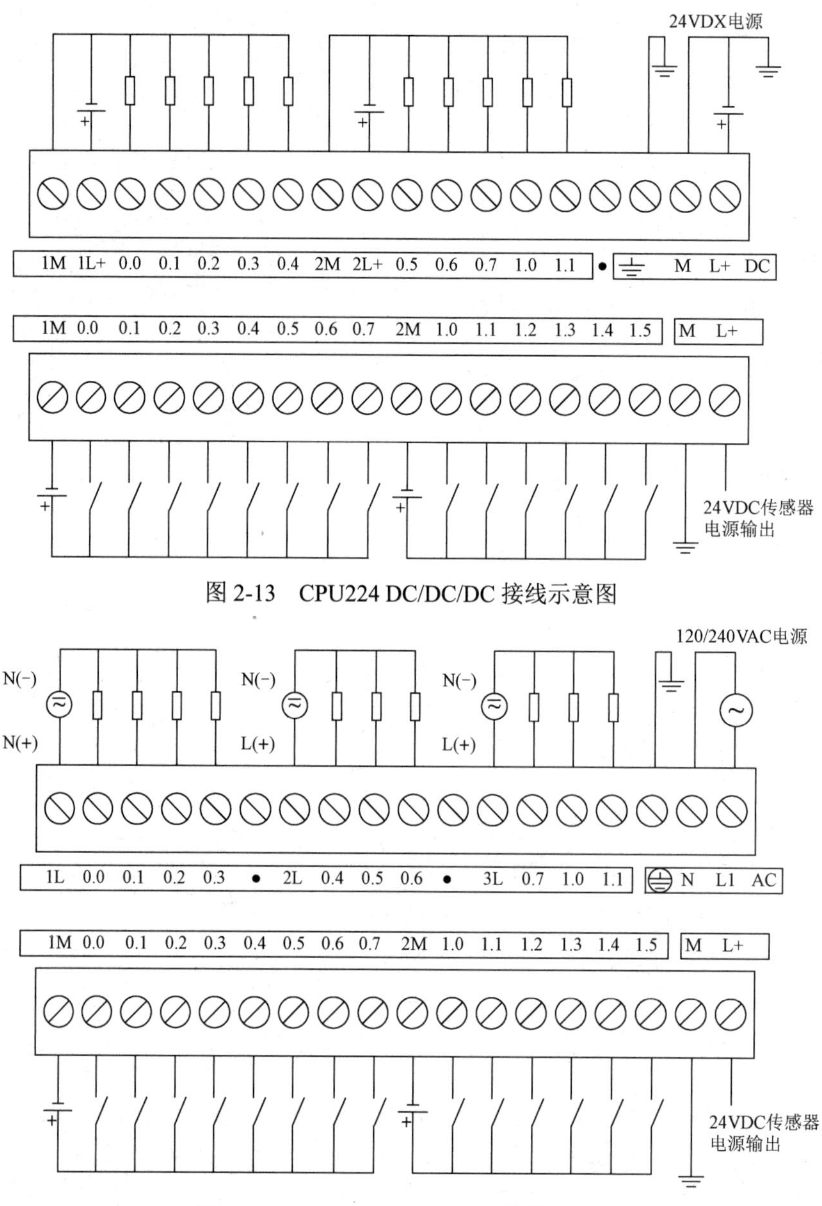

图 2-13　CPU224 DC/DC/DC 接线示意图

图 2-14　CPU224 AC/DC/RLY 接线示意图

四、S7-200 PLC 的扩展

当 PLC 主机上所集成的 I/O 点数不够时，可以通过扩展单元来增加 I/O 点数以满足需要，CPU221 系统无扩展模块，CPU222 系统最多可以有两个扩展模块，而 CPU224、CPU226 系统最多可扩展 7 个模块。这些扩展单元有数字量 I/O 扩展模块、模拟量 I/O 扩展模块，另外还有专门连接传感器的工作单元和专用功能模块，如热电偶功能模块、定位控制模块及专用的通信模块，不仅增加了点数需要，还增加了许多控制功能。

1. 扩展模块的连接

连接 S7-200 PLC 扩展模块时，将扩展模块的扁平电缆连到上一单元前盖下面的扩展口，如图 2-15 所示。S7-200 PLC 扩展模块具有与主机相同的设计特点，固定方式也相同，有 DIN

导轨安装与面板安装两种方法，如图 2-16 所示，用合适的螺钉将模块固定在背板上，安装可靠且防振性好。DIN 导轨安装方式是扩展模块串装在紧靠 CPU 右侧的导轨上，安装方便且拆卸灵活。如果在配置S7-200系统时，扩展模块较多或空间受限时，可以灵活地使用I/O扩展电缆进行分行安装。

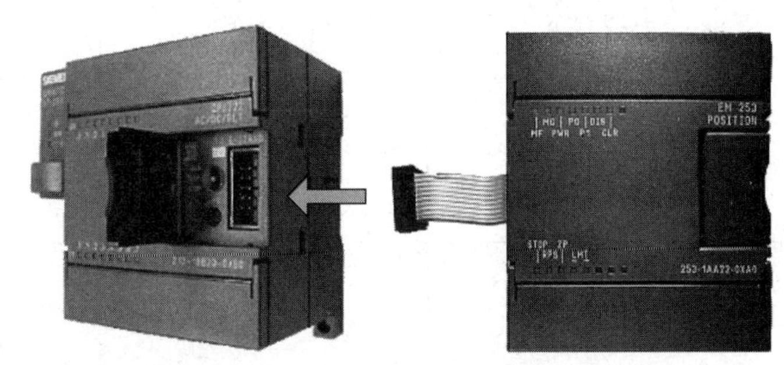

图 2-15　S7-200 PLC 主机与扩展连接示意图

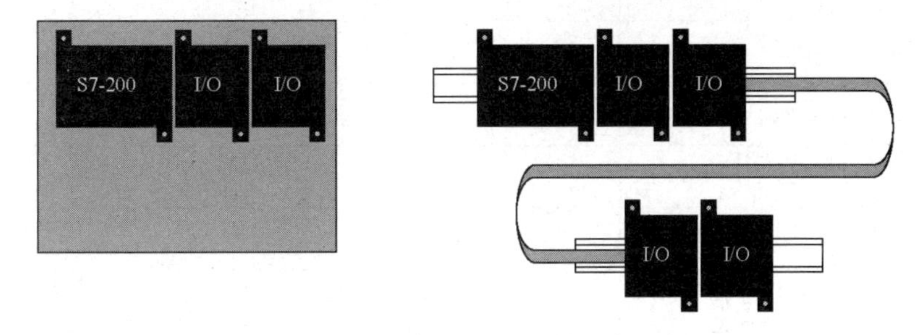

图 2-16　S7-200 PLC 及扩展模块安装方式

2. 扩展模块编址

S7-200 PLC每个主机上集成的I/O点，其地址是固定的，扩展模块的地址则由各模块的类型及该模块在 I/O 链中的位置决定，输入模块地址与输出模块地址互不影响，数字量模块与模拟量模块地址也不冲突。具体地址分配规则可以总结为

（1）同类型输入/输出点按顺序进行编址。

（2）对于数字量，输入/输出映像寄存器的单位长度为 8 位，当前模块高位实际位数未满 8 位的，未用位不能分配给后面的模块，后续地址必须从下一字节开始编排。

（3）模拟量的数据格式为一个字长，所以地址必须从偶数字节开始，如 AIW0、AIW2、AIW4、…、AQW0、AQW2、…。输入/输出以两个通道（两个字）递增方式分配空间，当前模块中未使用的通道地址不能被后续的同类继续模块使用，后续地址必须从新的两个字开始，即使第一个模块只有一个输出 AQW0，第二个模块模拟量输出地址也应从 AQW4 开始寻址，依此类推。

例 2-1　某一控制系统选用 CPU224 PLC，系统所需的输入/输出点数分别为：数字量输入 24 点、数字量输出 20 点、模拟量输入 6 点、模拟量输出 2 点，试进行地址分配。

根据控制系统的要求，可以有多种不同模块的选取组合，也有多种连接顺序。现按主机 CPU224、EM221、EM222、EM235、EM223 和 EM235 依次连接。表 2-1 为这种连接方式控制系统输入/输出地址的分配情况。

表 2-1　各模块地址分配

类型	CPU224		EM221	EM222	EM235		EM223		EM235	
I/O 点数	DI14/DO10		DI8	DO8	AI4/AO1		DI4/DO4		AI4/AO1	
地址分配	I0.0	Q0.0	I2.0	Q2.0	AIW0	AQW0	I3.0	Q3.0	AIW8	AQW4
	I0.1	Q0.1	I2.1	Q2.1	AIW2		I3.1	Q3.1	AIW10	
	I0.2	Q0.2	I2.2	Q2.2	AIW4		I3.2	Q3.2	AIW12	
	I0.3	Q0.3	I2.3	Q2.3	AIW6		I3.3	Q3.3	AIW14	
	I0.4	Q0.4	I2.4	Q2.4						
	I0.5	Q0.5	I2.5	Q2.5						
	I0.6	Q0.6	I2.6	Q2.6						
	I0.7	Q0.7	I2.7	Q2.7						
	I1.0	Q1.0								
	I1.1	Q1.1								
	I1.2									
	I1.3									
	I1.4									
	I1.5									

五、S7-200 PLC 的工作原理

PLC 的 CPU 采用分时操作的原理，每一时刻执行一个操作，随着时间的延伸一个动作接一个动作顺序地进行，这种分时操作进程称为 CPU 对程序的扫描，即在时间上 PLC 执行任务是按串行方式进行的。由于 CPU 的运算处理速度很快，所以从宏观上来看，PLC 外部出现的结果似乎是同时完成的。

1. PLC 循环扫描的工作过程

PLC 的一个工作过程一般有内部处理、通信处理、输入采样、程序执行和输出刷新 5 个阶段。PLC 运行时，这个 5 个阶段周而复始地循环。执行一个循环扫描过程的时间称为一个扫描周期。其中输入采样、程序执行和输出刷新阶段是 PLC 执行用户程序的主要阶段。

1）内部处理阶段

PLC 运行以后，CPU 执行监测主机硬件、用户程序存储器、I/O 模块的状态并清除 I/O 映像区的内容等工作，进行自诊断，对电源、PLC 内部电路、用户程序的语法进行检查，若正常，则继续往下执行。

2）通信处理阶段

CPU 自动监测并处理各种通信端口接收到的任何信息，是否有计算机、编程器和上位 PLC 的通信请求，若有则相应处理，进行通信连接，如 PLC 可以接收计算机发来的程序或命令。

3）输入采样阶段

PLC 首先扫描所有输入端子，按顺序将所有输入端信号状态读入输入映像寄存器区（数字 0 或 1，表现为接线端是否承受外在的电压），如图 2-17 所示，完成输入采样工作后，将转入下一阶段，即程序执行阶段。在程序执行阶段，如果输入端信号状态发生改变，则输入映像寄存器区的内容并不会改变，而这些改变的输入端信号在下一个工作周期的输入采样阶段才能被读入。

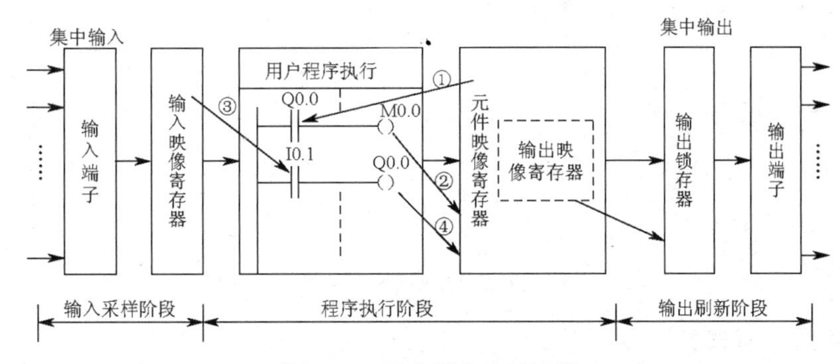

图 2-17　用户程序执行过程

4）程序执行阶段

本阶段是 PLC 对程序按顺序执行的过程，对梯形图程序来说，就是从上到下、从左到右的顺序。PLC 的用户程序由若干条指令组成，指令在存储器中按序号顺序排列。CPU 从第一条指令开始，顺序逐条地执行用户程序，并将逻辑运算结果存入对应的寄存器，直到用户程序结束，如图 2-17 所示。当指令中涉及输入状态时，PLC 从输入映像寄存器“读入”当前信号状态（输入采样阶段存入的端子信号），涉及输出状态时，PLC 从输出映像寄存器“读入”当前信号状态，涉及其他寄存器的指令依此类推。这个过程中，只有输入映像寄存器区的内容不会改变，其他元件寄存器的内容都有可能随着程序的执行而发生改变。同时前面程序执行的结果可能会被后面的程序所用到，从而影响后面程序执行的结果，但后面程序执行的结果在本次扫描周期不可能改变前面程序执行的结果，只有到了下一个扫描周期，扫描到前面的程序时才有可能发生作用。

5）输出刷新阶段

如图 2-17 所示，所有程序指令执行完毕以后，PLC 将输出映像寄存器所有的信号状态，依次送到输出锁存电路，并驱动外部负载，形成实际输出。

PLC 扫描周期的长短，取决于 PLC 执行一条指令所需的时间和指令的多少。如果平均每条指令执行所需时间为 1μs，程序有 1000 条指令，则这一扫描周期时间为 1ms。

例 2-2　以图 2-18 为例，分析 PLC 循环扫描工作过程。

从图 2-18 给出的各软元件状态时序图可以看出，尽管 I0.2 在第一个周期的程序执行阶段导通，但因错过了第一个周期的输入采样阶段，状态不能更新，只有等到第二个周期的输入采样阶段才能更新，所以输出映像寄存器 Q0.0 要等到第二个周期的程序执行阶段才会变为 ON，Q0.0 的对外输出要等到第二个周期的输出刷新阶段。而 M2.0 和 M2.1 都是由 Q0.0 触点驱动，但由于 M2.0 的线圈在 Q0.0 线圈上面，M2.1 的线圈在 Q0.0 线圈下面，所以 M2.1 在第二个周期的程序执行阶段变为 ON，而 M2.0 需要等到第三个周期的程序执行阶段才能变成 ON。这就是 PLC 的循环扫描串行工作方式。

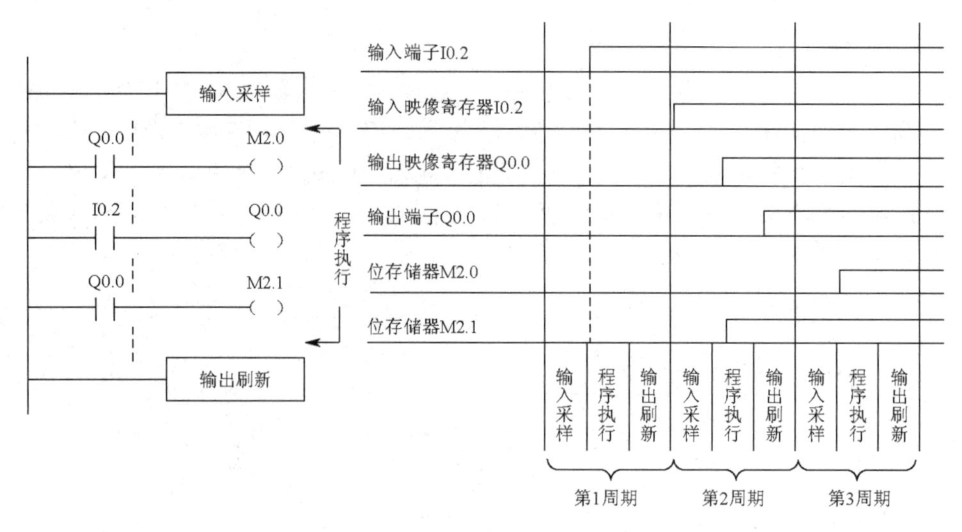

图 2-18　PLC 循环扫描串行工作分析示例

2. PLC 的工作模式

S7-200 PLC 有三种工作模式，即运行（RUN）模式、暂停（STOP）模式和条件运行（TERM）模式。

（1）RUN 模式：上电自动运行，可由上位系统控制其停止，此时不能对其编写程序，PLC 循环往复地执行扫描工作，每个工作过程完成 5 个阶段，当程序中插入 STOP 指令也可停止 PLC 运行。

（2）TERM 模式：上电不运行，可以由上位系统控制其是否运行，同时还可以监视程序运行的状态，进行特殊的端口调试，多用于联网的 PLC 或现场调试。

（3）STOP 模式：上电不运行，上位系统也没办法让其运行起来，但 PLC 仍完成内部处理和通信处理两阶段的内容，可以对 PLC 编写程序、复制数据、进行系统设置等。

【实施步骤】

一、熟悉 S7-200 PLC 的硬件结构

（1）准备西门子 CPU224 PLC 主机一台及专用工具。

（2）用专用工具拆开 PLC 的顶盖，拆下主板、I/O 板及电源板，注意观察西门子 S7-200 PLC 的硬件结构类型：整体式小型 PLC 结构。

（3）结合图 2-19 分清 PLC 主板的各部分结构。图中，1 为系统中央处理器，美国德克萨斯州仪器生产（具体型号是 A5E00451498 REV 01 F741583APGF C 7AAC07W G4）；2 为 Flash 存储芯片，法意半导体公司生产（具体型号为 A5E00721526 M29W400DB 55N6 SGP 88 720）；3 为 RAM，联笙公司生产（具体型号为 AMIC LP62S1024BX-55LLIF 0734L M01457FS）；4 为扩展端口，用于 PLC I/O 端口或特殊功能模块的扩展。

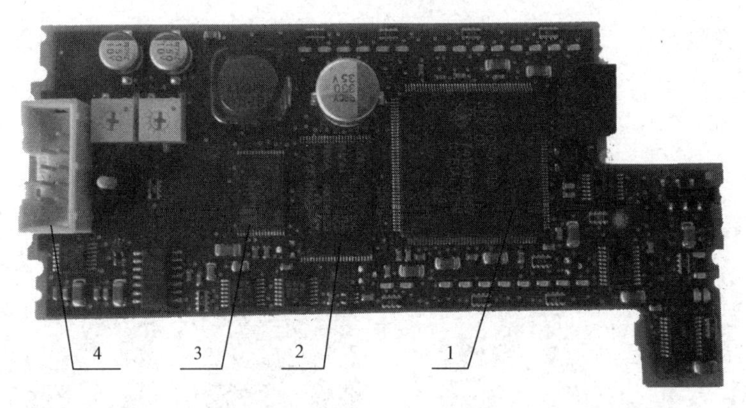

图 2-19　CPU224 PLC 主板

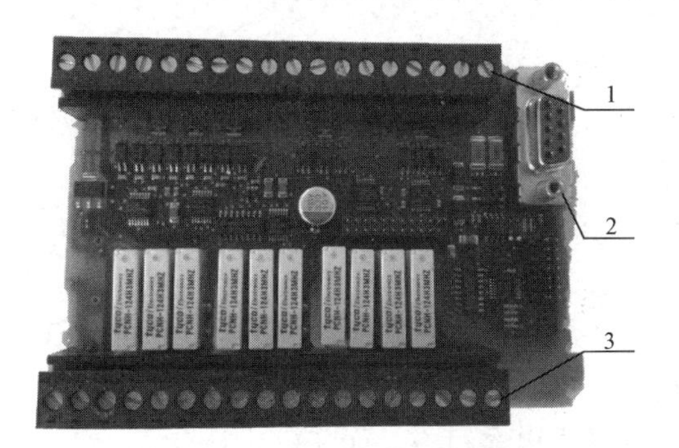

图 2-20　CPU224 PLC I/O 板

（4）结合图 2-20 分清 PLC I/O 板的各部分结构。图中，1 是输入端子；2 是 RSC-232 通信接口；3 是输出端子，为继电器输出类型。

（5）掌握 S7-200 PLC 硬件的装配顺序。如图 2-21 所示，先将电源板装入底座，然后装入 I/O 接口板，再装上 PLC 主板，最后装上前盖，并合上 I/O 端子盖、扩展口盖、存储卡盖。

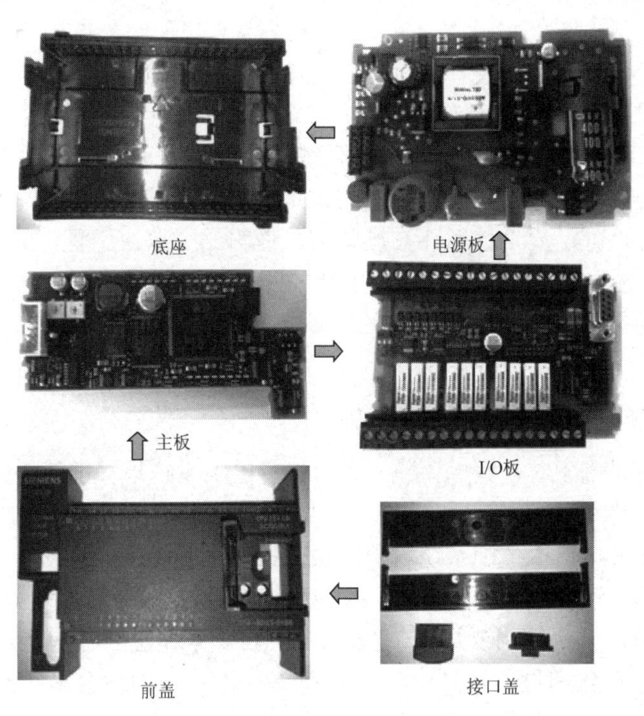

图 2-21　CPU224 PLC 装配示意图

二、查阅资料

查阅附录 C、附录 D，给图 2-22 所示的 PLC（CPU224 PLC）及扩展模块（EM223、EM235）连接顺序分配地址。

图 2-22　CPU224PLC 与 EM223 和 EM235 连接

【知识扩展】

1. PLC 控制系统与继电器接触器控制系统的区别

传统的继电器控制系统，是由输入设备、控制线路、输出设备等组成的，是一种由物理硬件连接而成的控制系统。尽管 PLC 的梯形图程序与传统继电器控制电路很相似，但控制元件和工作方式有着明显的不同，主要有以下几点区别。

（1）元件不同，传统的继电器控制系统由各种硬件低压电器组成，而 PLC 中的输入继电器、输出继电器、定时器、计数器、辅助继电器等软元件是由软件来实现的，不属于物理硬件的低压电器。

（2）元件触点数量的不同，硬件接触器、继电器等的触点数量有限，一般为 4～8 对，而 PLC 梯形图程序中，可以无数次地使用软元件常开或常闭触点。

（3）工作方式不同，传统的继电器控制系统工作时，电路中的硬件继电器都处于受控状态，符合吸合条件的同时处于吸合状态，受约束不应吸合的同时处于断开状态。而在 PLC 梯形图程序中，各软元件处于周期性循环扫描状态，逻辑结果取决于程序的串行执行顺序。

（4）控制电路实施方式不同，传统的继电器控制系统是通过低压电器间的接线来完成的，控制功能固定，如要更改控制功能，必须重新接线，而 PLC 控制系统的完成是通过软件编程实现的，变化及修改非常灵活方便。

2. PLC 控制系统与单片机控制系统的区别

单片机控制系统是基于芯片级的系统，而 PLC 控制系统是基于板级或模块级的系统。从本质上讲，PLC 本身就是一个单片机系统，由单片机、内存和相关接口组成，它是已经开发好的单片机产品。开发单片机控制系统属于底层开发，而设计 PLC 控制系统是在成品的单片机控制系统上进行的二次开发，因此 PLC 控制系统的硬件设计与软件编程相比单片机系统要方便容易一些，而单片机系统则要烦琐一些。PLC 控制系统适合在单机电气控制系统、工业控制领域中的制造自动化和过程控制中使用，而单片机系统则适合于在家电产品、智能化的仪器仪表和批量生产的控制产品中使用。

项目 2.2　S7-200 PLC 软件资源分析

【项目目标】

（1）理解软元件的概念，熟悉 S7-200 系列 PLC 的各类软元件。

（2）了解 S7-200 系列 PLC 的数据类型，掌握其寻址方式。

（3）熟悉 S7-200 系列 PLC 系统编程语言和程序结构。

【项目分析】

S7-200 系列 PLC 的软件资源是指完成逻辑运算、顺序控制、定时、计数、算术运算等操作过程中所涉及的存储资源。PLC 软件资源供用户编程使用，在用户控制程序的组织下生成实时控制指令（存储器中的二进制数），硬件系统是 PLC 软件资源的载体，通过附加的电子电路将控制指令转变成实际控制信号（接通电路、断开电路、模拟量电压或电流等），实现最终控制功能。

S7-200 系列 PLC 的软件资源分布如图 2-23 所示，主要由 CPU 的累加器、系统的存储器和各类软元件（也称软继电器）组成，累加器完成数字或逻辑运算，存储器存放系统程序、用户程序以及工作数据。系统程序通常放在只读存储器中不允许用户进行访问和修改，用户程序通常放在随机存储器中，可以多次修改。为防止信息丢失，通常用锂电池作为后备电源。工作数据是 PLC 运行过程中经常变化、经常存取的一些数据，一般将其存放在随机存储器中，以适应存取的要求。在 PLC 的工作数据存储器中，设有输入/输出继电器、辅助继电器、定时器、计数器等逻辑元件，这些元件的状态由用户程序的初始设置和运行情况确定。如果部分数据在掉电时需要用后备电池维持其现有状态，可以将数据保存在掉电保持区。

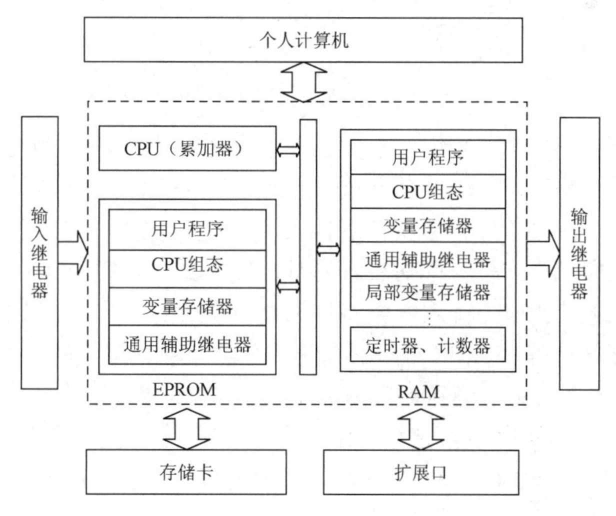

图 2-23　S7-200 系列 PLC 软件资源分布示意图

【相关知识】

一、PLC 的软元件

用户使用的 PLC 中的每一个输入/输出、内部存储单元、定时器、计数器等都称为软元件，也称软继电器。软元件有不同的功能，有固定的地址。软元件实际上由电子电路和寄存器及存储单元等组成，如输入继电器由输入电路和输入映像寄存器构成，定时器也由特定功能的寄存器构成等。它们都具有继电器的特性，但不是物理硬件，是看不见摸不着的；每个软元件可以提供无限多个常开和常闭触点，即可以无限次地使用这些触点；同时体积小，功耗低。

S7-200 系列PLC的软元件较多，它们在功能上是相互独立的。每一个软元件都有一个地址与之对应，编程时只记住软元件的地址即可。软元件的地址用字母表示其类型，字母加数字表示其存储地址。

1. 输入继电器（I）

输入继电器一般与一个 PLC 的输入端子相连，并有一个输入映像寄存器与之相对应，用于接收和存储外部的开关信号。当外部的开关信号接通 PLC 的输入端子回路时，其对应的输入继电器的线圈“得电”，在程序中关联的常开触点闭合，常闭触点断开。输入继电器的等效电路如图2-24所示。这些触点可以在编程时任意使用，使用数量（次数）不受限制。

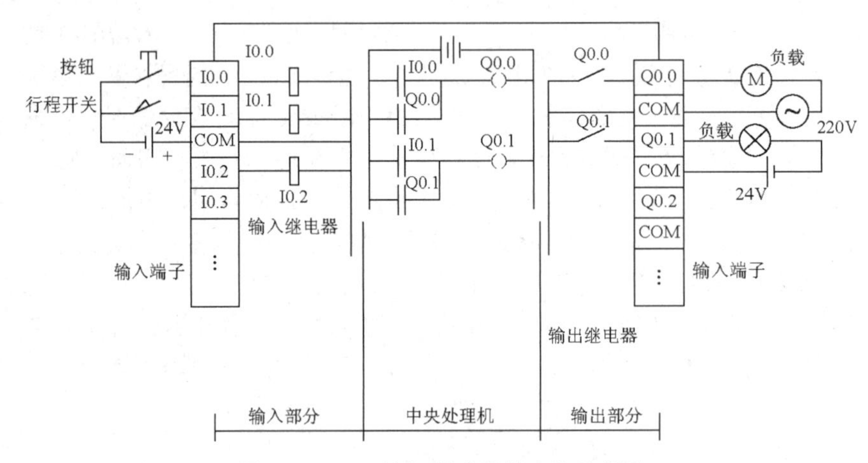

图2-24　PLC输入/输出等效电路示意图

所谓输入继电器的线圈“得电”，事实上并非真的有输入继电器的线圈存在，这只是一个存储器的操作过程。在每个扫描周期的开始，PLC 对各输入点进行采样，并把采样值存入输入映像寄存器。PLC 在接下来的本周期各阶段不再改变输入映像寄存器中的值，直到下一个扫描周期的输入采样阶段。需要特别注意的是，输入继电器的状态唯一地由输入端子的状态决定，输入端子接通则对应的输入继电器得电动作，输入端子断开则对应的输入继电器断电复位。在程序中试图改变输入继电器的状态的所有做法都是错误的。

S7-200 PLC的输入映像寄存器区域有IB0～IB15共16字节的存储单元。系统对输入映像寄存器是以字节（8位）为单位进行地址分配的。输入映像寄存器可以按位进行操作，每一位对应一个数字量的输入点。如CPU224的基本单元输入为14点，占用2×8=16位，即占用IB0和IB1两字节。而I1.6、I1.7因没有实际输入而未使用，用户程序中不可使用。但如果整个字节未使用，如IB3～IB15，则可作为内部标志位（M）使用。输入继电器可采用位、字节、字或双字来存取。输入继电器位存取的地址编号范围为I0.0～I15.7。

2. 输出继电器（Q）

输出继电器一般与一个 PLC 的输出端子相连，并有一个输出映像寄存器与之相对应。当通过程序使得输出继电器线圈“得电”时，在程序中的常开触点闭合，常闭触点断开，可以作为控制外部负载的开关信号（其等效电路如图 2-24 所示）。这些触点可以在编程时任意使用，使用次数不受限制。

S7-200 PLC 的输出映像寄存器区范围为 Q0.0～Q15.7，可进行位、字节、字、双字操作。实际输出点数不能超过这个数量，未用的输出映像区可做他用，用法与输入继电器相同。

3. 通用辅助继电器（M）

通用辅助继电器又称内部标志位，如同电气控制系统中的中间继电器，在 PLC 中没有输入/输出端与之对应，因此通用辅助继电器的线圈不直接受输入信号的控制，其触点也不能直接驱动外部负载。所以，通用辅助继电器只能用于内部逻辑运算。通用辅助继电器区属于位地址空间，范围为 M0.0～M31.7，可进行位、字节、字、双字操作。

4. 特殊标志继电器（SM）

有些辅助继电器具有特殊功能或能存储系统的状态变量、有关的控制参数和信息，称为特殊标志继电器。用户可以通过特殊标志来沟通 PLC 与被控对象之间的信息，如可以读取程序运行过程中的设备状态和运算结果信息，利用这些信息用程序实现一定的控制动作。用户也可通过直接设置某些特殊标志继电器位来使设备实现某种功能。

特殊标志继电器区根据功能和性质不同具有位、字节、字和双字操作方式。其中 SMB0、SMB1 为系统状态字，只能读取其中的状态数据，不能改写，可以位寻址。常用的 SMB0 和 SMB1 的状态位信息见表 2-2。

表 2-2　常用特殊标志继电器 SMB0 和 SMB1 的位信息

特殊标志位	功　能	特殊标志位	功　能
SM0.0	RUN 状态监控，PLC 运行在 RUN 状态，该位始终为 1	SM1.0	零标志，运算结果为 0 时，该位置 1
SM0.1	首次扫描时为 1，PLC 由 STOP 转为 RUN 状态时，ON（1 态）一个扫描周期，用于程序的初始化	SM1.1	溢出标志，运算结果溢出或查出非法数值时，该位置 1
SM0.2	当 RAM 中数据丢失时，ON 一个扫描周期，用于出错处理	SM1.2	负数标志，数学运算结果为负时，该位为 1
SM0.3	PLC 上电进入 RUN 方式，ON 一个扫描周期	SM1.3	试图除以 0 时，将该位置 1
SM0.4	分脉冲，该位输出一个占空比为 50%的分时钟脉冲，用做时间基准或简易延时	SM1.4	执行 ATT 指令，超出范围时置位
SM0.5	秒脉冲，该位输出一个占空比为 50%的秒时钟脉冲，可用做时间基准	SM1.5	从空表中读数时置位
SM0.6	扫描时钟，一个扫描周期为 ON（高电平），另一个为 OFF（低电平），循环交替	SM1.6	非 BCD 数转换为二进制数时置位
SM0.7	工作方式开关位置指示，0 为 TERM 位置，1 为 RUN 位置。为 1 时，使自由端口通信方式有效	SM1.7	ASCII 码到十六进制数转换出错置位

5. 变量存储器（V）

变量存储器用来存储变量，它可存放程序执行过程中控制逻辑操作的中间结果，也可以用来保存与工序或任务相关的其他数据。变量存储器可以按位寻址，也可以按字节、字、双字为单位寻址，其位存取的编号范围根据 CPU 型号的不同有所不同，CPU221/222 为 V0.0～V2047，共 2KB 存储容量，CPU224/226 为 V0.0～V5119.7，共 5KB 存储容量。

6. 局部变量存储器（L）

局部变量存储器用来存放局部变量。局部变量与变量存储器所存储的全局变量十分相似，主要区别：全局变量是全局有效的，而局部变量是局部有效的。全局有效是指同一个变量可以被任何程序（包括主程序、子程序和中断程序）访问，而局部有效是指变量只和特定的程序相关联。

S7-200 有 64 字节的局部存储器，编址范围为 LB0.0～LB63.7，其中 60 字节可以用做暂时存储器或者给子程序传递参数，最后 4 字节为系统保留字节。PLC 在运行时，根据需要动态地分配局部变量存储器，在执行主程序时，64 字节的局部变量存储器分配给主程序，当调用子程序或出现中断时，局部变量存储器分配给子程序或中断程序。局部变量存储器区属于位地址空间，可进行位操作，也可以进行字节、字、双字操作。

7. 定时器（T）

定时器是可编程序控制器中重要的编程元件，是累计时间增量的内部元件。自动控制的大部分领域都需要用定时器进行定时控制，灵活地使用定时器可以编制出动作要求复杂的控制程序。

每个定时器有一个 16 位的当前值寄存器，用于存储定时器累计的时基增量值（1～32 767），另有一个状态位表示定时器的状态。若当前值寄存器累计的时基增量值大于等于设定值时，定时器的状态位被置“1”，该定时器的常开触点闭合。S7-200 系列 PLC 的编址范围：T0～T255（CPU22x 系列），T0～T127（CPU21x 系列）。

8. 计数器（C）

计数器主要用来累计输入脉冲个数。有 16 位预置值和当前值寄存器各一个，以及 1 个状态位，当前值寄存器用以累计脉冲个数，计数器当前值大于或等于预置值时，状态位置 1。

编址范围为 C0～C255（CPU22x 系列），C0～C127（CPU21x 系列）。

9. 顺序控制继电器（S）存储区

S 又称状态元件，以实现顺序控制和步进控制，是特殊的继电器。S7-200 PLC 编址范围为 S0.0～S31.7，可以按位、字节、字或双字来存取数据。

10. 模拟量输入/输出映像寄存器（AI/AQ）

S7-200 的模拟量输入电路是将外部输入的模拟量信号转换成 1 个字长的数字量存入模拟量输入映像寄存器区域，区域标志符为 AI。模拟量输出电路是将模拟量输出映像寄存器区域的 1 个字长（16 位）数值转换为模拟电流或电压输出，区域标志符为 AQ。在 PLC 内，数字量字长为 16 位，占用两字节的存储单元，故其地址均以偶数表示，如 AIW0、AIW2、…、AQW0、AQW2、…。模拟量输入/输出的地址编号范围根据 CPU 的型号不同有所不同，CPU222 为 AIW0～AIW30/AQW0～AQW30；CPU224/226 为 AIW0～AIW62/AQW0～AQW62。

11. 高速计数器（HC）

高速计数器的工作原理与普通计数器基本相同，它用来累计比主机扫描速率更快的高速脉冲。高速计数器的当前值为双字长（32 位）的整数，且为只读值。高速计数器的数量很少，编址时只用名称 HC 和编号。CPU221/222 各有 4 个高速计数器，编号为 HC0～HC3；CPU224/226 各有 6 个高速计数器，编号为 HC0～HC5。

12. 累加器（AC）

S7-200 PLC 提供 4 个 32 位累加器，分别为 AC0、AC1、AC2、AC3，累加器（AC）是用来暂存数据的寄存器。它可以用来存放数据，如运算数据、中间数据和结果数据，也可用来向子程序传递参数，或从子程序返回参数。累加器可进行读/写两种操作，在使用时只出现地址编号。累加器可用长度为 32 位，但实际应用时，数据长度取决于进出累加器的数据类型。

S7-200 PLC 的各编程元件的有效编程范围见表 2-3。

表 2-3　S7-200 CPU 编程元件的有效范围和特性

描　述	CPU221	CPU222	CPU224	CPU226
用户程序大小	2KB	2KB	4KB	4KB
用户数据大小	1KB	1KB	2.5KB	2.5KB
输入映像寄存器	I0.0～I15.7	I0.0～I15.7	I0.0～I15.7	I0.0～I15.7
输出映像寄存器	Q0.0～Q15.7	Q0.0～Q15.7	Q0.0～Q15.7	Q0.0～Q15.7
模拟量输入（只读）	—	AIW0～AIW30	AIW0～AIW62	AIW0～AIW62
模拟量输出（只写）	—	AQW0～AQW30	AQW0～AQW62	AQW0～AQW62
变量存储器（V）	VB0～VB2047	VB0～VB2047	VB0～VB5119	VB0～VB5119
局部存储器（L）	LB0～LB63	LB0～LB63	LB0～LB63	LB0～LB63
位存储器（M）	M0.0～M31.7	M0.0～M31.7	M0.0～M31.7	M0.0～M31.7
特殊存储器（SM）只读	SM0.0～ SM179.7 SM0.0～SM29.7	SM0.0～SM299.7 SM0.0～SM29.7	SM0.0～SM549.7 SM0.0～SM29.7	SM0.0～SM549.7 SM0.0～SM29.7
定时器	256（T0～T255）	256（T0～T255）	256（T0～T255）	256（T0～T255）
有记忆接通延时 1ms	T0，T64	T0，T64	T0，T64	T，T64
有记忆接通延时 10ms	T1～T4， T65～T68	T1～T4， T65～T68	T1～T4， T65～T68	T1～T4， T65～T68
有记忆接通延时 100ms	T5～T31， T69～T95	T5～T31， T69～T95	T5～T31， T69～T95	T5～T31， T69～T95
接通/断开延时 1ms	T32，T96	T32，T96	T32，T96	T32，T96
接通/断开延时 10ms	T33～T36， T97～T100	T33～T36， T97～T100	T33～T36， T97～T100	T33～T36， T97～T100
接通/断开延时 100ms	T37～T63， T101～T255	T37～T63， T101～T255	T37～T63， T101～T255	T37～T63， T101～T255
计数器	C0～C255	C0～C255	C0～C255	C0～C255

续表

描　述	CPU221	CPU222	CPU224	CPU226
高速计数器	HC0，HC3～HC5	HC0，HC3～HC5	HC0～HC5	HC0～HC5
顺控继电器（S）	S0.0～S31.7	S0.0～S31.7	S0.0～S31.7	S0.0～S31.7
累加寄存器	AC0～AC3	AC0～AC3	AC0～AC3	AC0～AC3
跳转/标号	0～255	0～255	0～255	0～255
调用/子程序	0～63	0～63	0～63	0～63
中断程序	0～127	0～127	0～127	0～127
正/负跳变	256	256	256	256
PID 回路		0～7	0～7	0～7
端口	端口 0	端口 0	端口 0	端口 0，1

二、PLC 的数据存储

1．S7-200 系列 PLC 数据类型及范围

S7-200 系列 PLC 中使用的数据都是以二进制形式存储的，其最基本的存储单位是位（bit），8 位二进制数组成 1 字节（Byte），其中的第 0 位为最低位（LSB），第 7 位为最高位（MSB）；两字节（16 位）组成 1 个字（Word），两个字（32 位）组成 1 个双字（Double Word）。位、字节、字、双字仅仅代表数据存储的长度，并不是数据的类型。S7-200 系列 PLC 的数据类型可以是字符串、布尔型（0 或 1）、整型和实型（浮点数），其数据长度及范围见表 2-4。

表 2-4　S7-200 系列 PLC 数据类型、数据长度及范围

数据长度	无符号整数表示范围		有符号整数表示范围	
	十进制表示	十六进制表示	十进制表示	十六进制表示
字节 B（8 位）	0～255	0～FF	-128～127	80～7F
字 W（16 位）	0～65535	0～FFFF	-32 768～32 767	8000～7FFF
双字 D（32 位）	0～4294967295	0～FFFFFFFF	-2 147 483 648～ 2 147 483 647	80000000～ 7FFFFFFF
BOOL（1 位）	0，1			
字符串	每个字符串以字节形式存储，最大长度为 255 字节，第一个字节中定义该字符串的长度			
实数（浮点数）	+1.175495E-38～+3.402823E+38（正数） -3.402823E+38～-1.175495E-38　（负数）			

2．常数

PLC 在编程时常常用到常数，常数值的长度可以是字节、字或双字。CPU 以二进制数存储常数，但在编程时也可以采用十进制数、十六进制数、ASCII 码或浮点数等形式来表示。常数的具体表示方式见表 2-5。

表 2-5 常数的表示方式

进 制	书 写 格 式	举 例
十进制	十进制数值	5288
十六进制	16#十六进制数值	16#2E6F
二进制	2#二进制数值	2#1110 0111 1101 1101
ASCⅡ码	"ASCⅡ码文本"	"Word"
实数	ANSI/IEEE 754—1985 标准	（正数）+1.175495E-38 到+3.402823E+38 （负数）-1.175495E-38 到-3.402823E+38

三、PLC 的寻址方式

S7-200 将信息存于不同的存储器单元，每个单元都有唯一的地址。提供参与操作的数据地址的方法，称为寻址方式。S7-200 寻址方式有三大类，分别为立即寻址方式、直接寻址方式和间接寻址方式，立即寻址的数据在指令中以常数形式出现。直接寻址方式和间接寻址方式有位、字节、字和双字四种格式。

1. 直接寻址方式

S7-200 存储单元按字节进行编址，无论所寻址的是何种数据类型，通常应指出它所在存储区域内的字节地址。直接使用存储器的元件名称和地址编号来直接查找数据的寻址方式称为直接寻址。

按位寻址时的格式为 Ax．y，使用时必须指定元件名称、字节地址和位号，如图 2-25 所示为输入继电器的位寻址格式。可以进行位寻址的软元件有 I、Q、M、SM、L、V 和 S。

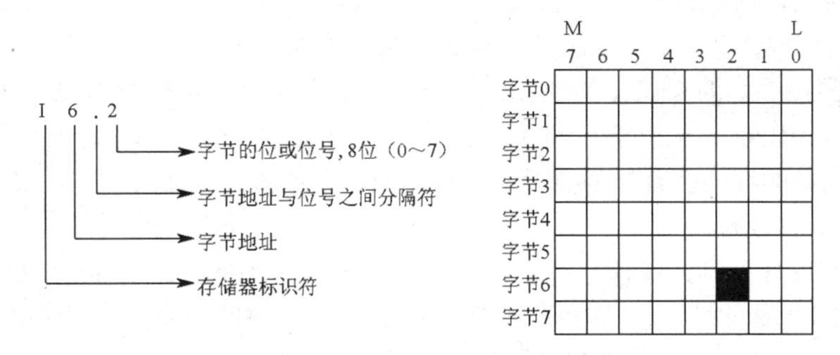

图 2-25 存储器中位寻址示意图

直接访问字节、字、双字数据时，须指明元件名称、数据长度和首地址。当数据长度为字或双字时，最高有效字节地址为首地址。图 2-26 为变量存储器直接存取字节、字、双字三种长度数据的比较。可以用此方式进行编址的元件有 I、Q、M、SM、L、V、S、AI 和 AQ。

存储区内还有一些软元件是具有专用功能的元件，由于元件数量少，所以一般不用指出其字节，而是直接写出其编号，有 T、C、HC 和 AC。其中 T、C 和 HC 的地址编号中各包含两个相关属性，如 T10 既表示 T10 的定时器位状态 0 或 1，又表示此定时器的当前值（字形式）。

2. 间接寻址方式

直接寻址方式直接使用存储器或寄存器的元件名称和地址编号，根据这个地址可以立即找到相应数据；间接寻址方式是指将数据存放在存储器或寄存器中，在指令中只出现数据所在单元的内存地址的地址。存储单元地址的地址又称地址指针。间接寻址在处理内存连续地址中的数据时非常方便，而且可以缩短程序所生成的代码长度，编程时更加灵活方便。S7-200 系列 PLC 中可以用指针间接寻址的存储区有 I、Q、V、M、S、AI、AQ、SM、T（仅当前值）和 C（仅当前值）。不能用间接寻址的方式访问单独的位，也不能访问 HC 或者 L 存储区。

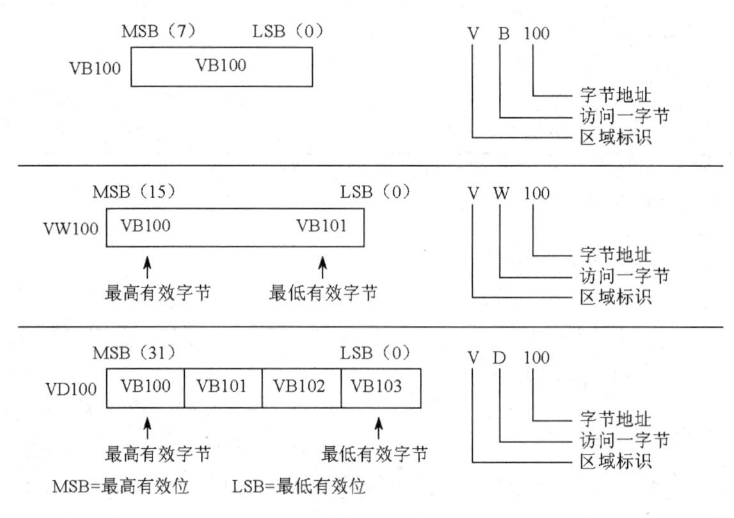

图 2-26　字节、字、双字寻址方式

1）建立指针

使用间接寻址对某个存储单元进行读、写操作时，首先要建立地址指针。指针为双字长，用来指向所要访问的存储单元的 32 位的物理地址，而不是操作数本身。生成指针时，采用双字传送指令（MOVD），并在指令的输入操作数开始处使用“&”符号，表示所寻址的操作数是要进行间接寻址的存储器的地址，指令的输出操作数是指针所指向的存储器的物理地址。如 MOVD &VB200，AC1 表示将 VB200 的物理地址（VW200 的首地址）送入累加器 AC1 中。可以作为指针的存储区有 V 存储器、L 存储器和累加器寄存器（AC1、AC2、AC3）。

2）用指针来存取数据

用指针来存取数据时，操作数前加“*”号，表示该操作数为一个指针。如图 2-27 中的 *AC1 表示 AC1 是一个指针，MOVW 指令决定了指针指向的是一个字长的数据。存储在 VB200 和 VB201 中的数据被传送到累加器 AC0 的低 16 位中。

3）修改指针

连续存取数据时，可以通过修改指针来实现存取相邻的数据。由于指针指向的是一个 32 位的数据，因此要用双字指令来改变指针的数值。简单的数学运算，如加法指令、减法指令、自增指令或自减指令等，可用于改变指针的数值，具体如图 2-27 所示。

四、S7-200 PLC 的编程语言

PLC 为用户提供了完善的编程语言以满足用户编制程序需要。PLC 提供的编程语言通常有以下几种：梯形图、语句表、顺序功能流程图、功能块图等。供 S7-200 系列 PLC 使用的 STEP7-Micro/Win32 编程软件支持 SIMATIC 和 IEC1131-3 两种基本类型的指令集，SIMATIC 是 S7-200 PLC 专用的指令集，IEC1131-3 是可编程控制器编程语言标准。由于 S7-200 PLC 的

专用编程语言和IEC1131-3中的编程语言相差不大，基本内容与原理都是相同的，所以本书重点介绍SIMATIC指令集的编程语言。

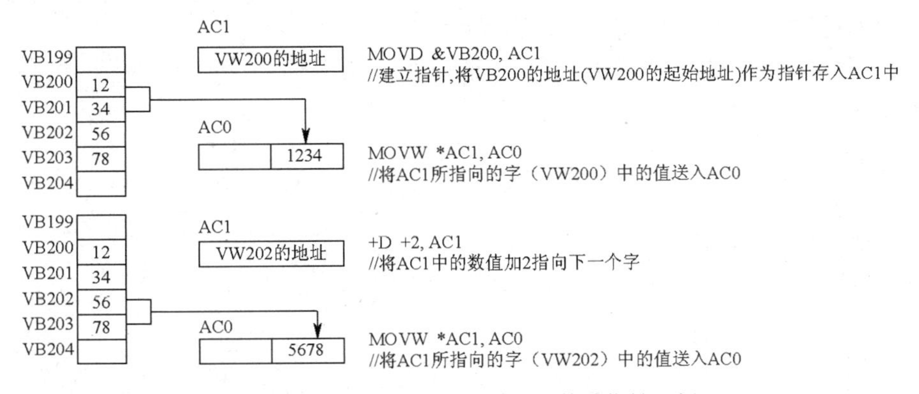

图 2-27 建立指针、存取数据和修改指针示例

1. **梯形图**（Ladder Diagram）

梯形图是最常使用的一种 PLC 编程语言，它来源于继电器逻辑控制系统的描述，继承了继电器控制系统中的基本原理和电气逻辑关系的表示方法，梯形图与电气原理图相对应，具有直观性和对应性；与原有的继电器逻辑控制技术不同的是，梯形图中的“能流”不是实际意义的电流，内部的继电器也不是实际存在的继电器。

梯形图中的关键概念是“能流”（Power Flow），如图 2-28 所示，左边垂直的线称为母线，与母线相连的 I0.0，Q0.0 表示触点，最右边的 Q0.0 为线圈，T37 为定时器指令盒。如果把左边的母线假想为电源“火线”，则当中间的触点接通，“能流”从左向右流动，最右边的线圈和指令盒会被接通。

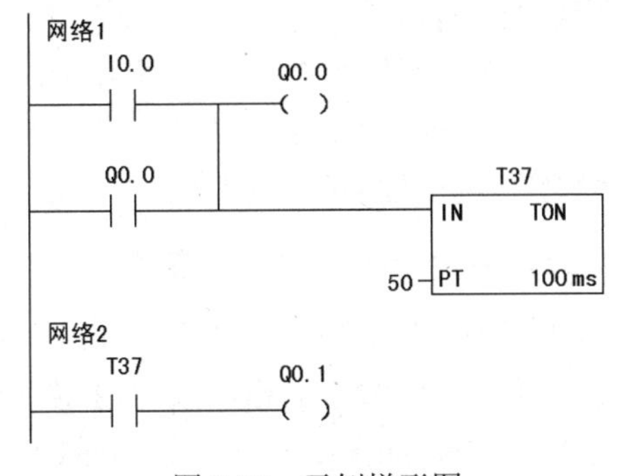

图 2-28 示例梯形图

特别要强调的是，引入“能流”的概念仅仅是为了和继电器控制系统相比较，对梯形图有一个比较深的认识，其实“能流”在梯形图中是不存在的。梯形图语言简单明了，易于理解。

2. **语句表**（Statement List）

语句表程序设计语言是用布尔助记符来描述程序的一种程序设计语言。语句表程序设计语言与计算机中的汇编语言非常相似，采用布尔助记符来表示操作功能。

语句表程序设计语言具有下列特点：

（1）采用助记符来表示操作功能，具有容易记忆、便于掌握的特点；

（2）在编程器的键盘上采用助记符表示，具有便于操作的特点，可在无计算机的场合进行编程设计；

（3）用编程软件可以将语句表与梯形图相互转换。

例如，图 2-28 中的梯形图可转换为如下语句表程序：

网络 1

```
LD      I0.0
O       Q0.0
=       Q0.0
TON     T37,  50
```

网络 2

```
LD      T37
=       Q0.1
```

3．顺序功能流程图（Sequential Function Chart）

顺序功能流程图程序设计是近年来发展起来的一种程序设计方法。采用顺序功能流程图描述，控制系统被分为若干个子系统，从功能入手，使系统的操作具有明确的含义，便于设计人员和操作人员在设计思想上的沟通，便于程序的分工设计和检查调试。顺序功能流程图的主要元素是步、转移、转移条件和动作，如图 2-29 所示。顺序功能流程图程序设计的特点如下。

（1）以功能为主线，条理清楚，便于对程序操作的理解和沟通。

（2）对大型的程序，可分工设计，采用较为灵活的程序结构，可节省程序设计时间和调试时间。

（3）常用于系统规模校大、程序关系较复杂的场合。

（4）只有在活动步的命令和操作被执行后，才对活动步后的转移进行扫描，因此，整个程序的扫描时间要大大缩短。

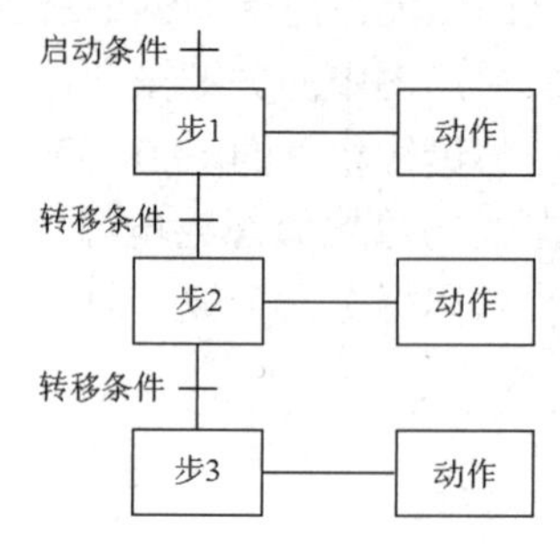

图 2-29　顺序功能流程图

4．功能块图（Function Block Diagram）程序设计语言

功能块图程序设计语言是采用逻辑门电路的编程语言，有数字电路基础的人很容易掌握。功能块图指令由输入、输出端及逻辑关系函数组成。用 STEP7-Micro/Win32 编程软件将图 2-28 所示的梯形图转换为 FBD 程序，如图 2-30 所示。方框的左侧为逻辑运算的输入变量，右侧为输出变量，输入/输出端的小圆圈表示“非”运算，信号自左向右流动。

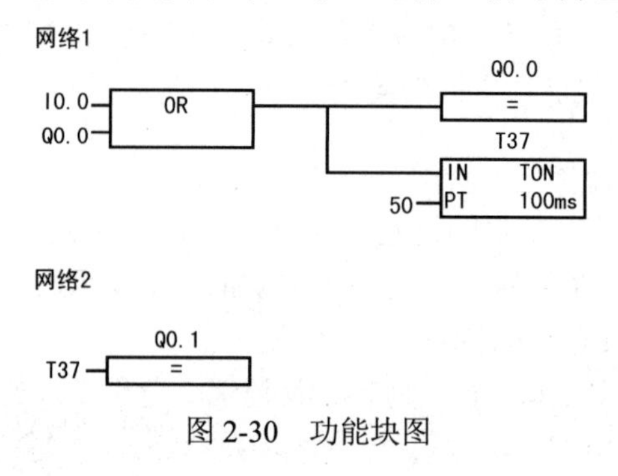

图 2-30　功能块图

五、S7-200 PLC 的程序结构

S7-200 PLC 的程序一般由三部分构成：用户程序、数据块和参数块。

1. 用户程序

在一个控制系统中用户程序是必须有的，用户程序在存储器空间中称为组织块，它处于最高层次，可以管理其他块，可以使用各种语言（如 STL、LAD 或 FBD 等）编写用户程序。不同机型的 CPU 其程序空间容量也不同。用户程序的结构比较简单，一个完整的用户控制程序应当包含一个主程序、若干子程序和若干中断程序。主程序是必需的，而且只能有一个，子程序和中断程序的有无和多少是可选的，可以根据具体情况来确定。子程序一般用于重复执行某项功能，中断程序用于特定情况下及时执行某项控制任务。用户程序的结构如图 2-31 所示。

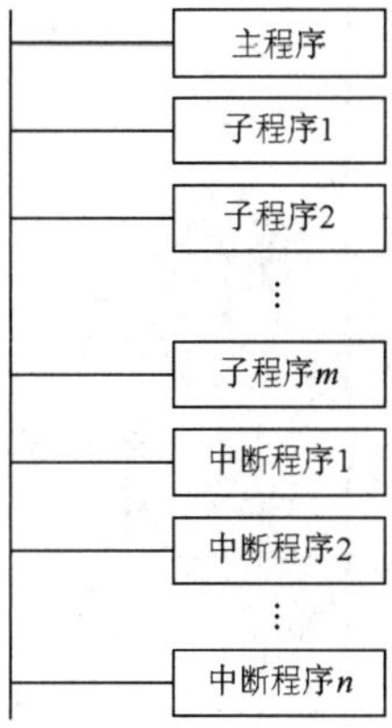

主程序
子程序1
子程序2
⋮
子程序m
中断程序1
中断程序2
⋮
中断程序n

图 2-31　用户程序结构

2. 数据块

数据块为可选部分，它主要存放控制程序运行所需要的数据，在数据块中可以存储以下数据类型：布尔型，表示元件的状态；十进制数、二进制数或十六进制数；字母、数字和字符型。数据块不一定在每个控制系统的程序设计中都使用，但使用数据块可以完成一些有特定数据处理功能的程序设计，如为变量存储器 V 指定初始值。

3. 参数块

参数块存放的是 CPU 组态数据，如果在编程软件或其他编程工具上未进行 CPU 的组态，则系统以默认值进行自动配置。在有特殊需要时，用户可以对系统的参数块进行设定，比如有特殊要求的输入、输出设定，掉电保持设定等。

【实施步骤】

1. 指出图 2-32 中程序使用的软元件

（1）图 2-32 中的控制程序由两部分组成，图 2-32（a）所示为主程序，图 2-32（b）为子程序。

（2）在主程序中，网络 1 使用了输入继电器（I0.0、I0.1）、通用辅助继电器（M0.0），网络 2、网络 3 中使用了定时器（T37、T38）、输出继电器（Q0.0），网络 4 中使用了计数器（C10），网络 5 中使用了特殊标志继电器（SM0.1）。在子程序中，使用了变量存储器（VB200、VW300、VB100）和累加器（AC1）

2. 指出图 2-32 中程序使用的寻址方式

图 2-32 中控制程序使用了直接寻址和间接寻址两种方式。主程序中主要使用的是直接寻址方式中的位寻址方式；子程序中使用了直接寻址和间接寻址两种方式，网络 1、网络 3 中使用的是间接寻址方式，网络 2 中使用的是直接寻址方式中的字节寻址方式。

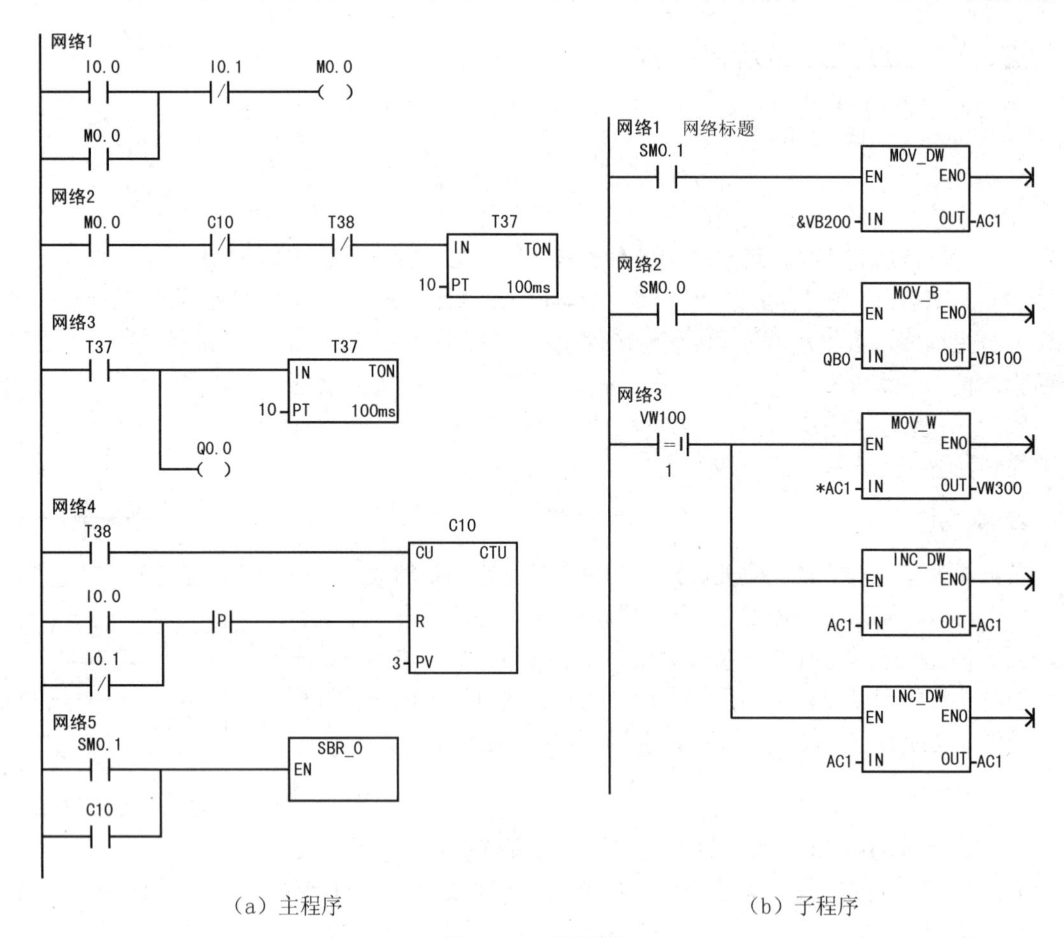

（a）主程序　　　　（b）子程序

图 2-32　示例程序

【思考题与习题】

1．PLC 是怎样进行分类的？每一类的特点是什么？

2．简述 S7-200 PLC 由几个部分组成，各部分的功能是什么。

3．简述 S7-200 PLC 常见扩展单元的寻址原则。

4．简述 S7-200 PLC 的工作过程与工作方式。

5．简述 S7-200 PLC 控制系统与继电器控制系统的区别。

6．什么是软继电器？软继电器与继电器有什么区别？

7．S7-200 PLC 内部有哪些编程资源（即软元件）？

8．S7-200 PLC 支持哪些数据格式？

9．S7-200 PLC 有哪些寻址方式？

10．S7-200 PLC 的编程语言有几种？各有什么特点？

11．S7-200 PLC 的程序包括哪些部分？其中用户程序又包含哪些部分？

本单元我们设置了自测题，可以扫描边上的二维码进行自测。

第二单元　自测题

第3单元　简单PLC控制系统的分析与设计

【学习要点】

（1）掌握S7-200 PLC基本指令的使用方法。

（2）初步学会S7-200 PLC编程软件及仿真软件的使用方法。

（3）掌握简单PLC控制系统的分析与设计方法。

S7-200系列PLC具有极高的性价比和较强的功能，它既可以单独完成某项控制任务，也可以与其他PLC联网完成各种控制任务，它的使用范围可以覆盖从替代传统接触器继电器的简单控制系统到复杂的自动控制系统。它的应用领域包括各种机床、纺织机械、印刷机械、食品化工工业、环保、电梯、中央空调、实验室设备、传送带系统、压缩机控制等。

本单元将介绍S7-200 PLC编程中最常用和最基本的指令，它们是基本逻辑指令（包含基本位操作、置位/复位、块操作、堆栈指令、边沿触发、定时器、计数器、比较指令等)和程序控制指令（包括系统控制类指令，跳转、循环、子程序调用指令和顺序控制指令等）。使用这些指令可以完成简单的控制系统程序设计，同时也是完成复杂的控制系统程序设计的基础。

项目3.1　PLC改造启、保、停控制电路

【项目目标】

（1）掌握基本位逻辑及置位/复位指令的功能及使用。

（2）初步学会STEP7-Micro/WIN编程软件的使用方法。

（3）掌握S7-200 PLC仿真软件的简单操作方法。

【项目分析】

在第1单元中已经介绍了三相异步电动机的启、保、停电气控制电路（图3-1），该电路的工作过程如下：

合上空气开关QA0，按下启动按钮SF2，接触器QA1线圈得电，主触点闭合，电动机开始运转，同时QA1接触器的辅助常开触点闭合，形成自锁，保证电动机连续运转。

按下停止按钮SF1，接触器QA1线圈失电，主触点断开，电动机停止运转，同时QA1接触器的辅助常开触点断开，自锁解除。

现要求将传统的接触器继电器控制电路改造为S7-200 PLC控制系统，应用基本位逻辑指

令或置位/复位指令编程实现相同控制功能，并要求设计两种控制程序。

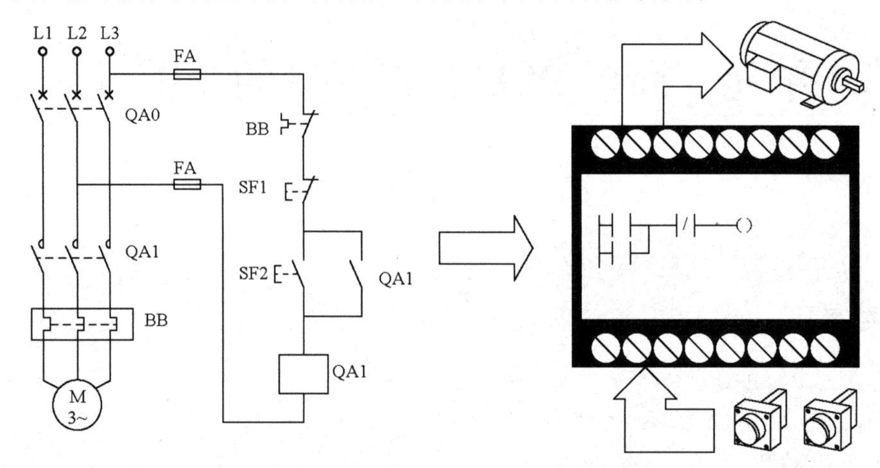

图3-1　电动机的启、保、停控制电路改造

【相关知识】

一、基本位操作指令

基本位操作指令是PLC中最基本的指令，可分为触点和线圈两大类，其中触点又分为常开触点和常闭触点两种形式，如图3-2所示。位操作指令主要有取、与、或以及输出等逻辑关系，位操作指令能实现基本的位逻辑运算控制。基本位操作指令的助记符、逻辑功能和操作数见表3-1。

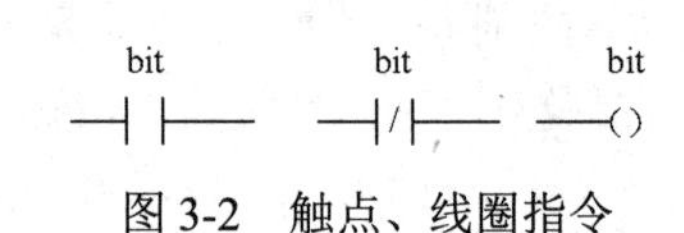

图3-2　触点、线圈指令

表3-1　基本位操作指令

指令名称	助记符	逻辑功能	操作数
取	LD	取常开触点状态	I、Q、M、SM、T、C、V、S、L
取反	LDN	取常闭触点状态	I、Q、M、SM、T、C、V、S、L
与	A	用于单个常开触点的串联连接	I、Q、M、SM、T、C、V、S、L
与反	AN	用于单个常闭触点的串联连接	I、Q、M、SM、T、C、V、S、L
或	O	用于单个常开触点的并联连接	I、Q、M、SM、T、C、V、S、L
或反	ON	用于单个常闭触点的并联连接	I、Q、M、SM、T、C、V、S、L
输出	= (OUT)	线圈输出	Q、M、SM、V、S、L

其中：LD/LDN指令用于网络开始时，与左边母线的连接。在分支电路的开始也需要使用LD/LDN指令，以配合完成电路的连接；

并联的输出“=”指令可以使用任意次，如图3-3所示，网络3的连续输出电路也可以反复使用“=”指令，但次序必须正确。

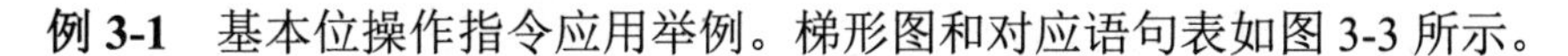

例 3-1 基本位操作指令应用举例。梯形图和对应语句表如图 3-3 所示。

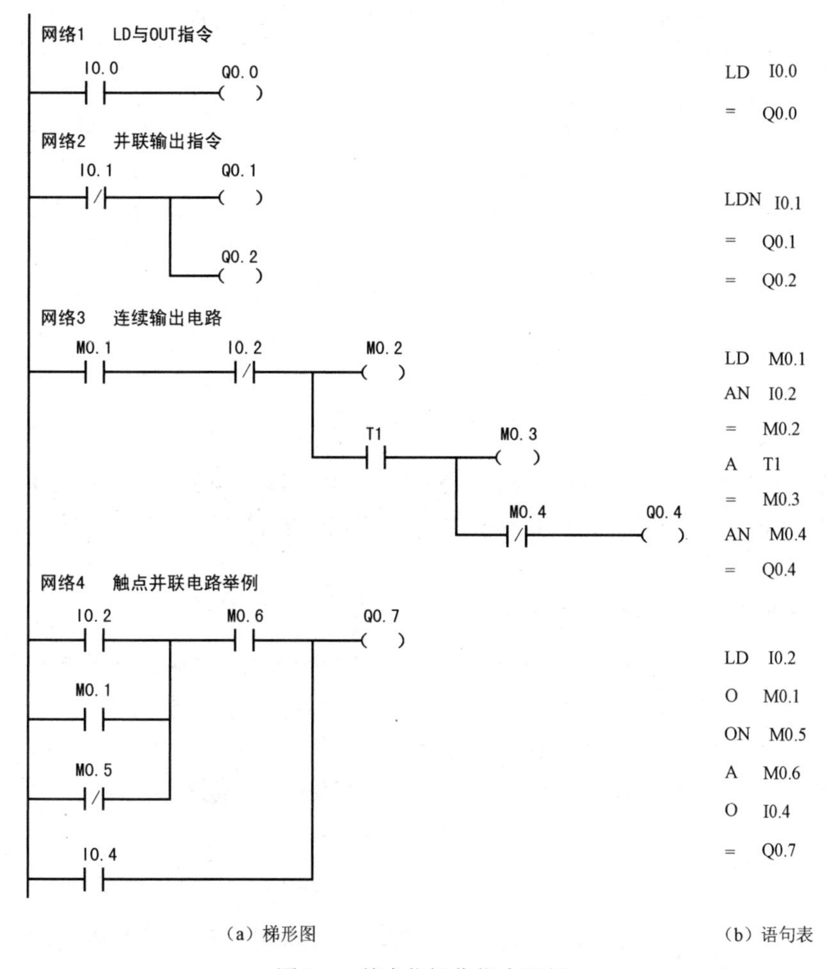

（a）梯形图 （b）语句表

图 3-3 基本位操作指令示例

二、置位/复位指令

置位/复位（S/R）指令格式见表 3-2，置位（S）指令生效时从操作数的直接位地址 bit 开始的 *N* 个元件置 1 并保持，复位（R）指令生效时从操作数的直接位地址 bit 开始的 *N* 个元件清 0 并保持，*N* 的范围为 1～255，*N* 可为 VB、IB、QB、MB、SMB、SB、LB、AC、常数等。

表 3-2 S/R 指令格式

指令	STL	LAD	操 作 数
置位	S bit，N	bit ——(S) N	I、Q、M、SM、T、C、V、S、L
复位	R bit，N	bit ——(R) N	

对位元件来说，一旦被置位，就保持在接通状态，除非对它复位；而一旦被复位就保持在断电状态，除非再对它置位。S、R 指令可以互换次序使用，但由于 PLC 采用串行扫描工作

方式，所以写在后面的指令具有优先权。

例 3-2　置位/复位指令举例，梯形图和对应语句表如图 3-4 所示。

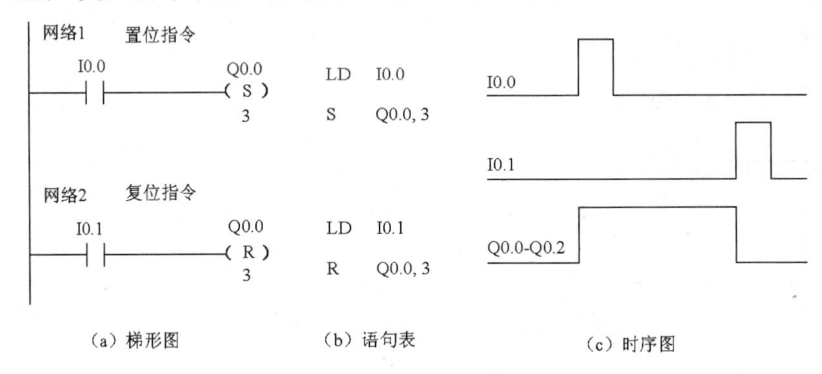

图 3-4　置位/复位程序及对应时序示例

在图 3-4 中，若 I0.0 和 I0.1 同时为 1，则 Q0.0、Q0.1 肯定处于复位状态而为 0。另外复位指令（R）也可用于对计数器、定时器进行复位，使定时器和计时器的当前值清零，相应的位也清零。

三、S7-200 PLC 程序开发环境

开发 S7-200 PLC 用户程序需要一台编程器，把它和 PLC 基本单元连接起来。编程器可以是专用的，也可以是装有编程软件的计算机，后者在实际应用中更广泛一些。有关计算机与 PLC 基本单元的 PC/PPI 通信电缆连接和通信参数的设置等方法将在第 5 单元项目 5.2 中介绍，这里主要介绍 S7-200 PLC 的编程软件 STEP 7 Micro/WIN，其编程操作界面如图 3-5 所示，各部分主要功能如下。

1．浏览条

在编程过程中，浏览条提供窗口快速切换的功能，可用“查看”菜单中的“浏览条”选项来选择是否打开浏览条，主要有程序块、符号表、状态图、数据块、系统块、交叉引用及通信显示等按钮控制。

2．指令树

指令树提供编程所用到的所有命令和 PLC 指令的快捷操作，以树图的形式为用户列出所有项目和当前程序编辑窗口所需的全部指令。可以用“查看”菜单的“指令树”选项来决定其是否打开。

3．菜单栏

在菜单栏中共有 8 个主菜单选项，各主菜单项的功能如下。

（1）文件（File）菜单项可完成如新建、打开、关闭、保存文件、导入和导出、上传和下载程序、文件的页面设置、打印预览、打印设置等操作。

（2）编辑（Edit）菜单项提供编辑程序用的各种工具，如选择、剪切、复制、粘贴程序块或数据块的操作，以及查找、替换、插入、删除、快速光标定位等功能。

（3）查看（View）菜单项可以设置编程软件的开发环境，如打开和关闭其他辅助窗口（如浏览条、指令树窗口、工具条），执行浏览条窗口中的所有操作项目，选择不同语言的编程器

（LAD、STL 或 FBD），设置 3 种程序编辑器的风格（如字体、指令盒的大小等）。

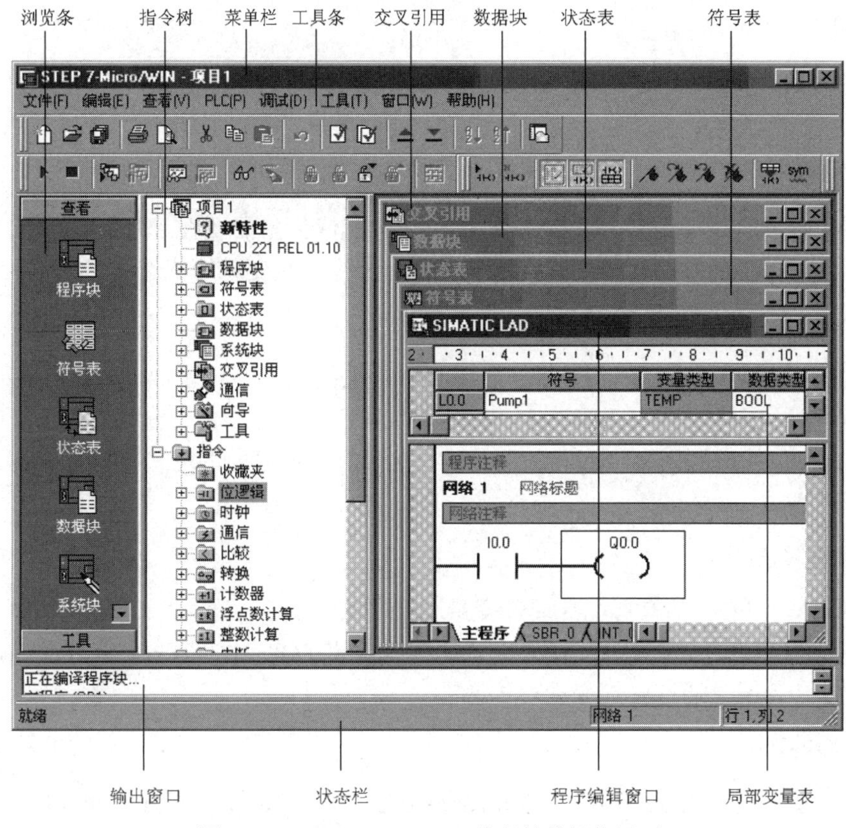

图 3-5　STEP 7 Micro/WIN 编程软件操作界面

（4）可编程控制器（PLC）菜单项用于实现与 PLC 联机时的操作，如改变 PLC 的工作方式、在线编译、清除程序和数据、查看 PLC 的信息，以及 PLC 的类型选择和通信设置等。

（5）调试（Debug）菜单项用于联机调试。

（6）工具（Tools）菜单项可以调用复杂指令（如 PID 指令、NETR/NETW 指令和 HSC 指令），安装文本显示器 TD200，改变用户界面风格（如设置按钮及按钮样式、添加菜单项），用“选项”子菜单项可以设置三种程序编辑器的风格（如语言模式、颜色等）。

（7）窗口（Windows）菜单项的功能是打开一个或多个窗口，并进行窗口间的切换。可以设置窗口的排放方式（如水平、垂直或层叠）。

（8）帮助（Help）菜单项可以方便地检索各种帮助信息，还提供网上查询功能。而且在软件操作过程中，可随时按 F1 键来显示在线帮助。

4. 工具条

将 STEP 7-Micro/WIN 编程软件最常用的操作以按钮形式设定在工具条上，提供简便的鼠标操作。可以用“查看”菜单中的“工具”选项来显示或隐藏 3 种按钮：标准、调试和指令。

5. 交叉引用

交叉引用可以提供交叉索引信息、字节使用情况和位使用情况信息，使得 PLC 资源的使用情况一目了然。只有在程序编辑完成后，才能看到交叉索引表的内容。在交叉索引表中双击某个操作数时，可以显示含有该操作数的那部分程序。

6. 数据块

在数据块窗口中可以对变量寄存器 V 进行初始数据的赋值或修改，并可附加必要的注释。

7. 状态表

状态表用于联机调试时监视各变量的状态和当前值。只需要在地址栏中写入变量地址，在数据格式栏中标明变量的类型，就可以在运行时监视这些变量的状态和当前值。

8. 符号表

符号表用来建立自定义符号与直接地址间的对应关系，并可附加注释，使得用户可以使用具有实际意义的符号作为编程元件，增加程序的可读性。例如，系统的停止按钮的输入地址是I0.0，则可以在符号表中将I0.0的地址定义为stop，这样梯形图所有地址为I0.0的编程元件都由stop代替。

9. 局部变量表

程序中的每个POU都有自己的局部变量表，局部变量存储器（L）有64字节。局部变量表用来定义局部变量，局部变量只在建立该局部变量的POU中才有效。在带参数的子程序调用中，参数的传递就是通过局部变量表传递的。

10. 程序编辑窗口

程序编辑窗口由可执行的程序代码和注释组成。程序代码由主程序（OB1）、可选的子程序（SBR0）和中断程序（INT0）组成。

11. 状态栏

状态栏也称任务栏，用来显示软件执行情况，编辑程序时显示光标所在的网络号、行号和列号，运行程序时显示运行的状态、通信波特率、远程地址等信息。

12. 输出窗口

输出窗口用来显示STEP 7-Micro/WIN程序编译的结果，如编译结果有无错误、错误编码和位置等。

四、S7-200 PLC仿真软件

S7-200仿真器V2.0版是一款优秀的第三方仿真软件，可以仿真大量的S7-200指令，如位操作指令、定时器指令、计数器指令、比较指令、逻辑运算指令和大部分的数学运算指令，但部分指令，如顺序控制指令、循环指令、高速计数器指令和通信指令等尚无法支持。仿真程序提供了数字信号输入开关、两个模拟电位器和LED输出显示，仿真程序同时还支持对TD-200文本显示器的仿真和数字量及模拟量扩展模块，对于学习S7-200 PLC指令和编程是一个非常好的辅助工具。

仿真软件界面如图3-6所示。常用菜单栏命令有加载仿真程序、粘贴梯形图程序、粘贴数据块、查看仿真程序（语句表形式）、查看仿真程序（梯形图形式）、查看数据块、启用状态观察窗口、启用TD200仿真、设置CPU类型等。对应的输入端开关为1时，相应的输入LED

变为绿色，同样对应的输出端为 1 时，相应的 LED 变为绿色。双击 PLC 面板区域可以选择仿真所用 PLC 的 CPU 类型，如图 3-7 所示。双击模块扩展区可以加载数字和模拟 I/O 模块，如图 3-8 所示。模拟电位器用于提供 0～255 连续变化的数字信号。

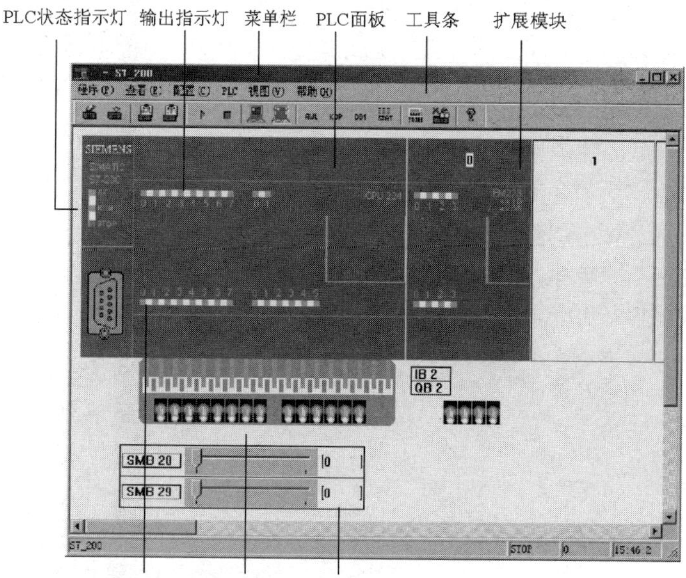

图 3-6 仿真软件界面

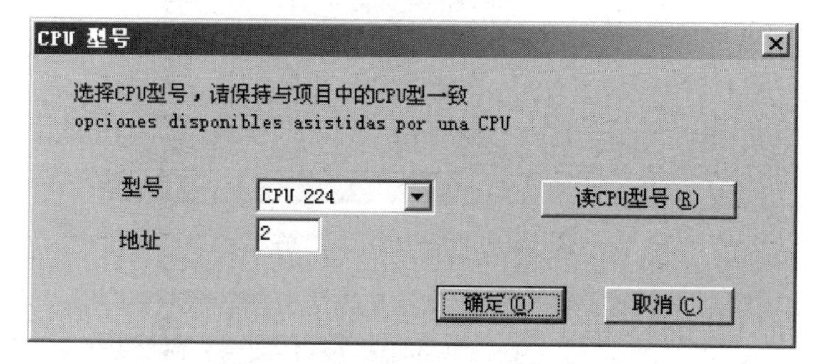

图 3-7　仿真所用 CPU 类型的选择

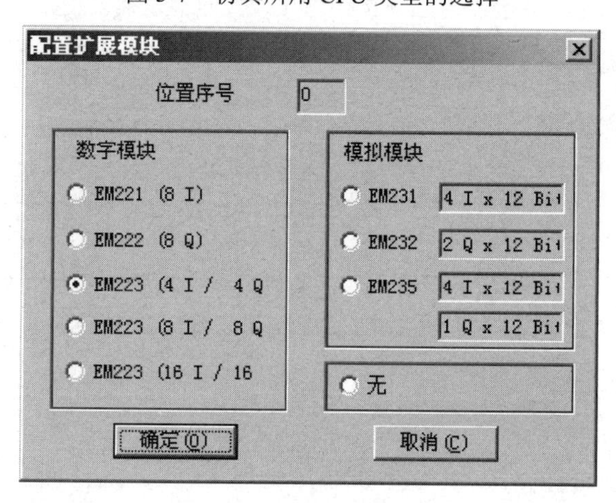

图 3-8　扩展模块的选择

使用此仿真软件的步骤如下。

（1）仿真前先用 STEP 7-Micro/WIN 编写程序，编译完成后在“文件”菜单里单击“导出”，弹出一个“导出程序块”对话框，选择存储路径并命名，确认保存类型的扩展名为 awl 再保存。

（2）本软件无须安装，启动仿真软件，输入密码“6596”，操作界面便可打开，单击菜单栏的“程序”项，再单击“装载程序”。

（3）如图 3-9 所示，弹出的对话框要求选择要装载的程序部分和 STEP 7-Micro/WIN 的版本号，如果选“全部”，那么装载进来的部分包含 STEP 7 编程时所选的 CPU 型号，再单击“确定”按钮，找到 awl 文件的路径并打开导出的程序，在弹出的对话框中单击“确定”按钮，再单击工具栏里的绿色小三角按钮使 PLC 进入 RUN 状态，单击下面输入的开关可以给 PLC 输入信号，就可以进行仿真了。

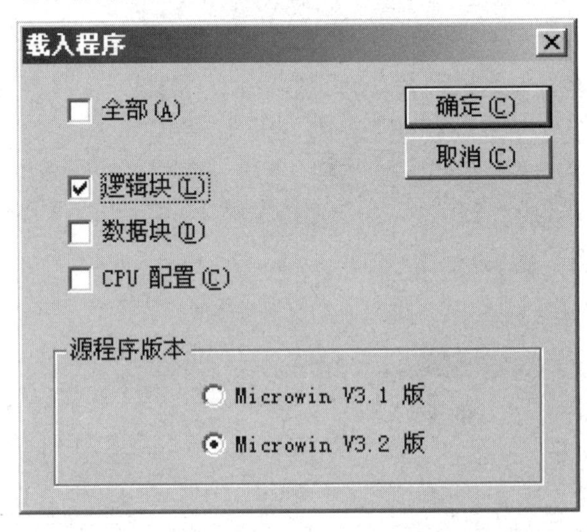

图 3-9　“装入程序”对话框

（4）如果调试过程中，需要查看输入/输出继电器之外的软元件的状态，如通用辅助继电器（M）、定时器（T）、计数器（C）等，则必须使用仿真软件的内存监视器（菜单栏“查看”→“内存监视”）。在程序运行时，单击“开始”按钮就可以监视软元件的运行状态了，如图 3-10 所示。

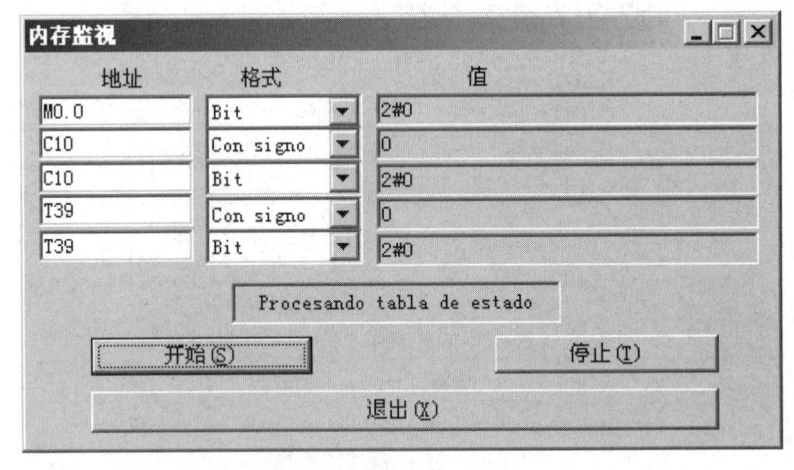

图 3-10　“内存监视”对话框

五、PLC 控制系统设计流程

图 3-11 为 PLC 控制系统的一般设计流程，详细步骤如下。

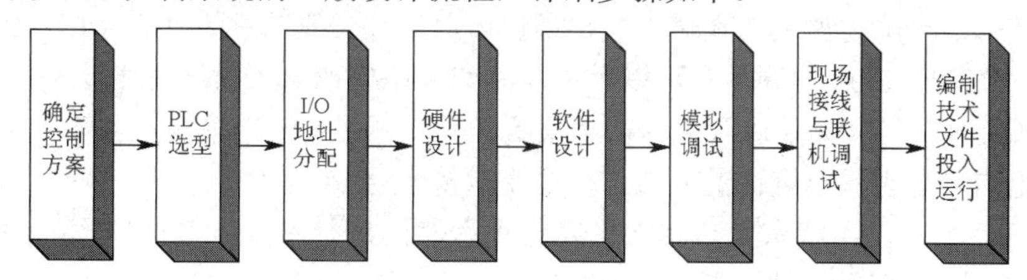

图 3-11　PLC 控制系统设计流程

1. 确定控制方案

在接到一个控制任务后，首先要分析被控对象的控制过程和要求，用什么控制装置（PLC、单片机、DCS 或 IPC）完成任务最合适。PLC 几乎可以完成工业控制领域的所有任务，但 PLC 有最适合的应用场合，如工业环境较差，安全性、可靠性要求较高，系统工艺复杂，输入/输出以开关量为主的工业自控系统或装置。而其他的如仪器仪表装置、家电的控制器用单片机来完成，大型的过程控制系统大部分要用 DCS 来完成。

然后深入了解控制对象的工艺过程、工作特点、控制要求，并划分控制的各个阶段，归纳各个阶段的特点和各阶段之间的转换条件，画出控制流程图或功能流程图。

2. 选择合适的 PLC 机型

在选择 PLC 机型时，主要考虑以下几点。

（1）功能的选择，对于小型的 PLC 主要考虑 I/O 扩展模块、A/D 与 D/A 模块以及指令功能（如中断、PID 等）。

（2）I/O 点数的确定。统计被控制系统的开关量、模拟量的 I/O 点数，并考虑以后的扩充（一般加上 10%～20%的备用量），从而选择 PLC 的 I/O 点数和输出规格。

（3）性价比高的，有些功能类似、质量相当、I/O 点数相当的 PLC 的价格能相差较大。获得高性价比的 PLC 也是考虑的因素。

3. I/O 分配与硬件设计

分配 PLC 的输入/输出点，编写输入/输出分配表或画出输入/输出端子的接线图，同时进行硬件设计。

PLC 硬件设计包括：PLC 及外围线路的设计、电气线路的设计、抗干扰措施的设计等。选定 PLC 的机型和分配 I/O 点后，硬件设计的主要内容就是电气控制系统的原理图的设计、电气控制元件的选择和控制柜的设计。电气控制系统的原理图包括主电路和控制电路。控制电路中包括 PLC 的 I/O 接线和自动、手动部分的详细连接等。电气元件的选择主要是根据控制要求选择按钮、开关、传感器、保护电器、接触器、指示灯、电磁阀等。

4. 软件设计与调试

对于较复杂的控制系统，根据生产工艺要求，画出控制流程图或功能流程图，然后设计出梯形图程序。

软件设计包括系统初始化程序、主程序、子程序、中断程序、故障应急措施和辅助程序的设计，小型开关量控制一般只有主程序。首先应根据总体要求和控制系统的具体情况，确定程序的基本结构，画出控制流程图或功能流程图，简单的可以用经验法设计，复杂的系统一般用顺序控制设计法设计。

软件设计好后一般先做模拟调试。模拟调试可以通过仿真软件来代替 PLC 硬件在计算机上调试程序。如果有 PLC 的硬件，可以用小开关和按钮模拟 PLC 的实际输入信号（如启动、停止信号）或反馈信号（如限位开关的接通或断开），再通过输出模块上各输出位对应的指示灯，观察输出信号是否满足设计的要求。需要模拟量信号 I/O 时，可用电位器和万用表配合进行。在编程软件中可以用状态图或状态图表监视程序的运行或强制某些编程元件，对程序进行模拟调试和修改，直到满足控制要求为止。

5．现场接线与联机调试

根据控制柜及操作台的电气布置图及安装接线图，进行现场接线，并检查。联机调试时，把编制好的程序下载到现场的 PLC 中。调试时，主电路一定要断电，只对控制电路进行联机调试。通过现场的联机调试，还会发现新的问题或对某些控制功能的改进。如果控制系统由几个部分组成，则应先做局部调试，然后再进行整体调试；如果控制程序的步骤较多，则可先进行分段调试，然后连接起来总调。

6．编制技术文件

技术文件应包括可编程控制器的外部接线图等电气图纸、电气布置图、电气元件明细表、顺序功能图、带注释的梯形图和说明。

【实施步骤】

1．确定控制方案

主电路保持不变，电动机采用额定 380V 交流三相异步电动机，采用额定电压为 380V 的交流接触器，电动机只需要能够完成连续转动、停止和过载保护等控制，本课题 PLC 改造主要是针对控制电路的改造。

2．PLC 选型

PLC 输入信号有启动、停止和过载保护共三个触点，输出口只需要驱动一个接触器线圈来控制对应主触点接通和切断主回路，因此选用 CPU 221 AC/DC/RLY 型号（6 输入/4 输出）即可满足要求。

3．I/O 口分配及控制电路设计

PLC 的 I/O 口分配见表 3-3，PLC 外围控制电路如图 3-12 所示。

表 3-3　PLC 的 I/O 分配表

序号	符号	功能描述	输入	序号	符号	功能描述	输出
1	I0.0	启动	SF2	3	I0.2	过载保护	BB
2	I0.1	停止	SF1	4	Q0.0	电机运转	QA1

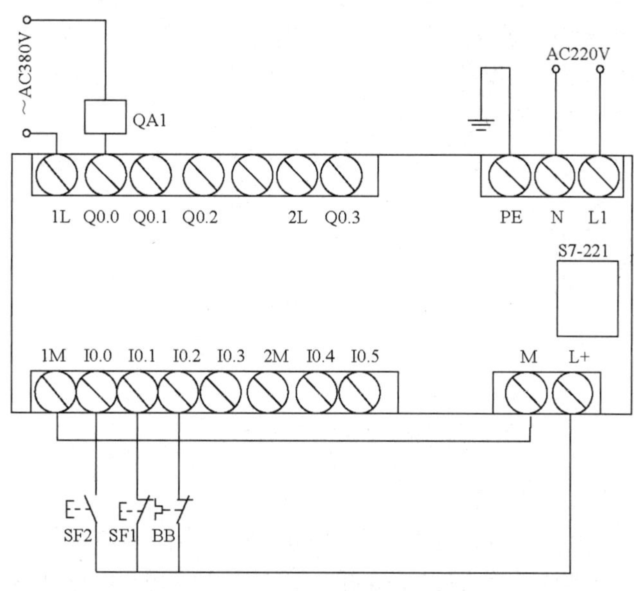

图 3-12　PLC 外围控制电路图

在设计 PLC 外围控制电路图时，要注意外部输入信号是高电平还是低电平。以图 3-12 为例，如果在 PLC 输入口上接入常开触点（如 I0.0 端口上接 SF2 常开触点），则 PLC 内部触点的状态与外部触点 SF2 的状态一致，为外部常开触点闭合，内部常开触点闭合；反之如果在 PLC 输入口上接入常闭触点（如 I0.1 端口上接 SF1 常闭触点），则 PLC 内部触点的状态与外部触点 SF1 的状态相反，为外部常闭触点闭合，内部常开触点闭合，外部常闭触点断开，内部常开触点断开。在编制梯形图需要注意做相应的变化。

4．编写控制程序

对于传统的简单接触器继电器控制电路进行 PLC 改造时，一般只需要将交流接触器的线圈（QA）改为输出继电器（Q），中间继电器改为通用辅助寄存器（M），时间继电器改为 T，其余常开常、闭触点对应改为 PLC 的相应触点指令即可，如图 3-13 所示。

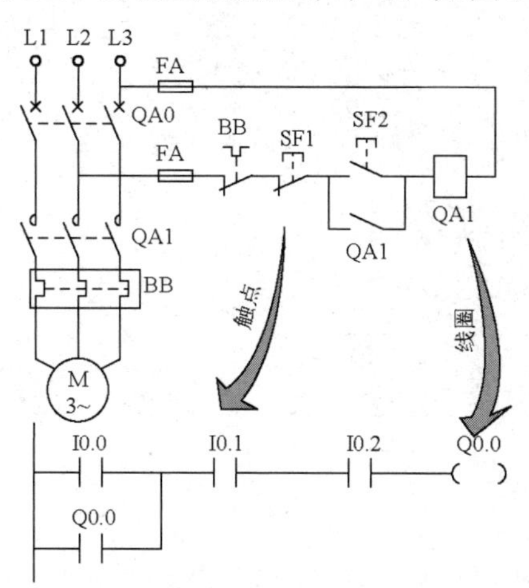

图 3-13　启、保、停控制电路的 PLC 编程改造（方法一）

与传统接触器继电器控制电路不同，PLC 控制程序具有很大的灵活性，同样的 PLC 外围接口电路，控制程序可以完全不同，这给工业控制当中生产流程的改造、变更带来了很大的柔性，因此在现代电气控制中得到了广泛应用。图 3-14 为运用了置位/复位指令的控制程序，与图 3-13 应用的自锁控制程序完全不同，但可以实现同样的输出功能。

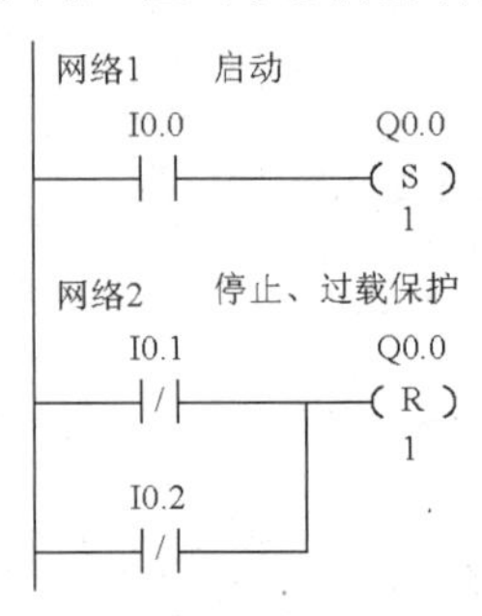

图 3-14　启、保、停控制电路的 PLC 控制程序（方法二）

5．仿真与调试

打开 S7-200 仿真软件，单击“配置”→“CPU 型号”（或双击 PLC 面板区域）可以选择 CPU221 型号。在第 4 步梯形图程序编译正确以后，可以导出扩展名为 awl 的文件，并装载到仿真软件里面，然后再进行仿真，如图 3-15 所示，单击“运行”按钮，可以通过控制输入开关 I0.0、I0.1 来观察 Q0.0 状态 LED 的变化，利用仿真软件调试到满足要求的程序以后便可联机调试。

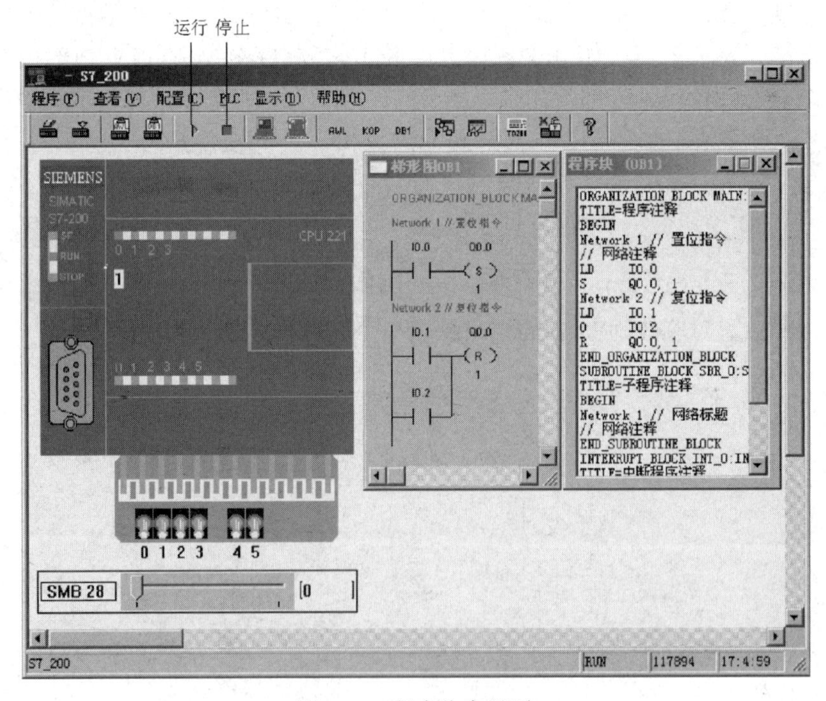

图 3-15　程序仿真界面

思考：

（1）图 3-13 与图 3-14 提供的两个方案，其 PLC 外围控制电路接线时一致吗？停止按钮 SF1 或热继电器 BB 应接入的是常闭触点还是常开触点？

（2）当同时按下启动和停止按钮时，Q0.0 输出信号状态是什么？

（3）如果把程序改成图 3-16（a）或改成图 3-16（b），有何不同？存在什么不足？

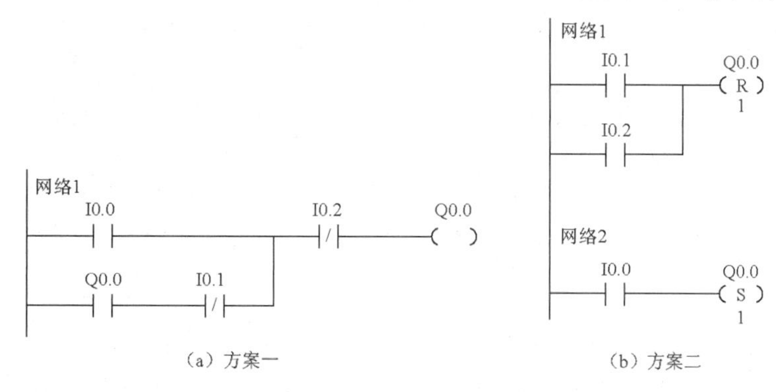

（a）方案一　（b）方案二

图 3-16　启、保、停电路 PLC 改造程序（思考方案）

【知识扩展】

立即指令是为了提高 PLC 对输入/输出的响应速度而设置的，它不受 PLC 循环扫描工作方式的影响，允许对输入和输出点进行快速直接存取。指令格式见表 3-4。

表 3-4　立即指令格式及使用说明

<table>
<tr><th>指令名称</th><th>STL</th><th>LAD</th><th>使 用 说 明</th></tr>
<tr><td>立即取</td><td>LDI　bit</td><td rowspan="6">bit
—| I |—

bit
—| /I |—</td><td rowspan="6">bit 只能为 I</td></tr>
<tr><td>立即取反</td><td>LDNI　bit</td></tr>
<tr><td>立即或</td><td>OI　bit</td></tr>
<tr><td>立即或反</td><td>ONI　bit</td></tr>
<tr><td>立即与</td><td>AI　bit</td></tr>
<tr><td>立即与反</td><td>ANI　bit</td></tr>
<tr><td>立即输出</td><td>=I　bit</td><td>bit
——(I)</td><td>bit 只能为 Q</td></tr>
<tr><td>立即置位</td><td>SI bit，N</td><td>bit
——(SI)
N</td><td rowspan="2">（1）bit 只能为 Q
（2）N 的范围：1～128
（3）N 的操作数同 S、R 指令</td></tr>
<tr><td>立即复位</td><td>RI bit，N</td><td>bit
——(RI)
N</td></tr>
</table>

当用立即指令读取输入点 I 的状态时，直接读取物理输入点的值，输入映像寄存器的内容不更新，指令操作数仅限于输入物理点的值。当用立即指令访问输出点 Q 时，新值同时写到 PLC 的物理输出点和相应的输出映像寄存器。立即 I/O 指令是直接访问物理输入/输出点的，比一般指令访问输入/输出映像寄存器占用 CPU 时间要长，因而不能盲目地使用立即指令，否则，会加长扫描周期时间，反而对系统造成不利影响。

例 3-3　立即指令举例。梯形图、语句表、时序图如图 3-17 所示。

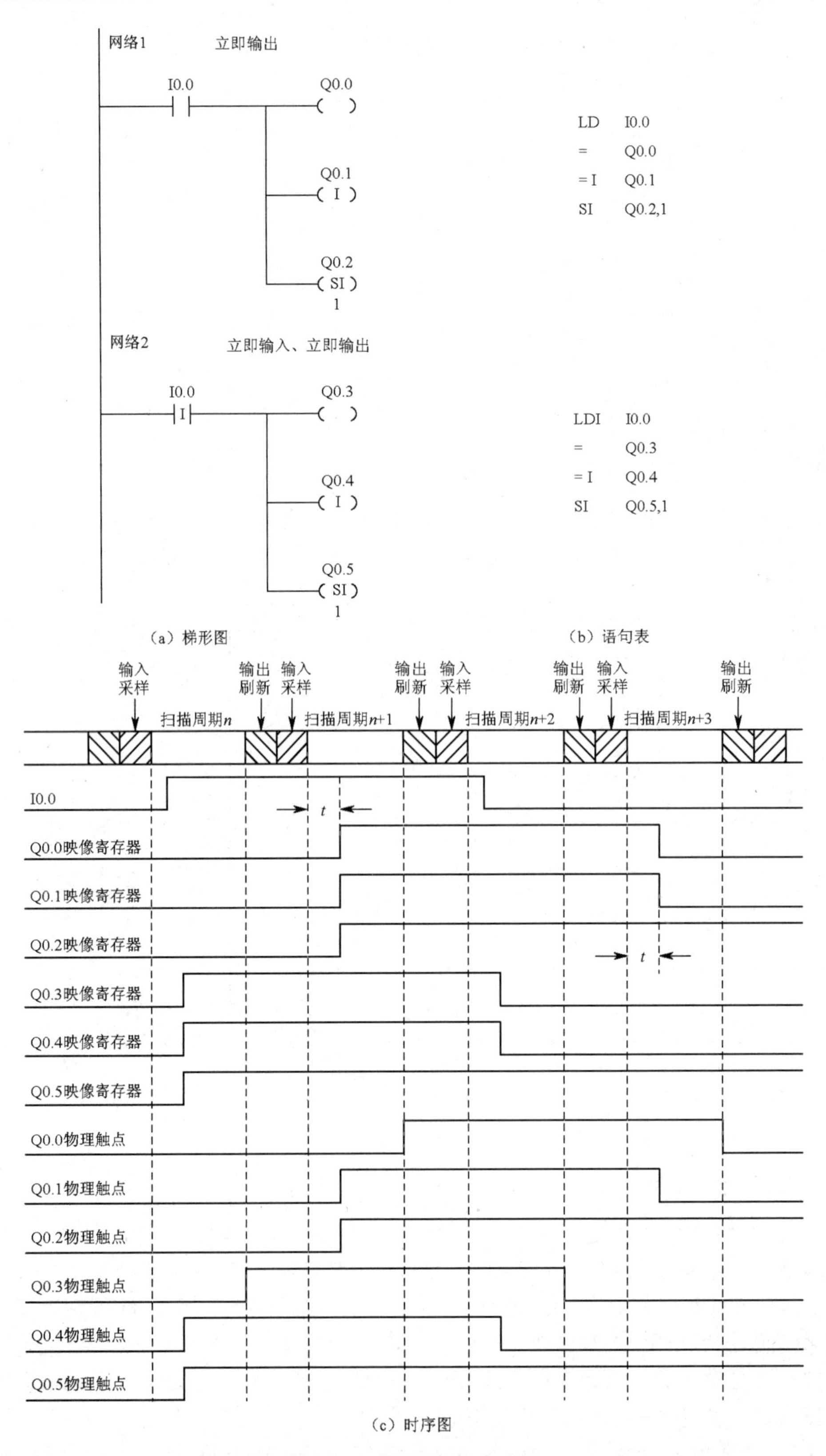

图 3-17　立即输入指令示例

在例 3-3 中，t 为执行到输出点处程序所占用的时间。Q0.0 开始的 6 个元件的输入逻辑为 I0.0 的常开触点的输入，Q0.0 为普通输出，在程序执行到它时，它的寄存器状态取决于本扫描周期采集到的 I0.0 状态，而它的物理触点的状态要等到本扫描周期的输出刷新阶段才能改变；Q0.1、Q0.2 为立即输出，在程序执行到它们时，它们的输出映像寄存器和物理触点的状态同时改变。而对 Q0.3、Q0.4、Q0.5 来说，由于输入逻辑是 I0.0 的立即触点，所以程序执行到它们时，其映像寄存器的内容会随 I0.0 即时状态的变化而立即改变，Q0.3 为普通输出，因此其物理触点的状态要等到本扫描周期的输出刷新阶才能改变，Q0.4、Q0.5 为立即输出，物理触点的状态会随 Q0.4、Q0.5 映像寄存器的变化而立即改变，而无须等到输出刷新阶段。

项目 3.2　PLC 改造 C650 车床控制电路

【项目目标】

（1）掌握块操作指令的功能及作用。

（2）掌握堆栈指令的功能和使用方法。

（3）掌握定时器指令的功能及使用方法。

（4）掌握 PLC 控制系统设计的流程。

【项目分析】

C650 车床由三台电动机控制，分别为主轴电动机，拖动主轴旋转并通过进给机构实现进给运动；冷却泵电动机，提供切削液；快移电动机，拖动刀架快速移动。C650 车床电气控制电路在第 1 单元中已经介绍过了，如图 1-96 所示，它是把各种开关、接触器、继电器、行程开关等电气元件，使用很多导线按照生产要求组成的线路。传统的继电器接触器控制方法是比较基本的，也是应用最广泛的方法，装置结构简单，原理直观，价格便宜，但是电气元件触点有限，更改控制功能就要重新接线，通用性和灵活性差一些。为此可以对这些控制线路进行 PLC 改造，完成同样的控制功能。PLC 可以在线或离线编程，联机调试、修改程序等都很灵活方便。由于扫描周期是毫秒甚至微秒级别，控制速度比传统的接触器控制要快，具有重要的实际意义。本项目将介绍使用 S7-200 PLC 改造 C650 车床控制电路的方法。

【相关知识】

一、块操作指令

（1）块或（OLD）：用于两个以上的触点串联的支路与前面的支路并联连接。

两个以上触点串联形成的支路叫串联电路块。当出现多个串联电路块并联时，就不能简单地用触点并联指令，而必须用块或指令来实现逻辑运算。除在网络块逻辑运算的开始使用 LD 或 LDN 指令外，在块电路的开始也要使用 LD 或 LDN 指令。每完成一次块电路的并联时要写上 OLD 指令，OLD 指令无操作数。

例 3-4　OLD 指令的应用示例。其梯形图和语句表如图 3-18 所示。

（2）块与（ALD）：用于并联电路块与前面的接点电路或并联电路块的串联。

两条以上支路并联形成的电路叫并联电路块。当出现多个并联电路块串联时，就不能简单地用触点串联指令，而必须用块与指令来实现逻辑运算。在块电路开始时要使用 LD 和 LDN 指令。在每完成一次块电路的串联连接后要写上 ALD 指令，ALD 指令无操作数。

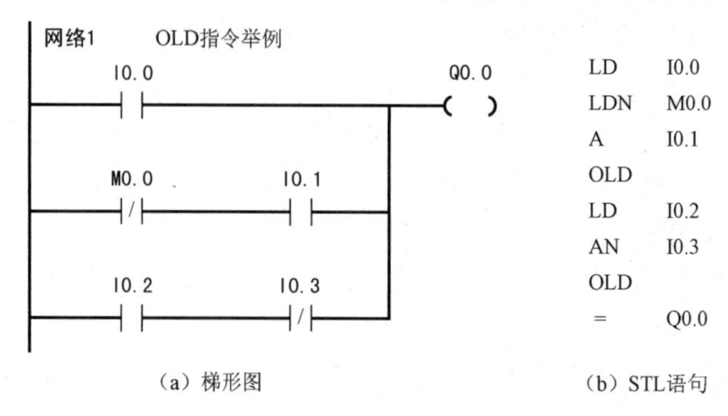

（a）梯形图　　（b）STL语句

图 3-18　OLD 指令的应用示例

例 3-5　ALD 指令的应用示例。其梯形图和语句表如图 3-19 所示。

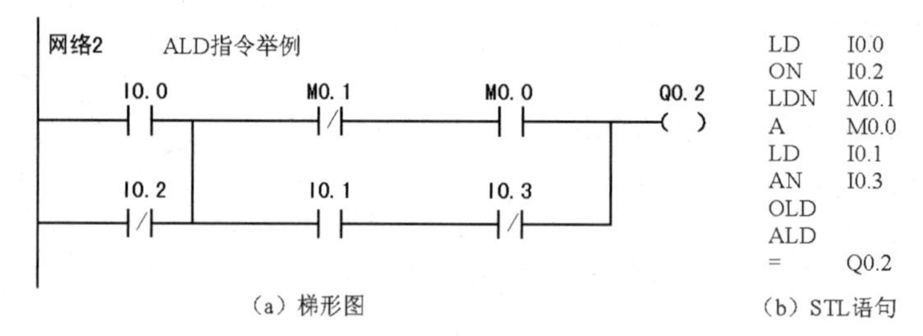

（a）梯形图　　（b）STL语句

图 3-19　ALD 指令的应用示例

二、堆栈指令

S7-200 有一个 9 位的堆栈，栈顶用来存储逻辑运算的结果，下面的 8 位用来存储中间运算结果。堆栈中的数据按“先进后出，后进先出”的原则存取。

堆栈操作指令包含 LPS、LRD、LPP、LDS 等几条命令。堆栈指令操作过程如图 3-20 所示，各命令功能描述如下。

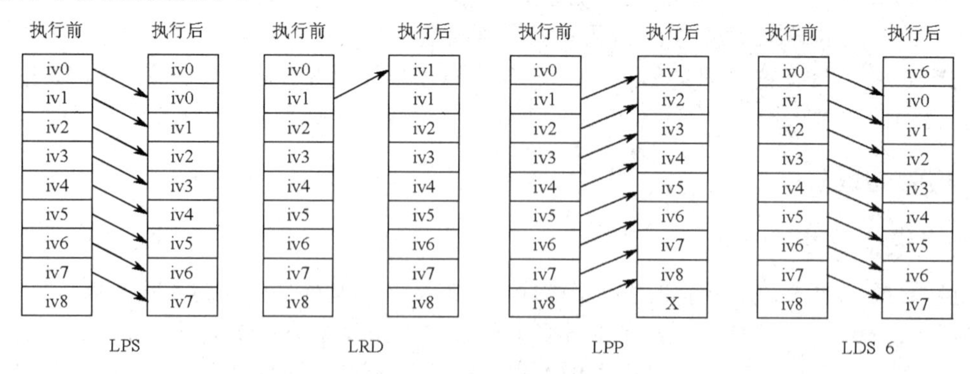

图 3-20　堆栈指令操作过程

LPS（Logic Push）：逻辑入栈指令（分支电路开始指令）。该指令复制栈顶的值并将其压入堆栈的下一层，栈中原来的数据依次向下推移，栈底值推出丢失。

LRD（Logic Read）：逻辑读栈指令。该指令将堆栈中第二层的数据复制到栈顶，2～9 层的数据不变，原栈顶值丢失。

LPP（Logic Pop）：逻辑出栈指令（分支电路结束指令）。该指令使栈中各层的数据向上移一层，原第二层的数据成为新的栈顶值。

LDS（Logic Stack）：逻辑装入堆栈指令。该指令复制堆栈中第 n（n=1～8）层的值到栈顶，栈中原来的数据依次向下一层推移，栈底丢失。

LPS、LRD、LPP 指令无操作数。由于受堆栈空间的限制(9 层堆栈)，LPS、LPP 指令连续使用时应少于 9 次。LPS 和 LPP 指令必须成对使用，它们之间可以使用 LRD 指令。

堆栈操作指令用于处理线路的分支点。在编制控制程序时，经常遇到多个分支电路同时受一个或一组触点控制的情况，如图 3-21 所示，若采用前述指令不容易编写 STL 语句，则用堆栈操作指令可方便地将梯形图转换为语句表。

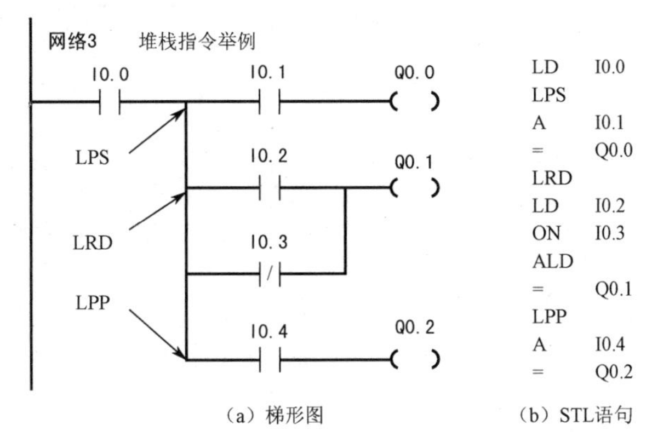

（a）梯形图　（b）STL语句

图 3-21　堆栈指令应用示例

实际上 S7-200 PLC 并不只是使用堆栈指令时才会使用堆栈，前述的基本位操作指令在执行过程中也会自动使用堆栈保存中间运算结果。基本位操作指令在执行过程中对堆栈进行操作的情况如下。

（1）执行 LD 指令时，将指令指定的位地址中的二进制数据装入栈顶。即栈中的数据依次下移，栈底消失。

（2）执行 A 指令时，将指令指定的位地址中的二进制数和栈顶的二进制数相“与”，结果存入栈顶。

（3）执行 O 指令时，将指令指定的位地址中的数和栈顶的数相“或”，结果存入栈顶。

（4）执行 LDN、AN 和 ON 指令时，取出位地址中的数后，先取反，再做出相应的操作。

（5）执行输出指令“=”时，将栈顶值复制到对应的映像寄存器。

（6）执行 ALD、OLD 指令时，对堆栈第一层（栈顶）和第二层的数据进行“与”、“或”操作，并将运算结果存入栈顶，其余层的数据依次向上移动一位。最低层（栈底）补随机数。

例 3-6　以图 3-21 所示程序为例，写出基本位指令和堆栈指令执行时堆栈变化情况，如图 3-22 所示。

注意：=/OUT 指令只是把栈顶的值复制到相应的映像寄存器，堆栈内的数据并不改变。如图 3-22 中 Q0.0 和 Q0.2 的输出指令，分别把 I0.0∩I0.1 和 I0.0∩I0.4 送到 Q0.0 和 Q0.2 的映像寄存器中。

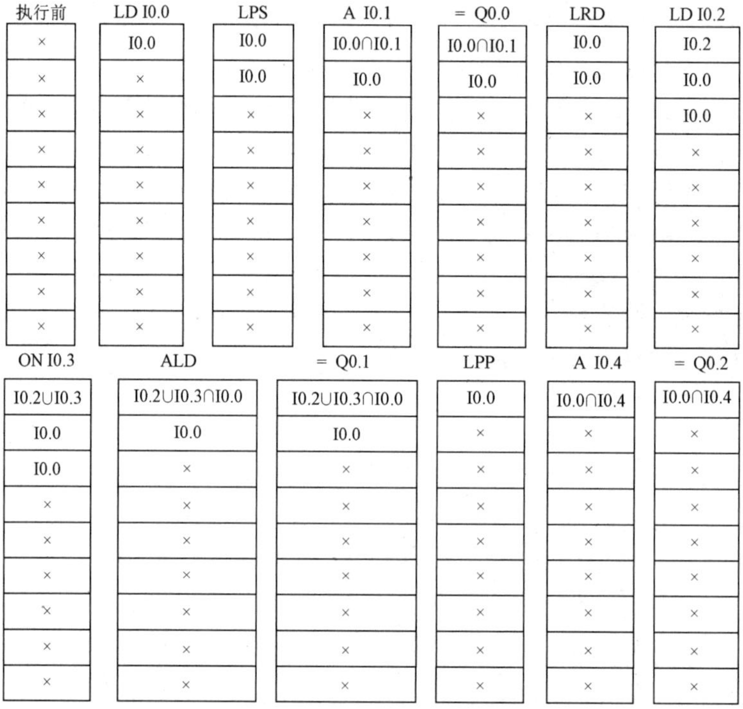

执行前	LD I0.0	LPS	A I0.1	= Q0.0	LRD	LD I0.2
×	I0.0	I0.0	I0.0∩I0.1	I0.0∩I0.1	I0.0	I0.2
×	×	I0.0	I0.0	I0.0	I0.0	I0.0
×	×	×	×	×	×	I0.0
×	×	×	×	×	×	×
×	×	×	×	×	×	×
×	×	×	×	×	×	×
×	×	×	×	×	×	×
×	×	×	×	×	×	×
×	×	×	×	×	×	×

ON I0.3	ALD	= Q0.1	LPP	A I0.4	= Q0.2
I0.2∪I0.3	I0.2∪I0.3∩I0.0	I0.2∪I0.3∩I0.0	I0.0	I0.0∩I0.4	I0.0∩I0.4
I0.0	I0.0	I0.0	×	×	×
I0.0	×	×	×	×	×
×	×	×	×	×	×
×	×	×	×	×	×
×	×	×	×	×	×
×	×	×	×	×	×
×	×	×	×	×	×
×	×	×	×	×	×

图3-22　基本位指令和堆栈指令执行时堆栈变化情况

三、定时器指令

定时器是PLC中最常用的软元件之一，指令格式见表3-5。S7-200 PLC为用户提供了三种类型的定时器：接通延时型定时器（TON）、有记忆接通延时型定时器（TONR）和断开延时型定时器（TOF）。对于每一种定时器，又根据定时器的分辨率（时基）的不同，分为1ms、10ms和100ms三个精度等级，见表3-6。其中TON和TOF共享同一组定时器，不能重复使用。定时器的编号用定时器的名称T和它的常数编号（0～255）来表示。

表3-5　定时器指令格式

STL	TON　T×××，PT	TONR　T×××，PT	TOF　T×××，PT
LAD	T××× IN　TON PT	T××× IN　TONR PT	T××× IN　TOF PT

表3-6　定时器类型

定时器类型	分辨率/ms	最大当前值/s	定时器编号
TONR	1	32.767	T0，T64
	10	327.67	T1～T4，T65～68
	100	3276.7	T5～T31，T69～T95
TON，TOF	1	32.767	T32，T96
	10	327.67	T33～T36，T97～T100
	100	3276.7	T37～T63，T101～T255

定时器定时时间＝预置值×分辨率。如 TON 指令 T97，预置值为 100，则实际定时时间为 1000ms。定时器的预置值 PT 数据类型为 INT 型。操作数可为 VW、IW、QW、MW、SW、SMW、LW、AIW、T、C、AC、*VD、*AC、*LD 和常数，其中常数最为常用。定时器当前值即定时器当前所累计的时间值，它用 16 位符号整数来表示，最大计数值为 32 767。

1. 接通延时型定时器（TON）

使能端（IN）接通（输入有效）时，定时器开始计时，当前值从 0 开始递增，大于或等于预置值时，输出状态位置 1，使能端断开（输入无效）时，定时器复位，即当前值清零，输出状态位为 0。图 3-23 为接通延时型定时器的应用示例，注意状态位和当前值的变化时序。

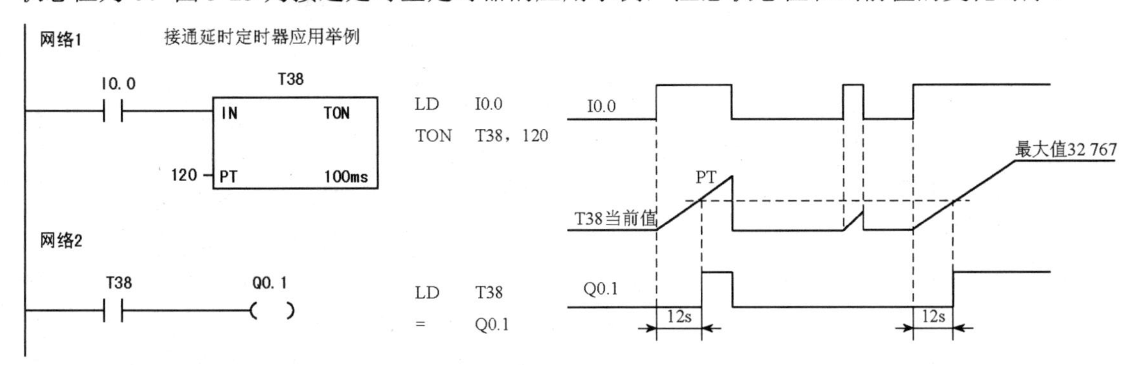

图 3-23　接通延时型定时器应用示例

2. 有记忆接通延时型定时器（TONR）

使能端（IN）接通（输入有效）时，定时器开始计时，当前值开始递增，大于或等于预置值时，输出状态位置 1，使能端断开（输入无效）时，当前值保持（记忆），当使能端再次接通时，在原来记忆值的基础上递增计时。TONR 记忆型通电延时型定时器采用线圈复位指令 R 进行复位操作，当复位线圈有效时，定时器当前位清零，输出状态位置 0。图 3-24 为接通延时型定时器的应用示例，注意状态位和当前值的变化时序。

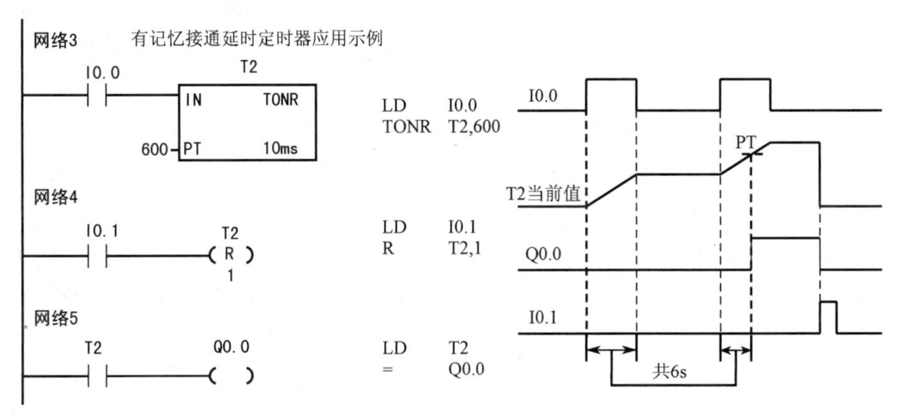

图 3-24　有记忆接通延时型定时器应用示例

3. 断开延时型定时器（TOF）

使能端（IN）输入有效时，定时器输出状态位立即置 1，当前值复位为 0。使能端（IN）断开时，定时器开始计时，当前值从 0 递增，当前值达到预置值时，定时器状态位复位为 0，并停止计时，当前值保持。如果输入断开的时间小于预定时间，定时器仍保持接通。IN 再接通时，定时器当前值仍清零。图 3-25 为断开延时型定时器的应用示例，注意状态位和当前值的变化时序。

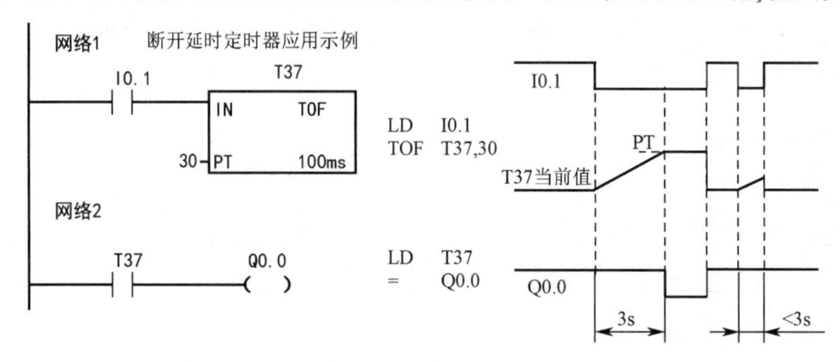

图 3-25　断开延时型定时器应用示例

四、定时器的刷新方式与正确使用方法

1．定时器的刷新方式

（1）1ms 分辨率定时器启动后，定时器对 1ms 时间间隔进行计时，采用的是中断刷新方式，由系统每隔 1ms 刷新一次，与扫描周期及程序处理无关。对于大于 1ms 的程序扫描周期，在一个扫描周期内，定时器位和当前值刷新多次。其当前值在一个扫描周期内不一定保持一致。

（2）10ms 分辨率定时器启动后，定时器对 10ms 时间间隔进行计时。程序执行时，在每次扫描周期的开始对 10ms 定时器刷新，在一个扫描周期内定时器位和定时器当前值保持不变。

（3）100ms 分辨率定时器启动后，定时器对 100ms 时间间隔进行计时。只有在定时器指令执行时，100ms 定时器的当前值才被刷新。因此，如果 100ms 定时器被激活后，如果不是每个扫描周期都执行定时器指令或在一个扫描周期内多次执行定时器指令，都会造成计时失准。100ms 定时器仅用在定时器指令在每个扫描周期执行一次的程序中。

2．定时器的正确使用方法

在一些场合使用不同分辨的定时器，刷新方式不同对结果影响不大，但是在某些场合对定时器的刷新方式要求很严格。如图 3-26 所示，用三种分辨率定时器在定时时间到的时候产生一个扫描周期的脉冲 Q0.0。

（1）对 1ms 定时器 T96，在使用错误方法时，只有当定时器的刷新发生在 T96 的常闭触点执行以后到 T96 的常开触点执行以前的区间时，Q0.0 才能产生一个宽度为一个扫描周期的脉冲，而这种可能性是极小的。在其他情况下不会产生这个脉冲。

（2）对 10ms 定时器 T97，使用错误方法时，Q0.0 永远产生不了这个脉冲。因为当定时器计时到时，定时器在每次扫描开始时刷新，T97 被置位，但执行到定时器指令时，定时器将被复位（当前值和位都被置 0）。当常开触点 T97 被执行时，T97 位永远为 0，Q0.0 也将为 0，即永远不会被置 1。

（3）100ms 的定时器在执行指令时刷新，所以当定时器 T101 到达预置值时，Q0.0 肯定会产生这个脉冲。

不论哪种定时器，把定时器到达设定值产生结果的元件的常闭触点用做定时器本身的输入，都能保证定时器达到设定值时，Q0.0 产生一个宽度为一个扫描周期的脉冲。所以，在使用定时器时，要弄清楚定时器的分辨率，否则，一般情况下不要把定时器本身的常闭触点作为自身的复位条件。

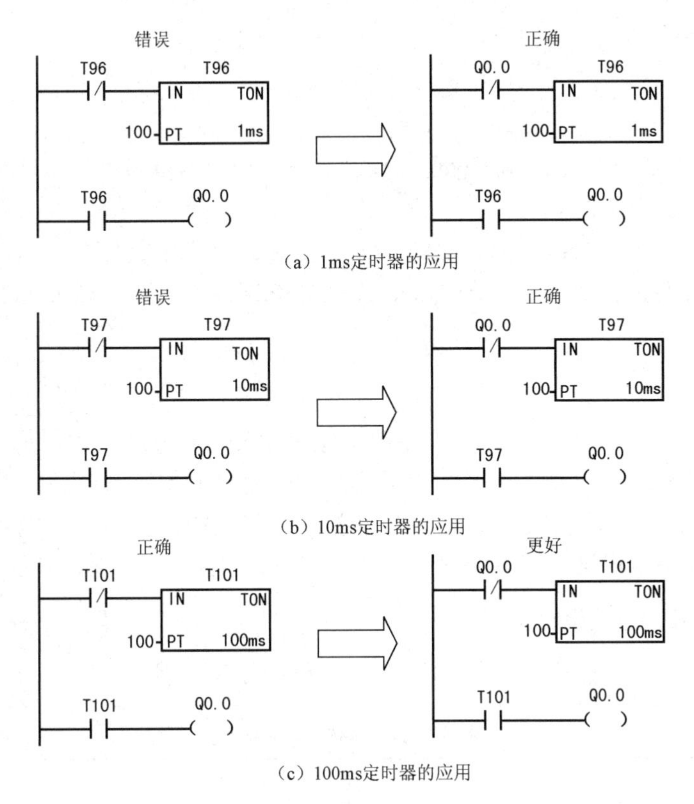

图 3-26　定时器的正确使用示例

五、定时器指令典型应用——闪烁电路

闪烁电路也称振荡电路，实际就是时钟电路，图 3-27 为闪烁电路示例，由两个定时器组成，当 I0.0 为 1 时，接通定时器 T37，Q0.0 或 T37 位就会产生 20s 通、10s 断的闪烁信号。

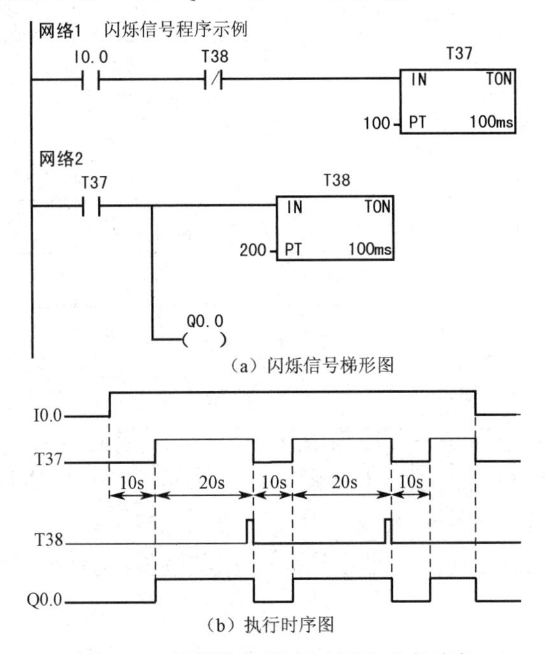

图 3-27　闪烁信号程序示例及对应时序

【实施步骤】

1．确定改造方案

本课题使用 S7-200 PLC 改造 C650 的控制系统，改造时保持原有车床的加工工艺方法不变；保持原有机床主电路的所有元件不变，不改变原车床控制系统电气操作方法；电气控制系统控制元件，如按钮、行程开关、热继电器、接触器等的作用与原有线路中的作用相同；另外主轴和进给启动、制动、低速、高速、点动等操作方法不变。原继电器控制系统中的硬件接线改为 PLC 编程实现。

2．PLC 选型

根据上面的分析，数字量输入有总停止按钮、主轴电动机的正/反转启动按钮、正向点动按钮、过载保护触点、正反转速度继电器触点、快移电动机电动开关、冷却泵电动机过载保护和启/停触点等 11 个，主轴电动机正/反转控制、限流电阻的短接、电流计的接入、快移电动机控制、冷却泵电动机控制 6 个输出，选用 CPU224 AC/DC/RLY 型号可满足要求。

3．I/O 分配及控制电路设计

PLC 的 I/O 口分配见表 3-7，PLC 外围控制电路如图 3-28 所示。

表 3-7　PLC I/O 分配表

序号	符号	功能描述	序号	符号	功能描述
1	I0.0	总停按钮 SF1	10	I1.1	正转制动速度继电器触点 BS1
2	I0.1	主轴电动机正向点动按钮 SF2	11	I1.2	反转制动速度继电器触点 BS2
3	I0.2	主轴电动机正向启动按钮 SF3	12	Q0.0	主轴电动机正转 QA1
4	I0.3	主轴电动机反向启动按钮 SF4	13	Q0.1	主轴电动机反转 QA2
5	I0.4	冷却泵电动机停止按钮 SF5	14	Q0.2	短接限流电阻 QA3
6	I0.5	冷却泵电动机启动按钮 SF6	15	Q0.3	冷却泵电动机运转 QA4
7	I0.6	快移电动机位置开关 BG	16	Q0.4	快移电动机控制 QA5
8	I0.7	主轴电动机热继电器触点 BB1	17	Q0.5	电流计短接 QA6
9	I1.0	冷却泵电动机热继电器触点 BB2			

4．编写控制程序

1）电气控制电路图的“翻译”

PLC 的梯形图是在继电器接触器控制系统的基础上发展起来的，如果用 PLC 改造继电器接触器控制系统，根据继电器接触器电路图来设计梯形图是一条捷径。这是因为原有的继电器接触器控制系统经过长期使用和实践，已被证明能完成系统要求的控制功能，而继电器电路图又与梯形图有很多相似之处，因此可以将继电器接触器电路图“翻译”成梯形图。

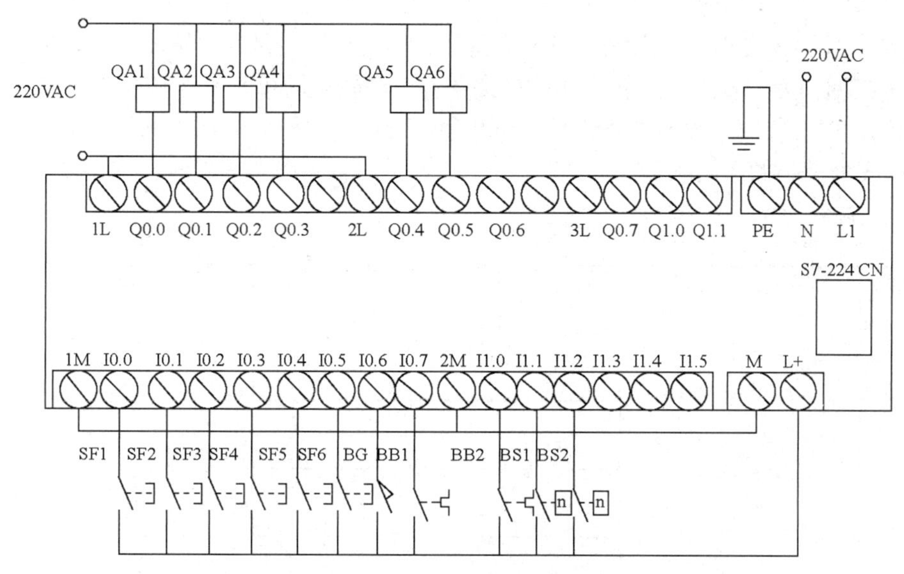

图 3-28　PLC 外围控制电路图

翻译时要注意继电器接触器电路图中的各触点与 PLC 输入与输出点的一一对应，以及中间继电器、时间继电器等的处理。图 3-29 为 C650 车床主轴的控制电路，可以直接按照电路图翻译成如图 3-30 所示的梯形图。

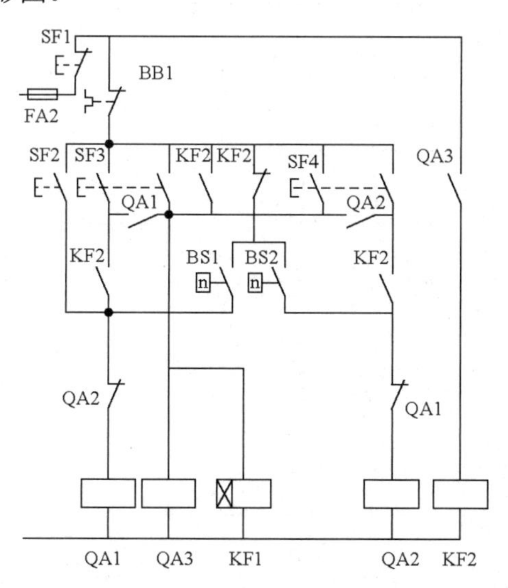

图 3-29　C650 车床主轴控制电路

注意：S7-200 PLC 不支持双线圈驱动（同一编号线圈不能使用两次或两次以上），因此，接触器 QA3 的控制必须单独列出。图 3-30 采用的是符号寻址，其对应的 PLC 输入/输出地址见表 3-7，中间继电器 KF2 对应通用辅助继电器 M2.0。

2）梯形图程序的优化

如果按照图 3-30 所示直接翻译，则 PLC 梯形图显得非常复杂，绘制也十分麻烦。因此必须对被控对象的工艺过程和机械动作情况进行分析，优化和精简直接翻译的梯形图程序。

由于 C650 车床继电器接触器控制系统无论主轴电动机是正转还是反转，短接限流电阻的接触器 QA3 都要首先动作。因此，在梯形图中安排第一个支路为短接限流电阻的控制电路，并将 QA3 接通作为主轴正、反转工作的前提条件。主轴电动机正常运转时需要热继电器 BB1 保护，而制动时工作时间很短并不需要热继电器 BB1 的保护，因此可以只在第一个支路中串接 BB1 和按钮 SF1 的常闭触点。

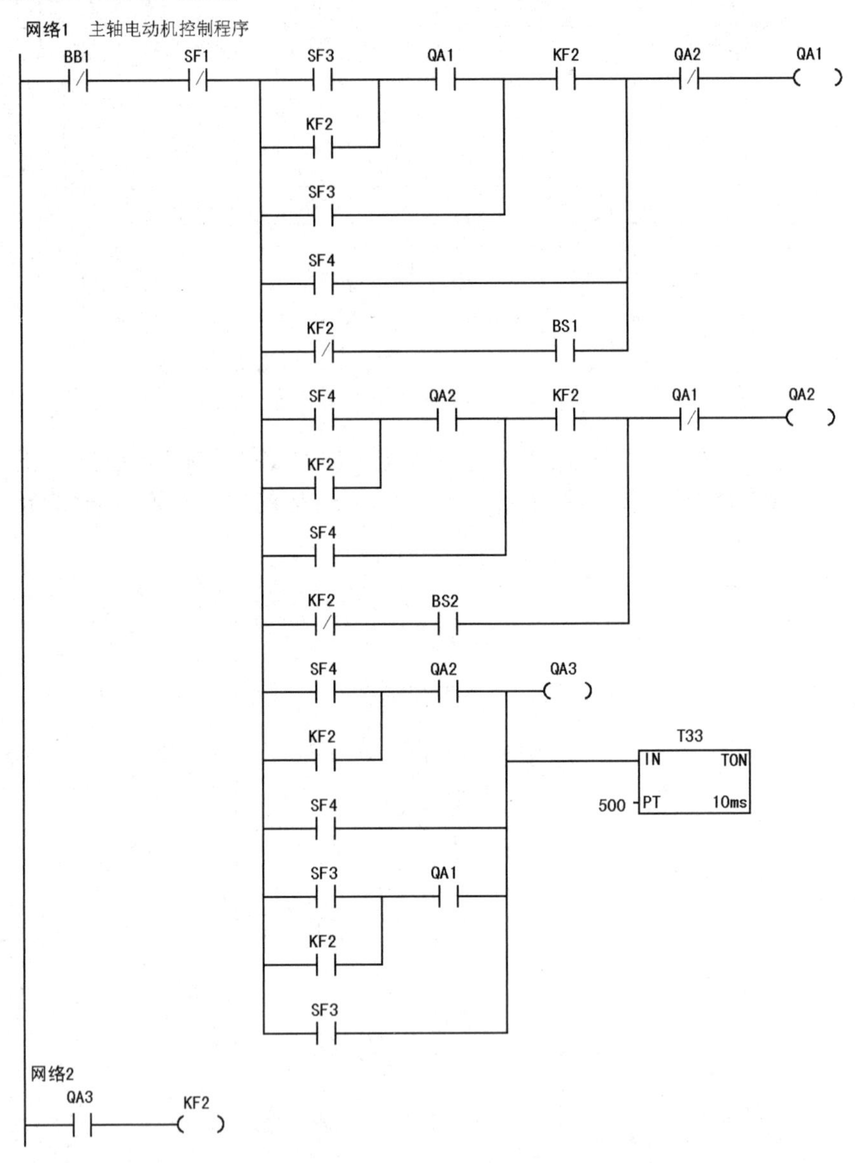

图 3-30　直接翻译的 C650 车床 PLC 控制梯形图

由于 PLC 的软件继电器触点足够多，在梯形图中并不一定需要应用通用辅助继电器与中间继电器一一对应，因此本例在编程时，可以不考虑中间继电器 KF2 的触点扩充作用，改用控制 QA3 的输出继电器（Q0.2）的触点直接实现。

时间继电器 KF1 的功能改由 T33 定时器指令来实现延时功能，但是 T33 不能直接驱动负载电路，因此引入接触器 QA6，通过 T33 的触点控制 PLC 输出继电器（Q0.5），实现 QA6 的动作。

优化设计后的梯形图程序如图 3-31 所示。

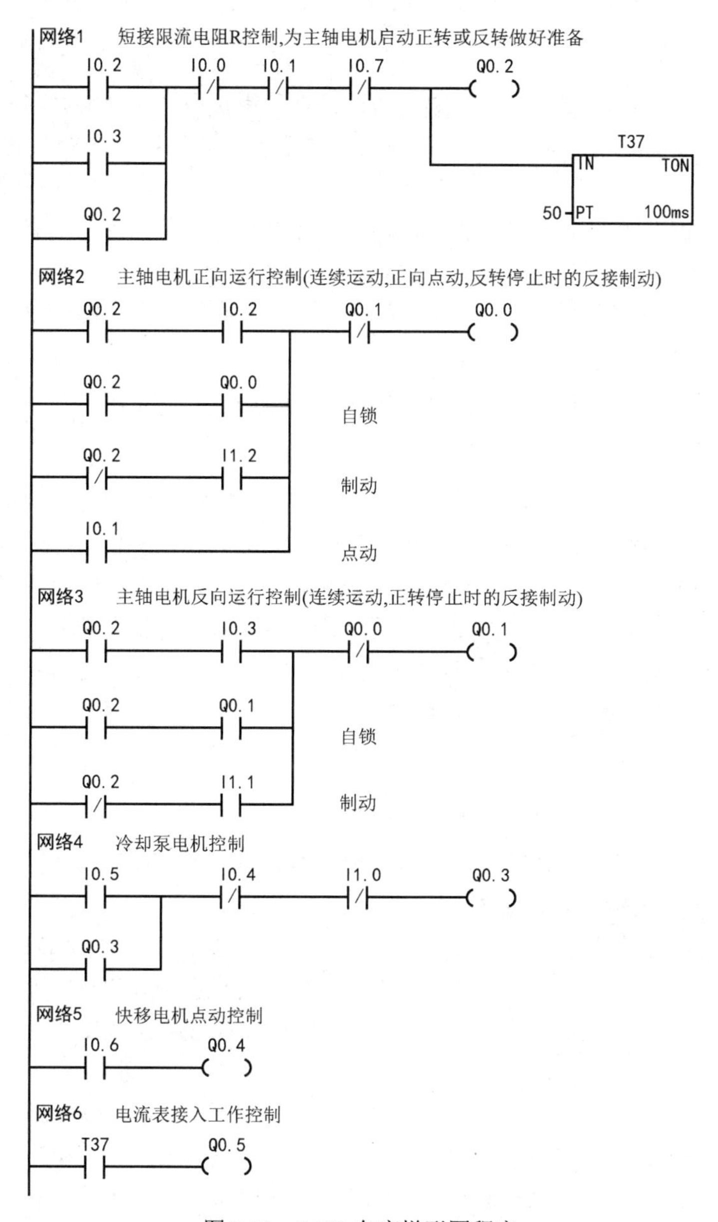

图 3-31　C650 车床梯形图程序

5．仿真与调试

打开 S7-200 仿真软件，选 CPU224 型号并装载程序进行仿真，利用仿真软件调试到满足要求的程序以后便可联机调试。

6．整理技术文件，填写工作页

系统完成后一定要及时整理技术材料并存档，以便日后使用。

【知识扩展】

程序控制类指令使程序结构灵活，合理使用该指令可以优化程序结构，增强程序功能。这类指令主要包括结束、停止、看门狗、跳转、子程序、循环、顺序控制等指令。

1. 结束指令 END

结束指令分为有条件结束指令（END）和无条件结束指令（MEND）。两条指令在梯形图中以线圈形式编程。指令不含操作数。指令执行结束后，系统终止当前扫描周期，返回主程序起点。

可以利用程序执行的结果状态、系统状态或外部设置切换条件来调用有条件结束指令，使程序结束。在调试程序时，在程序的适当位置置入无条件结束指令可实现程序的分段调试。

注意：使用 Micro/WIN 编程时，编程人员不用手工输入无条件结束指令，该软件会自动在内部加上一条无条件结束指令到主程序的结尾。结束指令只能用在主程序中，不能在子程序和中断程序中使用。而有条件结束指令可用在无条件结束指令前来结束主程序。

2. 停止指令 STOP

STOP 指令使能有效时，可以使主机 CPU 的工作方式由 RUN 切换到 STOP，从而立即中止用户程序的执行。STOP 指令在梯形图中以线圈形式编程。指令不含操作数。

STOP 指令可以用在主程序、子程序和中断程序中。如果在中断程序中执行 STOP 指令，则中断处理立即中止，并忽略所有挂起的中断，继续扫描程序的剩余部分，在本次扫描周期结束后，完成将主机从 RUN 到 STOP 的切换。

STOP 和 END 指令通常在程序中用来对突发紧急事件进行处理，以避免实际生产中的意外损失。

3. 监控定时器复位指令 WDR（Watchdog Reset）

监控定时器又称看门狗，为了保证系统可靠运行，PLC 内部设置了监控定时器 WDT（看门狗），用于监控扫描周期是否超时。

定时器 WDT 有一个设定值，一般为 300ms，每次扫描到定时器 WDT 时，定时器 WDT 将被复位。系统正常工作时，所需扫描时间小于 WDT 的设置值，WDT 就被及时复位，WDT 不起作用。如果出现系统故障，且扫描时间大于 WDT 的设置值，WDT 不能及时被复位，则报警并停止执行用户程序。

系统正常工作时，有时会由于用户程序很长或使用中断指令、循环指令使得扫描时间超过 WDT 的设定值，为防止这种情况下定时器动作，可以使用定时器复位指令 WDR。将 WDR 指令插入程序中适当的地方，使得 WDT 及时复位，这样可以增加一次扫描时间。

使用 WDR 指令时要特别小心，如果因为使用 WRD 指令而使扫描时间拖得过长，如在循环结构中使用 WDR，那么在中止本次扫描前，下列操作过程将被禁止：

（1）通信（自由口除外）；

（2）I/O 刷新（直接 I/O 除外）；

（3）强制刷新；

（4）SM 位刷新（SM0、SM5～SM29 的位不能被刷新）；

（5）运行时间诊断；

（6）扫描时间超过 25s 时，使 10ms 和 100ms 定时器不能正确计时；

（7）中断程序中的 STOP 指令。

END、STOP 和 WDR 指令的用法如图 3-32 所示。

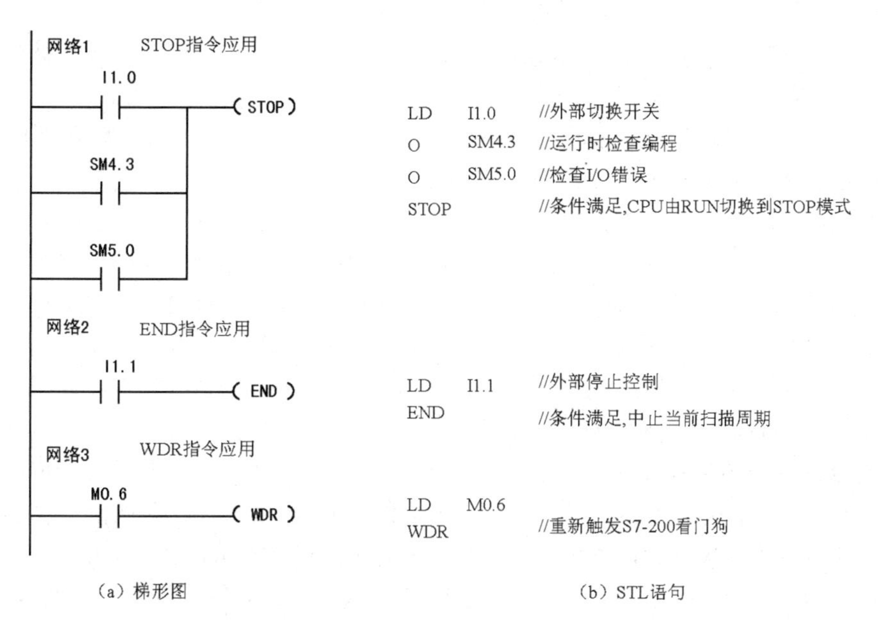

（a）梯形图　　（b）STL语句

图 3-32　END、STOP 和 WDR 指令应用示例

4．跳转指令

跳转指令可以使 PLC 编程的灵活性大大提高，可根据对不同条件的判断，选择不同的程序段执行程序。

跳转指令 JMP（Jump to Label）：当输入端使能有效时，使程序跳转到标号处执行。

标号指令 LBL（Label）：指令跳转的目标标号。操作数 *n* 为 0～255。指令格式如图 3-33 所示。

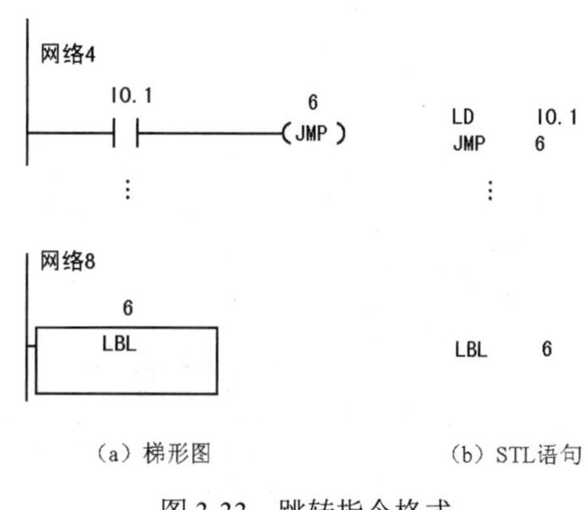

（a）梯形图　　（b）STL语句

图 3-33　跳转指令格式

注意：指令和标号指令必须配合使用，而且只能使用在同一程序段中，如主程序、同一个子程序或同一个中断程序，同一程序不能有相同的标号。不能在不同的程序段中互相跳转。执行跳转后，被跳过程序段中的各元件的状态如下。

（1）Q、M、S、C 等元件的位保持跳转前的状态。

（2）计数器 C 停止计数，当前值存储器保持跳转前的计数值。

（3）对定时器来说，因刷新方式不同而工作状态不同。在跳转期间，分辨率为 1ms 和 10ms 的定时器会一直保持跳转前的工作状态，原来工作的继续工作，到设定值后其位的状态也会改变，输出触点动作，其当前值存储器一直累计到最大值 32767 才停止。对分辨率为 100ms 的定时器来说，跳转期间停止工作，但不会复位，存储器里的值为跳转时的值，跳转结束后，若输入条件允许，可继续计时，但已失去了准确计时的意义。所以在跳转段里的定时器要慎用。

5．循环指令

循环指令为重复执行相同功能的程序段提供了极大方便，并且优化了程序结构。循环指令有两条：循环开始指令 FOR，用来标记循环体的开始，用指令盒表示。循环结束指令 NEXT，用来标记循环体的结束，无操作数。

FOR 和 NEXT 之间的程序段称为循环体，每执行一次循环体，当前计数值增 1，并且将其结果同终值做比较，如果大于终值，则终止循环。

循环开始指令盒中有三个数据输入端：当前循环计数 INDX（index value or current loop count）、循环初值 INIT（starting value）和循环终值 FINAL（ending value）。在使用时必须给 FOR 指令指定当前循环计数（INDX）、初值（INIT）和终值（FINAL）。

INDX 操作数：VW、IW、QW、MW、SW、SMW、LW、T、c、AC、*VD、*AC 和*CD，属于 INT 型。INIT 和 FINAI 操作数：VW、IW、QW、MW、SW、SMW、LW、T、C、AC、常数、*VD、*AC 和*CD，属于 INT 型。

循环指令使用如图 3-34 所示。当 M0.0 接通时，表示为 a 的外层循环执行 100 次。当 M0.1 接通时，表示为 b 的内层循环执行 6 次。当 M0.0 和 M0.1 都接通时，每执行一次外循环（a 循环），都要执行 6 次内循环（b 循环），即 b 循环的循环体最多可以执行 600 次。

注意：FOR、NEXT 指令必须配对使用；FOR 和 NEXT 可以循环嵌套，嵌套最多为 8 层，但各个嵌套之间不能有交叉现象；每次使能输入重新有效时，指令将自动复位各参数；初值大于终值时，循环体不被执行。

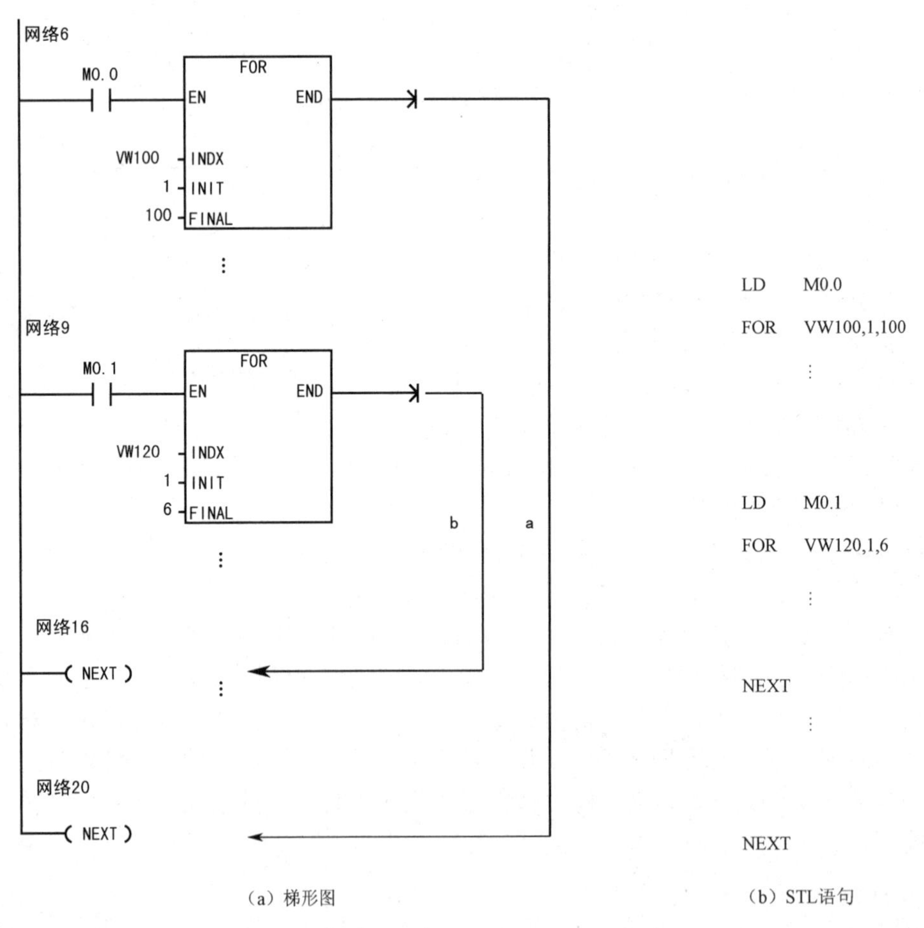

（a）梯形图　（b）STL语句

图 3-34　循环指令使用示例

项目 3.3　数控机床润滑系统 PLC 控制分析

【项目目标】

（1）掌握边沿触发和比较指令的功能及使用方法。

（2）掌握计数器指令功能及使用方法。

（3）掌握子程序的建立和调用方法。

【项目分析】

数控机床的润滑系统主要包含对机床导轨、传动齿轮、滚珠丝杠、主轴箱等润滑。集中润滑供油系统是指从一个润滑油供给源把需要量的润滑油准确地供往多个润滑点的系统，如图 3-35 所示为数控机床典型的润滑系统。集中润滑系统按润滑泵供油方式可分为手动系统和自动系统，而从供油方式可分为间歇供油系统、连续供油系统。连续供油系统在润滑过程中产生附加热量，造成浪费、污染等，而且由于过量供油，往往得不到最佳的润滑效果。间歇供油系统周期性定量对各润滑点供油，使摩擦副形成和保持适量润滑油膜，是一种优良的润滑系统，其润滑时间和润滑间隔时间根据数控机床的实际需要可以调整或用参数设定。

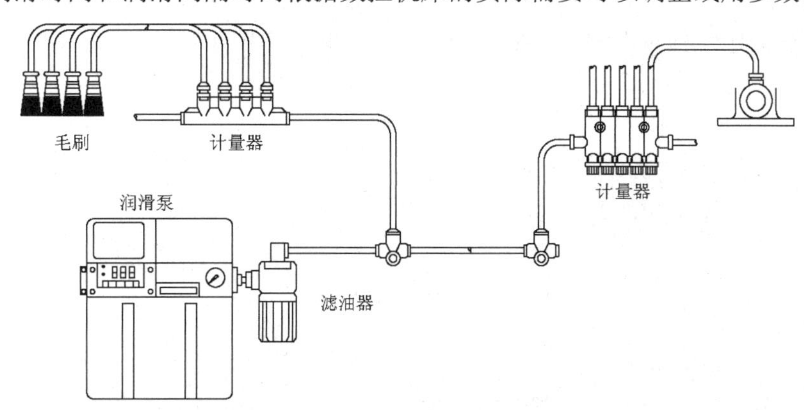

(a) 典型的集中润滑系统（单线间歇式润滑系统）

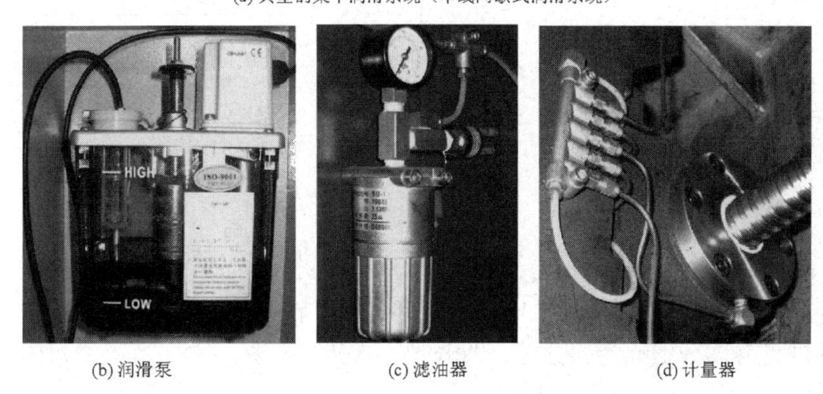

(b) 润滑泵　(c) 滤油器　(d) 计量器

图 3-35　数控机床润滑供油系统

如果上电润滑设定有效，数控机床开启后立即润滑一段时间（比如 50s），然后润滑电机停止润滑，一段时间后（比如 5min），再次润滑相同时间（50s），以此循环。如果上电润滑设定无效，数控机床开启后，一段时间后（比如 5min），润滑一段时间（比如 50s），再停止润滑，一段时间后（5min）再次润滑并反复循环。期间任何时刻按下手动润滑键应立即进行润滑。

【相关知识】

一、边沿触发指令

EU 指令又称上升沿或正跳变指令，在 EU 指令前的逻辑运算结果有一个上升沿时（由 OFF→ON）产生一个宽度为一个扫描周期的脉冲，驱动后面的输出线圈。

ED 指令又称下降沿或负跳变指令，在 ED 指令前有一个下降沿（由 ON→OFF）时产生一个宽度为一个扫描周期的脉冲，驱动其后线圈。指令格式见表 3-8。

边沿触发指令常用于复位、启动及关断条件的判定以及配合功能指令完成一些逻辑控制任务。

表 3-8　边沿触发指令格式

STL	EU（Edge Up）	ED（Edge Down）
LAD	┤P├	┤N├

例 3-7　边沿触发指令举例，其梯形图、语句表和时序图如图 3-36 所示。

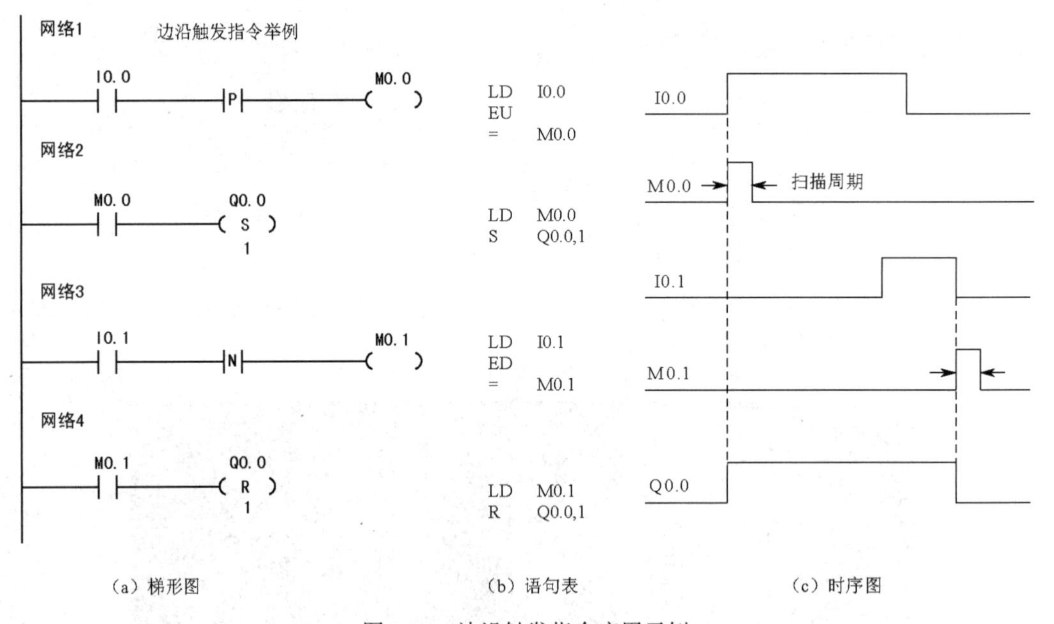

图 3-36　边沿触发指令应用示例

在某些控制场合，需要对某些信号进行分频，即将某一频率 f 的信号转换成 $0.5f$、$0.25f$、$0.125f$ 等频率的信号，分别称为二分频、四分频、八分频，图 3-37 所示程序为典型的二分频程序及对应时序。

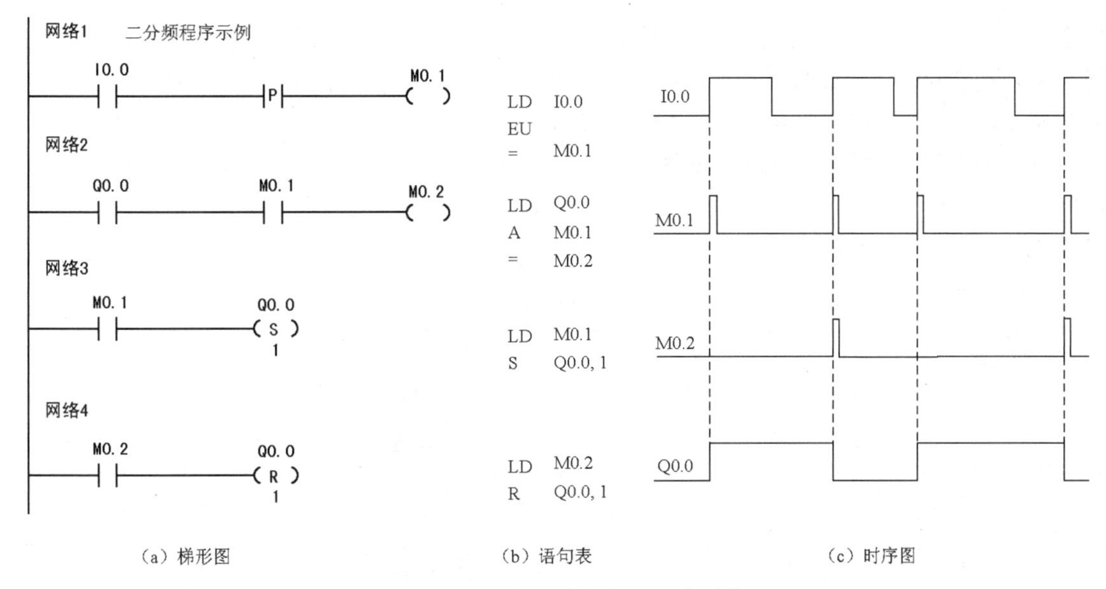

图 3-37 二分频程序示例及对应时序

二、比较指令

比较指令是将两个操作数按指定的条件比较，在梯形图中用带参数和运算符的触点表示比较指令，比较条件成立时，触点就闭合，否则断开。比较触点可以装入，也可以串、并联。比较指令为上、下限控制提供了极大的方便。

整数比较指令用来比较两个整数字的大小，指令助记符用 I 表示整数；双整数比较指令用来比较两个双字的大小，指令助记符用 D 表示双整数；实数比较指令用来比较两个实数的大小，指令助记符用 R 表示实数。比较指令值运算符有==、>=、<、<=、>和<>6 种。

例 3-8 比较指令应用举例，其梯形图、语句表如图 3-38 所示。

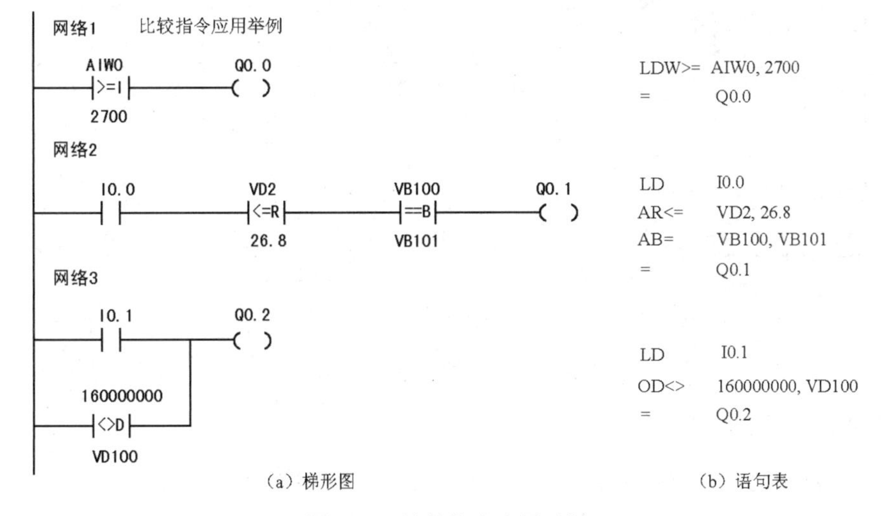

图 3-38 比较指令应用示例

三、计数器指令

S7-200 系列 PLC 的计数器有 3 种：增计数器 CTU、增减计数器 CTUD 和减计数器 CTD。计数器的编号用计数器名称和数字（0～255）组成，即 C×××，如 C8，指令格式见表 3-9。计数器的编号包含两方面的信息：计数器的位和计数器当前值。当计数器的当前值达到预置值时，该位被置位为 1。计数器当前值是一个存储单元，它用来存储计数器当前所累计的脉冲个数，用 16 位符号整数来表示，最大数值为 32767。

计数器的预置值输入数据类型为 INT 型。寻址范围为 VW、IW、QW、MW、SW、SMW、LW、AIW、T、C、AC、*VD、*AC、*LD 和常数。一般情况下使用常数作为计数器的预置值。

表 3-9　计数器指令格式

STL	CTU　C×××，PV	CTD　C×××，PV	CTUD　C×××，PV
LAD	C××× CU　CTU R PV	C××× CD　CTD LD PV	C××× CU　CTUD CD R PV

1. 增计数器 CTU

首次扫描时，计数器位为 OFF，当前值为 0。在计数脉冲输入端 CU 的每个上升沿，计数器计数 1 次，当前值增加 1 个单位。当前值达到预置值时，计数器位 ON，当前值可继续计数到 32767 后停止计数。复位输入端有效或对计数器执行复位指令，计数器复位，即计数器位为 OFF，当前值为 0。

例 3-9　增计数器的应用示例，其梯形图、语句表和时序图如图 3-39 所示。

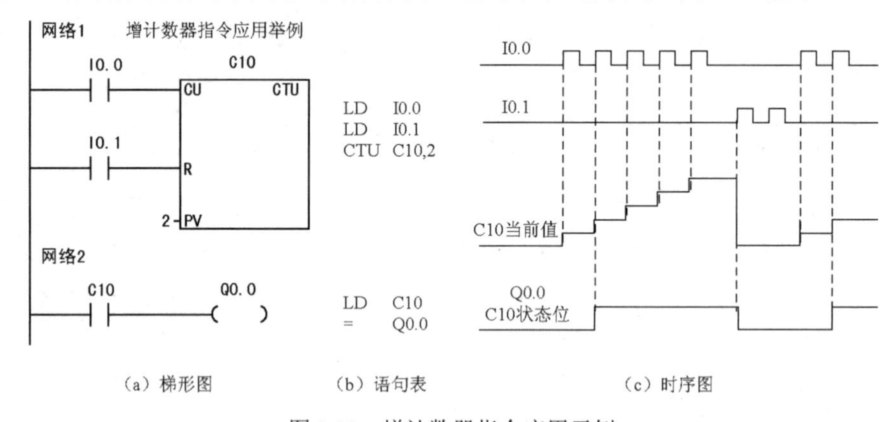

图 3-39　增计数器指令应用示例

2. 增/减计数器 CTUD

增/减计数器有两个计数脉冲输入端：CU 输入端用于递增计数，CD 输入端用于递减计数。首次扫描时，定时器位为 OFF，当前值为 0。CU 输入的每个上升沿，计数器当前值增加 1 个单位；CD 输入的每个上升沿，计数器当前值减小 1 个单位，当前值达到预置值时，计数器位置位为 ON。

增/减计数器当前值计数到 32767（最大值）后，下一个 CU 输入的上升沿将使当前值跳变为最小值（-32768）；当前值达到最小值-32768 后，下一个 CD 输入的上升沿将使当前值跳变为最大值 32767。复位输入端有效或使用复位指令对计数器执行复位操作后，计数器复位，即计数器位 OFF，当前值为 0。

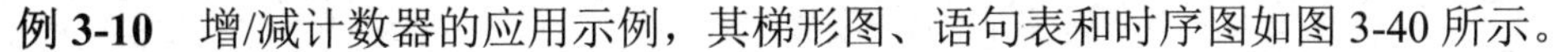

例 3-10　增/减计数器的应用示例，其梯形图、语句表和时序图如图 3-40 所示。

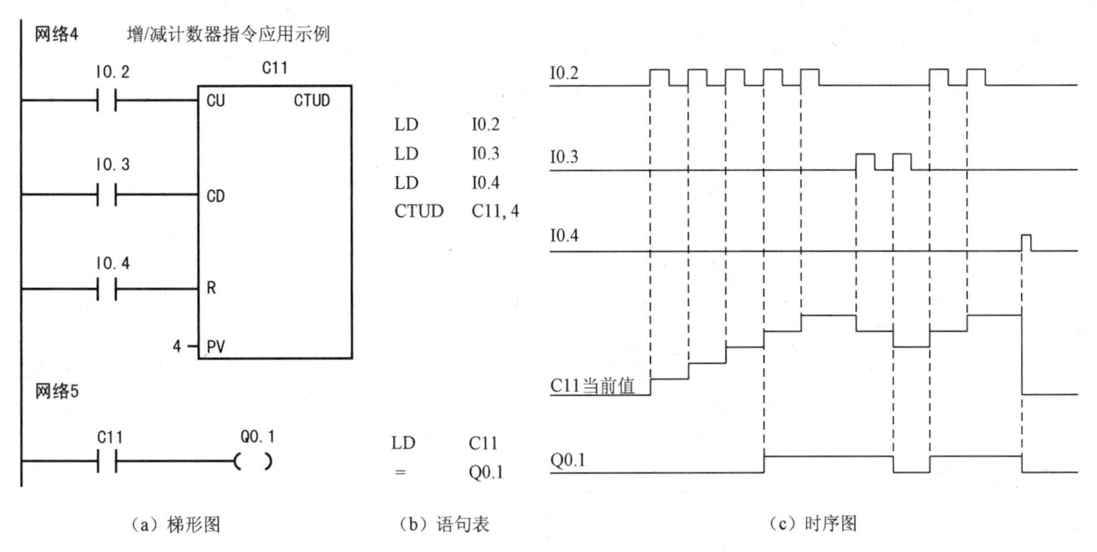

（a）梯形图　（b）语句表　（c）时序图

图 3-40　增/减计数器指令应用示例

3．减计数器 CTD

首次扫描时，计数器位为 OFF，当前值为预置值 PV。对 CD 输入端的每个上升沿计数器计数 1 次，当前值减少 1 个单位，当前值减小到 0 时，计数器位置位为 ON，当前值停止计数保持为 0。复位输入端有效或对计数器执行复位指令，计数器复位，即计数器位 OFF，当前值复位为预置值。

例 3-11　减计数器的应用示例，其梯形图、语句表和时序图如图 3-41 所示。

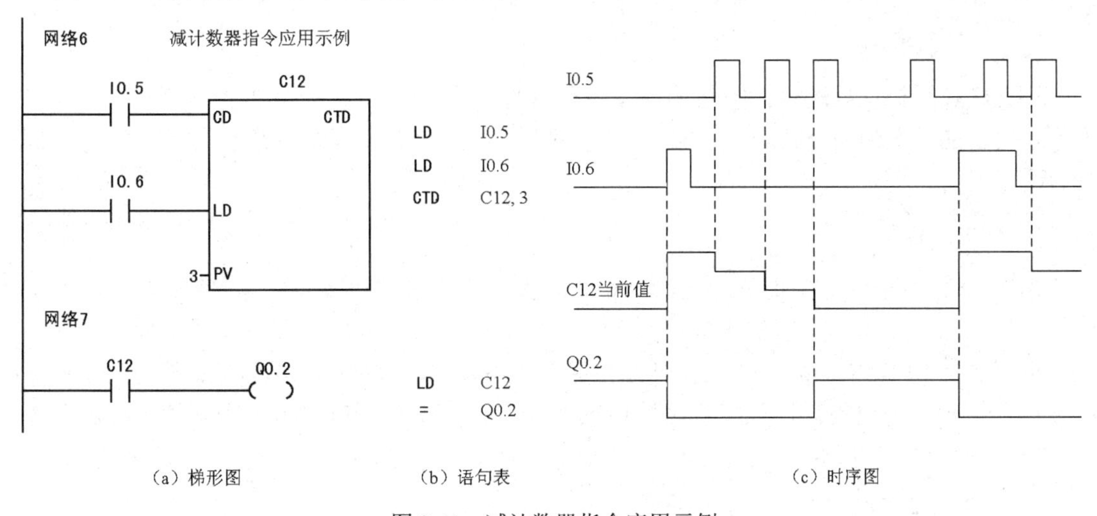

（a）梯形图　（b）语句表　（c）时序图

图 3-41　减计数器指令应用示例

4．计数器指令应用举例

S7-200定时器的最长定时时间为3276.7s，如果需要更长的时间，可使用两个或两个以上定时器串联的方法延长定时时间，也可以将计数器与定时器指令结合使用，定时时间可更长。

例3-12　用计数器实现定时器定时扩展示例，其梯形图如图3-42所示。

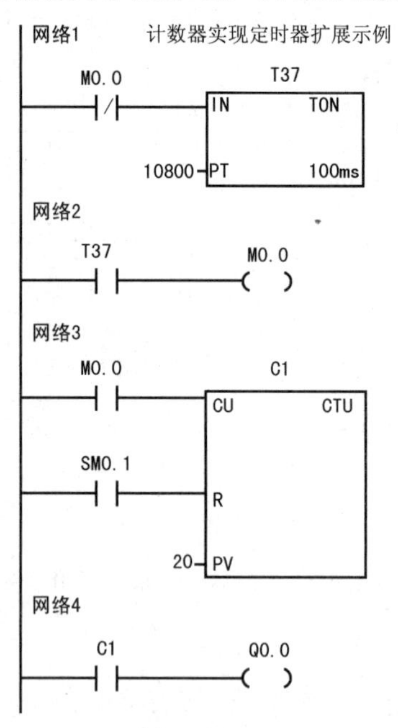

图3-42　用计数器实现定时器扩展示例

图3-42中网络1和网络2是一个周期为1080s的脉冲信号发生器，SM0.1进行上电复位，当增计数器CU端达到20个脉冲，即1080×20=21600s（6个小时）后，C1状态位为1，接通Q0.0。

四、子程序

子程序在结构化程序设计中是一种方便有效的工具。S7-200 PLC的指令系统具有简单、方便、灵活的子程序调用功能。CPU226最多可以创建128个子程序，其他类型CPU可以创建64个子程序。

1．建立子程序

建立子程序是通过编程软件来完成的。选择编程软件“编辑”→“插入”→“子程序”，以建立或插入一个新的子程序，同时，在指令树窗口可以看到新建的子程序图标，默认的程序名是SBR_N，编号N从0开始按递增顺序生成，也可以在图标上直接更改子程序的程序名，把它变为更能描述该子程序功能的名字。在指令树窗口双击子程序的图标就可进入子程序，并对它进行编辑。

2．子程序调用指令CALL

子程序调用指令CALL使能输入有效时，主程序把程序控制权交给子程序。子程序的调用可以带参数，可以不带参数，它在梯形图中以指令盒的形式编程。

例 3-13　不带参数的子程序调用，其梯形图和语句表如图 3-43 所示。

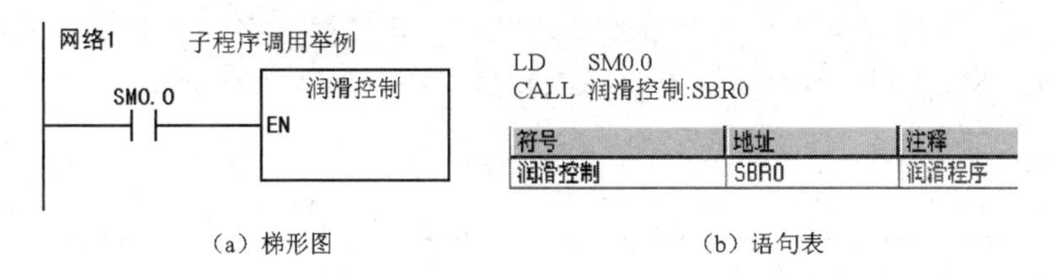

图 3-43　子程序的调用示例

3. 子程序条件返回指令 CRET

子程序条件返回指令 CRET 使能输入有效时，结束子程序的执行，返回主程序，即返回到调用此子程序的下一条指令。

例 3-14　子程序中条件返回指令举例，其梯形图和语句表如图 3-44 所示。

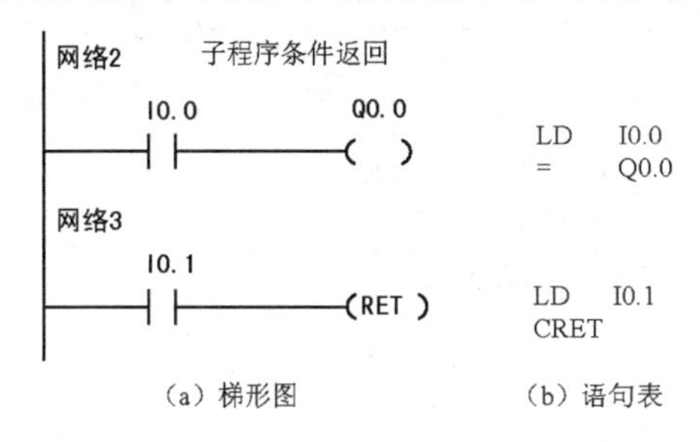

图 3-44　子程序中条件返回指令示例

注意：CRET 多用于子程序的内部，由判断条件决定是否结束子程序调用，RET 用于子程序的结束。用 Micro/Win32 编程时，编程人员不需要手工输入 RET 指令，而是由软件自动加在每个子程序结尾。如果在子程序的内部又对另一子程序执行调用指令，则这种调用称为子程序的嵌套，子程序的嵌套深度最多为 8 级。

五、梯形图编程的基本规则

1. 线圈和触点的基本连接规则

梯形图编程时，程序的每一行都从左边的母线开始，然后连接各类触点，最后以线圈或指令盒结束。线圈和触点连接的基本规则如下。

图 3-45　线圈的接法

（1）线圈和指令盒一般不能直接连接在左边的母线上，如果需要可通过特殊标志继电器 SM0.0 进行过渡，如图 3-45 所示。

（2）触点不能放在线圈或指令盒的右边，如图 3-46 所示。少数有能量传递的指令盒除外。

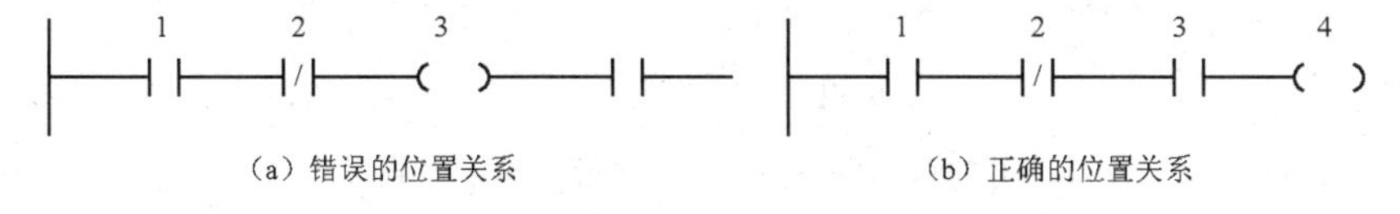

图 3-46　触点与线圈的位置关系

（3）同一程序中，同一编号线圈使用两次及两次以上称为双线圈输出。双线圈输出非常容易引起误动作，所以应避免使用。S7-200 的 PLC 中不允许双线圈输出。

（4）梯形图程序每行中的触点数量没有限制，但是如果太多，可以采取一些中间过渡措施，如使用中间继电器将一行梯形图分拆成两行或三行，如图 3-47 所示。

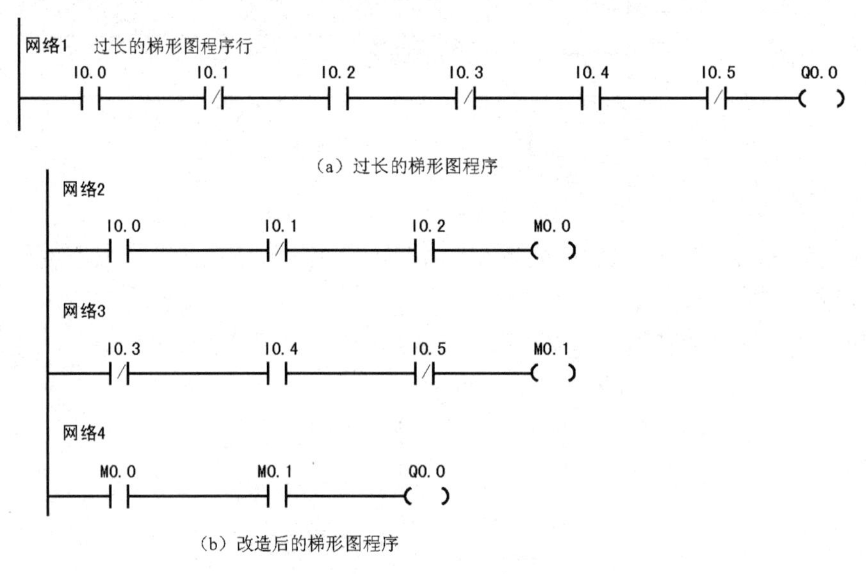

（a）过长的梯形图程序

（b）改造后的梯形图程序

图 3-47　过长梯形图程序改造示例

2. “上重下轻、左重右轻”编程规则

PLC 编程时应尽量把串联多的电路块放在最上边，把并联多的电路块放在最左边，这样梯形图更显美观，程序逻辑简单清晰，而且也符合“上重下轻、左重右轻”的规则。

图 3-48 和图 3-49 所示的逻辑功能是一样的，但图 3-49 多用了一条 OLD 语句，所以图 3-48 符合编程的规范。

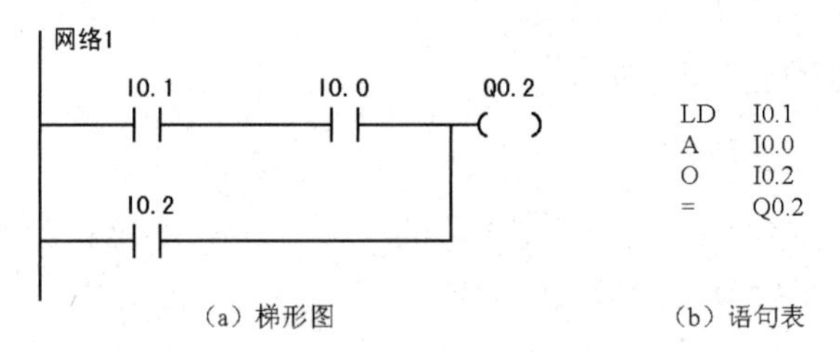

（a）梯形图　　（b）语句表

图 3-48 符合“上重下轻”编程原则

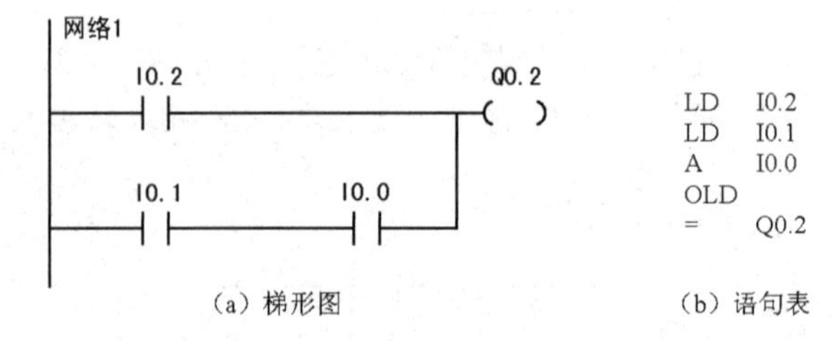

（a）梯形图　　（b）语句表

图 3-49　不符合“上重下轻”编程原则

图 3-50 和图 3-51 所示程序表示的逻辑功能是一样的，但图 3-51 多用了一条 ALD 语句，所以图 3-50 符合编程的规范。

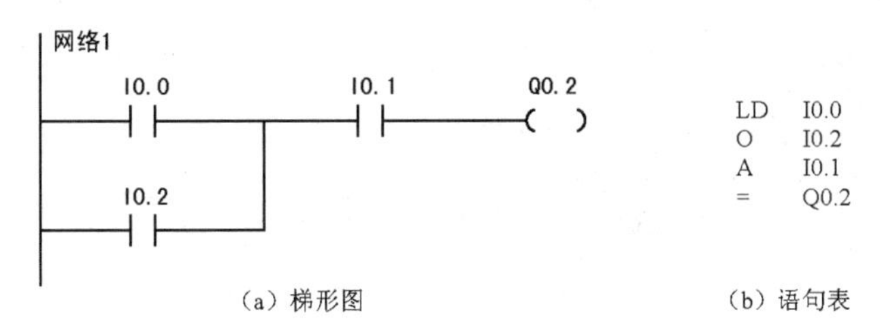

图 3-50　符合“左重右轻”编程原则

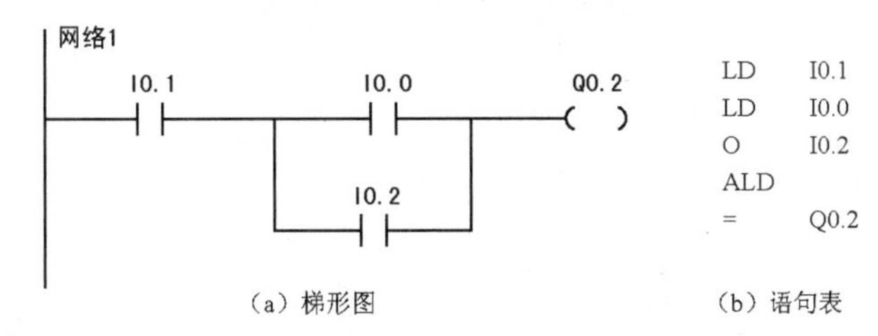

图 3-51　不符合“左重右轻”编程原则

3．梯形图的推荐画法

画法如图 3-52 所示。

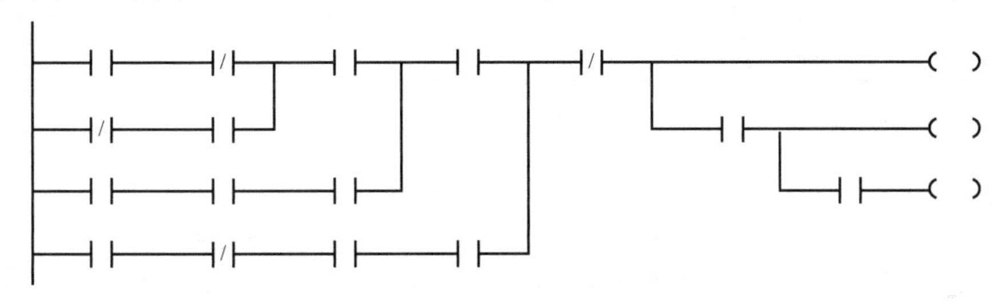

图 3-52　梯形图推荐画法示例

【实施步骤】

1．确定控制方案

本单元控制主要是对润滑电机的控制，润滑时间单位为 0.1s，润滑间隔时间单位为 min，可以用 1 分钟时钟脉冲 SM0.4 实现润滑间隔时间的控制，当润滑电动机过载或润滑液位过低时，停止润滑且均有报警指示灯提示，润滑电动机主回路如图 3-53（a）所示。

2．选择 PLC

PLC 输入信号有上电润滑设定、手动润滑、润滑电动机过载保护、润滑液位过低保护开关共 4 个，输出信号有润滑电动机的运转、润滑状态指示、润滑电动机过载报警和润滑液位过低报警指示 4 个。实际对数控机床 PLC 整体控制设置时，还需要综合考虑其他功能，如 PLC 初始化、急停处理、主轴换挡控制、冷却液控制等功能，这里只单独分析润滑功能，可以选择 CPU224 型号。

3．I/O 口分配与外围控制电路设计

润滑控制 PLC I/O 口分配见表 3-10，　PLC 外围控制电路如图 3-53(b)所示。

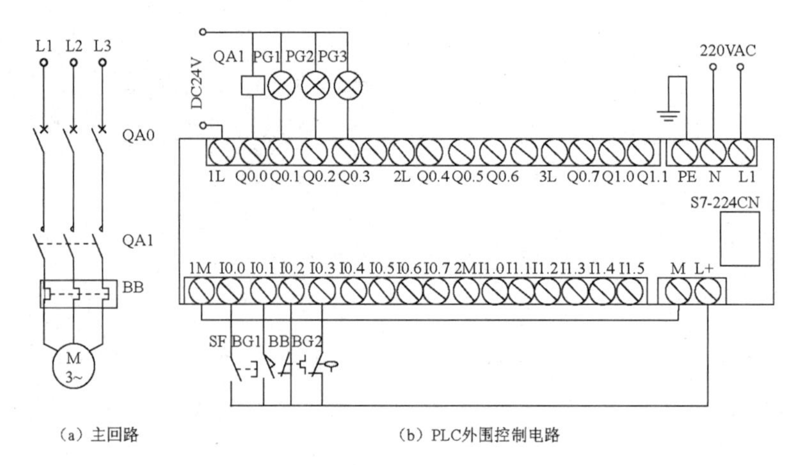

（a）主回路　　（b）PLC外围控制电路

图 3-53　数控机床润滑控制电路

表 3-10　I/O 分配表

序号	符号	功能	备注	序号	符号	功能	备注
1	I0.0	手动润滑	SF	5	Q0.0	润滑	QA1
2	I0.1	上电润滑设定	BG1	6	Q0.1	润滑状态指示灯	PG1
3	I0.2	润滑电动机过载保护	BB	7	Q0.2	过载报警灯	PG2
4	I0.3	润滑油液位开关	BG2	8	Q0.3	液位过低报警灯	PG3

4．设计系统控制流程，并编写梯形图程序

润滑总的控制流程如图 3-54（a）所示，具体的润滑进程如图 3-54（b）所示，梯形图程序如图3-55所示，这里以子程序的形式给出，主程序可以对机床众多功能控制子程序进行调用，包含润滑控制子程序。其中 LW0 和 LW2 分别为润滑间隔时间和润滑时间参数，网络 2 程序段中，当第一个 PLC 扫描周期且上电润滑设定有效或者润滑手动键被触发，润滑命令 M1.0 置 1，即有效。

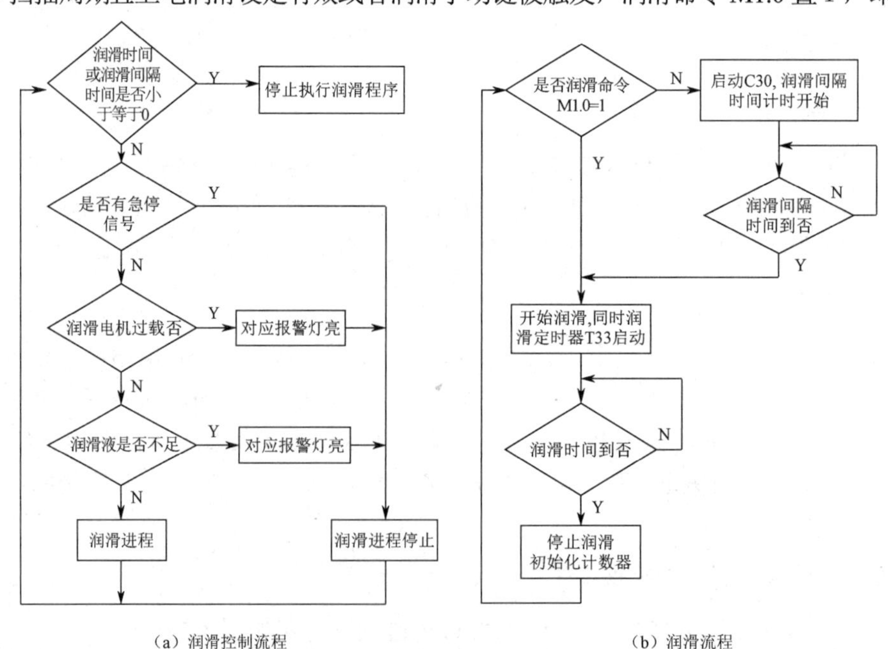

（a）润滑控制流程　　（b）润滑流程

图 3-54　数控机床润滑控制流程图

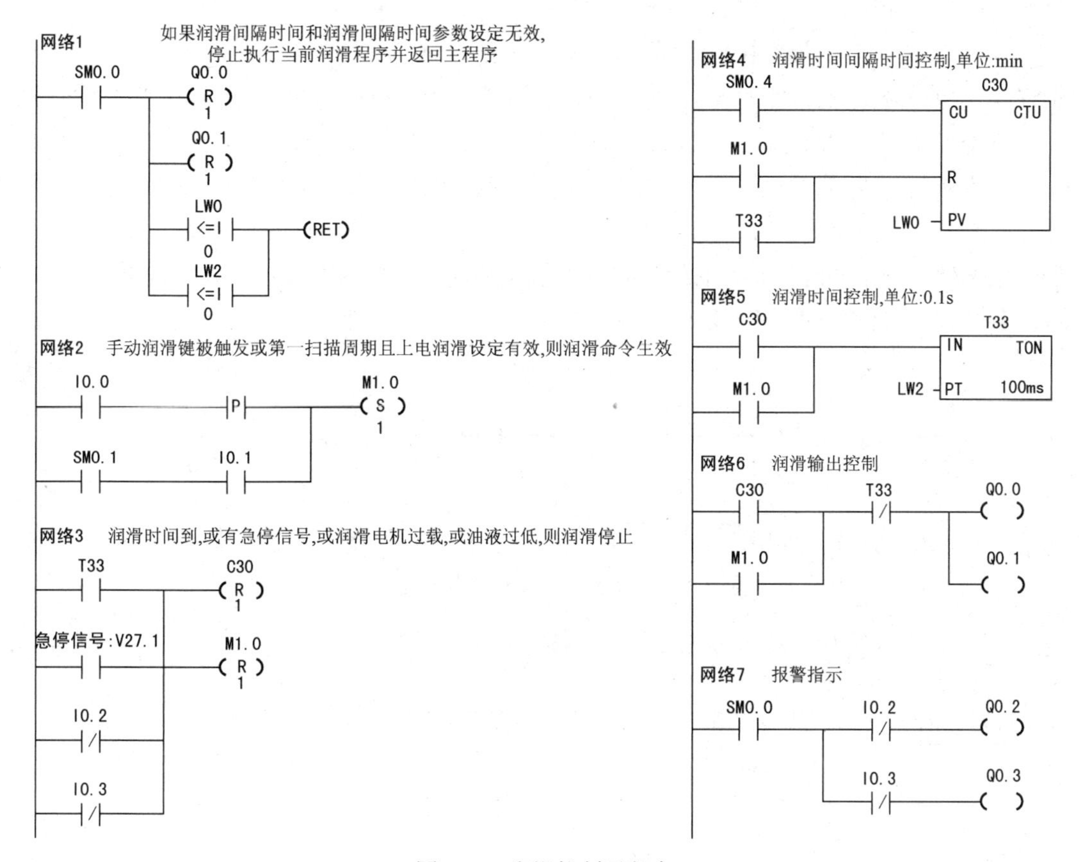

图 3-55　润滑控制子程序

5. 仿真与调试

打开 S7-200 仿真软件，选 CPU224 型号并装载程序进行仿真，利用仿真软件调试到满足要求的程序以后便可联机调试。

6. 整理技术文件，填写工作页

系统完成后一定要及时整理技术材料并存档，以便日后使用。

思考：如果润滑控制程序采用两个定时器，控制功能不变，梯形图程序怎么编写？

【知识扩展】

PLC 的程序设计一般是凭设计者的经验来完成的。从事 PLC 程序设计时间越长的技术人员，其设计程序的速度也越快，而且设计出的程序质量也越高。所有这一切都是靠长时间的探索和经验积累换来的，所以经验设计法并不适合初学者使用。

在没有约束的条件下，典型输出控制对象的基本逻辑函数可表示为：

$$F_{K} = (X_{开} \cup K) \cap \overline{X_{关}} \tag{3-1}$$

式中，$\cup$ 为“或”运算关系，$\cap$ 为“与”运算关系，K 为控制对象的当前状态，F_{K} 为下一个状态值，$X_{开}$ 开为启动条件，$\overline{X_{关}}$ 为关断条件。在电气原理图中或梯形图中，K 其实就是自锁触点，F_{K} 就是输出线圈。为了安全性和可靠性，要求 $X_{开}$ 和 $\overline{X_{关}}$ 为短信号。

具有启动和关断约束条件的输出对象的逻辑函数可表示为：

$$F_{K}=[(X_{开}\cap X_{开约})\cup K]\cap(\overline{X_{关}}\cup\overline{X_{关约}}) \tag{3-2}$$

式中，$X_{开约}$ 为启动约束条件，$\overline{X_{关约}}$ 为关断约束条件。同样也要求 $X_{开约}$ 和 $\overline{X_{关约}}$ 为短信号。

因为 K 是 F_K 的自锁触点，所以式（3-1）和式（3-2）中的自锁触点 K 在电气原理图和 PLC 的梯形图中就可用 F_K 直接表示。对 PLC 系统来说，如果输入端信号均接入常开触点，则式（3-1）和式（3-2）所对应的梯形图如图 3-56（a）和图 3-56（b）所示。实际应用时，启动或关断的约束条件不一定同时都有，有时也可能有多个启动或关断约束条件，只要按照图 3-56（b）串接或删减 $X_{开约}$ 或者并接或删减 $\overline{X_{关约}}$ 触点即可。

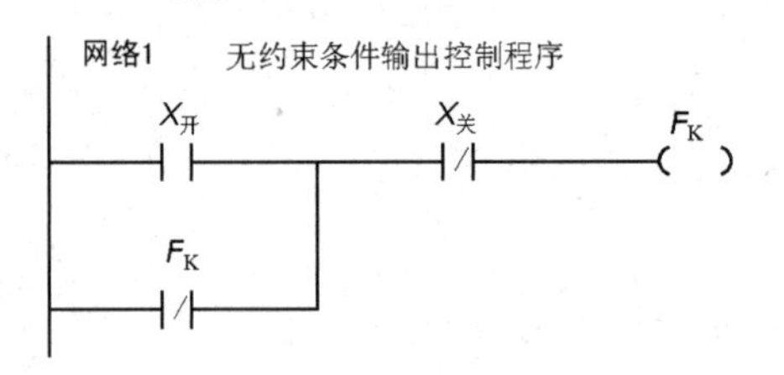

（a）典型无约束输出控制程序

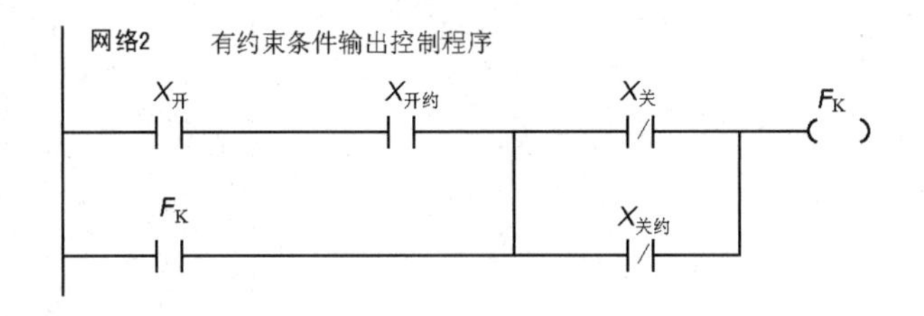

（b）典型有约束输出控制程序

图 3-56　PLC 程序简单设计法的梯形图程序

PLC 的编程原理基本上与继电器接触器控制系统的电气原理图设计一样，所以对于 PLC 控制系统中的输出对象基本上可以按照上面的方法来设计程序。不论是电气控制系统还是 PLC 控制系统，编程的最终目的是控制输出对象，输出对象问题解决了，基本编程的任务就完成了。

当然在编程时，PLC 与继电器接触器控制系统相比还具有特殊性和优越性，主要体现在：

（1）内部元件的触点可以无限制地使用。

（2）大部分情况下，可以不考虑逻辑元件的浪费问题。

（3）利用软件编程很容易找出控制对象启动和关断所需要的短信号。

PLC 的这些特点在某些时候虽然增加了程序的长度，但却大大方便了程序设计人员，使得他们能够设计出清晰、可靠的程序。

PLC 简单程序设计法的一般步骤和要求归纳如下：

(1)找出输出对象的启动条件和关断条件，为了提高可靠性，要求它们最好是短脉冲信号。

（2）如果该输出对象的启动或关断有约束条件，则找出相应的约束条件。

（3）一般情况下，输出对象按照图 3-56（a）编程，有约束条件的按图 3-56（b）所示编程。

（4）对程序进行全面检查和修改。

项目 3.4　模拟钻加工 PLC 控制分析

【项目目标】

（1）掌握功能图的基本元素以及绘制方法。

（2）掌握顺序控制指令功能。

（3）能使用顺控指令实现复杂动作顺序的控制。

【项目分析】

顾名思义，模拟钻加工就是在 PLC 控制下模拟完成钻加工的动作。模拟钻加工单元外观如图 3-57 所示，主要运动过程包括从初始位置开始进行有料检测→夹紧工件→工作台到位→钻头正转并下移到位→转动停止延时 2s→钻头反转并上移到上限位→钻头停止转动工作台退回→松开工件等。要求按下启动按钮，上述动作不断循环，反复执行，直到按下停止按钮时，完成当前周期动作后停止在初始位置。要求在初始位置时，工作台处于台退限位，工件处于放松状态，主轴电动机位于上限位。

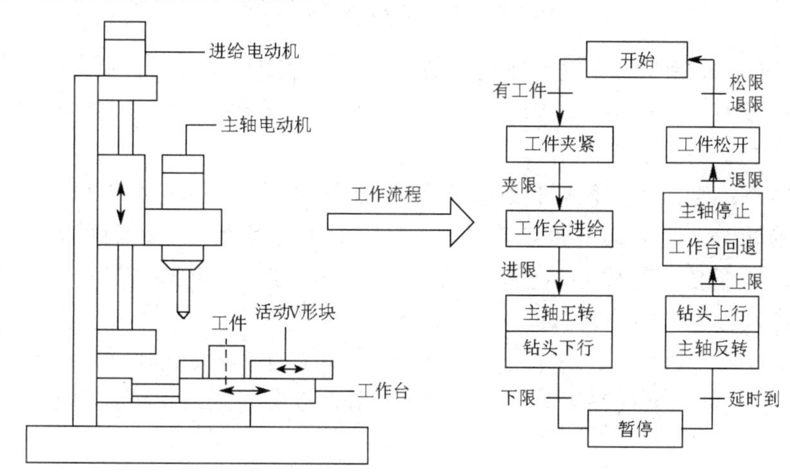

图 3-57　模拟钻加工单元外观与工作流程

通过上述分析，模拟钻加工单元的每一个具体循环过程都有很明显的阶段性，每个阶段都有不同的动作，具有这种特征的系统称为顺序控制系统。可以用基本逻辑指令实现这些动作，但没有一套相对固定且容易掌握的方法。尤其是在设计比较复杂的系统时更是如此，需要大量的中间单元完成记忆、自锁、连锁等功能，由于考虑的因素太多而且又交织在一起，给编程带来了一定的难度。即使成功编程，梯形图也比较复杂，程序不直观，可读性差。在本项目中，将使用顺控功能图和顺控指令来实现模拟钻加工单元程序设计，而顺控功能图具有简单、直观等特点，是设计 PLC 程序的有力工具。

【相关知识】

一、功能图

功能图又称顺序功能图、功能流程图或状态转移图，是描述顺序控制系统的图形表示方法。功能图主要由“状态”、“转移”及有向线段等元素组成。如果适当运用组成元素，就可得到控制系统的静态表示方法，再根据转移触发规则模拟系统的运行，就可以得到控制系统的动态过程。

1．步（状态）

步是控制系统中一个相对不变的性质，步的符号如图 3-58 所示。矩形框中可写上该状态的编号或代码。

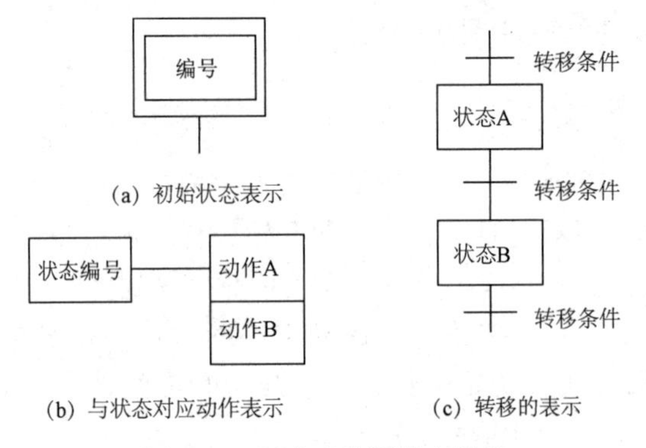

图 3-58　顺序功能图基本符号

（1）初始状态。初始状态是功能图运行的起点，一个控制系统至少要有一个初始状态。初始状态的图形符号为双线矩形框，如图 3-58（a）所示。在实际使用时，有时也画单线矩形框，有时画一条横线表示功能图的开始。

（2）工作状态。工作状态是控制系统正常运行时的状态，如图 3-58（b）所示。根据系统是否运行，状态可分为动状态和静状态两种。动状态是指当前正在运行的状态，静状态是没有运行的状态。不管控制程序中包括多少个工作状态，在一个状态序列中同一时刻最多只有一个工作状态在运行中，即该状态被激活。

（3）与状态对应的动作。在每个稳定的状态下，可能会有相应的动作。动作的表示方法如图 3-58（b）所示，同一个状态下多个动作的表示既可以竖着画，也可以横着画。

2．转移

为了说明从一个状态到另一个状态的变化，要用转移概念，即用一个有向线段来表示转移的方向，连接前后两个状态。如果转移是从上向下的（顺向的），则有向线段上的方向箭头可省略。两个状态之间的有向线段上再用一段横线表示这一转移。转移的符号如图 3-58（c）所示。

转移是一种条件，当此条件成立，称为转移使能。该转移如果能够使状态发生转移，则称为触发。一个转移能够触发必须满足：状态为动状态及转移使能。转移条件是指使系统从一个状态向另一个状态转移的必要条件，通常用文字、逻辑方程及符号来表示。

二、顺序控制指令

1．顺序控制指令介绍

顺序控制用 3 条指令描述程序的顺序控制步进状态，指令格式见表 3-11。顺序控制指令（简称顺控指令）的操作对象为顺控继电器 S，也把 S 称为状态器，每一个 S 的位都表示功能图中的一种状态。S 的范围为 S0.0～S31.7。

表 3-11　顺序控制指令格式

STL	LSCR　Sx.y	SCRT　Sx.y	SCRE
LAD	Sx.y SCR	Sx.y —(SCRT)	—(SCRE)

（1）顺序步开始指令（LSCR）

步开始指令为步开始的标志，该步的状态元件 Sx.y=1 时，执行该步。

（2）顺序步转移指令（SCRT）

步转移指令使能有效时，关断本步，进入下一步，即将本顺序步的顺序控制继电器位清零，下一步顺序控制继电器位置 1，指令由转换条件的接点启动。

（3）顺序步结束指令（SCRE）

SCRE 为顺序步结束指令，也是步结束的标志。

2．顺序控制指令使用说明

（1）顺控指令仅对元件 S 有效，顺控继电器 S 也具有一般继电器的功能，所以对它能够使用其他指令。

（2）SCR 段程序能否执行取决于该状态器（S）是否被置位，SCRE 与下一个 LSCR 之间的指令逻辑不影响下一个 SCR 段程序的执行。

（3）不能把同一个 S 位用于不同程序中，例如，如果在主程序中用了 S0.1，则在子程序中就不能再使用它。

（4）在 SCR 段中不能使用 JMP 和 LBL 指令，就是说不允许跳入、跳出或在内部跳转，但可以在 SCR 段附近使用跳转和标号指令。

（5）在 SCR 段中不能使用 FOR、NEXT 和 END 指令。

（6）在状态发生转移后，所有的 SCR 段的元件一般也要复位，如果希望继续输出，可使用置位/复位指令。

（7）在使用功能图时，状态器的编号可以不按顺序安排。

3．顺控指令应用举例

使用顺序控制指令，编写出实现红、绿灯交替循环点亮的程序，要求红、绿灯交替点亮间隔时间为 2s。红灯接 PLC 的 Q0.0 输出端口，绿灯接 PLC 的 Q0.1 输出端口。启动条件为按钮 I0.0，步进条件为时间，状态步的动作为红灯亮绿灯灭或绿灯亮红灯灭，同时启动定时器，步进条件满足时，关断本步，进入下一步。根据控制要求首先画出红绿灯顺序显示的功能流程图，如图 3-59 所示，再根据功能图编写出梯形图程序，如图 3-60 所示。

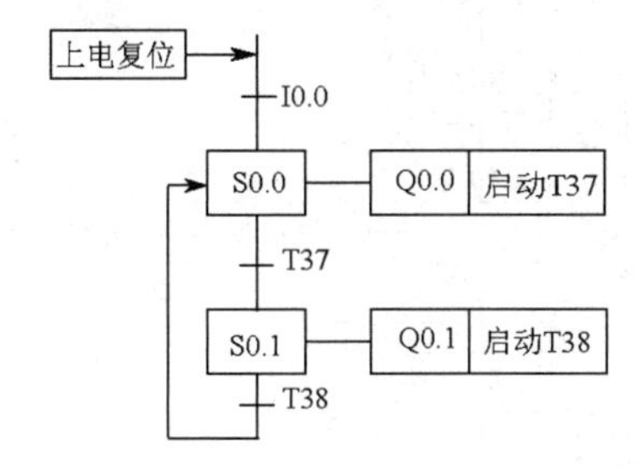

图 3-59　红绿灯交替循环点亮示例功能图

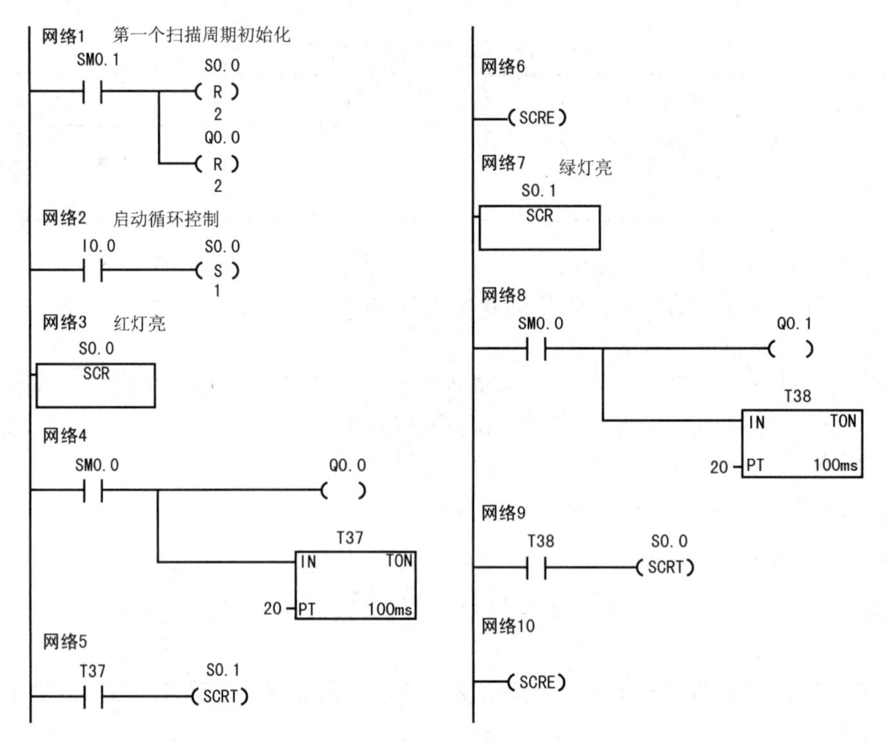

图 3-60　红绿灯交替循环点亮示例顺控指令梯形图

三、顺序功能图的形式

1．单序列编程方法

单序列由一系列相继激活的步组成，没有程序的分支，是最简单的一种顺序功能图，如图 3-59 所示。每一步的后面仅接有一个转移，每一个转移的后面只有一个步。初始状态编程时要特别注意，如图 3-60 所示网络 2 的指令，在最开始运行的时候，初始状态必须预先用其他方法驱动，使其处于工作状态。在初始状态下，系统也可以什么都不做，也可以复位某些元件，也可以提供系统的某些指示，如原位、电源指示等。

2．选择序列的编程方法

程序中每次只满足一个分支转移条件，执行一条分支流程，就称为选择性分支程序。图 3-61 是具有两条选择序列的分支与汇合功能图，图 3-62 为其对应的梯形图。在编写选择序列的梯形图时，一般从左到右，并且每一条分支的编程方法和单流程的编程方法一样。

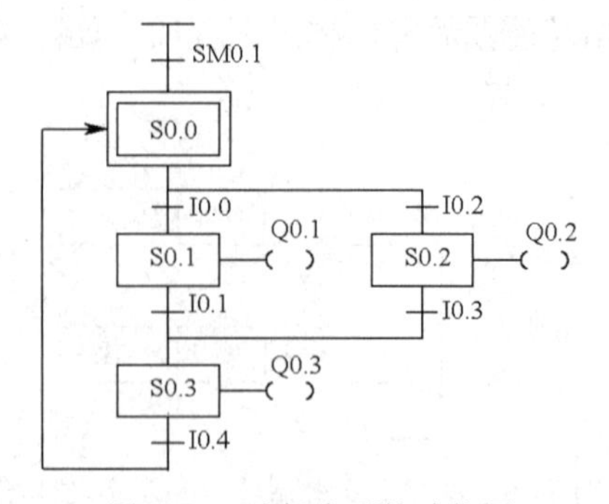

图 3-61　选择序列的功能图

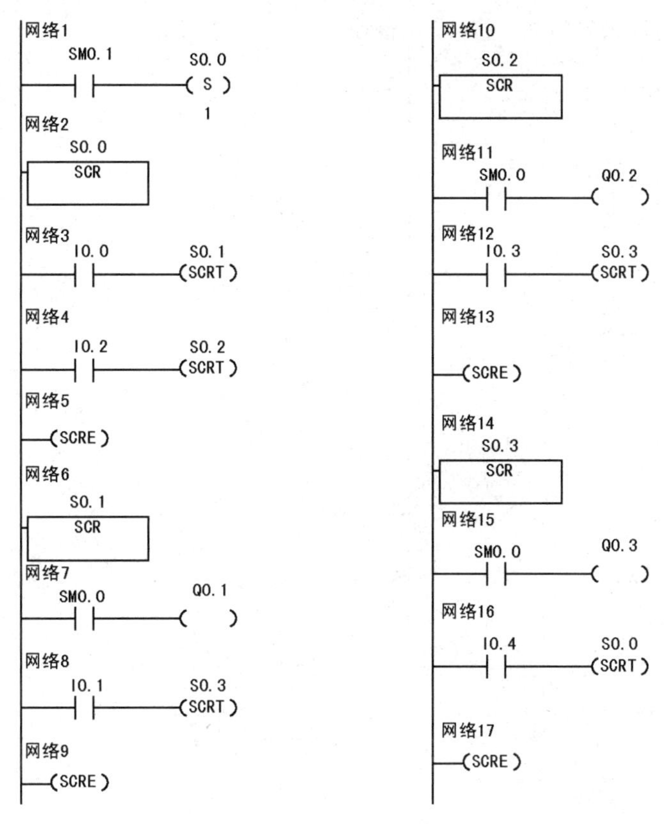

图 3-62　选择序列对应的梯形图

3. 并行序列的编程方法

当条件满足后，程序同时转移到多个分支程序执行多个流程的情况，称为并行序列程序。图 3-63 是并行序列分支与汇合的顺序功能图，图 3-64 为其对应的梯形图。当 I0.0 接通时，状态转移使 S0.1、S0.3 同时置位，两个分支同时运行，只有在 S0.2、S0.4 两个状态都运行结束并且 I0.3 接通时，才能返回 S0.0，并使 S0.2、S0.4 复位。

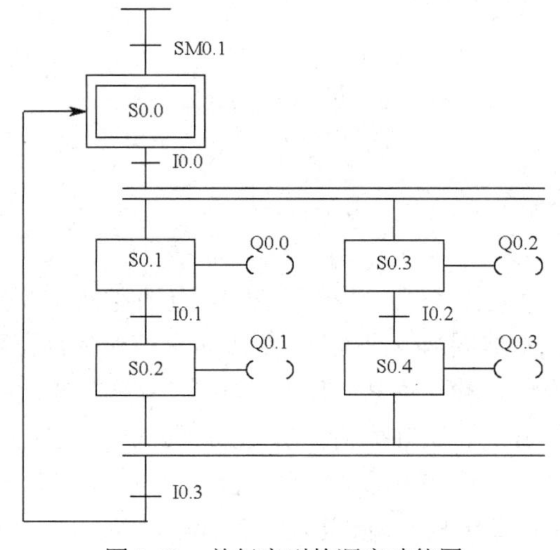

图 3-63　并行序列的顺序功能图

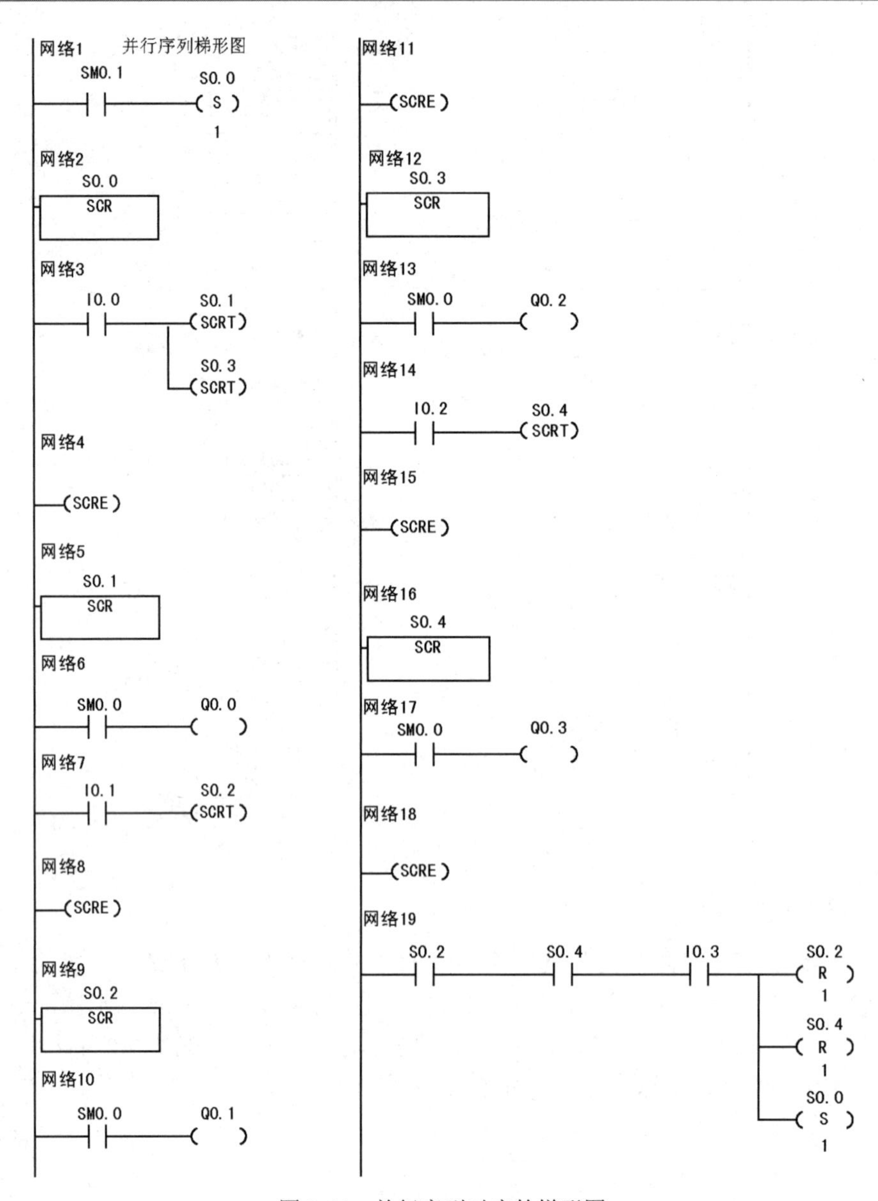

图 3-64　并行序列对应的梯形图

【实施步骤】

1. 确定控制方案

本单元控制主要分为工件控制与主轴控制两部分，工件控制有工件的夹紧、松开和工作台的前移（送料）、退出，可由双线圈两位电磁阀汽缸实现，检测是否有料可以用光电开关，钻头上下移动的限制可以用限位开关，检测夹紧汽缸活塞位置的夹限、松限和检测送料汽缸活塞位置的台进限、台退限一般用磁性开关。主轴控制有钻头的旋转和主轴电动机的上下移动，钻头的转动由直流电动机驱动，主轴电动机的上下移动由另一台直流电动机驱动丝杆来完成，上下移动则对应电动机的正反转控制，主回路中只要调换电源正负极就可以实现，图 3-65（a）是用中间继电器的常开触点 KF1、KF2 控制主轴电流机 M1 带动钻头正转和反转，驱动主轴电动机上下移动的直流电动机 M2 正反转的主回路原理与 M1 是一样的，由 KF3、KF4 控制，如图 3-65（b）所示。

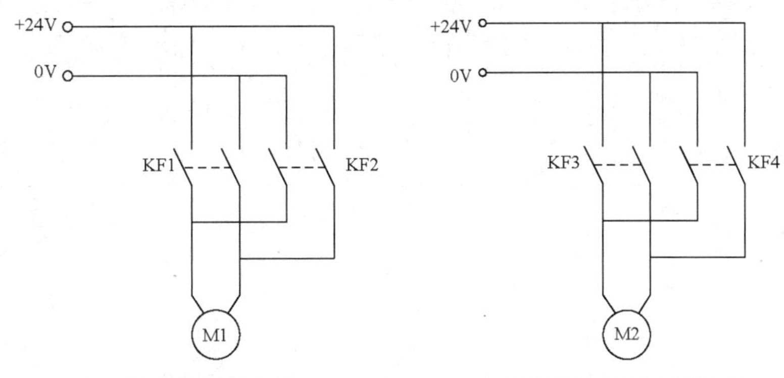

（a）驱动主轴旋转直流电动机　（b）驱动主轴上下移动直流电动机

图 3-65　模拟钻加工单元直流电动机主回路

2. 选择 PLC

根据上述控制方案，启动、停止、上下限位开关，夹限、松限、台进限、台退限和光电开关的有料检测等输入信号共有 9 个，夹紧/放松和送料/退回的电磁阀 4 个，主轴上行、下行，钻正转、钻反转的继电器和指示灯显示等输出信号共有 9 个。选择 CPU224 型号可满足要求。

3. I/O 口分配与外围控制电路设计

模拟钻加工 PLC I/O 口分配见表 3-12， PLC 外围控制电路如图 3-66 所示。

表 3-12　I/O 分配表

序号	符号	功能	序号	符号	功能
1	I0.0	上限	10	Q0.0	钻头下行
2	I0.1	下限	11	Q0.1	钻头上行
3	I0.2	台退限	12	Q0.2	钻头反转
4	I0.3	台进限	13	Q0.3	钻头正转
5	I0.4	夹限	14	Q0.4	台退
6	I0.5	松限	15	Q0.5	台进
7	I0.6	有料	16	Q0.6	夹紧
8	I1.1	启动/连续	17	Q0.7	松开
9	I1.2	停止/复位	18	Q1.0	指示灯

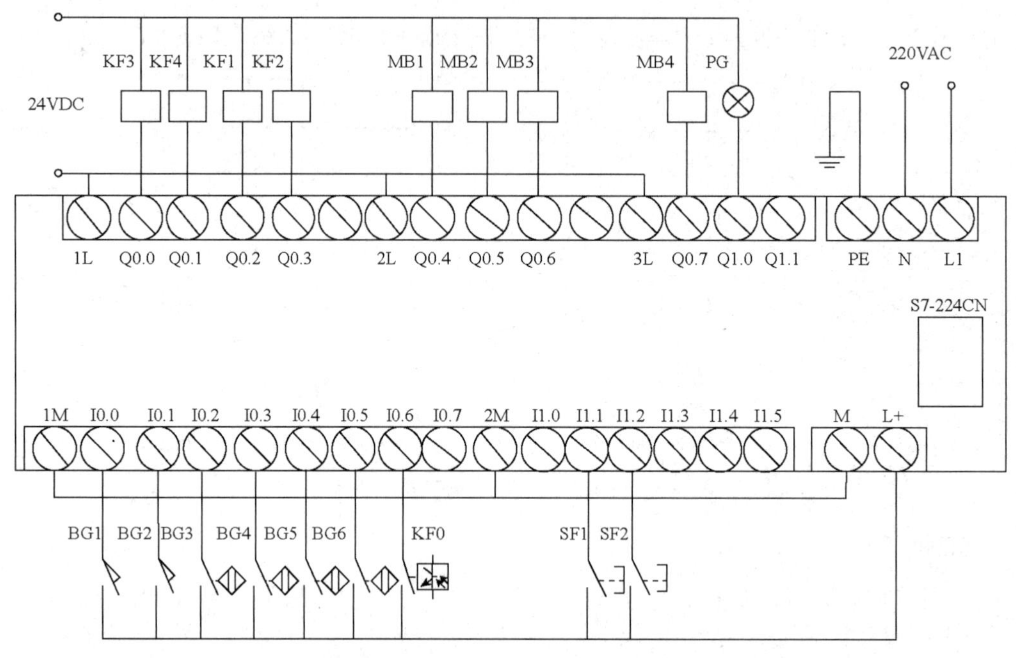

图 3-66　钻模拟加工单元 PLC 控制电路图

4．设计系统控制功能图，并编写梯形图程序

自动操作控制流程如图 3-67 所示，总梯形图程序如图 3-68 和图 3-69 所示。

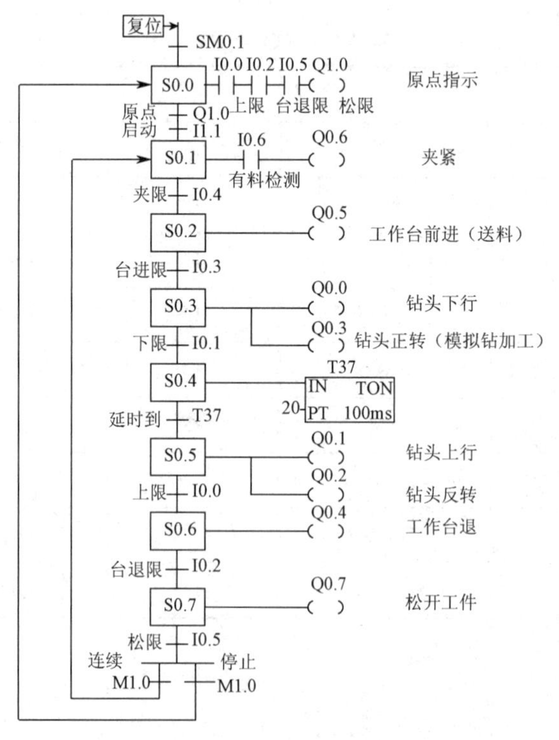

图 3-67　模拟钻加工流程

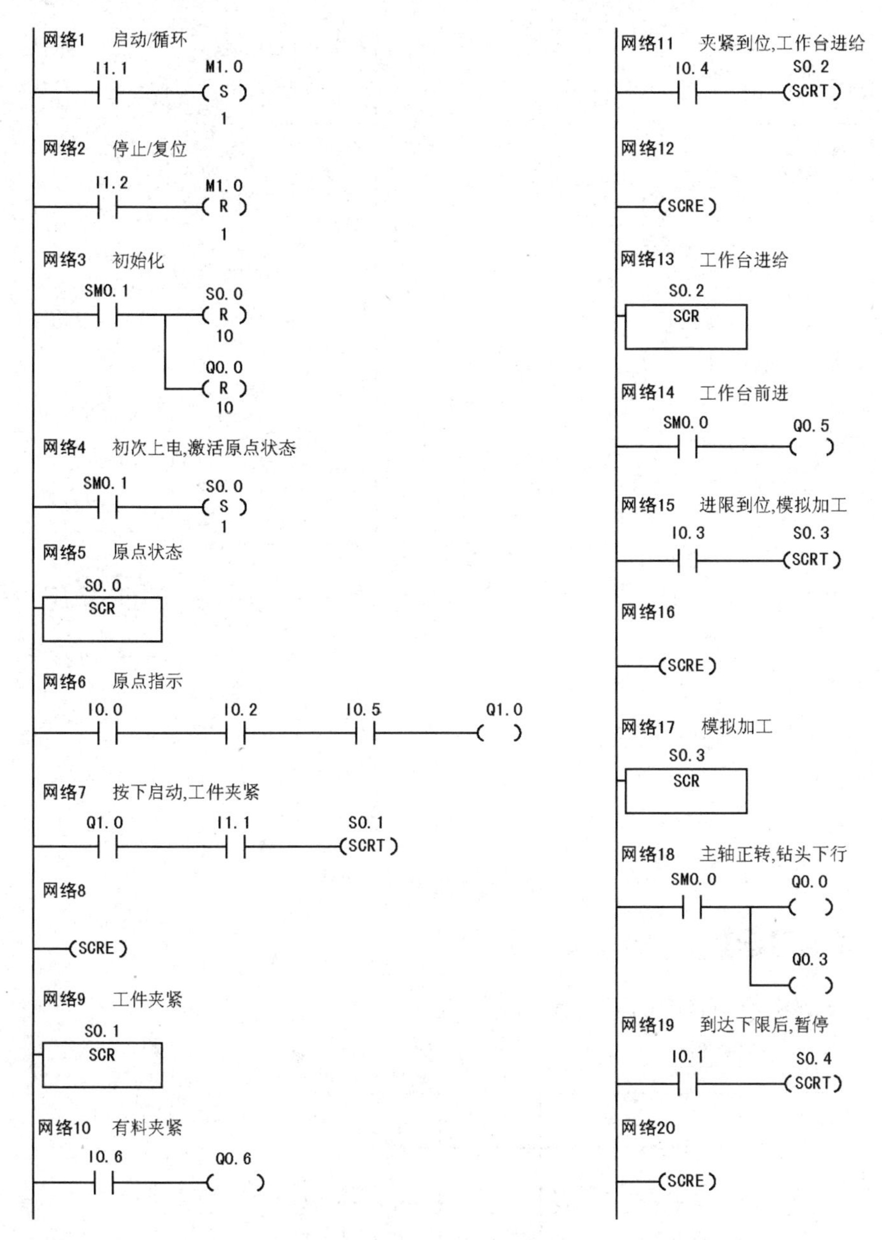

图 3-68　模拟钻加工梯形图程序（一）

5．调试

由于前述仿真软件不支持顺控指令的仿真，因此需要联机调试才能判别所设计程序的正确性。

6．整理技术文件，填写工作页

系统完成后一定要及时整理技术材料并存档，以便日后使用。

思考：如果夹紧装置是单线圈两位电磁阀汽缸，即线圈通电夹紧，否则失电松开，控制要求不变，梯形图程序应如何更改？

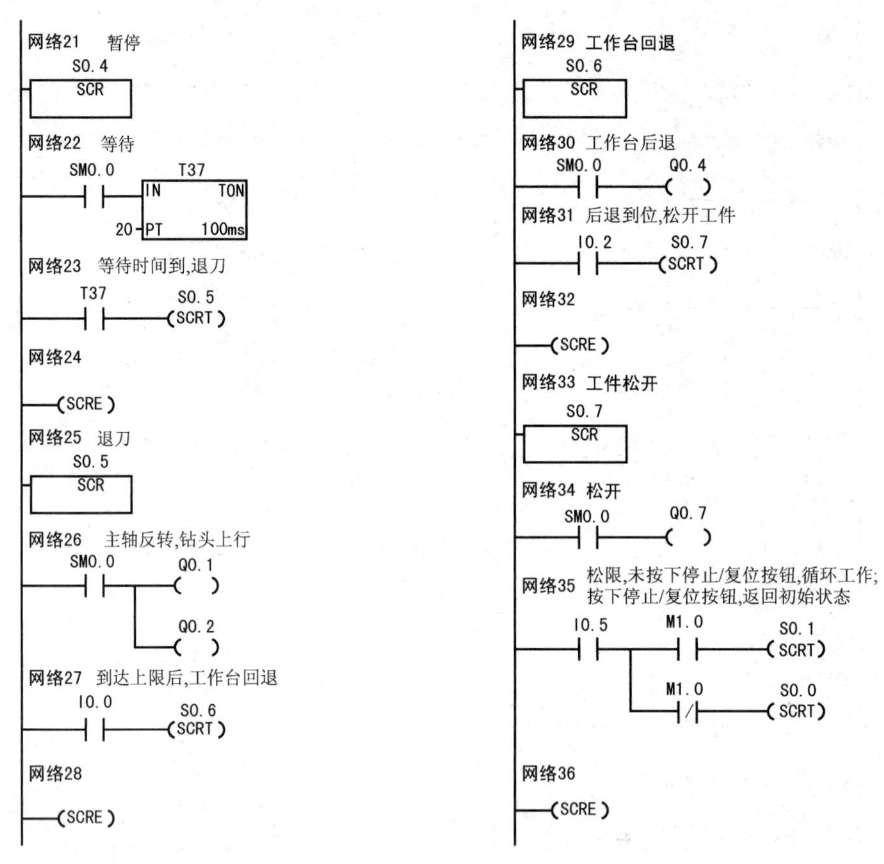

图 3-69　模拟钻加工梯形图程序（二）

【思考题与习题】

1．写出下列梯形图对应的语句表。

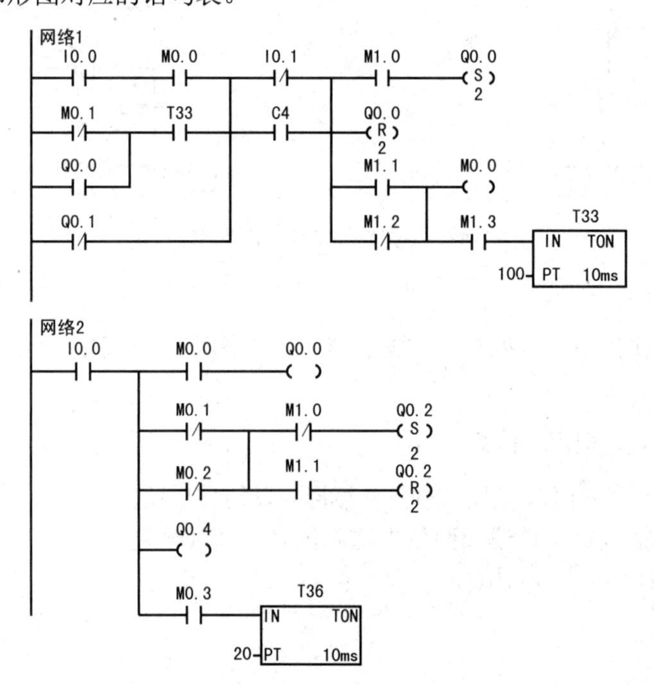

2．写出下列语句表对应的梯形图。

LD	I0.0	O	M0.2	R	Q0.2，2
O	Q0.0	ALD		LPP	
LPS		LPS		=	Q0.4
A	M0.0	AN	M1.0	A	M0.3
=	Q0.0	S	Q0.2，2	TON	T36，20
LRD		LPP			
LDN	M0.1	A	M1.1		

LDN	I0.0	AN	M0.3	A	Q0.1
O	Q0.0	OLD		OLD	
LD	M0.0	ALD		=	Q0.0
A	M0.2	LD	M0.4		
LD	M0.1	ON	M0.5		

3．画出下列梯形图给定输入波形的输出波形图。

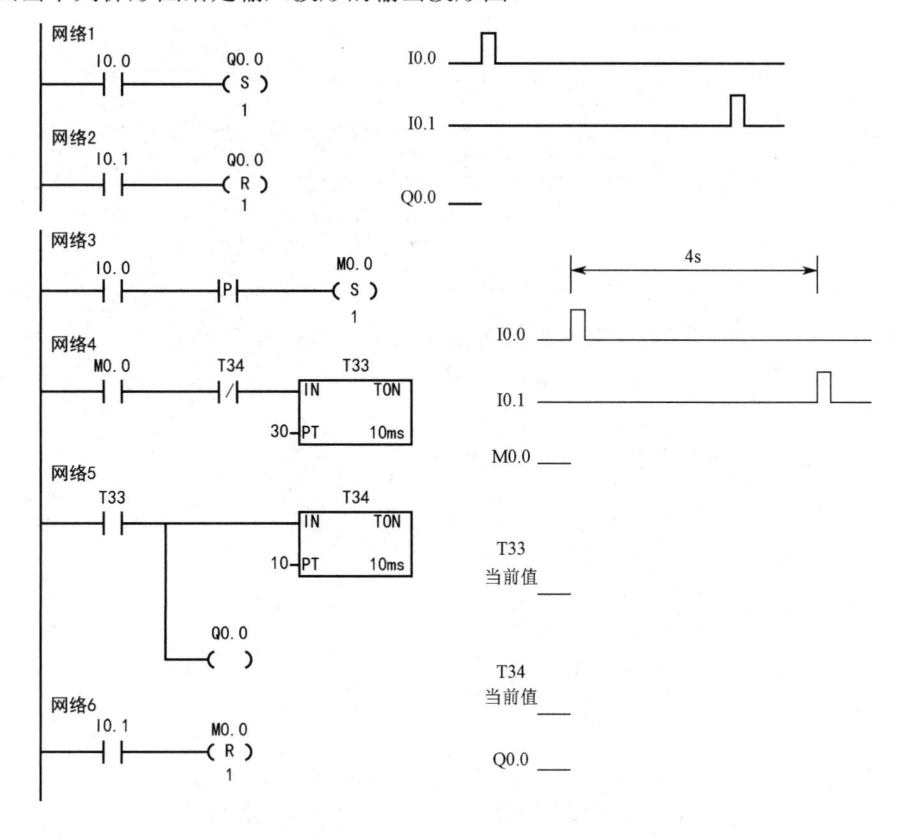

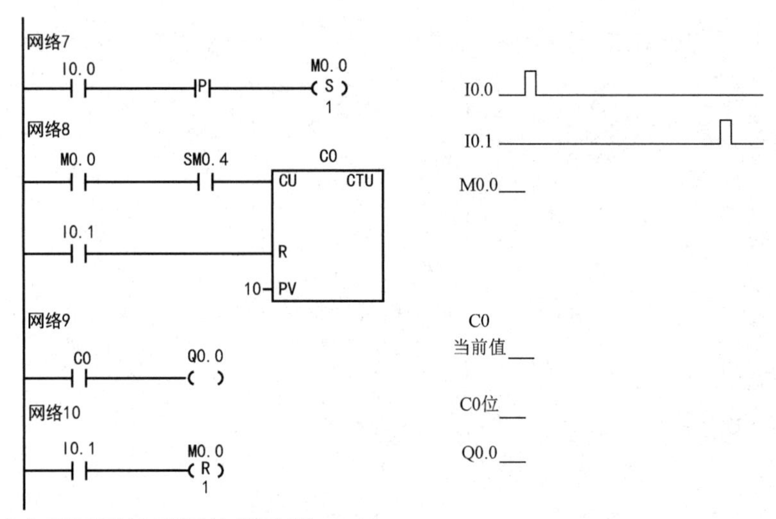

4．编写能实现下列波形图的梯形图。

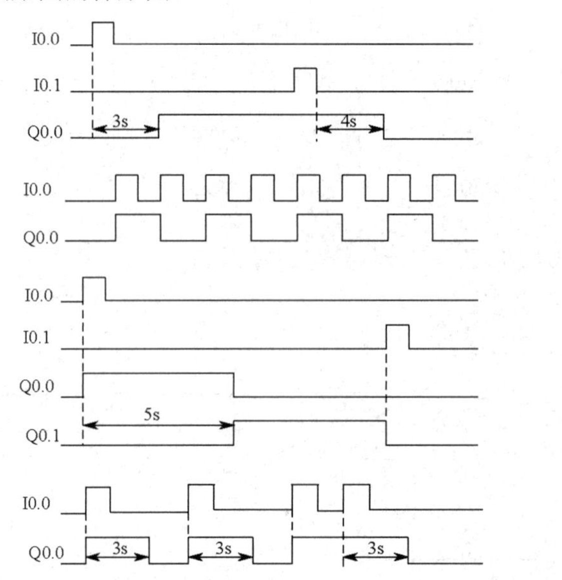

5．画出下列电气控制原理图对应的梯形图，要求选择PLC并画出PLC接线图与I/O口分配表，编写PLC梯形图。

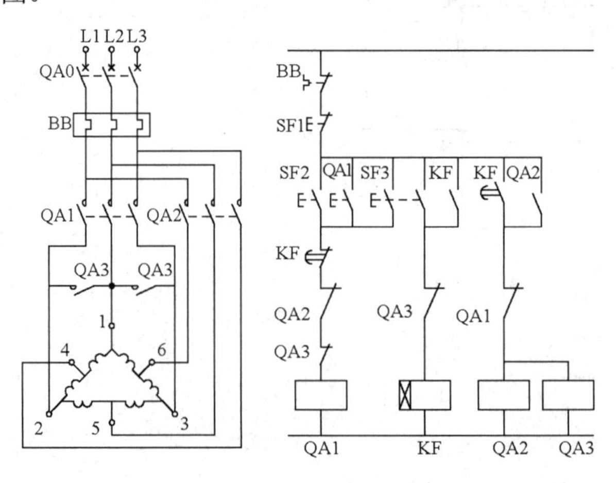

6．根据下列要求，画出控制主电路，选择 PLC 并画出 PLC 接线图与 I/O 口分配表，编写 PLC 梯形图，写出梯形图对应语句表。要求有必要的保护环节。

（1）某自动运输线由两台电动机 1M 和 2M 拖动。要求如下：

① 1M 先启动，延时 10s 后 2M 才允许启动；② 2M 停止后，才允许 1M 停止；③ 两台电动机均有短路、长期过载保护。

（2）设计一个 PLC 控制电路，要求第一台电动机启动 10s 以后，第二台电动机自动启动，运行 5s 以后，第一台电动机停止转动，同时第三台电动机自动启动，再运转 15s 后，电动机全部停止。

（3）有一小车运行过程如下图所示。小车原位在后退终端，当小车压下后限位开关 BG1 时，按下启动按钮 SF1，小车前进，当运行至料斗下方时，前限位开关 BG2 动作，此时打开料斗给小车加料，延时 8s 后关闭料斗，小车后退返回，后限位开关 BG1 动作时，打开小车底门卸料，延时 6s 后结束，完成一次动作，如此往复循环。如果按停止按钮 SF2 则小车不论现在状态如何均运行到起点 BG1 处停止。

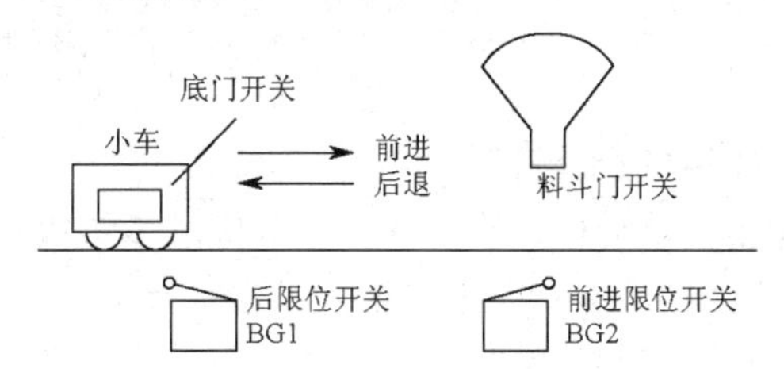

（4）设计周期为 5s，占空比为 20%的方波输出信号程序（输出点采用 Q0.0；占空比 $q = t_{\mathrm{H}} / T$，t_{H} 为高电平时间，T 为周期）。

本单元我们设置了自测题，可以扫描边上的二维码进行自测。

第三单元　自测题

第 4 单元　典型工业控制系统分析

【学习要点】

（1）掌握 S7-200 传送类指令和算术运算指令。

（2）掌握 S7-200 中断指令和子程序指令。

（3）掌握 S7-200 高速计数器与高速脉冲输出指令。

（4）能够应用 S7-200 功能指令设计或开发典型工业控制系统。

在工业控制系统中常常需要控制机械手执行一些搬运动作，采集设备的运行信息（如温度、压力等），通过变频器驱动电动机无级变速运动或驱动步进电动机执行进给运动等，这些工业控制系统一般可通过 PLC 的功能指令来实现。

西门子 S7-200 除了具有丰富的逻辑指令以外，还有丰富的功能指令（也叫应用指令）。功能指令通常是 PLC 厂家为满足用户不断提出的一些特殊控制要求而开发的一些指令。功能指令的主要作用是：完成更为复杂的控制程序的设计，完成特殊工业控制环节的任务或者使用户程序设计更加优化和方便。

本单元所介绍的功能指令主要包括：数据处理指令、算术逻辑指令、转换指令、中断指令、高速计数器与高速脉冲输出指令等。

项目 4.1　机械手控制系统分析

【项目目标】

（1）掌握 S7-200 数据传送指令的功能。

（2）掌握 S7-200 数据移位指令的功能。

（3）能使用数据传送指令和数据移位指令实现机械手的控制。

【项目分析】

图 4-1 为一个将工件由 A 处搬运到 B 处的机械手，机械手的初始位置在参考点原位，按下启动按钮后，机械手将依次完成：下行→夹紧→上行→右移→下行→放松→上行→左移 8 个动作，实现一个周期的自动循环工作。现要求用 S7-200 PLC 设计该机械手的电气控制系统，编程时使用传送指令和移位指令。

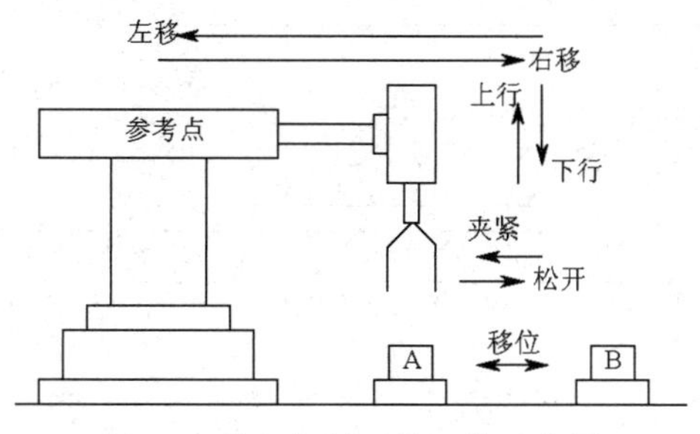

图 4-1　搬运机械手的工作示意图

【相关知识】

一、数据传送指令

数据传送指令用于各个编程元件之间的数据传送。根据每次传送数据的数量多少可分为单一数据传送指令和块传送指令。

1. 单一数据传送指令

单一数据传送指令每次传送一个数据，按传送数据的类型分为字节传送、字传送、双字传送和实数传送。其指令格式见表 4-1。

表 4-1　单一数据传送指令

项　目	字节传送	字传送	双字传送	实数传送
梯形图	MOV_B EN ENO IN OUT	MOV_W EN ENO IN OUT	MOV_DW EN ENO IN OUT	MOV_R EN ENO IN OUT
指令表	MOVB IN，　OUT	MOVW IN，　OUT	MOVD IN，　OUT	MOVR IN，　OUT
含义	使能输入 EN 有效时，将输入数据 IN 送入存储单元 OUT 中			

梯形图程序中的功能指令大多数用方框图来表示，方框图中的指令助记符一般与指令表中的指令助记符相同，但某些指令也有较大的差别。

对数据传送指令说明如下。

（1）数据传送指令的梯形图使用指令盒表示：传送指令由操作码 MOV、数据类型（B/W/DW/R）、使能输入端 EN、使能输出端 ENO、输入操作数 IN 和输出操作数 OUT 构成。指令盒的输出操作数 OUT 不能为常数。

（2）ENO 可作为下一个指令盒 EN 的输入，即几个指令盒可以串联在一行，只有前一个指令盒被正确执行时，后一个指令才能执行。

（3）数据传送指令的原理：当 EN=1 时，执行数据传送指令。其功能是把输入操作数 IN 传送到输出操作数 OUT 中。数据传送指令执行后，输入操作数的数据不变，输出操作数的数据被刷新。

例 4-1　如图 4-2 所示的控制电路图，有 8 盏指示灯 PG0～PG7，要求当 SF1 接通时，全部点亮；当 SF2 接通时，奇数灯亮；当 SF3 接通时，偶数灯点；当 SF4 接通时，全部熄灭。试用数据传送指令编写程序。

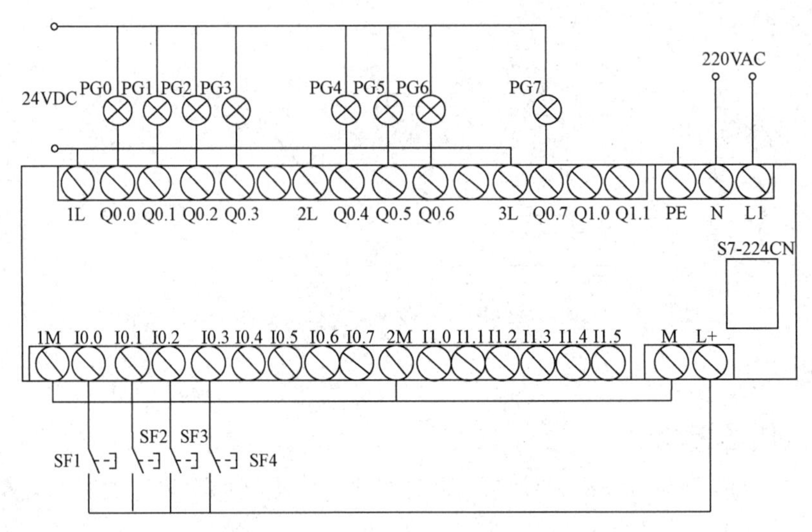

图 4-2　例 4-1 的控制电路图

根据控制电路图可知，灯亮灯灭分别表示了 PLC 该位输出口信号为“0N”或“0FF”，因此可以用十六进制数据来表示输出继电器字节QB0的状态，控制关系见表4-2。控制程序如图4-3所示。

表 4-2　例 4-1 的控制关系表

控制要求	输出继电器位								输出继电器字节 QB0
	Q0.7	Q0.6	Q0.5	Q0.4	Q0.3	Q0.2	Q0.1	Q0.0	
全亮	1	1	1	1	1	1	1	1	16#FF
奇数亮	0	1	0	1	0	1	0	1	16#55
偶数亮	1	0	1	0	1	0	1	0	16#AA
全灭	0	0	0	0	0	0	0	0	16#00

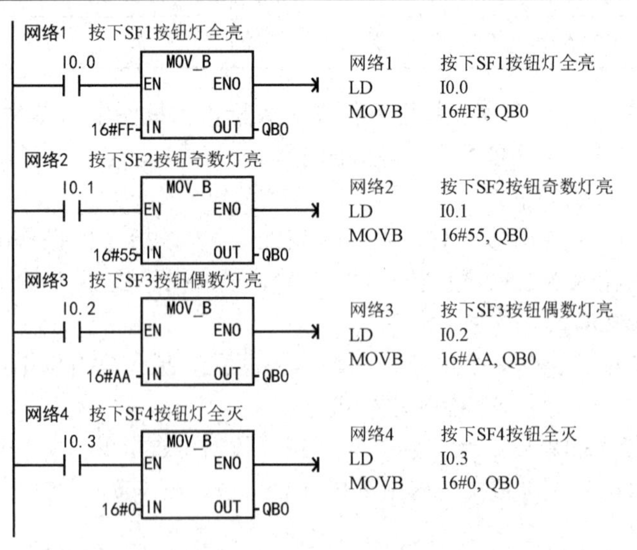

图 4-3　例 4-1 控制程序

数据传送指令不仅可以给变量赋值，而且也可以实行批量输出。对于 PLC 输出口输出位较多且有一定规律的输出，采用数据传送指令要比基本逻辑控制指令编程方便得多。

2．块传送指令

块传送指令可以用来一次传送多个数据，最多可将255个数据组成一个数据块，按传送数据的类型分为字节块传送、字块传送、双字块传送。其指令格式见表 4-3。

表 4-3　块传送指令

项　目	字节块传送	字块传送	双字块传送
梯形图	BLKMOV_B EN ENO IN OUT N	BLKMOV_W EN ENO IN OUT N	BLKMOV_D EN ENO IN OUT N
指令表	BMB IN，OUT，N	BMW IN，OUT，N	BMD IN，OUT，N
含　义	使能输入 EN 有效时，将输入数据 IN 开始的 N 个字节（字或双字）传送到 OUT 开始的 N 个字节（字或双字）中		

例 4-2　利用字节块、字块和双字块传送指令，将 VB100 开始的存储单元内容传送到 VB200 开始的存储单元中。每个传送指令仅用一次，每次传送两个单元（字节块、字块、双字块）。

根据要求编程，如图 4-4 所示，数据传送过程如图 4-5 所示。

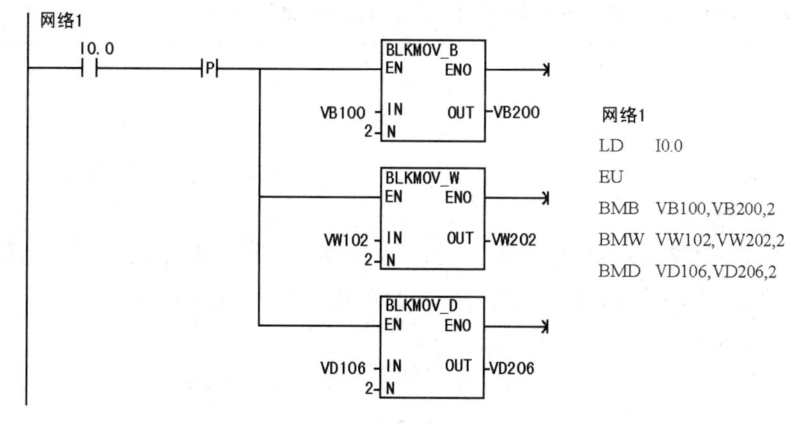

图 4-4　例 4-2 梯形图程序

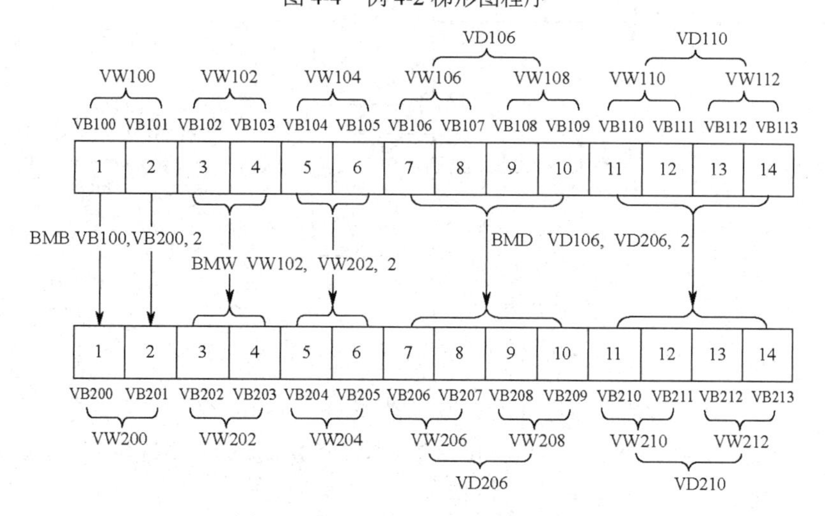

图 4-5　例 4-2 数据输送过程示意图

块传送指令主要用于 PLC 存储器之间以及存储单元内部数据的批量传送，一般不会与输出口发生直接关系。

二、移位指令

该类指令包括左移和右移、左循环和右循环。在该类指令中，LAD 与 STL 指令格式中的缩写表示是不同的。移位指令和循环指令可以用于顺序动作的控制。

1. 左移和右移指令（表 4-4）

表 4-4　左移和右移指令

项目	字节移位指令		字移位指令		双字移位指令	
指令盒	SHL_B EN ENO IN OUT N	SHR_B EN ENO IN OUT N	SHL_W EN ENO IN OUT N	SHR_W EN ENO IN OUT N	SHL_DW EN ENO IN OUT N	SHR_DW EN ENO IN OUT N
指令	SLB OUT，N	SRB OUT，N	SLW OUT，N	SRW OUT，N	SLD OUT，N	SRD OUT，N
含义	使能输入 EN 有效时，将输入数据 IN 左移或右移 N 位后，把结果送到 OUT 中					

移位指令使用时应注意：

（1）被移位的数据是无符号的；

（2）在移位时，存放被移位数据的编程元件的移出端与特殊继电器 SM1.1 相连，移出位送 SM1.1，另一端补 0；

（3）移位次数 N 与移位数据的长度有关，如 N 小于实际的数据长度，则执行 N 次移位，如 N 大于数据长度，则执行移位的次数等于实际数据长度的位数；

（4）移位次数 N 为字节型数据。

例 4-3　左移、右移指令应用示例，如图 4-6 和图 4-7 所示。

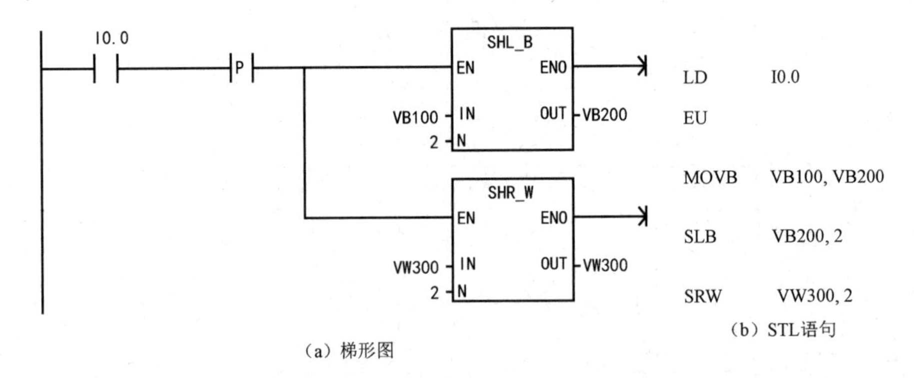

图 4-6　例 4-3 左移、右移指令应用示例

移位指令在使用梯形图编程时，OUT 可以是和 IN 不同的存储单元，但在使用 STL 编程时，因为只写一个操作数，OUT 就是移位后的 IN。在使用 STL 编程时，需要使用不同的地址，可以先使用传送指令，然后再用移位指令。

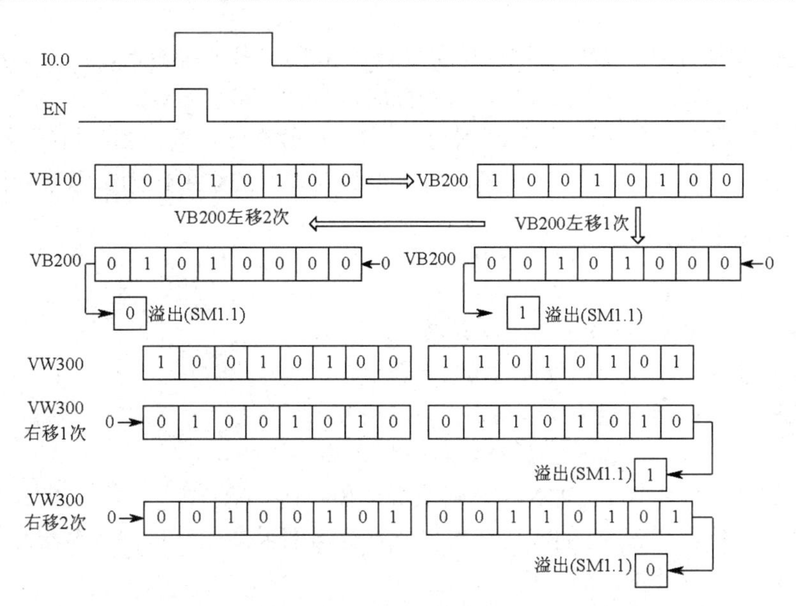

图 4-7　例 4-3 左移、右移指令执行过程示意图

2. 循环左移和循环右移指令（表 4-5）

表 4-5　循环左移和循环右移指令

项目	字节循环移位指令		字循环移位指令		双字循环移位指令	
指令盒	ROL_B EN ENO IN OUT N	ROR_B EN ENO IN OUT N	ROL_W EN ENO IN OUT N	ROR_W EN ENO IN OUT N	ROL_DW EN ENO IN OUT N	ROR_DW EN ENO IN OUT N
指令	RLB OUT，N	RRB OUT，N	RLW OUT，N	RRW OUT，N	RLD OUT，N	RRD OUT，N
含义	使能输入 EN 有效时，将输入数据 IN 循环移位 N 位后，把结果送到 OUT 指定的存储单元中					

例 4-4　循环移位指令举例，如图 4-8 所示。

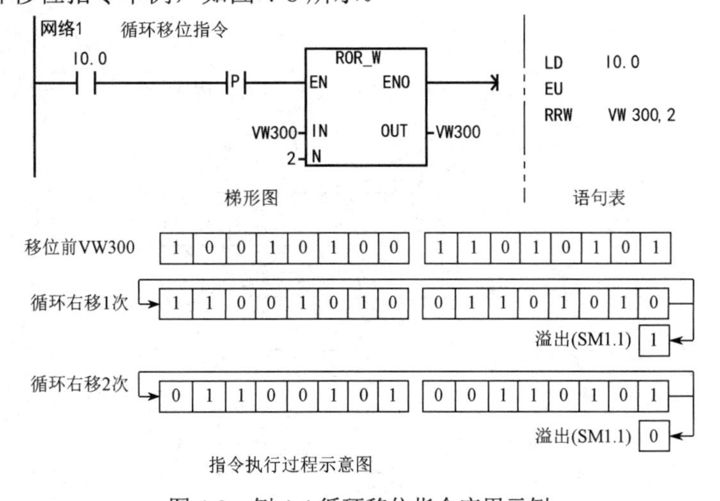

图 4-8　例 4-4 循环移位指令应用示例

循环移位指令执行时，循环数据存储单元的移出端与另一端相连，同时又与 SM1.1（溢出）相连，所以最后被移出的位移到另一端的同时，也被存放到 SM1.1 中。另外，移位次数与被移位数据的长度有关，如果移位次数 N 大于被移位数据的位数，则在执行循环移位之前，系统先对 N 取以 8（16 或 32）为底的模，用小于数据长度的结果作为实际循环移位的次数。

3．移位寄存器指令

移位寄存器指令格式如图 4-9 所示。

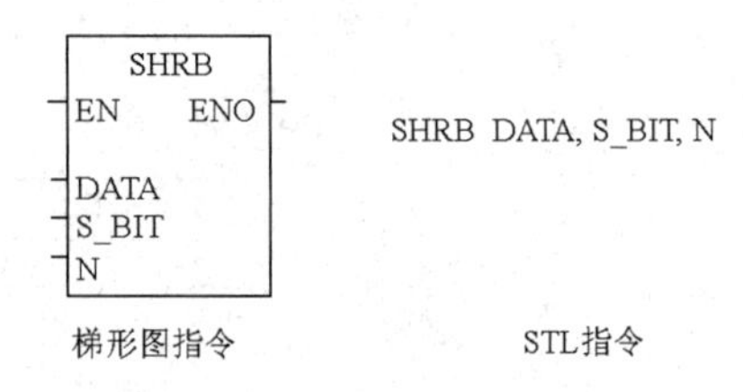

其中：DATA 为移位寄存器数据输入端，S_BIT 为移位寄存器的最低位，N 为移位寄存器的长度。

指令的功能含义：当使能 EN 有效时，如 N>0，则在每个 EN 的上升沿，将输入数据 DATA 的状态移入移位寄存器的最低位 S_BIT；如 N<0，则在每个 EN 的上升沿，将输入数据 DATA 的状态移入移位寄存器的最高位。移位寄存器的其他位按照 N 指定的方向，依次串行移位，最高位溢出丢失。

SHRB DATA, S_BIT, N

梯形图指令　　STL 指令

图 4-9　移位寄存器指令格式

指令特点：

- 移位寄存器的数据类型无字节型、字型、双字型之分，移位寄存器的长度 N（N≤64）由程序指定。
- 移位寄存器的最低位为 S_BIT；最高位地址的计算方法为 MSB=（|N|−1+（S_BIT 的位号））/8；最高位的字节号为 MSB 的商+S_BIT 的字节号；最高位的位号为 MSB 的余数。
- N>0 时，为正向移位，移位寄存器从最低位向最高位移位。
- N<0 时，为负向移位，移位寄存器从最高位向最低位移位。
- 移位寄存器的移出端与 SM1.1 相连接。

例 4-5　移位寄存器指令应用示例，如图 4-10 所示，指令执行过程如图 4-11 所示。

```
LD    I0.0
EU
SHRB I0.1,V100.0,5
```

梯形图　　语句表

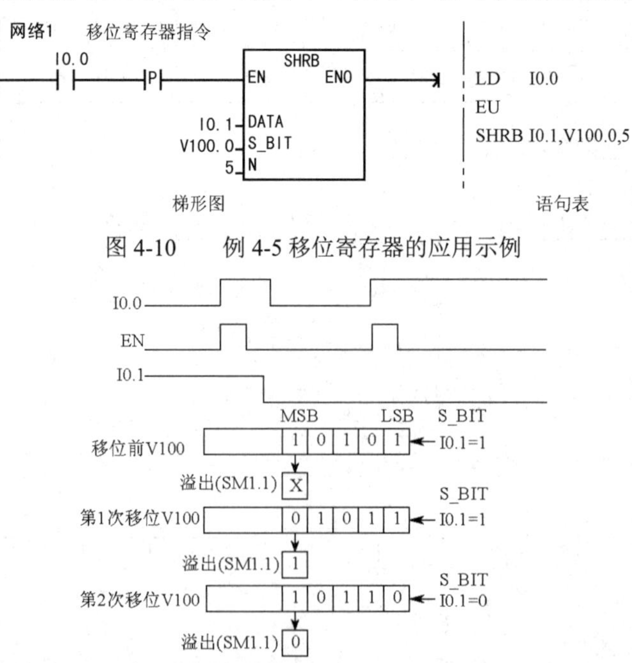

图 4-10　例 4-5 移位寄存器的应用示例

图 4-11　例 4-5 寄存器移位指令执行过程示意图

【实施步骤】

1. 控制方案的确定

机械手的控制流程如图 4-12 所示，一共为 8 个流程。机械手的上升/下降和左移/右移的执行，分别用双线圈二位电磁阀推动汽缸完成。MB3 / MB1 控制机械手上升/下降，MB5 / MB4 控制机械手左移/右移，当某个电磁阀线圈通电，就一直保持现有的机械动作，例如，一旦下降的电磁阀线圈通电，机械手下降，即使线圈再通电，仍保持现有的下降动作状态，直到相反方向的线圈通电为止。另外，夹紧/放松由单线圈二位电磁阀 MB2 推动汽缸完成，线圈通电执行夹紧动作，线圈断电时执行放松动作。

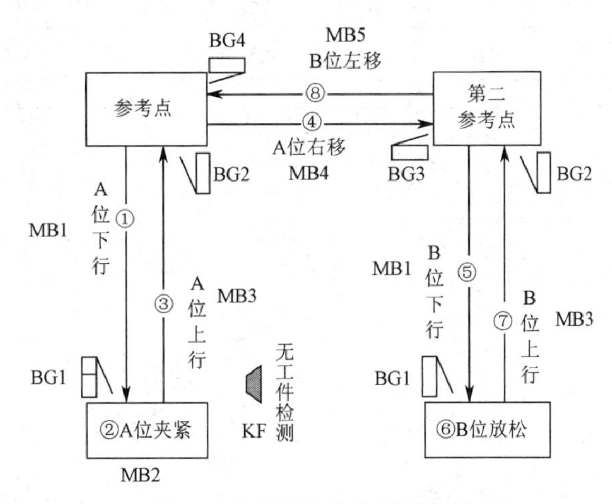

图 4-12　机械手的控制流程图

机械手各动作的转换用限位开关来控制，限位开关 BG1、BG2、BG3、BG4 分别对机械手进行下降、上升、右移、左移动作的限位，并给出动作到位的信号。而夹紧、放松动作的转换由时间继电器来控制。另外，还安装了光电开关 KF，负责监测工作台 A 上的工件是否已移走，从而产生工作台无工件可以存放的信号，为下一个工件的移动做好准备。另外为了监控机械手的全部工作过程，每一流程运行情况均用指示灯表示。

2. PLC 选型

基于上述分析，行程开关输入量 4 个，光电开关输入量 1 个，加上系统必需的启动与停止输入，输入接口至少需要 7 个节点。输出口需要 5 个驱动线圈（MB1～MB5），8 个机械手流程监控指示灯，另外为显示机械手的初始位置，还要设置参考点指示灯，因此输出接口至少应有 14 个节点。参考西门子 S7-200 产品目录及市场实际价格，可以采用两种方案：一种是直接选用 CPU226 PLC（24 输入/16 输出）方案，但输入口浪费较大，价格稍贵；二是选用 CPU222 PLC（8 输入/6 输出），外接输出扩展模块 EM222（8 节点数字输出），可正好满足本方案要求，这样的配置最经济，因此本系统选用 CPU222 PLC+EM222 组建控制系统。

3. I/O 口分配与外围控制电路设计

机械手 PLC I/O 口分配见表 4-6，机械手 PLC 外围控制电路如图 4-13 所示。

表 4-6　机械手 I/O 地址分配表

序号	符号	功能描述	序号	符号	功能描述	序号	符号	功能描述
1	I0.0	启动	8	Q1.0	A 位下行指示	15	Q1.7	B 位左移指示
2	I0.1	下限	9	Q1.1	A 位夹紧指示	16	Q0.0	参考点指示
3	I0.2	上限	10	Q1.2	A 位上行指示	17	Q0.1	执行下行
4	I0.3	右限	11	Q1.3	A 位右移指示	18	Q0.2	执行夹紧
5	I0.4	左限	12	Q1.4	B 位下行指示	19	Q0.3	执行上行
6	I0.5	工件检测	13	Q1.5	B 位放松指示	20	Q0.4	执行右移
7	I0.6	停止	14	Q1.6	B 位上行指示	21	Q0.5	执行左移

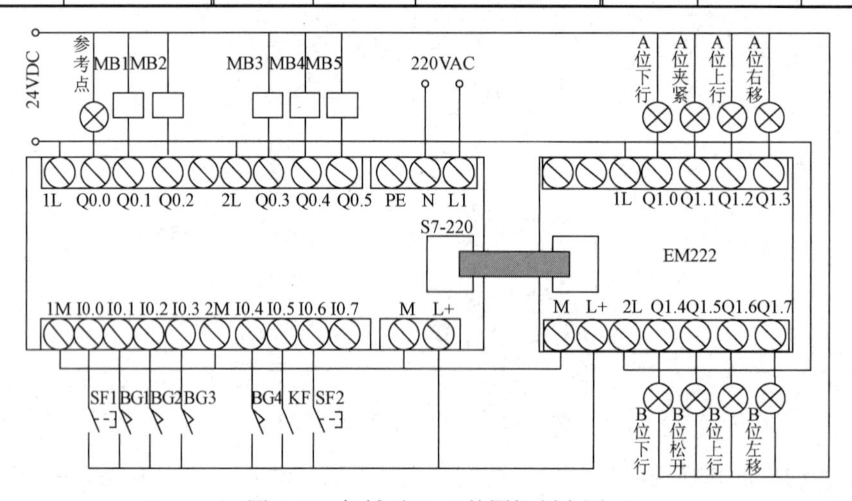

图 4-13　机械手 PLC 外围控制电图

4．设计系统流程图，编程控制程序

根据机械手控制要求，设计系统的流程图（又称功能图），如图 4-14 所示。

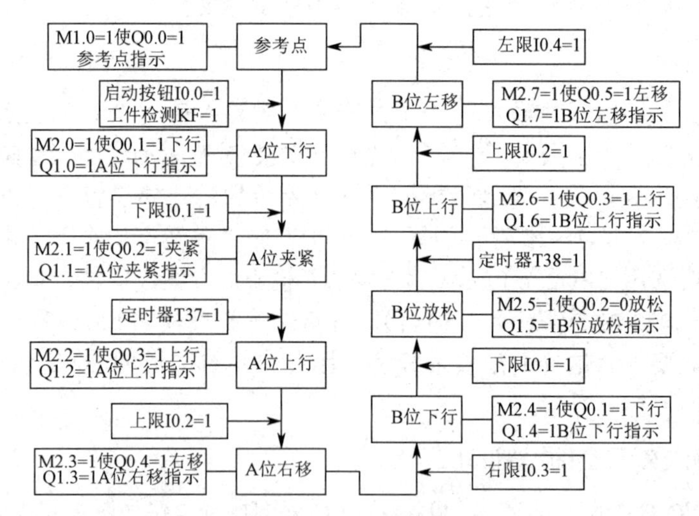

图 4-14　机械手软件流程图

在机械手处于原位时，上限开关 I0.2 和左限开关 I0.4 接通，移位寄存器数据输入端 M1.0 接通，参考点指示灯亮。当按下启动按钮，I0.0 接通，产生移位信号，M1.0 的接通状态转移至 M2.0，电磁阀 MB1 接通，机械手 A 位下行。由于上限开关 I0.2 断开，M1.0 断开，当机械手下降到位时下限开关 BG1 接通，产生移位信号，M2.0 的接通状态转移至 M2.1，电磁阀 MB1 断开，MB2 接通，机械手 A 位夹紧工件，同时启动定时器 T37。当 T37 延时接通，产生移位信号，M2.1 接通状态转移至 M2.2，电磁阀 MB3 接通，机械手 A 位上行。以此类推完成"A 位下行→A 位夹紧→A 位上行→A 位右移→B 位下行→B 位放松→B 位上行→B 位左移"的工作循环。系统程序设计如图 4-15 所示。

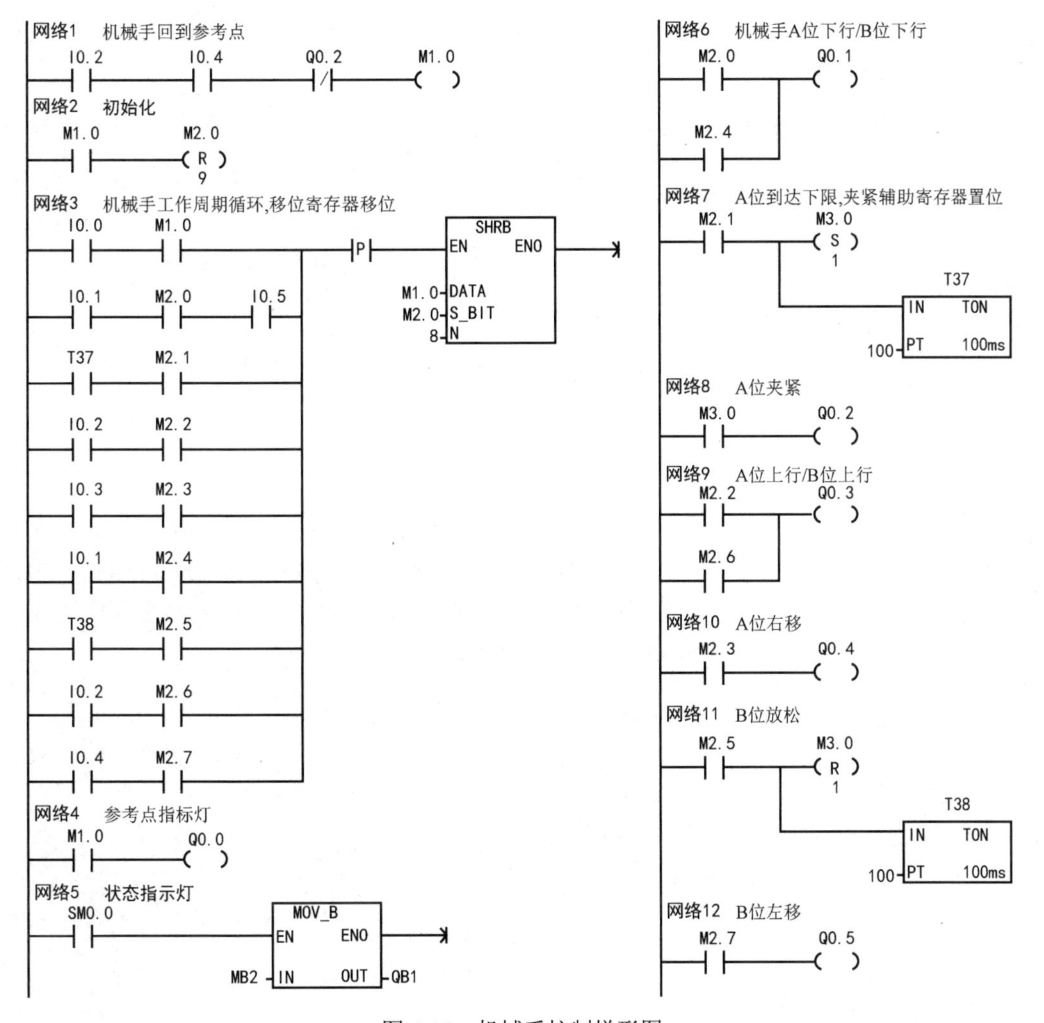

图 4-15　机械手控制梯形图

5. 调试

由于前述仿真软件不支持移位指令的仿真，因此需要联机调试才能判别所设计程序的正确性。调试时，断开主电路，只对控制电路进行调试。将编制好的程序下载到控制 PLC 中，借助于 PLC 输入输出口的指示灯，观察 PLC 的输出逻辑是否正确，如果有错误则修改后反复调试，直至完全正确。最后，才可接通主电路，试运行。

6．整理技术文件，填写工作页

系统完成后一定要及时整理技术材料并存档，以便日后使用。

思考：以上程序按下启动按钮后，机械手完成一个循环周期就停止，如果要程序连续执行应如何修改？如果要增加停止按钮应放在何处？机械手没有回到参考点就停下来，下次如何再次启动执行？

【知识扩展】

一、字节交换指令

字节交换指令SWAP专用于对1个字长的字型数据进行处理，指令格式如图4-16所示。

当EN有效时，将IN中的字型数据的高位字节与低位字节进行交换。

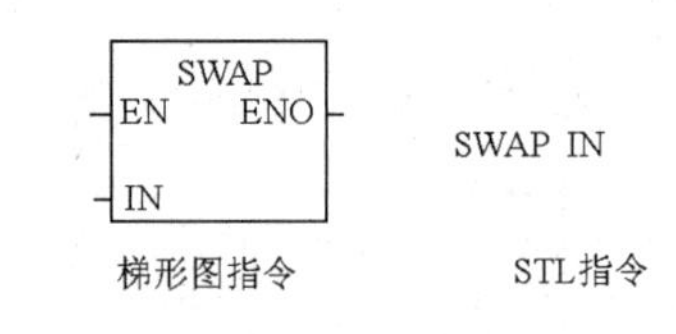

图4-16　字节交换指令格式

例4-6　字节交换指令举例，如图4-17所示。

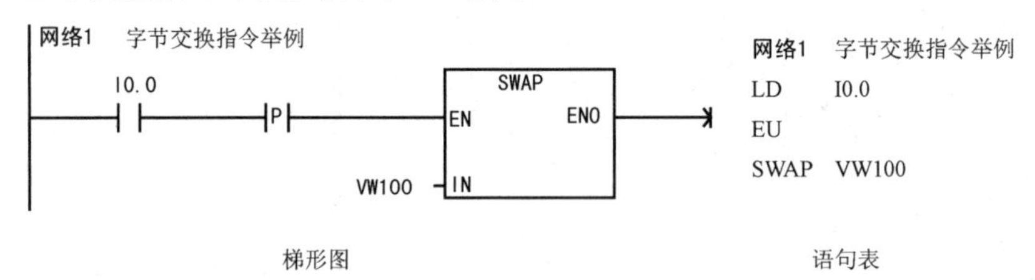

图4-17　例4-6字节交换指令举例

例4-6中如果I0.0有效时，在I0.0的上升沿执行SWAP指令一次，若执行前VW100中的存储内容为1000111100001011，则执行SWAP指令后，VW100中的存储内容变为：0000101110001111。

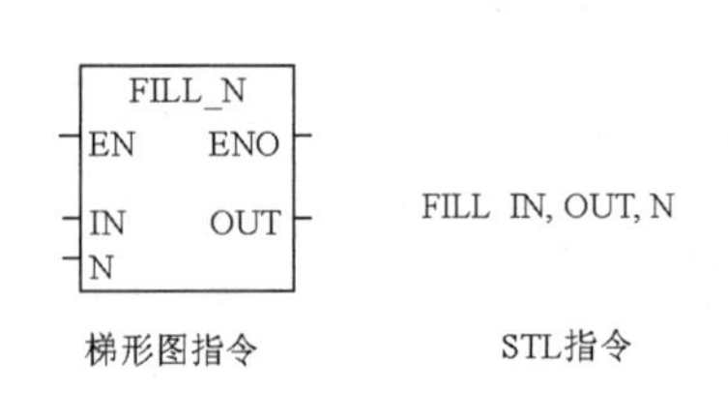

图4-18　填充指令格式

二、填充指令

填充指令FILL用于处理字型数据，将字型输入数据IN填充到从OUT开始的N个字存储单元，N为字节型数据。指令格式如图4-18所示。

例4-7　填充指令举例，如图4-19所示。

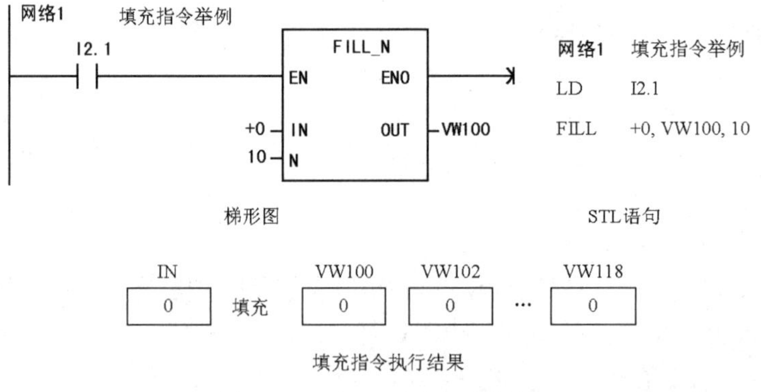

图4-19　例4-7填充指令举例

字填充指令常用于存储单元的初始化。在例4-7中，当I2.1由断开变为接通，FILL指令执行一次，将从VW100开始的10个字存储单元（20个字节存储单元）填充为0，即将从VB100到VB119共20个字节存储单元填充为0。

项目 4.2　冷藏保鲜柜控制系统分析

【项目目标】

（1）掌握 S7-200 算术与逻辑运算指令的功能。

（2）掌握 S7-200 转换指令的功能。

（3）能使用算术与逻辑运算指令和转换指令实现风机变频运转控制。

【项目分析】

传统的储藏方法如湿冷保鲜储藏等多数由人工控制，自动化程度低，劳动强度大，而且控制精度低，不能完全满足市场要求。针对这些情况，本项目提出了一种采用 PLC 自动控制的新型的冷藏保鲜设备——冷藏保鲜柜。

冷藏保鲜柜是在一个密封的柜体内，形成一个密封系统，这个系统的环境成分随时都因果蔬的呼吸作用而发生改变，在果蔬整个保鲜储藏期，采取必要的综合环境调节措施，把影响果蔬保鲜储藏的环境因子如温度、湿度和真空度都维持在适合于果品蔬菜保鲜储藏的水平，以获得优质低耗的目的。控制对象是一层结构的果蔬冷藏保鲜柜，容积约 6 立方米，设计目标参数为：温度为-1～+12℃，湿度为 20%～90%RH；真空度-0.08～-0.04MPa。冷藏保鲜柜结构如图 4-20 所示。拟采用 S7-200 PLC 实现控制，编程重点是采用比较指令和算术运算指令。

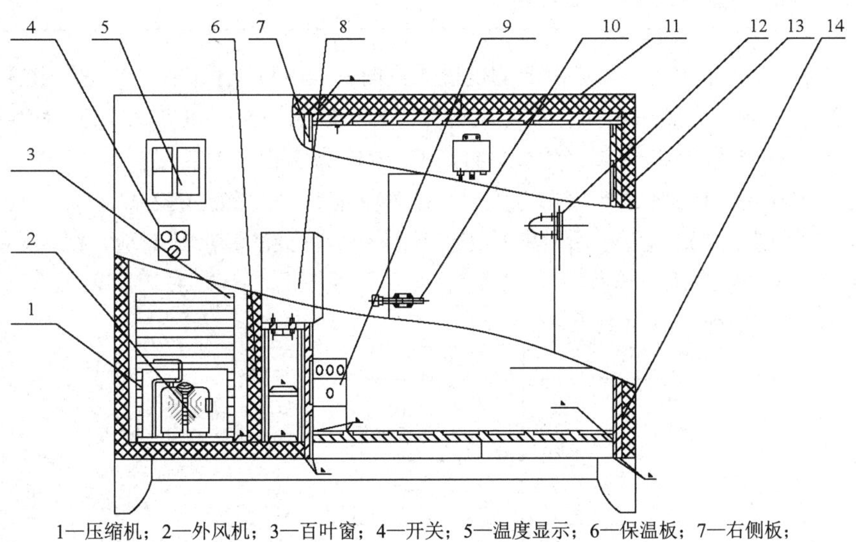

1—压缩机；2—外风机；3—百叶窗；4—开关；5—温度显示；6—保温板；7—右侧板；8—内风；9—加湿器；10—门把；11—顶板；12—门铰链；13—右侧板；14—底板

图 4-20　冷藏保鲜柜结构示意图

【相关知识】

一、算术运算指令

算术运算指令主要包括加法、减法、乘法、除法运算及一些常用的数学函数变换。

1. 整数与双整数加减法指令

整数加法（ADD-I）和减法（SUB-I）指令是：当使能输入有效时，将两个 16 位符号整数相加或相减，并产生一个 16 位的结果输出到 OUT。双整数加法（ADD-D）和减法（SUB-D）指令是：当使能输入有效时，将两个 32 位符号整数相加或相减，并产生一个 32 位结果输出到 OUT。整数与双整数加减法指令格式见表 4-7。

表 4-7　整数与双整数加减法指令格式

LAD	ADD_I EN　ENO IN1　OUT IN2	SUB_I EN　ENO IN1　OUT IN2	ADD_DI EN　ENO IN1　OUT IN2	SUB_DI EN　ENO IN1　OUT IN2
STL	MOVW IN1，OUT +I　IN2，0UT	MOVW IN1，OUT -I　IN2，0UT	MOVD IN1，OUT +D　IN2，0UT	MOVD IN1，OUT -D　IN2，0UT
功能	IN1+IN2=OUT	IN1-IN2=OUT	IN1+IN2=OUT	IN1-IN2=OUT
操作数及数据类型	IN1/IN2：VW，IW，QW，MW，SW，SMW，T，C，AC，LW，AIW，常量，*VD，*LD，*AC OUT：VW，IW，QW，MW，SW，SMW，T，C，LW，AC，*VD，*LD，*AC IN/OUT 数据类型：整数		IN1/IN2：VD，ID，QD，MD，SMD，SD，LD，AC，HC，常量，*VD，*LD，*AC OUT：VD，ID，QD，MD，SMD，SD，LD，AC，*VD，*LD，*AC IN/OUT 数据类型：双整数	

说明：当 IN1、IN2 和 OUT 操作数的地址不同时，在 STL 指令中，首先用数据传送指令将 IN1 中的数值送入 OUT，然后再执行加、减运算，即：OUT+IN2=OUT，OUT-IN2=OUT。为了节省内存，在整数加法的梯形图指令中，可以指定 IN1 或 IN2=OUT，这样，可以不用数据传送指令。如指定 IN1=OUT，则语句表指令为+I　IN2，OUT；如指定 IN2=OUT，则语句表指令为+I　IN1，OUT。这个原则适用于所有的算术运算指令，且乘法和加法对应，减法和除法对应。

例 4-8　加减法指令示例，如图 4-21 所示。

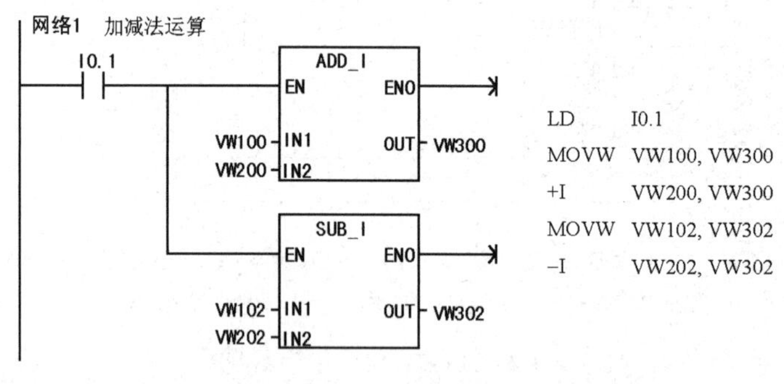

图 4-21　例 4-8 图

2．整数乘除法指令

整数乘法指令（MUL-I）：当使能输入有效时，将两个 16 位符号整数相乘，并产生一个 16 位积，从 OUT 指定的存储单元输出。整数除法指令（DIV-I）是：当使能输入有效时，将两个 16 位符号整数相除，并产生一个 16 位商，从 OUT 指定的存储单元输出，不保留余数。如果输出结果大于一个字，则溢出位 SM1.1 置位为 1。

双整数乘法指令（MUL-D）：当使能输入有效时，将两个 32 位符号整数相乘，并产生一个 32 位乘积，从 OUT 指定的存储单元输出。双整数除法指令(DIV-D)：当使能输入有效时，将两个 32 位整数相除，并产生一个 32 位商，从 OUT 指定的存储单元输出，不保留余数。

整数乘法产生双整数指令（MUL）：当使能输入有效时，将两个 16 位整数相乘，得出一个 32 位乘积，从 OUT 指定的存储单元输出。整数除法产生双整数指令（DIV）：当使能输入有效时，将两个 16 位整数相除，得出一个 32 位结果，从 OUT 指定的存储单元输出。其中高 16 位放余数，低 16 位放商。

整数乘除法指令格式见表 4-8。

表 4-8　整数乘除法指令格式

LAD	MUL_I EN ENO IN1 OUT IN2	DIV_I EN ENO IN1 OUT IN2	MUL_DI EN ENO IN1 OUT IN2	DIV_DI EN ENO IN1 OUT IN2	MUL EN ENO IN1 OUT IN2	DIV EN ENO IN1 OUT IN2
STL	MOVW IN1，OUT *I　IN2，OUT	MOVW IN1，OUT /I　IN2，OUT	MOVD IN1，OUT *D　IN2，OUT	MOVD IN1，OUT /D　IN2，OUT	MOVW IN1，OUT MUL IN2，OUT	MOVW IN1，OUT DIV IN2，OUT
功能	IN1*IN2=OUT	IN1/IN2=OUT	IN1*IN2=OUT	IN1/IN2=OUT	IN1*IN2=OUT	IN1/IN2=OUT

整数、双整数乘除法指令操作数及数据类型和加减运算的相同。

整数乘法除法产生双整数指令的操作数，IN1/IN2：VW，IW，QW，MW，SW，SMW，T，C，LW，AC，AIW，常量，*VD，*LD，*AC。数据类型为整数。

OUT：VD，ID，QD，MD，SMD，SD，LD，AC，*VD，*LD，*AC。数据类型为双整数。

使 ENO = 0 的错误条件：0006（间接地址），SM1.1（溢出），SM1.3（除数为 0）。

例 4-9　乘除法指令应用举例，程序如图 4-22 所示。

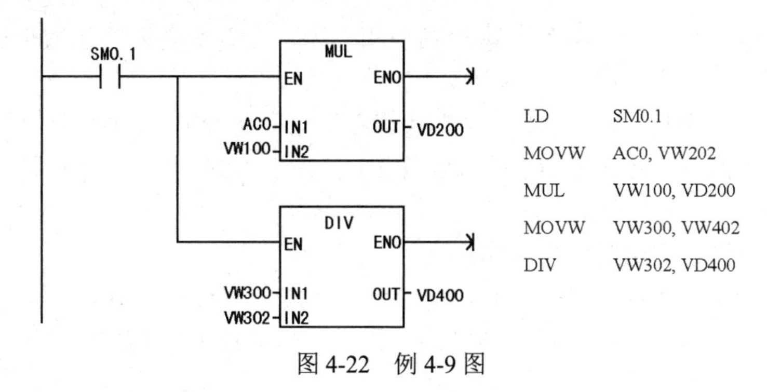

图 4-22　例 4-9 图

注意：VD200 包含 VW200 和 VW202 两个字，VD400 包含 VW400 和 VW402 两个字。

3．实数加减乘除指令

实数加法（ADD-R）、减法（SUB-R）指令：将两个 32 位实数相加或相减，并产生一个 32 位实数结果，从 OUT 指定的存储单元输出。实数乘法（MUL-R）、除法（DIV-R）指令：使能输入有效时，将两个 32 位实数相乘（除），并产生一个 32 位积（商），从 OUT 指定的存储单元输出。指令格式见表 4-9。

表 4-9　实数加减乘除指令

LAD	ADD_R EN ENO IN1 OUT IN2	SUB_R EN ENO IN1 OUT IN2	MUL_R EN ENO IN1 OUT IN2	DIV_R EN ENO IN1 OUT IN2
STL	MOVD IN1，OUT +R　IN2，OUT	MOVD IN1，OUT -R　IN2，OUT	MOVD IN1，OUT *R　IN2，OUT	MOVD IN1，OUT /R　IN2，OUT
功能	IN1+IN2=OUT	IN1-IN2=OUT	IN1*IN2=OUT	IN1/IN2=OUT
ENO=0 的错误条件	0006 间接地址，SM4.3 运行时间，SM1.1 溢出		0006 间接地址，SM1.1 溢出，SM4.3 运行时间，SM1.3 除数为 0	
对标志位的影响	SM1.0（零），SM1.1（溢出），SM1.2（负数），SM1.3（被 0 除）			

4．数学函数变换指令

数学函数变换指令包括平方根、自然对数、指数、三角函数等。

（1）平方根（SQRT）指令：对 32 位实数（IN）取平方根，并产生一个 32 位实数结果，从 OUT 指定的存储单元输出。

（2）自然对数（LN）指令：对 IN 中的数值进行自然对数计算，并将结果置于 OUT 指定的存储单元中。

求以 10 为底数的对数时，用自然对数除以 2.302585（约等于 10 的自然对数）。

（3）自然指数（EXP）指令：将 IN 取以 e 为底的指数，并将结果置于 OUT 指定的存储单元中。

将“自然指数”指令与“自然对数”指令相结合，可以实现以任意数为底，任意数为指数的计算。求 y^x，输入以下指令：EXP（x * LN（y））。

例如：2^3=EXP（3*LN（2））=8，27 的 3 次方根=$27^{1/3}$=EXP（1/3*LN（27））=3。

（4）三角函数指令：将一个实数的弧度值 IN 分别求 SIN、COS、TAN，得到实数运算结果，从 OUT 指定的存储单元输出。

函数变换指令格式及功能见表 4-10。

使 ENO = 0 的错误条件：0006（间接地址），SM1.1（溢出）SM4.3（运行时间）。

对标志位的影响：SM1.0（零），SM1.1（溢出），SM1.2（负数）。

表 4-10　函数变换指令格式及功能

LAD	SQRT EN　ENO IN　OUT	LN EN　ENO IN　OUT	EXP EN　ENO IN　OUT	SIN EN　ENO IN　OUT	COS EN　ENO IN　OUT	TAN EN　ENO IN　OUT
STL	SQRT　IN，OUT	LN　IN，OUT	EXP　IN，OUT	SIN　IN，OUT	COS　IN，OUT	TAN　IN，OUT
功能	SQRT（IN）=OUT	LN（IN）=OUT	EXP（IN）=OUT	SIN（IN）=OUT	COS（IN）=OUT	TAN（IN）=OUT
操作数及数据类型	IN：VD，ID，QD，MD，SMD，SD，LD，AC，常量，*VD，*LD，*AC OUT：VD，ID，QD，MD，SMD，SD，LD，AC，*VD，*LD，*AC 数据类型：实数					

例 4-10　求 120° 正弦值。

分析：三角函数指令的操作数是弧度值，因此必须先将 120° 转换为弧度（3.14159/180）*120，再求正弦值。程序如图 4-23 所示。

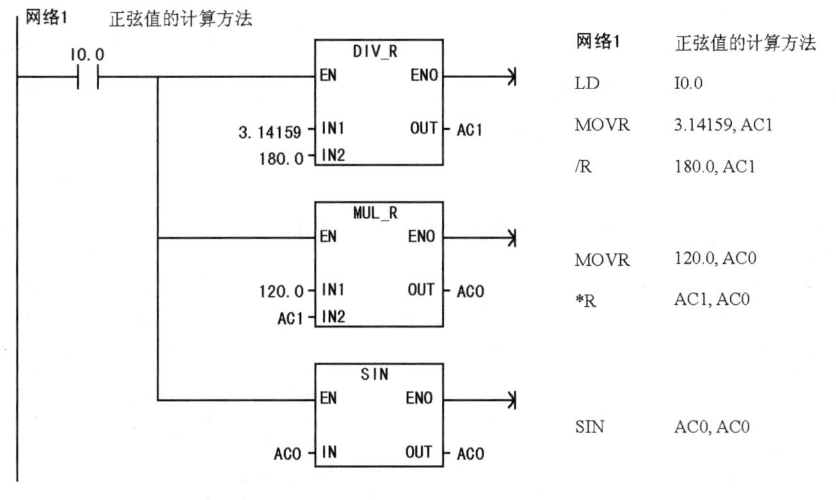

图 4-23　例 4-10 图

二、转换指令

转换指令是对操作数的类型进行转换，并输出到指定目标地址中。转换指令包括数据的类型转换、数据的编码和译码指令以及字符串类型转换指令。

不同功能的指令对操作数要求不同。类型转换指令可将固定的一个数据用到不同类型要求的指令中，包括字节与字整数之间的转换、整数与双整数的转换、双字整数与实数之间的转换、BCD 码与整数之间的转换等。

1．字节与字整数之间的转换

字节型数据与字整数之间转换的指令格式见表 4-11。

表 4-11　字节型数据与字整数之间转换指令

LAD	B_I: EN ENO; ???? IN OUT ????	I_B: EN ENO; ???? IN OUT ????
STL	BTI　IN，OUT	ITB　IN，OUT
操作数及数据类型	IN：VB，IB，QB，MB，SB，SMB，LB，AC，常量 数据类型：字节 OUT：VW，IW，QW，MW，SW，SMW，LW，T，C，AC 数据类型：整数	IN：VW，IW，QW，MW，SW，SMW，LW，T，C，AIW，AC，常量 数据类型：整数 OUT：VB，IB，QB，MB，SB，SMB，LB，AC 数据类型：字节
功能及说明	BTI 指令将字节数值（IN）转换成整数值，并将结果置入 OUT 指定的存储单元。因为字节不带符号，所以无符号扩展	ITB 指令将字整数（IN）转换成字节，并将结果置入 OUT 指定的存储单元。输入的字整数 0～255 被转换。超出部分导致溢出，SM1.1=1。输出不受影响
ENO=0 的错误条件	0006 间接地址 SM4.3　运行时间	0006　间接地址 SM1.1 溢出或非法数值 SM4.3 运行时间

2．字整数与双字整数之间的转换

字整数与双字整数之间的转换指令见表 4-12。

表 4-12　字整数与双字整数之间的转换指令

LAD	I_DI: EN ENO; ???? IN OUT ????	DI_I: EN ENO; ???? IN OUT ????
STL	ITD　IN，OUT	DTI　IN，OUT
操作数及数据类型	IN：VW，IW，QW，MW，SW，SMW，LW，T，C，AIW，AC，常量 数据类型：整数 OUT：VD，ID，QD，MD，SD，SMD，LD，AC 数据类型：双整数	IN：VD，ID，QD，MD，SD，SMD，LD，HC，AC，常量 数据类型：双整数 OUT：VW，IW，QW，MW，SW，SMW，LW，T，C，AC 数据类型：整数
功能及说明	ITD 指令将整数值（IN）转换成双整数值，并将结果置入 OUT 指定的存储单元。符号被扩展	DTI 指令将双整数值（IN）转换成整数值，并将结果置入 OUT 指定的存储单元。如果转换的数值过大，则无法在输出中表示，产生溢出 SM1.1=1，输出不受影响
ENO=0 的错误条件	0006 间接地址 SM4.3 运行时间	0006 间接地址 SM1.1 溢出或非法数值 SM4.3 运行时间

3．双字整数与实数之间的转换

双字整数与实数之间转换的转换指令见表 4-13。

表 4-13　双字整数与实数之间的转换指令

LAD	DI_R: EN ENO, ???? IN OUT ????	ROUND: EN ENO, ???? IN OUT ????	TRUNC: EN ENO, ???? IN OUT ????
STL	DTR　IN，OUT	ROUND　IN，OUT	TRUNC　IN，OUT
操作数及数据类型	IN：VD，ID，QD，MD，SD，SMD，LD，HC，AC，常量 数据类型：双整数 OUT：VD，ID，QD，MD，SD，SMD，LD，AC 数据类型：实数	IN：VD，ID，QD，MD，SD，SMD，LD，AC，常量 数据类型：实数 OUT：VD，ID，QD，MD，SD，SMD，LD，AC 数据类型：双整数	IN：VD，ID，QD，MD，SD，SMD，LD，AC，常量 数据类型：实数 OUT：VD，ID，QD，MD，SD，SMD，LD，AC 数据类型：双整数
功能及说明	DTR 指令将 32 位带符号整数 IN 转换成32位实数，并将结果置入 OUT 指定的存储单元	ROUND 指令按小数部分四舍五入的原则，将实数（IN）转换成双整数值，并将结果置入 OUT 指定的存储单元	TRUNC（截位取整）指令按将小数部分直接舍去的原则，将 32 位实数（IN）转换成 32 位双整数，并将结果置入 OUT 指定存储单元
ENO=0 的错误条件	0006 间接地址 SM4.3 运行时间	0006 间接地址 SM1.1 溢出或非法数值 SM4.3 运行时间	0006 间接地址 SM1.1 溢出或非法数值 SM4.3 运行时间

值得注意的是：不论是四舍五入取整，还是截位取整，如果转换的实数数值过大，无法在输出中表示，则产生溢出，即影响溢出标志位，使 SM1.1=1，输出不受影响。

4．BCD 码与整数的转换

BCD 码与整数之间转换的指令格式、功能及说明见表 4-14。

表 4-14　BCD 码与整数之间的转换的指令

LAD	BCD_I: EN ENO, ???? IN OUT ????	I_BCD: EN ENO, ???? IN OUT ????
STL	BCDI　OUT	IBCD　OUT
操作数及数据类型	IN：VW，IW，QW，MW，SW，SMW，LW，T，C，AIW，AC，常量 OUT：VW，IW，QW，MW，SW，SMW，LW，T，C，AC IN/OUT 数据类型：字	
功能及说明	BCD-I 指令将二进制编码的十进制数 IN 转换成整数，并将结果送入 OUT 指定的存储单元。IN 的有效范围是 BCD 码 0～9999	I-BCD 指令将输入整数 IN 转换成二进制编码的十进制数，并将结果送入 OUT 指定的存储单元。IN 的有效范围是 0～9999
ENO=0 的错误条件	0006 间接地址，SM1.6 无效 BCD 数值，SM4.3　运行时间	

注意：数据长度为字的 BCD 格式的有效范围为：0～9999（十进制），0000～9999（十六进制），0000 0000 0000 0000～1001 1001 1001 1001（BCD 码）。

5．译码和编码指令

译码和编码指令的格式和功能见表 4-15。

表 4-15　译码和编码指令的格式和功能

LAD	DECO：EN ENO；???? IN OUT ????	ENCO：EN ENO；???? IN OUT ????
STL	DECO IN，OUT	ENCO IN，OUT
操作数及数据类型	IN：VB，IB，QB，MB，SMB，LB，SB，AC，常量 数据类型：字节 OUT：VW，IW，QW，MW，SMW，LW，SW，AQW，T，C，AC 数据类型：字	IN：VW，IW，QW，MW，SMW，LW，SW，AIW，T，C，AC，常量 数据类型：字 OUT：VB，IB，QB，MB，SMB，LB，SB，AC 数据类型：字节
功能及说明	译码指令根据输入字节（IN）的低 4 位表示的输出字的位号，将输出字的相对应的位置为 1，输出字的其他位均置为 0	编码指令将输入字（IN）最低有效位（其值为 1）的位号写入输出字节（OUT）的低 4 位中
ENO=0 的错误条件	0006 间接地址，SM4.3 运行时间	

例 4-11　译码编码指令应用举例，如图 4-24 所示。

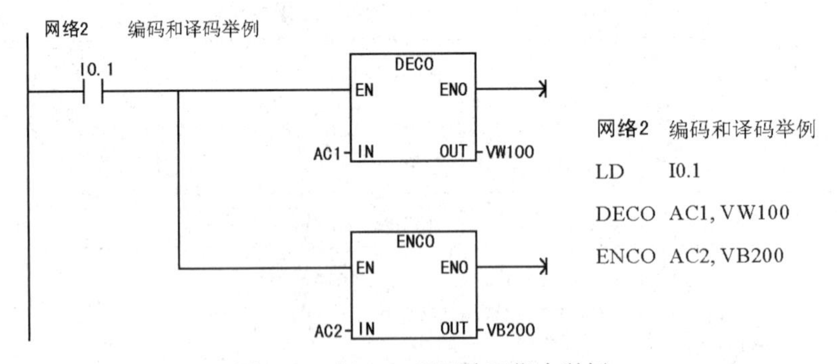

图 4-24　例 4-11 译码编码指令举例

若（AC1）=3，执行译码指令，则将输出字 VW100 的第三位置 1，VW100 中的二进制数为 2#0000 1000；若（AC2）=2#0000 0000 0000 0100，执行编码指令，则输出字节 VB200 中的编码为 2。

6．七段显示译码指令

表 4-16 列出了七段数码显示器的 abcdefg 段分别对应于字节的第 0～6 位，字节的某位为 1

时，其对应的段亮；输出字节的某位为 0 时，其对应的段暗。将字节的第 7 位补 0，则构成与七段显示器相对应的 8 位编码，称为七段显示码。

表 4-16　七段数码显示器对应的编码

七段数码管	IN	OUT (-g f e　d c b a)	IN	OUT (-g f e　d c b a)
a f g b e c d	0	0011　1111	8	0111　1111
	1	0000　0110	9	0110　0111
	2	0101　1011	A	0111　0111
	3	0100　1111	B	0111　1100
	4	0110　0110	C	0011　1001
	5	0110　1101	D	0101　1110
	6	0111　1101	E	0111　1001
	7	0000　0111	F	0111　0001

七段译码指令 SEG 将输入字节 16#0～F 转换成七段显示码。指令格式见表 4-17。

表 4-17　七段显示译码指令

LAD	STL	功能及操作数
SEG EN　ENO ???? IN　OUT ????	SEG　IN，OUT	功能：将输入字节（IN）的低四位确定的十六进制数（16#0～F），产生相应的七段显示码，送入输出字节 OUT IN：VB，IB，QB，MB，SB，SMB，LB，AC，常量 OUT：VB，IB，QB，MB，SMB，LB，AC IN/OUT 的数据类型：字节
使 ENO＝0 的错误条件：0006 间接地址，SM4.3 运行时间		

例 4-12　编写显示数字 1 的七段显示码的程序。程序实现如图 4-25 所示。

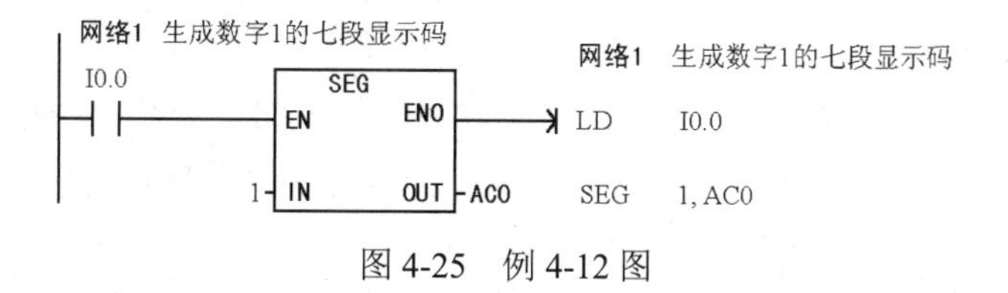

图 4-25　例 4-12 图

当 I0.0 接通时，译码指令 SEG 使能生效，AC0 中的值为 16#06（2#0000 0110）。

7．ASCII 码与十六进制数之间的转换指令

ASCII 码与十六进制数之间的转换指令的格式和功能见表 4-18。

表 4-18　ASCII 码与十六进制数之间转换指令的格式和功能

LAD	ATH EN ENO ???? - IN OUT - ???? ???? - LEN	HTA EN ENO ???? - IN OUT - ???? ???? - LEN
STL	ATH IN，OUT，LEN	HTA IN，OUT，LEN
操作数及数据类型	IN/ OUT：VB，IB，QB，MB，SB，SMB，LB 数据类型：字节 LEN：VB，IB，QB，MB，SB，SMB，LB，AC，常量 数据类型：字节，最大值为 255	
功能及说明	ASCII 至 HEX（ATH）指令将从 IN 开始的长度为 LEN 的 ASCII 字符转换成十六进制数，放入从 OUT 开始的存储单元	HEX 至 ASCII （HTA）指令将从输入字节（IN）开始的长度为 LEN 的十六进制数转换成 ASCII 字符，放入从 OUT 开始的存储单元
ENO=0 的错误条件	0006 间接地址，SM4.3 运行时间 ，0091 操作数范围超界 SM1.7 非法 ASCII 数值（仅限 ATH）	

注意：合法的 ASCII 码对应的十六进制数包括 30H～39H，41H～46H。如果在 ATH 指令的输入中包含非法的 ASCII 码，则终止转换操作，特殊内部标志位 SM1.7 置位为 1。

例 4-13　将 VB200～VB202 中存放的 3 个 ASCII 码 31、44、41，转换成十六进制数。梯形图和语句表程序如图 4-26 所示。

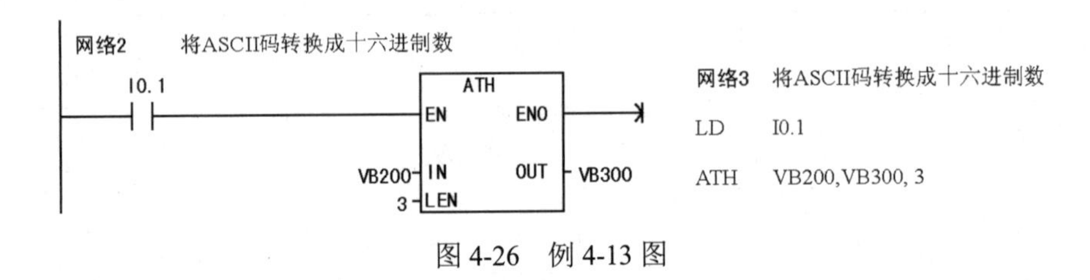

图 4-26　例 4-13 图

程序运行结果如图 4-27 所示。

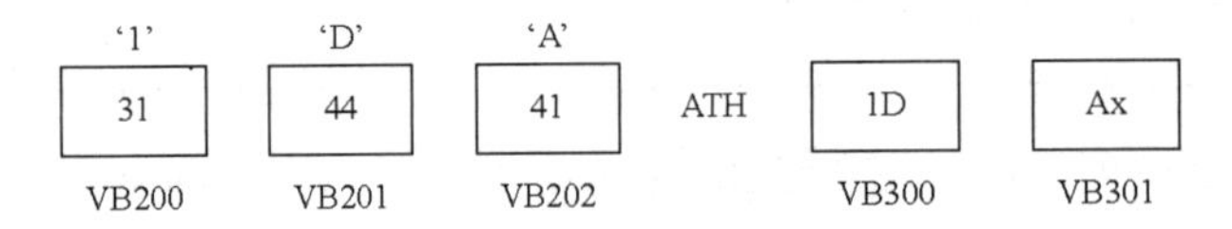

图 4-27　例 4-13 运行结果图

VB200～VB202 中存放的 3 个 ASCII 码被转成了十六进制数的 1D 和 Ax ，放在 VB300 和 VB301 中，“x”表示 VB301 的低半字节，即后四位的值未发生改变。

【实施步骤】

1. 控制方案的确定

冷藏保鲜柜控制系统由可编程序控制器、温湿度传感器及变送器、压力传感器及变送器、PLC 特殊功能模块等组成。传感器采集信号送入变送器变成标准的电流信号，再送入 A/D 模块，转换成二进制信号传输到可编程序控制器中，由可编程序控制器发出指令控制压缩机、加湿器、真空泵、内风机、外风机等外部负载。

控制要求及功能如下：具有启动和停止功能，储藏物类别可选为果蔬和肉类，保鲜柜具有温度显示功能。系统启动后会根据储物类别和当前环境数据，自动运行压缩机、真空泵、加湿器开始工作。

当柜内的温度达到-1℃时，压缩机组停止工作，当柜内的温度高于+12℃时，压缩机组开始工作，当柜内温度在-1℃到+12℃范围内时，压缩机组动作保持；当柜内的湿度达到上限（肉类 30%RH，果蔬 90%RH）时，加湿器停止工作，当柜内的湿度到达下限（肉类 20%RH，果蔬 80%RH）时，加湿器开始工作，当柜内湿度在上下限之间时，加湿器动作保持；当柜内的真空度达到-0.08MPa 时，真空泵停止工作，当柜内真空度达到-0.04MPa 时，真空泵开始工作，当柜内真空度在-0.08MPa 到-0.04MPa 时，真空泵动作保持；真空泵启动前电磁阀必须先打开；压缩机组由压缩机、室外风机、室内风机组成。启动顺序为：室内外风机、压缩机，风机启动 5s 后启动压缩机。化霜机构：一个月化霜一次，化霜时，压缩机组、真空泵、加湿器全部停止工作，强制化霜半小时。

2．PLC 选型

基于上述分析，系统输入接口至少要包括启动、停止、果蔬、肉类选项，4 个节点。输出口须驱动内外风机、化霜、压缩机、真空泵、阀门、加湿器线圈 6 个节点（QA1～QA6），共阴型 BCD 码七段二极管温度显示 8 个节点，因此输出接口至少应有 14 个节点。参考西门子 S7-200 产品目录及市场实际价格，选用 CPU222 PLC（8 输入/6 输出），外接输出扩展模块 EM222（8 节点数字输出）用于温度显示，外接模拟量输入模块 235（4 模拟量输入/1 模拟量输出）用于接收温度、湿度、压力传感器三路模拟量输入，另外有一路模拟量输出可用于系统的扩展，以便驱动变频电动机。

3．I/O 口分配与外围控制电路设计

冷藏保鲜柜 PLC I/O 口分配见表 4-19 和表 4-20，冷藏保鲜柜 PLC 外围控制电路如图 4-28 所示。

表 4-19　冷藏保鲜柜 PLC I/O 地址分配表（数字口）

序号	符号	功能描述	序号	符号	功能描述	序号	符号	功能符号
1	I0.0	启动	7	Q0.2	化霜	13	Q1.2	温度显示
2	I0.1	停止	8	Q0.3	真空泵启动	14	Q1.3	温度显示
3	I0.2	果蔬	9	Q0.4	阀门	15	Q1.4	温度显示
4	I0.3	肉类	10	Q0.5	加湿器动作	16	Q1.5	温度显示
5	Q0.0	压缩机启动	11	Q1.0	温度显示	17	Q1.6	温度显示
6	Q0.1	内外风机启动	12	Q1.1	温度显示	18	Q1.7	温度显示

表 4-20　冷藏保鲜柜 PLC I/O 地址分配表（模拟口）

序号	符号	功能描述	型号	量程	输入
1	AIW0	温度变送器输入	AN6701	-10～+80℃	4～20mA
2	AIW2	湿度变送器输入	HS1101	0～100%RH	4～20mA
3	AIW4	压力变送器输入	ZNZ-PTB703	-0.1～0MPa	4～20mA

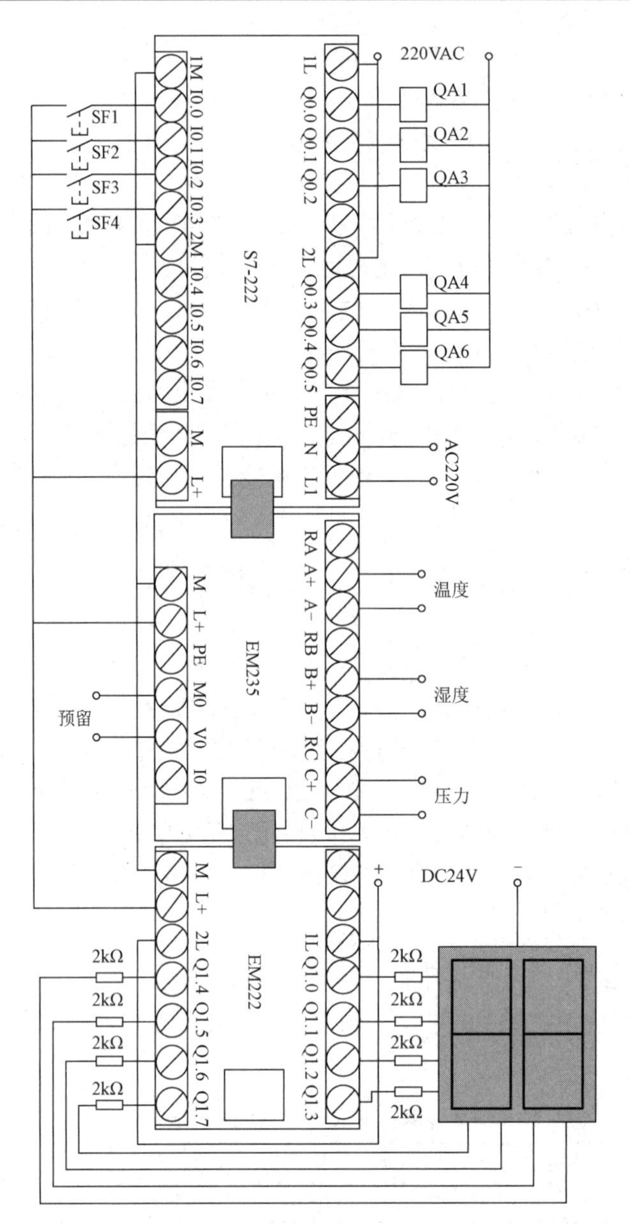

图 4-28　冷藏保鲜柜 PLC 外围控制电图

4．计算软件控制值，设计系统流程图，编程控制程序

1）计算软件控制值

设传感器量程范围：

$$(Y_{\min}, Y_{\max}) \to (4, 20\text{mA}) \to (0, 32000)$$

则通过 PLC 模拟量模块转换后，采集的数字值可按式（4-1）进行计算。

$$X = \frac{32000}{Y_{\max} - Y_{\min}}(Y - Y_{\min}) \tag{4-1}$$

式中，Y 为环境实际值，X 为采集的数字值。

如果已知采集后的数字值 X，则环境实际值可按式（4-2）进行转换。

$$Y = \frac{X \times (Y_{\max} - Y_{\min})}{32000} + Y_{\min} \tag{4-2}$$

经过换后的冷藏保鲜柜程序控制值见表 4-21。

表 4-21　冷藏保鲜柜程序控制值的环境实际值与采集后数字值

序号	功能描述	量程	控制值	数字值
1	温度变送器输入	−10 ～ +80℃	−1℃	3200
			+12℃	7822
2	湿度变送器输入	0 ～ 100%RH	20%RH	6400
			30%RH	9600
			80%RH	25600
			90%RH	28800
3	压力变送器输入	−0.1 ～ 0MPa	−0.08MPa	6400
			−0.04MPa	19200

2）设计系统的流程图

根据功能要求，系统的程序主要分为三个部分，一是保存果蔬时的运行程序，二是保存肉类时的运行程序，三是每隔三十天的化霜程序。软件系统的流程图如 4-29 所示。

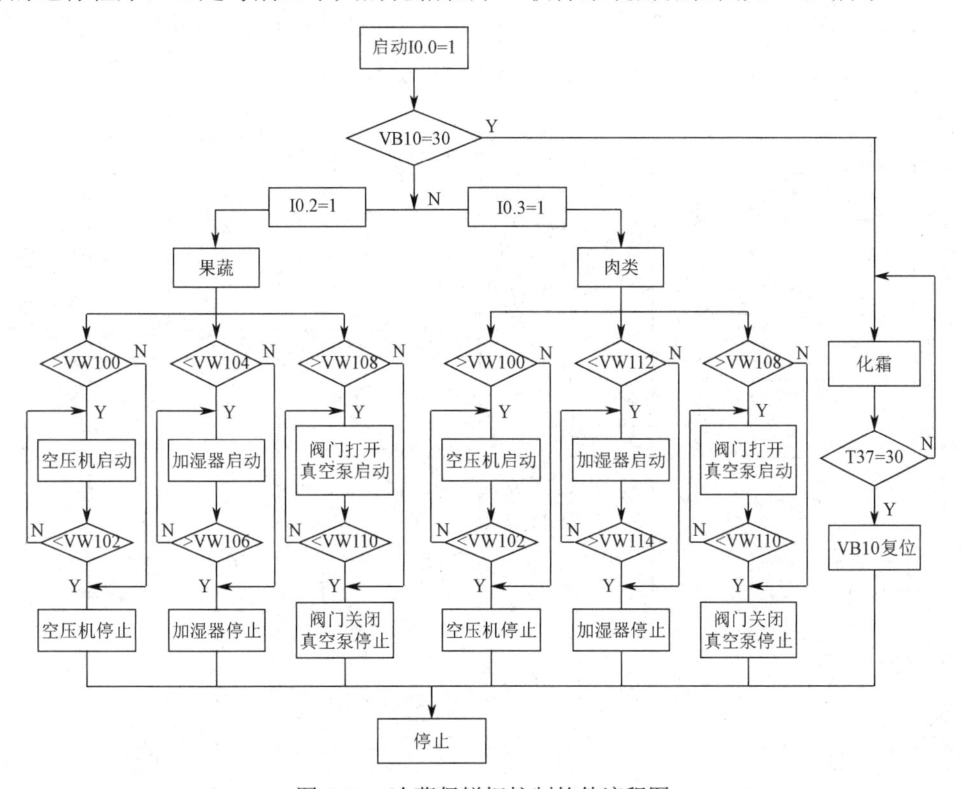

图 4-29　冷藏保鲜柜控制软件流程图

根据表 4-21 可知，VW100=7822，VW102=3200，VW104=25600，VW106=28800，VW108=19200，VW110=6400，VW112=6400，VW114=9600，共 8 个控制值，在程序初次执行时，传入各存储单元以便后续程序使用（如图 4-30 中网络 1 所示）。利用定时器 T33 设置

采样周期为 1s，并在每个周期结束前 20ms 将温度值、湿度值、真空压力采集到系统存储单元中，如图 4-30 中网络 4 和网络 5 所示。在网络 6 中，利用比较指令将采集的温度与 VW100 和 VW102 存储的温度控制值相比较决定压缩机是否启动制冷。在网络 7 中，系统利用公式(4-2)将采集的温度数字值转换成实际温度值，并转换成 8 位 BCD 码，输出到 QB1 口驱动 2 位七段数码二极管实时显示系统的温度。

系统程序设计如图 4-30 所示。

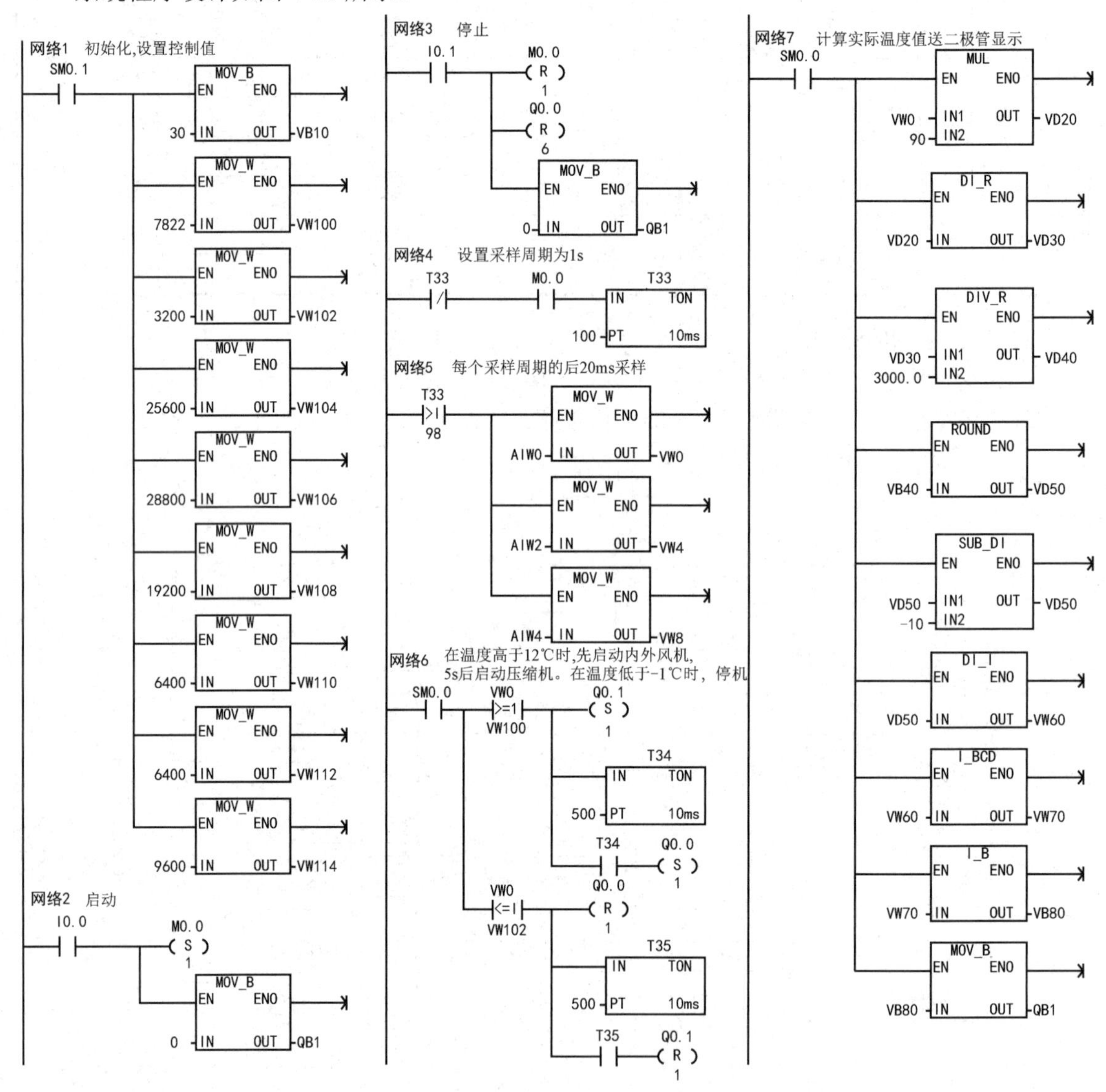

图 4-30　冷藏保鲜柜控制梯形图

5．调试

由于前述仿真软件不支持传送指令的仿真，因此需要联机调试才能判别所设计程序的正确性。调试时，断开主电路，只对控制电路进行调试。将编制好的程序下载到控制 PLC 中，借助于 PLC 输入输出口的指示灯，观察 PLC 的输出逻辑是否正确，如果有错误则修改后反复调试，直至完全正确。最后，才可接通主电路，试运行。

6. 整理技术文件，填写工作页

系统完成后一定要及时整理技术材料并存档，以便日后使用。

思考：以上程序只编写了压缩机启动控制程序，试编写加湿器、真空泵启动控制程序。

【知识扩展】

表功能指令用来进行数据的有序存取和查找，一般很少使用。S7-200 系列 PLC 的表功能指令包括填表指令、表中取数指令、查表指令。

数据表中存放的是字型数据，见表 4-22。表格的第一个字地址即首地址，为表地址，首地址中的数值是表格的最大长度（TL），即最大填表数。表格的第二个字地址中的数值是表的实际长度（EC），指定表格中的实际填表数。每次向表格中增加新数据后，EC 加 1。从第三个字地址开始存放数据（字）。表格最多可存放 100 个数据（字），不包括指定最大填表数（TL）和实际填表数（EC）的参数。

表 4-22　数据格式表

单元地址	单元内容	说明
VW200	0004	TL=4，最多可填 4 个数，VW200 为表地址
VW202	0002	EC=2，实际表中存有两个数据
VW204	1203	数据 0
VW206	4466	数据 1
VW208	××××	无效数据
VW210	××××	无效数据

要建立表格，首先须确定表的最大填表数，如图 4-31 所示。

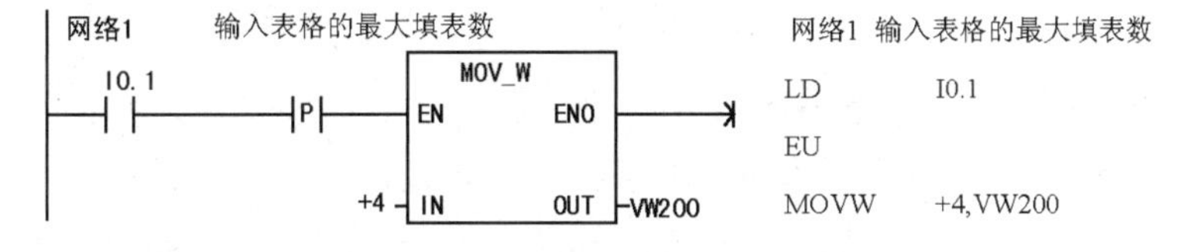

图 4-31　输入表格的最大填表数

确定表格的最大填表数后，可用表功能指令在表中存取字型数据。注意：所有的表格读取和表格写入指令必须用边沿触发指令激活。

1. 填表指令

填表（ATT）指令：向表格（TBL）中增加一个字（DATA），如图 4-32 所示。

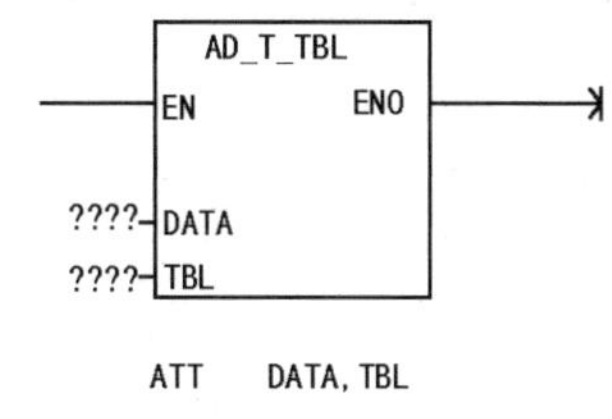

图 4-32　填表指令

说明：

（1）DATA 为数据输入端，其操作数为 VW，IW，QW，MW，SW，SMW，LW，T，C，AIW，AC，常量，*VD，*LD，*AC；数据类型为整数。

（2）TBL 为表格的首地址，其操作数为 VW，IW，QW，MW，SW，SMW，LW，T，C，*VD，*LD，*AC；数据类型为字。

（3）指令执行后，新填入的数据放在表格中最后一个数据的后面，EC 的值自动加 1。

（4）使 ENO = 0 的错误条件：0006（间接地址），0091（操作数超出范围），SM1.4（表溢出），SM4.3（运行时间）。

（5）填表指令影响特殊标志位：SM1.4（填入表的数据超出表的最大长度，SM1.4=1）。

例 4-14　填表指令应用举例。将 VW100 中的数据 2100，填入首地址是 VW200 的数据表中，程序及运行结果如图 4-33 所示。

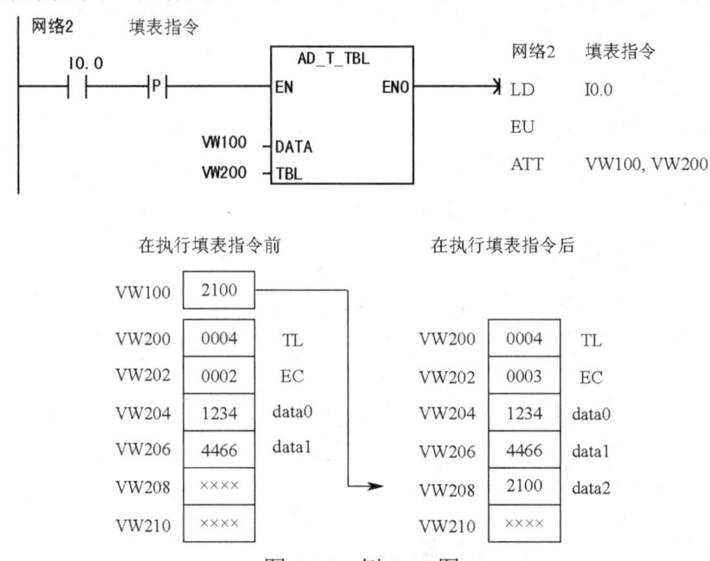

图 4-33　例 4-14 图

2. 表取数指令

从数据表中取数有先进先出（FIFO）和后进先出（LIFO）两种。执行表取数指令后，实际填表数 EC 值自动减 1。

先进先出指令（FIFO）：移出表格（TBL）中的第一个数（数据 0），并将该数值移至 DATA 指定存储单元，表格中的其他数据依次向上移动一个位置。

后进先出指令（LIFO）：将表格（TBL）中的最后一个数据移至输出端 DATA 指定的存储单元，表格中的其他数据位置不变。

表取数指令格式见表 4-23。

表 4-23　表取数指令格式

LAD	FIFO EN　ENO ????-TBL　DATA-????	LIFO EN　ENO ????-TBL　DATA-????
STL	FIFO　TBL，DATA	LIFO　TBL，DATA
说明	输入端 TBL 为数据表的首地址，输出端 DATA 为存放取出数值的存储单元	
操作数及数据类型	TBL：VW，IW，QW，MW，SW，SMW，LW，T，C，*VD，*LD，*AC 数据类型：字 DATA：VW，IW，QW，MW，SW，SMW，LW，AC，T，C，AQW，*VD，*LD，*AC 数据类型：整数	

使 ENO = 0 的错误条件：0006（间接地址），0091（操作数超出范围），SM1.5（空表）SM4.3（运行时间）。

对特殊标志位的影响：SM1.5（试图从空表中取数，SM1.5=1）。

例 4-15　数据表取数指令应用举例，如图 4-34 所示。

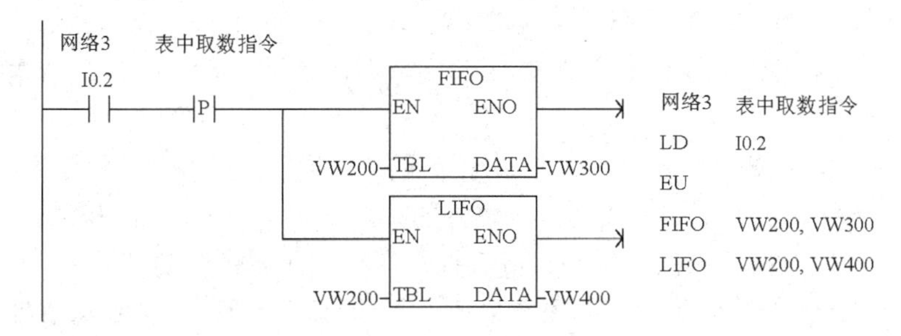

图 4-34　例 4-15 数据表取数指令举例

如图 4-35 所示，用 FIFO 指令取数，表中最前端数据被放入 VW300 中，用 LIFO 指令取数，表中最后端有效数据被放入 VW400 中。

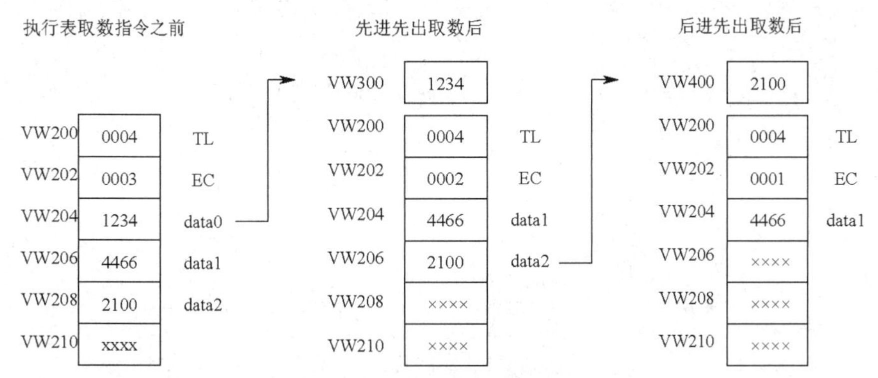

图 4-35　例 4-15 数据表取数指令执行过程

3. 表查找指令

表格查找（TBL-FIND）指令在表格（TBL）中搜索符合条件的数据在表中的位置（用数据编号表示，编号范围为 0～99）。其指令格式如图 4-36 所示。

1）梯形图中各输入端的介绍

TBL：表格的实际填表数对应的地址（第二个字地址），即高于对应的“增加至表格”、“后入先出”或“先入先出”指令 TBL 操作数的一个字地址（两个字节）。TBL 操作数为 VW，IW，QW，MW，SW，SMW，LW，T，C，*VD，*LD，*AC。数据类型为字。

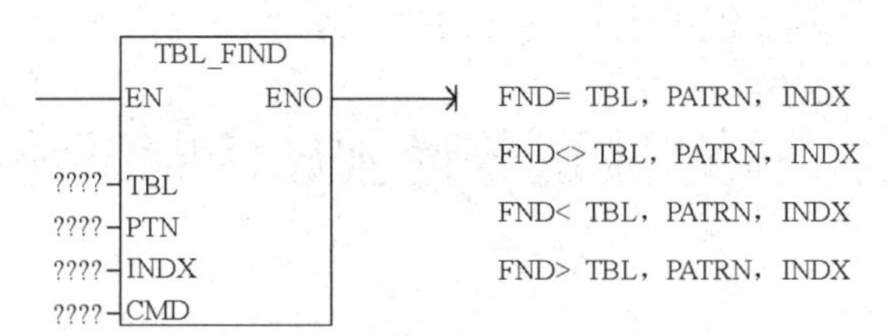

图 4-36　表格查找指令的格式

PTN：用来描述查表条件时进行比较的数据。PTN 操作数为 VW，IW，QW，MW，SW，SMW，AIW，LW，T，C，AC，常量，*VD，*LD，*AC。数据类型为整数。

INDX：搜索指针，即从 INDX 所指的数据编号开始查找，并将搜索到的符合条件的数据的编号放入 INDX 所指定的存储器。INDX 操作数为 VW，IW，QW，MW，SW，SMW，LW，T，C，AC，*VD，*LD，*AC。数据类型为字。

CMD：比较运算符，其操作数为常量 1～4，分别代表 =、<>、<、>。数据类型为字节。

2）功能说明

“表格查找”指令搜索表格时，从 INDX 指定的数据编号开始，寻找与数据 PTN 的关系满足 CMD 比较条件的数据。如果找到符合条件的数据，则 INDX 的值为该数据的编号。要查找下一个符合条件的数据，再次使用“表格查找”指令之前须将 INDX 加 1。如果没有找到符合条件的数据，INDX 的数值等于实际填表数 EC。一个表格最多可有 100 项数据，数据编号范围为 0～99。将 INDX 的值设为 0，则从表格的顶端开始搜索。

3）使 ENO=0 的错误条件

SM4.3（运行时间），0006（间接地址），0091（操作数超出范围）。

例 4-16　查表指令应用举例。程序及数据表如图 4-37 所示。

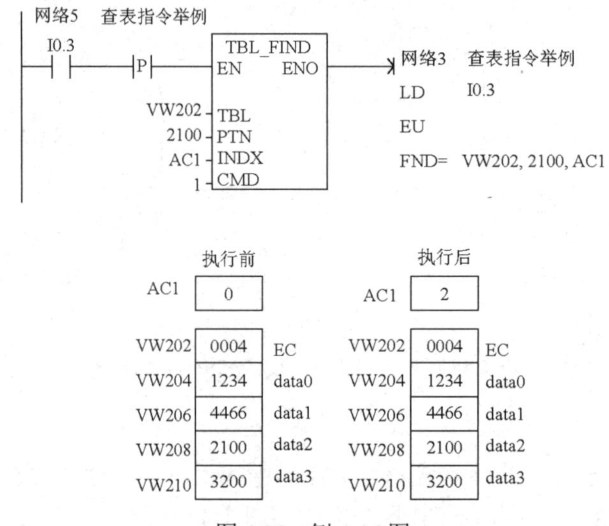

图 4-37　例 4-16 图

查表指令不需要 ATT 指令中的最大填表数 TL。因此，查表指令的 TBL 操作数比 ATT 指令的 TBL 操作数高两个字节。为了从表格的顶端开始搜索，AC1 的初始值应设为 0，查表指令执行后，先从 data0 开始比较，如不符合要求，AC1 加 1，比较 data1，……，以此类推，直到找到符合要求的数据。如果没有找到符合条件的数据，AC1=4（实际填表数）。

项目 4.3　PLC 改造普通刨床控制系统的分析

【项目目标】

（1）掌握 S7-200 PLC 中断指令的功能。

（2）掌握 S7-200 PLC 高速计数器指令、高速脉冲输出指令的功能。

（3）了解 S7-200 PLC 的 PID 指令的原理及 PID 控制功能、时钟指令。

（4）能够利用中断指令、高速处理指令编制典型工业控制系统程序。

【项目分析】

罗茨鼓风机是回转式鼓风机的一种，它不仅兼备往复和离心式风机的优点，还具有结构简单、操作容易、介质不被污染、压力改变时风量很少变化等优点，因此在各行各业中得到了广泛的应用。

罗茨风机的工作原理是两叶轮相啮合来实现鼓风进气，通过两叶轮啮合压缩气体而实现气体的鼓风换气（图 4-38），因此叶轮的加工质量非常重要。一般叶轮的线型为渐开线或摆线，需要两轴联动进行加工，目前最流行的方案是对一台普通牛头刨床进行数控改造，改造的方法是在刨床水平进给丝杆和垂直进给刀架丝杠上各加一台运动控制步进电动机（图 4-39），两台步进电动机共同作用使刀架上的刀具沿规定的轨迹运动，从而加工出转子型线。本项目重点是利用 PLC 中断指令和高速处理指令控制步进电动机进给，实现普通刨床的数控化改造。

图 4-38　罗茨风机工作原理示意图

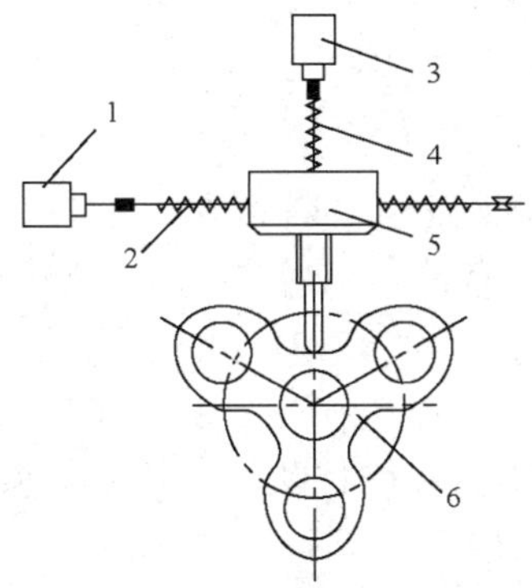

1—步进电动机；2—横向进给丝杠（X）；3—步进电动机；4—纵向进给丝杠（Z）；5—刀架；6—转子

图 4-39　普通牛头刨改造方案

【相关知识】

一、中断

所谓中断，是当控制系统执行正常程序时，系统中出现了某些亟待处理的异常情况或特殊请求，这时系统暂时中断现行程序，转去对随机发生的更紧迫事件进行处理，执行中断服务程序，当该事件处理完毕后，系统自动回到原来被中断的程序继续执行。

1. 中断源

中断源即发出中断请求的事件，又叫中断事件。为了便于识别，系统给每个中断源都分配了一个编号，称为中断事件号。S7-200 系列可编程控制器最多有 34 个中断源，分为三大类：通信中断、I/O 中断和时基中断。

1）通信中断

在 PLC 的自由口通信模式下，用户可通过编程来设置波特率、奇偶校验、通信协议等参数。用户通过编程控制通信端口的事件为通信中断。

2）I/O 中断

I/O 中断包括外部输入上升/下降沿中断、高速计数器中断和高速脉冲输出中断。S7-200 用输入（I0.0、I0.1、I0.2 或 I0.3）上升/下降沿产生中断。这些输入点用于捕获在发生时必须立即处理的事件。高速计数器中断指对高速计数器运行时产生的事件实时响应，包括当前值等于预设值时产生的中断、计数方向改变时产生的中断或计数器外部复位产生的中断。脉冲输出中断是指预定数目脉冲输出完成而产生的中断。

3）时基中断

时基中断包括定时中断和定时器 T32/T96 中断。定时中断用于支持一个周期性的活动。周期时间为 1～255ms，时基是 1ms。使用定时中断 0，必须在 SMB34 中写入周期时间；使用定时中断 1，必须在 SMB35 中写入周期时间。将中断程序连接在定时中断事件上，若定时中断被允许，则计时开始，每当达到定时时间值，执行中断程序。定时中断可以用来对模拟量输入进行采样或定期执行 PID 回路。

定时器 T32/T96 中断指允许对定时间间隔产生中断。这类中断只能用时基为 1ms 的定时器 T32/T96 构成。当中断被启用后，当前值等于预置值时，在 S7-200 执行正常 1ms 定时器更新的过程中，执行连接的中断程序。

2. 中断优先级和排队等候

优先级是指多个中断事件同时发出中断请求时，CPU 对中断事件响应的优先次序。S7-200 规定的中断优先级由高到低依次是：通信中断、I/O 中断和定时中断。每类中断中不同的中断事件又有不同的优先权，见表 4-24。S7-200 在各自的优先级组内按照先来先服务的原则为中断提供服务。在任何时刻，只能执行一个中断程序。一旦一个中断程序开始执行，则一直执行至完成，不能被另一个中断程序打断，即使是更高优先级的中断程序。中断程序执行中，新的中断请求按优先级排队等候。

3. 中断指令

中断指令有 4 条，包括开、关中断指令，中断连接、分离指令。指令格式见表 4-25。

表 4-24　中断事件及优先级

优先级分组	组内优先级	中断事件号	中断事件说明	中断事件类别
通信中断	0	8	通信口 0：接收字符	通信口 0
	0	9	通信口 0：发送完成	
	0	23	通信口 0：接收信息完成	
	1	24	通信口 1：接收信息完成	通信口 1

续表

优先级分组	组内优先级	中断事件号	中断事件说明	中断事件类别
	1	25	通信口 1：接收字符	
	1	26	通信口 1：发送完成	
I/O 中断	0	19	PTO 0 脉冲串输出完成中断	脉冲输出
	1	20	PTO 1 脉冲串输出完成中断	
	2	0	I0.0 上升沿中断	外部输入
	3	2	I0.1 上升沿中断	
	4	4	I0.2 上升沿中断	
	5	6	I0.3 上升沿中断	
	6	1	10.0 下降沿中断	
	7	3	I0.1 下降沿中断	
	8	5	I0.2 下降沿中断	
	9	7	I0.3 下降沿中断	
	10	12	HSC0 当前值=预置值中断	高速计数器
	11	27	HSC0 计数方向改变中断	
	12	28	HSC0 外部复位中断	
	13	13	HSC1 当前值=预置值中断	
	14	14	HSC1 计数方向改变中断	
	15	15	HSC1 外部复位中断	
	16	16	HSC2 当前值=预置值中断	
	17	17	HSC2 计数方向改变中断	
	18	18	HSC2 外部复位中断	
	19	32	HSC3 当前值=预置值中断	
	20	29	HSC4 当前值=预置值中断	
	21	30	HSC4 计数方向改变	
	22	31	HSC4 外部复位	
	23	33	HSC5 当前值=预置值中断	
定时中断	0	10	定时中断 0	定时
	1	11	定时中断 1	
	2	21	定时器 T32 CT=PT 中断	定时器
	3	22	定时器 T96 CT=PT 中断	

表 4-25　中断指令格式

LAD	—(ENI)	—(DISI)	ATCH: EN ENO; ????-INT; ????-EVNT	DTCH: EN ENO; ????-EVNT
STL	ENI	DISI	ATCH INT，EVNT	DTCH　EVNT
操作数及数据类型	无	无	INT：常量，0～127 EVNT：常量，CPU 224：0～23；27～33 INT/EVNT 数据类型：字节	EVNT：常量 CPU 224：0～23；7～33 数据类型：字节

1）开、关中断指令

开中断（ENI）指令全局性允许所有中断事件。关中断（DISI）指令全局性禁止所有中断事件，中断事件的每次出现均要排队等候，直至使用全局开中断指令重新启用中断。

PLC 转换到 RUN（运行）模式时，中断开始时被禁用，可以通过执行开中断指令，允许所有中断事件。执行关中断指令会禁止处理中断，但是允许发生的中断事件将继续排队等候。

2）中断连接、分离指令

中断连接（ATCH）指令将中断事件（EVNT）与中断程序号码（INT）相连接，并启用中断事件。

分离中断（DTCH）指令取消某中断事件（EVNT）与所有中断程序之间的连接，并禁用该中断事件。

注意：一个中断事件只能连接一个中断程序，但多个中断事件可以调用一个中断程序。

3）中断程序

中断程序是为处理中断事件而事先编好的程序。中断程序不是由程序调用的，而是在中断事件发生时由操作系统调用的。在中断程序中不能改写其他程序使用的存储器，最好使用局部变量。中断程序应实现特定的任务，应“越短越好”，中断程序由中断程序号开始，以无条件返回指令（CRETI）结束。在中断程序中禁止使用 DISI、ENI、HDEF、LSCR 和 END 指令。

例 4-17　中断程序举例，试编程完成采样工作，要求每 100ms 采样一次。

分析：每 100ms 须采样一次，可以使用定时中断。查表 4-24 可知，定时中断 0 的中断事件号为 10。因此在主程序（图 4-40（a））中将采样周期（100ms），即定时中断的时间间隔写入定时中断 0 的特殊存储器 SMB34，并将中断事件 10 和 INT_0 连接，开全局中断。在中断程序（图 4-40（b））中，将模拟量输入信号读入。

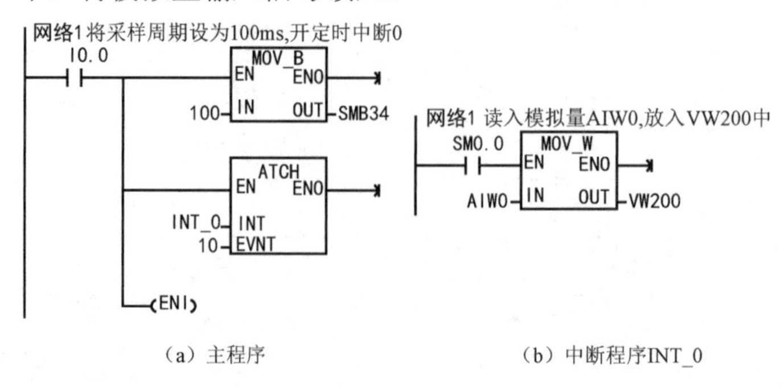

（a）主程序　　（b）中断程序INT_0

图 4-40　例 4-17 中断程序举例

二、高速计数器

高速计数器（High Speed Counter），HSC 在现代自动控制的精确定位控制领域有重要的应用价值。SIMATIC S7-200 系列 PLC 设计了高速计数功能（HSC），其计数自动进行，不受扫描周期的影响，最高计数频率取决于 CPU 的类型，CPU22x 系列最高计数频率为 30kHz，用于捕捉比 CPU 扫描速率更快的事件，并产生中断，执行中断程序，完成预定的操作。高速计数器最多可设置 12 种不同的操作模式。用高速计数器可实现高速运动的精确控制。

1．占用输入端子

CPU224 有 6 个高速计数器，其占用的输入端子见表 4-26。

注意：各高速计数器不同的输入端有专用的功能，例如，时钟脉冲端、方向控制端、复位端、启动端。同一个输入端不能用于两种不同的功能。但是高速计数器当前模式未使用的输入端均可用于其他用途，如作为中断输入端或数字量输入端。例如，如果在模式 2 中使用高速计数器 HSC0，模式 2 使用 I0.0 和 I0.2，则 I0.1 可用于其他用途。

表 4-26　高速计数器占用的输入端子

高速计数器	使用的输入端子
HSC0	I0.0，　I0.1，　I0.2
HSC1	I0.6，　I0.7，　I1.0，　I1.1
HSC2	I1.2，　I1.3，　I1.4，　I1.5
HSC3	I0.1
HSC4	I0.3，　I0.4，　I0.5
HSC5	I0.4

2．高速计数器的计数方式

（1）单路脉冲输入的内部方向控制加/减计数。即只有一个脉冲输入端，通过高速计数器的控制字节的第 3 位来控制做加计数或者减计数。该位=1，加计数；该位=0，减计数。如图 4-41 所示为内部方向控制的单路加/减计数。

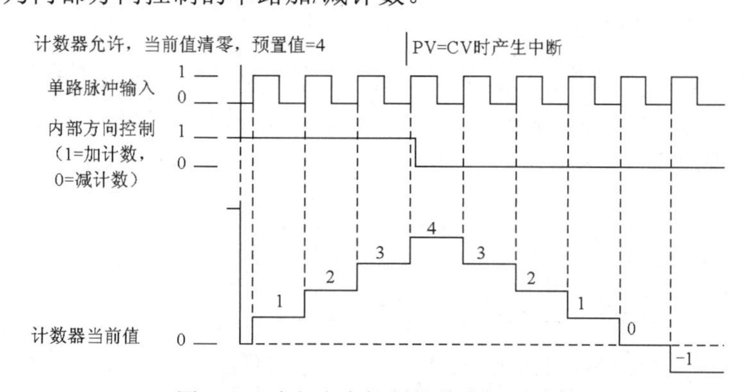

图 4-41　内部方向控制的单路加/减计数

（2）单路脉冲输入的外部方向控制加/减计数。即有一个脉冲输入端，有一个方向控制端，方向输入信号等于 1 时，加计数；方向输入信号等于 0 时，减计数。如图 4-42 所示为外部方向控制的单路加/减计数。

（3）两路脉冲输入的单相加/减计数。即有两个脉冲输入端，一个是加计数脉冲，一个是减计数脉冲，计数值为两个输入端脉冲的代数和，如图 4-43 所示。

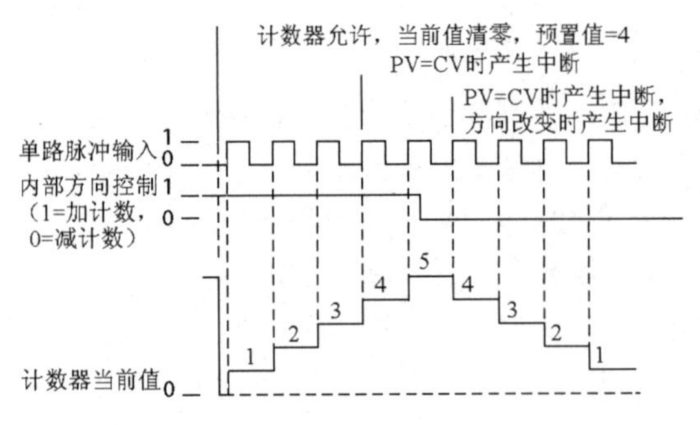

图 4-42　外部方向控制的单路加/减计数

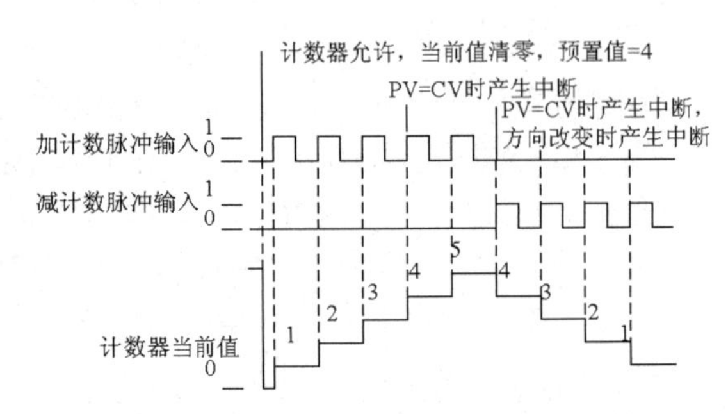

图 4-43　两路脉冲输入的加/减计数

（4）两路脉冲输入的双相正交计数。即有两个脉冲输入端，输入的两路脉冲 A 相、B 相，相位互差 90°（正交）。A 相超前 B 相 90° 时，加计数；A 相滞后 B 相 90° 时，减计数。在这种计数方式下，可选择 1x 模式（单倍频，一个时钟脉冲计一个数）和 4x 模式（四倍频，一个时钟脉冲计四个数），如图 4-44 和图 4-45 所示。

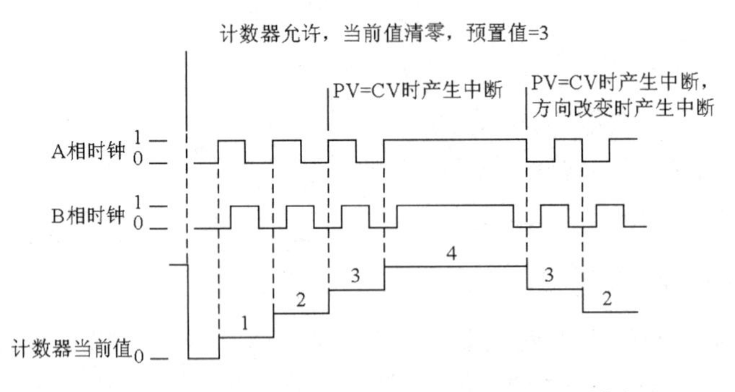

图 4-44　两路脉冲输入的双相正交计数 1x 模式

3．高速计数器的工作模式

高速计数器有 12 种工作模式，模式 0～模式 2 采用单路脉冲输入的内部方向控制加/减计数，模式 3～模式 5 采用单路脉冲输入的外部方向控制加/减计数，模式 6～模式 8 采用两路脉冲输入的加/减计数，模式 9～模式 11 采用两路脉冲输入的双相正交计数。

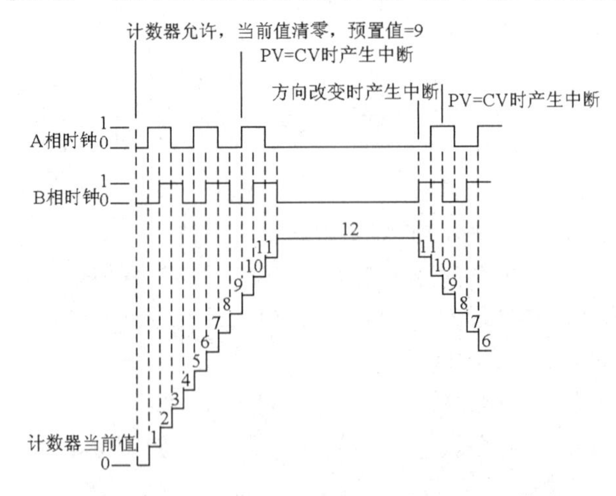

图 4-45　两路脉冲输入的双相正交计数 4x 模式

S7-200 CPU224 有 HSC0～HSC56 个高速计数器，每个高速计数器有多种不同的工作模式。HSC0 和 HSC4 有模式 0、1、3、4、6、7、8、9、10，HSC1 和 HSC2 有模式 0～模式 11，HSC3 和 HSC5 只有模式 0。每种高速计数器所拥有的工作模式与其占有的输入端子的数目有关，见表 4-27。

表 4-27　高速计数器的工作模式和输入端子的关系及说明

HSC 编号及输入 / HSC 模式	功能及说明	占用的输入端子及其功能			
	HSC0	I0.0	I0.1	I0.2	×
	HSC4	I0.3	I0.4	I0.5	×
	HSC1	I0.6	I0.7	I1.0	I1.1
	HSC2	I1.2	I1.3	I1.4	I1.5
	HSC3	I0.1	×	×	×
	HSC5	I0.4	×	×	×
0	单路脉冲输入的内部方向控制加/减计数 控制字 SM37.3=0，减计数 SM37.3=1，加计数	脉冲输入端	×	×	×
1			×	复位端	×
2			×	复位端	启动
3	单路脉冲输入的外部方向控制加/减计数 方向控制端=0，减计数 方向控制端=1，加计数	脉冲输入端	方向控制端	×	×
4				复位端	×
5				复位端	启动
6	两路脉冲输入的单相加/减计数 加计数有脉冲输入，加计数 减计数有脉冲输入，减计数	加计数脉冲输入端	减计数脉冲输入端	×	×
7				复位端	×
8				复位端	启动
9	两路脉冲输入的双相正交计数 A 相脉冲超前 B 相脉冲，加计数 A 相脉冲滞后 B 相脉冲，减计数	A 相脉冲输入端	B 相脉冲输入端	×	×
10				复位端	×
11				复位端	启动

说明：×表示没有。

选用某个高速计数器在某种工作方式下工作后，高速计数器所使用的输入不是任意选择的，必须从系统指定的输入点输入信号。如 HSC1 在模式 11 下工作，就必须用 I0.6 作为 A 相脉冲输入端，I0.7 作为 B 相脉冲输入端，I1.0 作为复位端，I1.1 作为启动端。

4．高速计数器的控制字和状态字

1）控制字节

定义了计数器和工作模式之后，还要设置高速计数器的有关控制字节。每个高速计数器均有一个控制字节，它决定了计数器的计数允许或禁用、方向控制（仅限模式 0、1 和 2）或对所有其他模式的初始化计数方向、装入当前值和预置值。控制字节每个控制位的说明见表 4-28。

表 4-28　HSC 的控制字节

HSC0	HSC1	HSC2	HSC3	HSC4	HSC5	说　明
SM37.0	SM47.0	SM57.0		SM147.0		复位有效电平控制： 0=复位信号高电平有效，1=低电平有效
	SM47.1	SM57.1				启动有效电平控制： 0=启动信号高电平有效，1=低电平有效
SM37.2.	SM47.2	SM57.2		SM147.2		正交计数器计数速率选择： 0=4×计数速率，1=1×计数速率
SM37.3	SM47.3	SM57.3	SM137.3	SM147.3	SM157.3	计数方向控制位： 0＝减计数，1＝加计数
SM37.4	SM47.4	SM57.4	SM137.4	SM147.4	SM157.4	向 HSC 写入计数方向： 0＝无更新，1＝更新计数方向
SM37.5	SM47.5	SM57.5	SM137.5	SM147.5	SM157.5	向 HSC 写入新预置值： 0＝无更新，1＝更新预置值
SM37.6	SM47.6	SM57.6	SM137.6	SM147.6	SM157.6	向 HSC 写入新当前值： 0＝无更新，1＝更新当前值
SM37.7	SM47.7	SM57.7	SM137.7	SM147.7	SM157.7	HSC 允许： 0＝禁用 HSC，1＝启用 HSC

2）状态字节

每个高速计数器都有一个状态字节，状态位表示当前计数方向以及当前值是否大于或等于预置值。每个高速计数器状态字节的状态位见表 4-29。状态字节的 0～4 位不用。监控高速计数器状态的目的是使外部事件产生中断，以完成重要的操作。

表 4-29　高速计数器状态字节的状态位

HSC0	HSC1	HSC2	HSC3	HSC4	HSC5	说　明
SM36.5	SM46.5	SM56.5	SM136.5	SM146.5	SM156.5	当前计数方向状态位： 0＝减计数，1＝加计数
SM36.6	SM46.6	SM56.6	SM136.6	SM146.6	SM156.6	当前值等于预设值状态位： 0＝不相等，1＝等于
SM36.7	SM46.7	SM56.7	SM136.7	SM146.7	SM156.7	当前值大于预设值状态位： 0＝小于或等于，1＝大于

5．高速计数器指令

高速计数器指令有两条：高速计数器定义指令 HDEF、高速计数器指令 HSC。指令格式见表 4-30。

（1）高速计数器定义指令 HDEF 指定高速计数器（HSCx）的工作模式。工作模式的选择即选择高速计数器的输入脉冲、计数方向、复位和启动功能。每个高速计数器只能用一条“高速计数器定义”指令。

（2）高速计数器指令 HSC。根据高速计数器控制位的状态和按照 HDEF 指令指定的工作模式来控制高速计数器。参数 N 指定高速计数器的号码。

表 4-30　高速计数器指令格式

LAD	HDEF EN　ENO ????-HSC ????-MODE	HSC EN　ENO ????-N
STL	HDEF　HSC，MODE	HSC　N
功能说明	高速计数器定义指令 HDEF	高速计数器指令 HSC
操作数	HSC：高速计数器的编号，为常量（0～5） 数据类型：字节 MODE：工作模式，为常量（0～11） 数据类型：字节	N：高速计数器的编号，为常量（0～5） 数据类型：字
ENO=0 的出错条件	SM4.3（运行时间），0003（输入点冲突），0004（中断中的非法指令），000A（HSC 重复定义）	SM4.3　（运行时间），0001（HSC 在 HDEF 之前），0005（HSC/PLS 同时操作）

6．高速计数器指令的使用

（1）每个高速计数器都有一个 32 位当前值和一个 32 位预置值，当前值和预设值均为带符号的整数值。要设置高速计数器的新当前值和新预置值，必须设置控制字节（表 4-28），令其第 5 位和第 6 位为 1，允许更新预置值和当前值，新当前值和新预置值写入特殊内部标志位存储区。然后执行 HSC 指令，将新数值传输到高速计数器。当前值和预置值占用的特殊内部标志位存储区见表 4-31。

表 4-31　HSC0～HSC5 当前值和预置值占用的特殊内部标志位存储区

要装入的数值	HSC0	HSC1	HSC2	HSC3	HSC4	HSC5
新的当前值	SMD38	SMD48	SMD58	SMD138	SMD148	SMD158
新的预置值	SMD42	SMD52	SMD62	SMD142	SMD152	SMD162

除控制字节以及新预设值和当前值保持字节外，还可以使用数据类型 HC（高速计数器当前值）加计数器号码（0、1、2、3、4 或 5）读取每台高速计数器的当前值。因此，读取操作可直接读取当前值，但只有用上述 HSC 指令才能执行写入操作。

（2）执行 HDEF 指令之前，必须将高速计数器控制字节的位设置成需要的状态，否则将采用默认设置。默认设置为：复位和启动输入高电平有效，正交计数速率选择 4x 模式。执行 HDEF 指令后，就不能再改变计数器的设置，除非 CPU 进入停止模式。

（3）执行 HSC 指令时，CPU 检查控制字节和有关的当前值和预置值。

7．高速计数器指令的初始化

高速计数器指令初始化的步骤如下。

（1）用首次扫描时接通一个扫描周期的特殊内部存储器 SM0.1 去调用一个子程序，完成初始化操作。因为采用了子程序，在随后的扫描中，不必再调用这个子程序，以减少扫描时间，使程序结构更好。

（2）在初始化的子程序中，根据希望的控制设置控制字（SMB37、SMB47、SMB137、SMB147、SMB157），如设置 SMB47=16#F8，则为：允许计数，写入新当前值，写入新预置值，更新计数方向为加计数，正交计数设为 4x，复位和启动设置为高电平有效。

（3）执行 HDEF 指令，设置 HSC 的编号（0～5），设置工作模式（0～11）。如 HSC 的编号设置为 1，工作模式输入设置为 11，则为既有复位又有启动的正交计数工作模式。

（4）用新的当前值写入 32 位当前值寄存器（SMD38，SMD48，SMD58，SMD138，SMD148，SMD158）。如写入 0，则清除当前值，用指令 MOVD　0，SMD48 实现。

（5）用新的预置值写入 32 位预置值寄存器（SMD42 ，SMD52，SMD62，SMD142，SMD152，SMD162）。如执行指令 MOVD　8000，SMD52，则设置预置值为 8000。若写入预置值为 16#00，则高速计数器处于不工作状态。

（6）为了捕捉当前值等于预置值的事件，将条件 CV=PV 中断事件（事件 13）与一个中断程序相联系。为了捕捉计数方向的改变，将方向改变的中断事件（事件 14）与一个中断程序相联系。为了捕捉外部复位，将外部复位中断事件（事件 15）与一个中断程序相联系。

（7）执行全局中断允许指令（ENI）允许 HSC 中断。

（8）执行 HSC 指令使 S7-200 对高速计数器进行编程。

（9）结束子程序。

三、高速脉冲输出

SIMATIC S7-200 CPU22x 系列 PLC 还设有高速脉冲输出，输出频率可达 20kHz，用于 PTO（输出一个频率可调、占空比为 50%的脉冲）和 PWM（输出占空比可调的脉冲），高速脉冲输出的功能可用于对电动机进行速度控制及位置控制和控制变频器使电动机调速。

1. 高速脉冲输出占用的输出端子

S7-200 有 PTO、PWM 两台高速脉冲发生器。PTO 脉冲串功能可输出指定个数、指定周期的方波脉冲（占空比 50%）；PWM 功能可输出脉宽变化的脉冲信号，用户可以指定脉冲的周期和脉冲的宽度。若一台发生器指定给数字输出点 Q0.0，另一台发生器则指定给数字输出点 Q0.1。当 PTO、PWM 发生器控制输出时，将禁止输出点 Q0.0、Q0.1 正常使用；当不使用 PTO、PWM 高速脉冲发生器时，输出点 Q0.0、Q0.1 恢复正常使用，即由输出映象寄存器决定其输出状态。

2. 脉冲输出（PLS）指令

脉冲输出（PLS）指令功能为：使能有效时，检查用于脉冲输出（Q0.0 或 Q0.1）的特殊存储器位（SM），然后执行特殊存储器位定义的脉冲操作，指令格式见表 4-32。

表 4-32　脉冲输出（PLS）指令格式

LAD	STL	操作数及数据类型
PLS EN　ENO ???? Q0.X	PLS　Q	Q：常量（0 或 1） 数据类型：字

3. 用于脉冲输出（Q0.0 或 Q0.1）的特殊存储器

1）控制字节和参数的特殊存储器

每个 PTO/PWM 发生器都有一个控制字节（8 位）、一个脉冲计数值（无符号的 32 位数值）、一个周期时间和脉宽值（无符号的 16 位数值）。这些值都放在特定的特殊存储区（SM），见表 4-33。执行 PLS 指令时，S7-200 读这些特殊存储器位（SM），然后执行特殊存储器位定义的脉冲操作，即对相应的 PTO/PWM 发生器进行编程。

表 4-33　脉冲输出（Q0.0 或 Q0.1）的特殊存储器

Q0.0 和 Q0.1 对 PTO/PWM 输出的控制字节		
Q0.0	Q0.1	说　明
SM67.0	SM77.0	PTO/PWM 刷新周期值，0—不刷新，1—刷新
SM67.1	SM77.1	PWM 刷新脉冲宽度值，0—不刷新，1—刷新
SM67.2	SM77.2	PTO 刷新脉冲计数值，0—不刷新，1—刷新
SM67.3	SM77.3	PTO/PWM 时基选择，0—1μs，1—1ms
SM67.4	SM77.4	PWM 更新方法，0—异步更新，1—同步更新
SM67.5	SM77.5	PTO 操作，0—单段操作，1—多段操作
SM67.6	SM77.6	PTO/PWM 模式选择，0—选择 PTO，1—选择 PWM
SM67.7	SM77.7	PTO/PWM 允许，0—禁止，1—允许
Q0.0 和 Q0.1 对 PTO/PWM 输出的周期值		
Q0.0	Q0.1	说　明
SMW68	SMW78	PTO/PWM 周期时间值（范围：2～65535）
Q0.0 和 Q0.1 对 PTO/PWM 输出的脉宽值		
Q0.0	Q0.1	说　明
SMW70	SMW80	PWM 脉冲宽度值（范围：0～65535）
Q0.0 和 Q0.1 对 PTO 脉冲输出的计数值		
Q0.0	Q0.1	说　明
SMD72	SMD82	PTO 脉冲计数值（范围：1～4294967295）
SMB166	SMB176	段号（仅用于多段 PTO 操作），多段流水线 PTO 运行中的段的编号
SMW168	SMW178	包络表起始位置，用距离 V0 的字节偏移量表示（仅用于多段 PTO 操作）
Q0.0 和 Q0.1 的状态位		
Q0.0	Q0.1	说　明
SM66.4	SM76.4	PTO 包络由于增量计算错误异常终止，0—无错，1—异常终止
SM66.5	SM76.5	PTO 包络由于用户命令异常终止，0—无错，1——异常终止
SM66.6	SM76.6	PTO 流水线溢出，0—无溢出，1—溢出
SM66.7	SM76.7	PTO 空闲，0—运行中，1—PTO 空闲

例 4-18　设置控制字节。用Q0.0作为高速脉冲输出，对应的控制字节为SMB67，如果希望定义的输出脉冲操作为PTO操作，允许脉冲输出，多段PTO脉冲串输出，时基为ms，设定周期值和脉冲数，则应向SMB67写入2#10101101，即16#AD。

通过修改脉冲输出（Q0.0或Q0.1）的特殊存储器SM区（包括控制字节），可以更改PTO或PWM的输出波形，然后再执行PLS指令。

注意：所有控制位、周期、脉冲宽度和脉冲计数值的默认值均为零。向控制字节（SM67.7或SM77.7)的PTO/PWM允许位写入0，然后执行PLS指令，将禁止PTO或PWM波形的生成。

2）状态字节的特殊存储器

除了控制信息外，还有用于PTO功能的状态位。程序运行时，根据运行状态使某些位自动置位。可以通过程序来读取相关位的状态，用此状态作为判断条件，实现相应的操作。

4. 对输出的影响

PTO/PWM生成器和输出映象寄存器共用Q0.0和Q0.1。在Q0.0或Q0.1使用PTO或PWM功能时，PTO/PWM发生器控制输出，并禁止输出点的正常使用，输出波形不受输出映象寄存器状态、输出强制、执行立即输出指令的影响；在Q0.0或Q0.1位置没有使用PTO或PWM功能时，输出映象寄存器控制输出，所以输出映象寄存器决定输出波形的初始和结束状态，即决定脉冲输出波形从高电平或低电平开始和结束，使输出波形有短暂的不连续，为了减小这种不连续有害影响，应注意以下两点。

（1）可在进行PTO或PWM操作之前，将用于Q0.0和Q0.1的输出映象寄存器设为0。

（2）PTO/PWM输出必须至少有10%的额定负载，才能完成从关闭至打开以及从打开至关闭的顺利转换，即提供陡直的上升沿和下降沿。

5. PTO的使用

PTO是可以指定脉冲数和周期的占空比为50%的高速脉冲串的输出。状态字节中的最高位（空闲位）用来指示脉冲串输出是否完成。可在脉冲串完成时启动中断程序，若使用多段操作，则在包络表完成时启动中断程序。

1）周期和脉冲数

周期范围为50μs～65535μs或2ms～65535ms，为16位无符号数，时基有μs和ms两种，通过控制字节的第三位选择。

注意：如果周期小于两个时间单位，则周期的默认值为两个时间单位。

周期设定奇数微秒或毫秒（如75ms）会引起波形失真。

脉冲计数范围为1～4294967295，为32位无符号数，如设定脉冲计数为0，则系统默认脉冲计数值为1。

2）PTO的种类及特点

PTO功能可输出多个脉冲串，现用脉冲串输出完成时，新的脉冲串输出立即开始。这样就保证了输出脉冲串的连续性。PTO功能允许多个脉冲串排队，从而形成流水线。流水线分为两种：单段流水线和多段流水线。

单段流水线是指流水线中每次只能存储一个脉冲串的控制参数，初始PTO段一旦启动，必须按照对第二个波形的要求立即刷新SM，并再次执行PLS指令，第一个脉冲串完成，第二个波形输出立即开始，重复此步骤可以实现多个脉冲串的输出。

单段流水线中的各段脉冲串可以采用不同的时间基准，但有可能造成脉冲串之间的不平稳过渡。输出多个高速脉冲时，编程较复杂。

多段流水线是指在变量存储区 V 建立一个包络表。包络表存放每个脉冲串的参数，执行 PLS 指令时，S7 –200 PLC 自动按包络表中的顺序及参数进行脉冲串输出。包络表中每段脉冲串的参数占用 8 个字节，由一个 16 位周期值（2 字节）、一个 16 位周期增量值（2 字节）和一个 32 位脉冲计数值（4 字节）组成。包络表的格式见表 4-34。

表 4-34　包络表的格式

从包络表起始地址的字节偏移	段	说　明
VB_n		段数（1～255）；数值 0 产生非致命错误，无 PTO 输出
VB_{n+1}	段 1	初始周期（2～65535 个时基单位）
VB_{n+3}		每个脉冲的周期增量（符号整数：-32768～32767 个时基单位）
VB_{n+5}		脉冲数（1～4294967295）
VB_{n+9}	段 2	初始周期（2～65535 个时基单位）
VB_{n+11}		每个脉冲的周期增量（符号整数：-32768～32767 个时基单位）
VB_{n+13}		脉冲数（1～4294967295）
VB_{n+17}	段 3	初始周期（2～65535 个时基单位）
VB_{n+19}		每个脉冲的周期增量值（符号整数：-32768～32767 个时基单位）
VB_{n+21}		脉冲数（1～4294967295）

注意：周期增量值为整数微秒或毫秒。

多段流水线的特点是编程简单，能够通过指定脉冲的数量自动增加或减少周期，周期增量值为正值会增加周期，周期增量值为负值会减少周期，若为零，则周期不变。在包络表中的所有脉冲串必须采用同一时基，在多段流水线执行时，包络表的各段参数不能改变。多段流水线常用于步进电动机的控制。

3）多段流水线 PTO 初始化和操作步骤

用一个子程序实现 PTO 初始化，首次扫描（SM0.1）时从主程序调用初始化子程序，执行初始化操作。以后的扫描不再调用该子程序，这样可减少扫描时间，程序结构更好。

初始化操作步骤如下。

（1）首次扫描（SM0.1）时将输出 Q0.0 或 Q0.1 复位（置 0），并调用完成初始化操作的子程序。

（2）在初始化子程序中，根据控制要求设置控制字并写入 SMB67 或 SMB77 特殊存储器。如写入 16#A0（选择微秒递增）或 16#A8（选择毫秒递增），两个数值表示允许 PTO 功能、选择 PTO 操作、选择多段操作，以及选择时基（微秒或毫秒）。

（3）将包络表的首地址（16 位）写入 SMW168（或 SMW178）。

（4）在变量存储器 V 中，写入包络表的各参数值。一定要在包络表的起始字节中写入段数。在变量存储器 V 中建立包络表的过程也可以在一个子程序中完成，在此只要调用设置包络表的子程序即可。

（5）设置中断事件并全局开中断。如果想在 PTO 完成后，立即执行相关功能，则须设置中断，将脉冲串完成事件（中断事件号 19）与一中断程序连接。

（6）执行 PLS 指令，使 S7-200 为 PTO/PWM 发生器编程，高速脉冲串由 Q0.0 或 Q0.1 输出。

（7）退出子程序。

例 4-19　步进电动机的控制要求如图 4-46 所示。从 *A* 点到 *B* 点为加速过程，从 *B* 点到 *C* 点为恒速运行，从 *C* 点到 *D* 点为减速过程。根据控制要求列出 PTO 包络表，并编程实现步进电动机的控制。

如图 4-46 所示流水线可以分为 3 段，须建立 3 段脉冲的包络表。起始和终止脉冲频率为 2kHz，最大脉冲频率为 10kHz，所以起始和终止周期为 500μs，与最大频率的周期为 100μs。*AB* 段：加速运行，应在约 200 个脉冲时达到最大脉冲频率。*BC* 段：恒速运行，约（4000−200−200）=3600 个脉冲。*CD* 段：减速运行，应在约 200 个脉冲时完成。

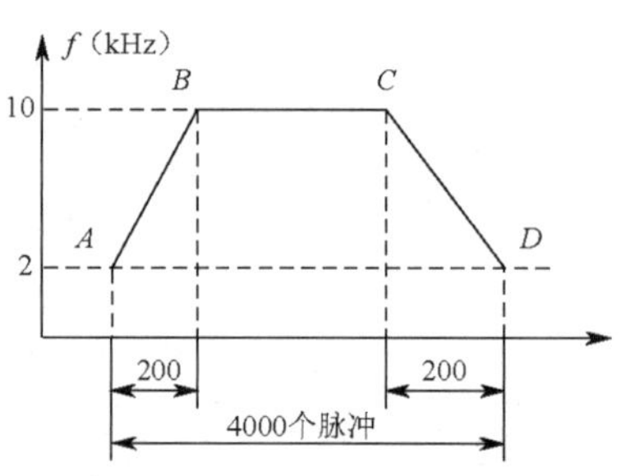

图 4-46　例 4-19 步进电动机的控制要求

某段每个脉冲周期增量值可用下式确定：

周期增量值=（该段结束时的周期时间−该段初始的周期时间）/该段的脉冲数

从而，可计算出 *AB* 段的周期增量值为−2μs，*BC* 段的周期增量值为 0，*CD* 段的周期增量值为 2 μs。假设包络表位于从 VB200 开始的存储区中，包络表见表 4-35。

表 4-35　例 4-19 包络表

V 变量存储器地址	段号	参数值	说　明
VB200		3	段数
VB201	段 AB	500μs	初始周期
VB203		−2μs	每个脉冲的周期增量
VB205		200	脉冲数
VB209	段 BC	100μs	初始周期
VB211		0	每个脉冲的周期增量
VB213		3600	脉冲数
VB217	段 CD	100μs	初始周期
VB219		2 μs	每个脉冲的周期增量
VB221		200	脉冲数

在程序中，通过传送指令可将表中的数据送入 VB200 开始的存储区中。步进电动机控制梯形图如图 4-47 所示。

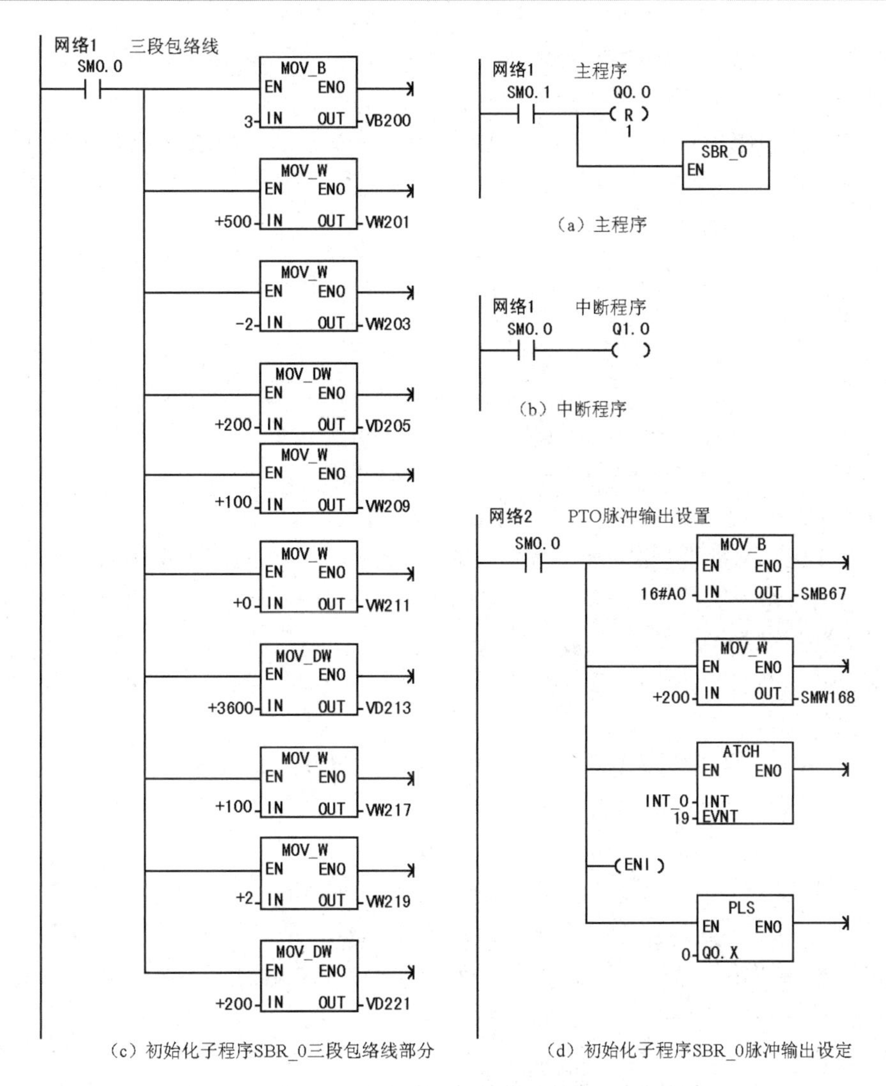

图 4-47　例 4-19 主程序，初始化子程序，中断程序

6．PWM 的使用

PWM 是脉宽可调的高速脉冲输出，通过控制脉宽和脉冲的周期来实现控制任务。

1）周期和脉宽

周期和脉宽时基为：微秒或毫秒，均为 16 位无符号数。

周期的范围为 50～65535μs，或 2～65535ms。若周期小于两个时基，则系统默认为两个时基。

脉宽范围从 0～65535μs 或 0～65535ms。若脉宽大于等于周期，占空比=100%，则输出连续接通。若脉宽= 0，占空比为 0%，则输出断开。

2）更新方式

有两种改变 PWM 波形的方法：同步更新和异步更新。

同步更新：不用改变时基时，可以用同步更新。执行同步更新时，波形的变化发生在周期的边缘，形成平滑转换。

异步更新：需要改变 PWM 的时基时，应使用异步更新。异步更新使高速脉冲输出功能被瞬时禁用，与 PWM 波形不同步。这样可能造成控制设备振动。

常见的 PWM 操作是脉冲宽度不同，但周期保持不变，即不要求时基改变。因此先选择适合于所有周期的时基，尽量使用同步更新。

3）PWM 初始化和操作步骤

（1）用首次扫描位（SM0.1）使输出位复位为 0，并调用初始化子程序。这样可减少扫描时间，程序结构更合理。

（2）在初始化子程序中设置控制字节。如将 16#D3（时基微秒）或 16#DB（时基毫秒）写入 SMB67 或 SMB77，控制功能为：允许 PTO/PWM 功能、选择 PWM 操作、设置更新脉冲宽度和周期数值，以及选择时基（微秒或毫秒）。

（3）在 SMW68 或 SMW78 中写入一个字长的周期值。

（4）在 SMW70 或 SMW80 中写入一个字长的脉宽值。

（5）执行 PLS 指令，使 S7-200 为 PWM 发生器编程，并由 Q0.0 或 Q0.1 输出。

（6）可为下一输出脉冲预设控制字。在 SMB67 或 SMB77 中写入 16#D2（微秒）或 16#DA（毫秒）控制字节将禁止改变周期值，允许改变脉宽。以后只要装入一个新的脉宽值，不用改变控制字节，直接执行 PLS 指令就可改变脉宽值。

（7）退出子程序。

例 4-20　PWM 应用举例。设计控制程序，从 PLC 的 Q0.0 循环输出指定要求的高速脉冲。要求如下：该串脉冲脉宽的初始值为 0.1s，周期固定为 1s，其脉宽每周期递增 0.1s，当脉宽达到设定的 1s 时，脉宽改为每周期递减 0.1s，直到脉宽减为 0。

分析：因为每个周期都有操作，所以要把 Q0.0 接到 I0.0，采用输入中断的方法完成控制任务，需要编写两个中断程序，一个中断程序实现脉宽递增，一个中断程序实现脉宽递减，并设置标志位。在初始化操作时使其置位，执行脉宽递增中断程序，当脉宽达到 1s 时，使其复位，执行脉宽递减中断程序。程序如图 4-48 所示。

【实施步骤】

1. 控制方案的确定

改造后的数控刨床要完成罗茨泵转子的自动加工，必须具备简单数控机床的基本功能，即：

（1）开机后通过回参考点功能，回参考点，当减速开关被压下后步进电动机停止，此时坐标显示清零。由此确定此处为机床原点。

（2）回参考点后，在手动方式下手动对刀，寻找编程原点。在此工作方式下，手按下某方向坐标开关，可以控制步进电动机向该方向行驶，连续按连续走，不按不走，且高速挡与低速挡可以切换，以便在靠近工件时，刀具以很慢的速度靠近对刀部位，不会发生碰撞。

（3）在自动方式下，按存储数据自动进行指定系列的罗茨泵转子加工。

（4）为能够帮助操作人员直观地了解加工情况，最好还能具有实时坐标显示等提示功能和一些安全保护功能，如超程限位等。

根据上述要求可知，系统的控制系统至少要包括可编程序控制器、步进电动机、光电脉冲编码器、步进电动机驱动器、行程限位开关和减速开关、显示触摸屏等。

考虑到该改造机床要承担 1～6 号甚至更大机型罗茨泵转子的加工，因此步进电动机和驱动器的要求稍高，能够适应中等机床的切削要求，并且精度要求也较高。

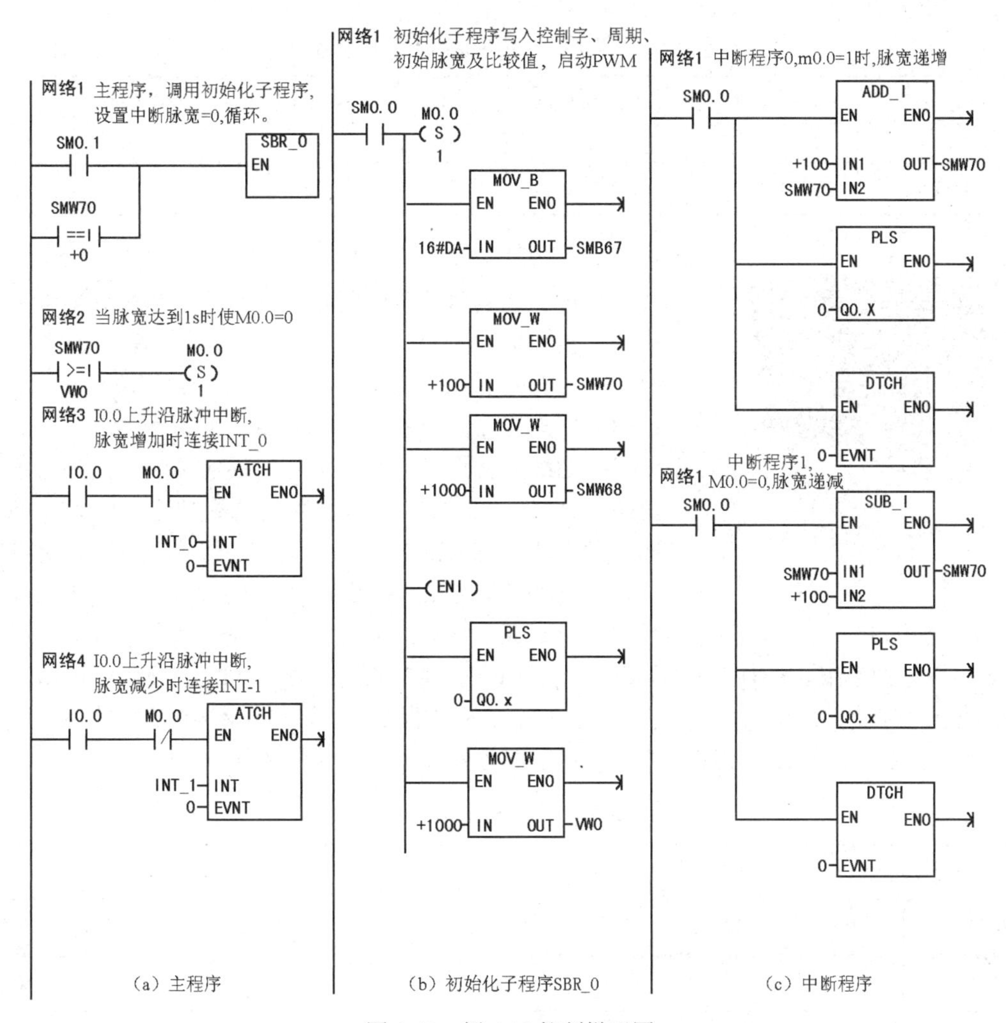

图 4-48　例 4-20 控制梯形图

2．PLC 选型

基于上述分析，系统输入接口至少要包括 X、Z 两个方向的限位开关，回原点开关和两个方向的编码器相位输入，回参考点、手动、编辑、自动四个工作状态，高速和低速两个挡位、X 和 Z 正负方向手动行驶按钮，再加上启动和停止按钮，系统的输入数字节点达到了 22 个，系统的输出包括驱动 X、Z 两个方向步进电动机驱动器，工作状态显示灯等，需要至少 10 个输出节点。参考西门子 S7-200 产品目录及市场实际价格，选用 CPU226 PLC（24 输入/16 输出）来组建控制系统。

3．I/O 口分配与外围控制电路设计

1）步进电动机

根据切削要求，系统选用两台 110BYG350D 三相六拍步进电动机，每转为 600 个脉冲。其规格见表 4-36，步进电动机外形如图 4-49 所示。

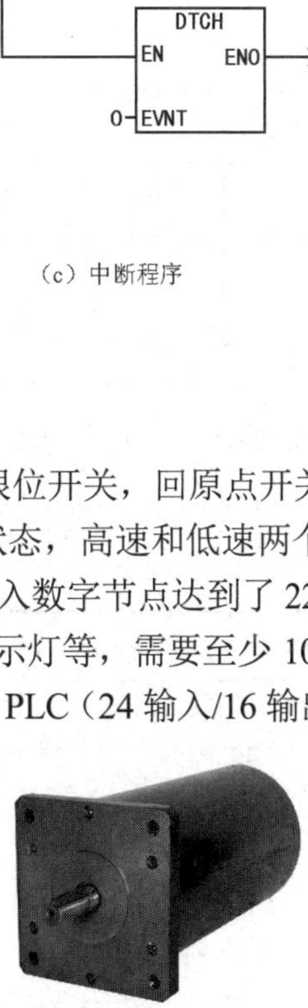

图 4-49　110BYG350D 步进电动机外形

表 4-36　110BYG350D 步进电动机规格

型号	步距角（Deg）	电压（V）	电流（A）	保持转距（N•m）	定位转距（N•m）	重量（kg）
110BYG350D	0.6/1.2	80~325	3	25	0.7	15

2）步进电动机驱动器

图 4-50　HM380A 步进电动机驱动器外形

步进电动机驱动器选用 HM380A 等角度恒力矩细分型驱动器，驱动电压为 110V～220VAC，适配电流在 8.0A 以下，外径为 86～130mm 的各种型号的三相混合式步进电动机。该驱动器具有细分功能，其外形如图 4-50 所示。

所谓细分就是指电动机运行时的实际步矩角为基本步距角的几分之一。HM380A 驱动器有两组细分，每组 16 挡，由 16 位拨码开关 SM1/SM2 分别设定。当 SM 细分设定选择信号为低电平时选定由 SM1 组所设定的细分，高电平时选定由 SM2 设定的细分，用户可把这两组细分设置成不同的细分数。在高速时用低细分的一组，低速时用高细分的一组。SM1 设定见表 4-37，SM2 与 SM1 细分设定相同。在无细分的情况下，驱动器发出 600 个脉冲，电动机转一圈，在有细分的模式下，如选 SM1=5 的模式下，驱动器发出 6000 个脉冲，电动机才转一圈，实际步距角只有原来的十分之一。

表 4-37　SM1 设定表

SM1	F	E	D	C	B	A	9	8
脉冲数/圈	400	500	600	800	1000	1200	2000	3000
SM1	7	6	5	4	3	2	1	0
脉冲数/圈	4000	5000	6000	10000	12000	20000	30000	60000

特别要注意的是，驱动器与 PLC 的连接与驱动器上选择开关设定有关，不同的设定方法，意味着输入信号的不同。选择开关的设定见表 4-38。

表 4-38　选择开关的设定表

选择开关	开关状态	功 能 描 述
DP1	ON	双脉冲，PU 为正相步进脉冲信号，DR 为反相步进脉冲信号
DP1	OFF	单脉冲，PU 为步进脉冲信号，DR 为方向控制信号
DP2	ON	驱动器内部，此时细分数须设置为 2000～10000 脉冲数/转
DP2	OFF	接收外部脉冲

在本系统中，设定 DP1 和 DP2 为 OFF 模式。

步进电动机驱动器端子含义见表 4-39。

表 4-39　步进电动机端子设定表

端子	功　能	描　述
PU+	输入信号光电隔离正端	
PU−	DP1=ON，　PU 为步进脉冲信号 DP1=OFF，　PU 为正相步进脉冲信号	下降沿有效，每当脉冲由高变低时电动机走一步，输入电阻为 220Ω，要求：低电平为 0～0.5V，高电平为 4～5V，脉冲宽度>2.5μs
DR+	输入信号光电隔离正端	
DR−	DP1=ON，　DR 为正方向控制信号 DP1=OFF，　DR 为反相步进脉冲信号	输入电阻 220Ω，要求：低电平为 0～0.5V，高电平为 4～5V，脉冲宽度>2.5μs
SM+	输入信号光电隔离正端	
SM−	细分选择信号	低电平时选定由 SM1 所设定的细分数；高电平时选定由 SM2 所设定的细分数，输入电阻为 220Ω
MF+	输入信号光电隔离正端	接+5V 供电电源，+5～+24V 均可驱动，高于+5V 须接限流电阻
MF−	电动机释放信号	有效（低电平）时关断电动机接线电流，驱动器停止工作，电动机处于自由状态
TM+	原点输出信号光电隔离正端	电动机线圈通电位于原点置为有效；光电隔离输出(高电平)，TM+接输出信号限流电阻，TM−接输出地。最大驱动电流为 50mA，最高电压为 50V
TM−	原点输出信号光电隔离负端	
RD+	驱动器准备好输出信号光电隔离正端	驱动器状态正常，准备就绪接受控制器信号时该信号有效(低电平）
RD−	驱动器准备好输出信号光电隔离负端	

3）PLC I/O 口分配

系统 PLC I/O 地址分配见表 4-40。

表 4-40　系统 PLC I/O 地址分配表

序号	符号	功能描述	序号	符号	功能描述	序号	符号	功能描述
1	I0.0	+X 向限位开关	13	I1.6	回参考点	25	Q0.2	X 向电动机转向
2	I0.1	−X 向限位开关	14	I1.7	手动	26	Q0.3	X 向电动机细分
3	I0.2	+Y 向限位开关	15	I2.0	编辑	27	Q0.4	Y 向电动机转向
4	I0.3	−Y 向限位开关	16	I2.1	自动	28	Q0.5	Y 向电动机细分
5	I0.4	启动	17	I2.2	高速挡	29	Q1.0	回参考点指示灯
6	I0.6	X 轴编码器 A 相	18	I2.3	低速挡	30	Q1.1	手动指标灯
7	I0.7	X 轴编码器 B 相	19	I2.4	+X	31	Q1.2	编辑指示灯
8	I1.0	停止	20	I2.5	−X	32	Q1.3	自动指示灯
9	I1.2	Y 轴编码器 A 相	21	I2.6	+Y	33	Q1.4	X 轴参考点指示灯
10	I1.3	Y 轴编码器 B 相	22	I2.7	−Y	34	Q1.5	Y 轴参考点指示灯
11	I1.4	X 轴减速开关	23	Q0.0	X 向脉冲输出			
12	I1.5	Y 轴减速开关	24	Q0.1	Y 向脉冲输出			

PLC 外围控制电路图如图 4-51 所示。

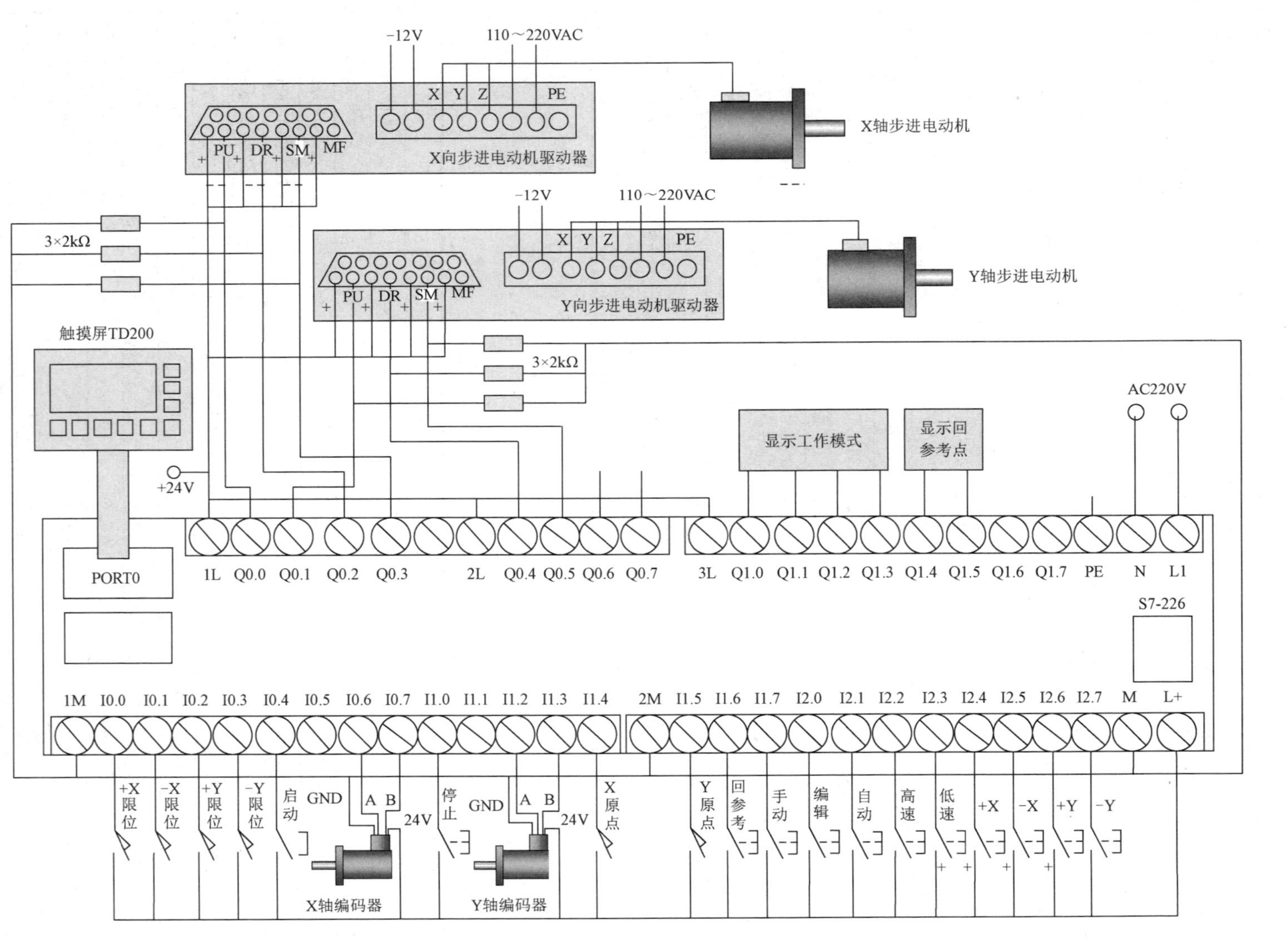

图4-51　普通刨床改造PLC外围控制电路图

4．计算软件控制值，设计系统流程图，编程控制程序

1）计算软件控制值

为了简化改造成本，系统采用的是步进电动机与丝杆直连的方式，经细分后系统发出 2000 个脉冲，丝杆转一圈，移动 20mm，对应脉冲当量为 0.01mm。

编码器转一圈，发出 2000 个脉冲，每发一个脉冲坐标变动 0.01mm，用于坐标的显示和误差控制。由于编码器直接与 PLC 相连，没有经过倍频电路，因此将系统的脉冲当量与编码器的分辨率设为一致，采用正交 1x 输入方式。如果使正交 4x 输入方式，则应选用 2500 脉冲/转的编码器，将驱动器细分设置为 10000 脉冲每转，则可将系统的分辨率提高到 0.001mm。

2）设计系统的流程图

根据功能要求，系统的程序主要分为两部分，一部分是数据初始化程序，主要对高速计数器和高速脉冲输出进行初始化；另一部分是功能程序，主要包括回参考点、手动、编辑、自动等分支程序。软件系统的流程如图 4-52 所示。

本项目将详细介绍回参考点功能的实现，其实现功能流程如图 4-53 所示。

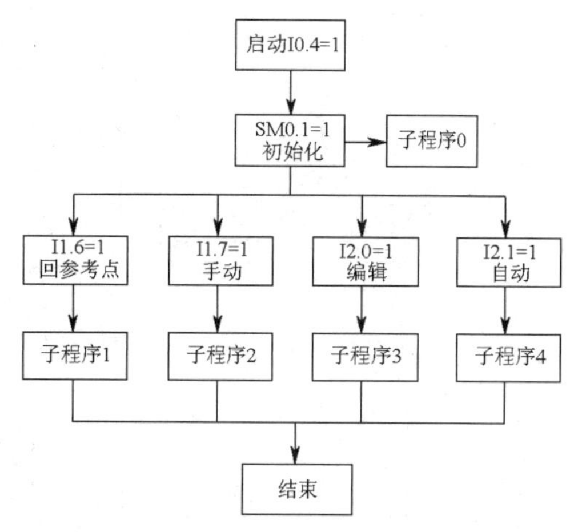

图 4-52 PLC 改造普通刨床控制系统软件流程图

根据图 4-52 和图 4-53 所示的流程图，设计了系统 PLC 控制程序，图 4-54（a）为系统的主程序，为了确保系统自动运行时，系统已回参考点建立机床坐标系，特别设置了 M0.0 辅助寄存器，形成锁定。在初始化子程序 SBR_0（图 4-54（b））中初始化了高速计数器的初始值，为能实时显示坐标值，系统设置了时基中断 INT_0 程序（图 4-55（a）），用于定时传递计数器的值，计数器的计数值存放在 VD100 存储单元中，供显示程序调用，中断程序每 100ms 更新一次计数值；在回参考点方式下如果系统到达坐标原点，计数器的值会被自动设定为 0。子程序 SBR_1（图 4-55（b）和图 4-56）为系统的回参考点程序，回参考点时分为两步，第一步，步进电动机以高速粗回参考点（图 4-55（b）），当原点开关被压下，系统进行第二步精回参考点（图 4-56（a）），步进电动机以设定的低速转动，原点减速开关继续前进驶离减速挡块，当原点减速开关回弹时，步进电动机停止（图 4-56（b）），此处设为参考点，即为机床该方向的零点。

5．调试

由于前述仿真软件不支持移位指令的仿真，因此需要联机调试才能判别所设计程序的正确性。调试时，断开主电路，只对控制电路进行调试。将编制好的程序下载到控制 PLC 中，借助于 PLC 输入输出口的指示灯，观察 PLC 的输出逻辑是否正确，如果有错误则修改后反复调试，直至完全正确。最后，才可接通主电路，试运行。

6．整理技术文件，填写工作页

系统完成后一定要及时整理技术材料并存档，以便日后使用。

思考：以上程序只编写了刨床 X 方向回参考点控制程序，试编写手动、编辑、自动运行状态的控制程序。

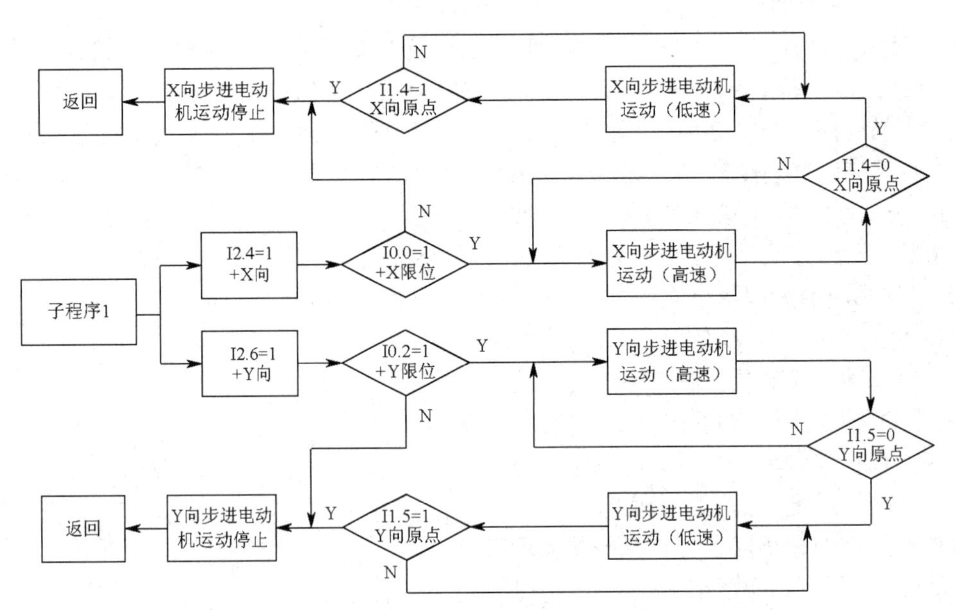

图 4-53　PLC 改造普通刨床控制系统回参考点软件流程图

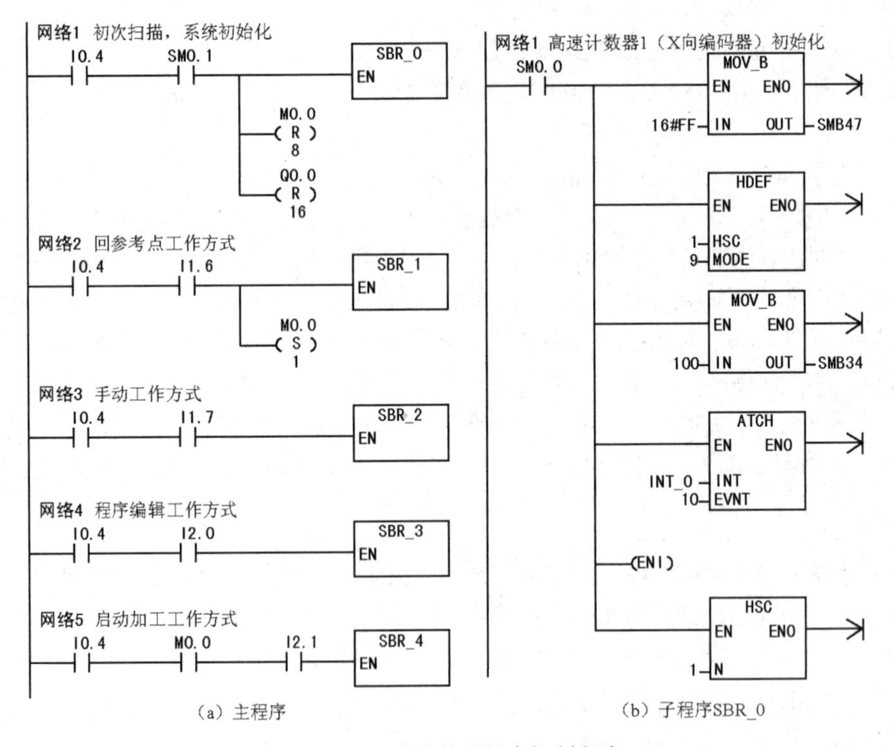

图 4-54　PLC 改造普通刨床控制程序一

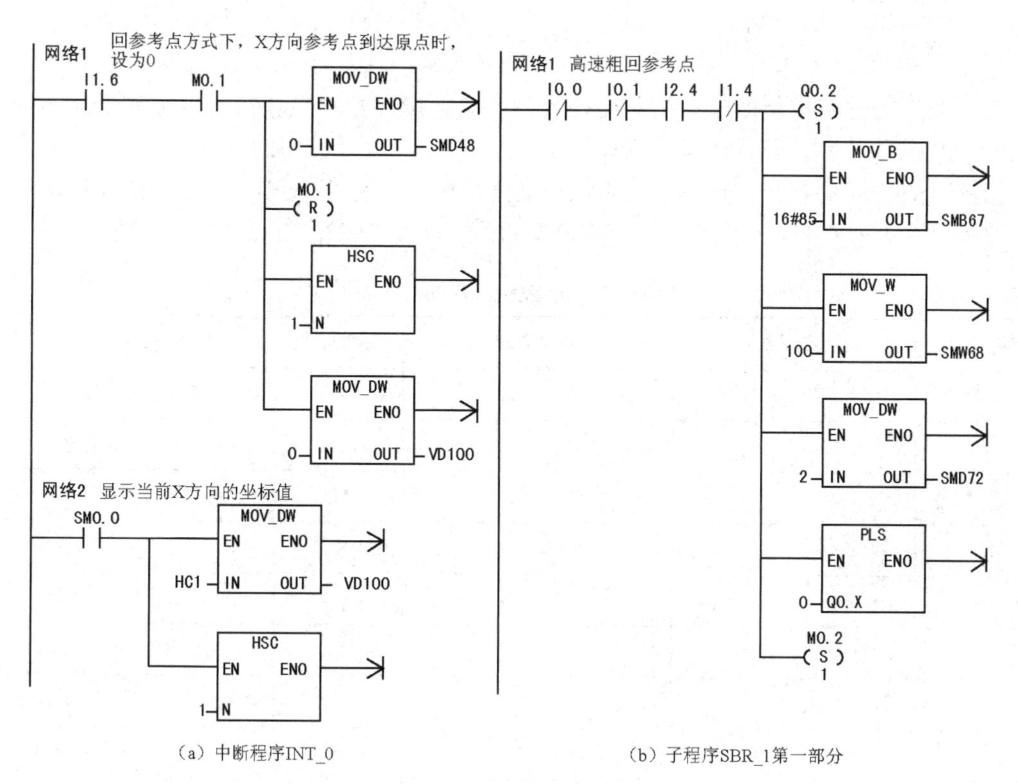

（a）中断程序INT_0　　（b）子程序SBR_1第一部分

图 4-55　PLC 改造普通刨床控制程序二

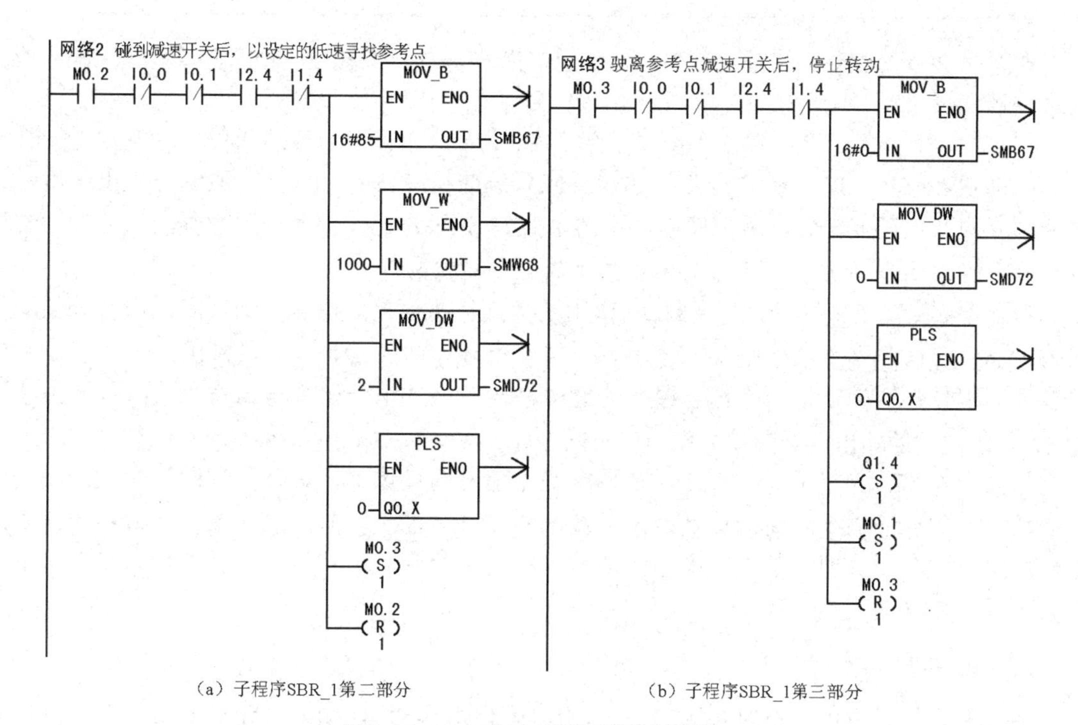

（a）子程序SBR_1第二部分　　（b）子程序SBR_1第三部分

图 4-56　PLC 改造普通刨床控制程序三

【知识扩展】

1. PID 算法

在工业生产过程控制中，常常需要控制许多模拟量参数，以使控制目标处于某一规定的设定值，PID（由比例、积分、微分构成的闭合回路）调节是常使用的一种控制方法。运行 PID 控制指令，S7-200 将根据参数表中的输入测量值、控制设定值及 PID 参数，进行 PID 运算，求出控制值。见表 4-41，PID 控制回路有 9 个参数，全部为 32 位的实数。

表 4-41　PID 控制回路的参数表

地址偏移量	参　数	数据格式	参数类型	说　明
0	过程变量当前值 PV_n	双字，实数	输入	必须在 0.0～1.0 范围内
4	给定值 SP_n	双字，实数	输入	必须在 0.0～1.0 范围内
8	输出值 M_n	双字，实数	输入/输出	在 0.0～1.0 范围内
12	增益 K_c	双字，实数	输入	比例常量，可为正数或负数
16	采样时间 T_s	双字，实数	输入	以秒为单位，必须为正数
20	积分时间 T_i	双字，实数	输入	以分钟为单位，必须为正数
24	微分时间 T_d	双字，实数	输入	以分钟为单位，必须为正数
28	上一次的积分值 M_x	双字，实数	输入/输出	0.0～1.0（根据 PID 运算结果更新）
32	上一次过程变量 PV_{n-1}	双字，实数	输入/输出	最近一次 PID 运算值

典型的 PID 算法包括三项：比例项、积分项和微分项。即输出=比例项+积分项+微分项。PLC 在周期性采样并离散化后进行 PID 运算，算法如下：

$$M_n = K_c(SP_n - PV_n) + K_c(T_s / T_i)(SP_n - PV_n) + M_x + K_c(T_d / T_s)(PV_{n-1} - PV_n)$$

比例项 $K_c(SP_n - PV_n)$ 的作用是按比例反应系统的偏差 $(SP_n - PV_n)$，系统一旦出现偏差，比例项立即产生调节作用以减少偏差。比例系数 K_c 越大，比例调节作用越强，系统的稳态精度越高，但 K_c 过大会使系统的输出量振荡加剧，稳定性降低。

积分项 $K_c(T_s / T_i)(SP_n - PV_n) + M_x$ 的作用是消除稳态误差，提高控制精度，但积分的动作缓慢，会给系统的动态稳定带来不良影响，很少单独使用。从式中可以看出：积分时间常数 T_i 增大，积分作用减弱，消除稳态误差的速度减慢。另外积分调节与偏差有关，只要偏差不为 0，PID 控制的输出就会因积分作用而不断变化，直到偏差消失，系统处于稳定状态。

微分项 $K_c(T_d / T_s)(PV_{n-1} - PV_n)$ 反映系统偏差信号的变化率，具有预见性，能预见偏差变化的趋势，因此能产生超前的控制作用，在偏差还没有形成之前，已被微分调节作用消除。微分时间常数 T_d 增大时，超调量减少，动态性能得到改善，如 T_d 过大，系统输出量在接近稳态时可能上升缓慢。

2. PID 控制回路选项

在很多控制系统中，有时只采用一种或两种控制回路。例如，可能只要求比例控制回路或比例和积分控制回路。通过设置常量参数值选择所需的控制回路。

（1）如果不需要积分回路（即在 PID 计算中无“I”），则应将积分时间 T_i 设为无限大。由于积分项 M_x 的初始值，虽然没有积分运算，积分项的数值也可能不为零。

（2）如果不需要微分运算（即在 PID 计算中无“D”），则应将微分时间 T_d 设定为 0.0。

（3）如果不需要比例运算（即在 PID 计算中无“P”），但需要 I 或 ID 控制，则应将增益值 K_c 指定为0.0。因为 K_c 是计算积分和微分项公式中的系数，将循环增益设为0.0会导致在积分和微分项计算中使用的循环增益值为 1.0。

3．回路输入量的转换和标准化

每个回路的给定值和过程变量都是实际数值，其大小、范围和工程单位可能不同。在 PLC 进行 PID 控制之前，必须将其转换成标准化浮点表示法，步骤如下。

（1）将 16 位整数转换成 32 位浮点数或实数。下列指令说明如何将整数数值转换成实数。

```
XORD    AC0,     AC0    //将 AC0 清 0
ITD     AIW0,    AC0    //将输入数值转换成双字
DTR     AC0,     AC0    //将 32 位整数转换成实数
```

（2）将实数转换成 0.0～1.0 之间的标准化数值。用下式：

实际数值的标准化数值=实际数值的非标准化数值或原始实数/取值范围+偏移量

式中，取值范围=最大可能数值-最小可能数值=32000（单极数值）或 64000（双极数值）

偏移量：对单极数值取 0.0，对双极数值取 0.5。

单极（0～32000），双极（-32000～32000）。

如将上述 AC0 中的双极数值（间距为 64000）标准化：

```
/R        64000.0,   AC0     //使累加器中的数值标准化
+R        0.5,       AC0     //加偏移量 0.5
MOVR      AC0,       VD100   //将标准化数值写入 PID 回路参数表中
```

4．PID 回路输出转换为 16 位整数

程序执行后，PID 回路输出 0.0～1.0 之间的标准化实数数值，必须被转换成 16 位整数数值，才能驱动模拟输出。

PID 回路输出成比例实数数值=（PID 回路输出标准化实数值-偏移量）×取值范围

程序如下：

```
MOVR      VD108,     AC0     //将 PID 回路输出送入 AC0
-R        0.5,       AC0     //双极数值减偏移量 0.5
*R        64000.0,   AC0     //AC0 的值×取值范围，变为成比例实数数值
ROUND     AC0,       AC0     //将实数四舍五入取整，变为 32 位整数
DTI       AC0,       AC0     //32 位整数转换成 16 位整数
MOVW      AC0,       AQW0    //16 位整数写入 AQW0
```

5．PID 指令

PID 指令：使能有效时，根据回路参数表（TBL）中的输入测量值、控制设定值及 PID 参数进行 PID 计算，格式见表 4-42。

表 4-42　PID 指令格式

LAD	STL	说　明
PID EN　ENO ????-TBL ????-LOOP	PID TBL，LOOP	TBL：参数表起始地址 VB 数据类型：字节 LOOP：回路号，常量（0～7） 数据类型：字节

注意：

（1）程序中最多可使用 8 条 PID 指令，编号为 0～7，不能重复使用。

（2）PID 指令不对参数表输入值进行范围检查。必须保证过程变量和给定值积分项前值及过程变量前值在 0.0～1.0 之间。

例 4-21　某一供水水箱通过变频器驱动水泵供水，要求维持水位在满水位的 70%。过程变量 PV_n 为水箱的水位（由水位检测计提供），设定值为 70%，PID 输出控制变频器，即控制水箱注水调速电动机的转速。要求开机后，先手动控制电动机，水位上升到 70%时，转换到 PID 自动调节。

（1）解题分析。

系统数据标准化时采用单极性方案（取值范围为 0～32000），水位检测计对水箱水位进行测量采样，采用定时中断采样。程序由主程序、子程序、中断程序构成。主程序用来调用初始化子程序，初始化子程序用来建立 PID 回路初始参数表和设置中断，选用定时中断 0（中断事件号为 10），设置周期时间和采样时间相同（0.1s），并写入 SMB34。中断程序用于执行 PID 运算，I0.0=1 时，执行 PID 运算。

（2）确定 PID 回路参数表，见表 4-43。

表 4-43　恒压供水 PID 控制参数表

地址	参数	数　值
VB100	过程变量当前值 PV_n	水位检测计提供的模拟量经 A/D 转换后的标准化数值
VB104	给定值 SP_n	0.7
VB108	输出值 M_n	PID 回路的输出值（标准化数值）
VB112	增益 K_c	0.3
VB116	采样时间 T_s	0.1
VB120	积分时间 T_i	30
VB124	微分时间 T_d	0（关闭微分作用）
VB128	上一次积分值 M_x	根据 PID 运算结果更新
VB132	上一次过程变量 PV_{n-1}	最近一次 PID 的变量值

（3）编写控制程序，如图 4-57 所示。

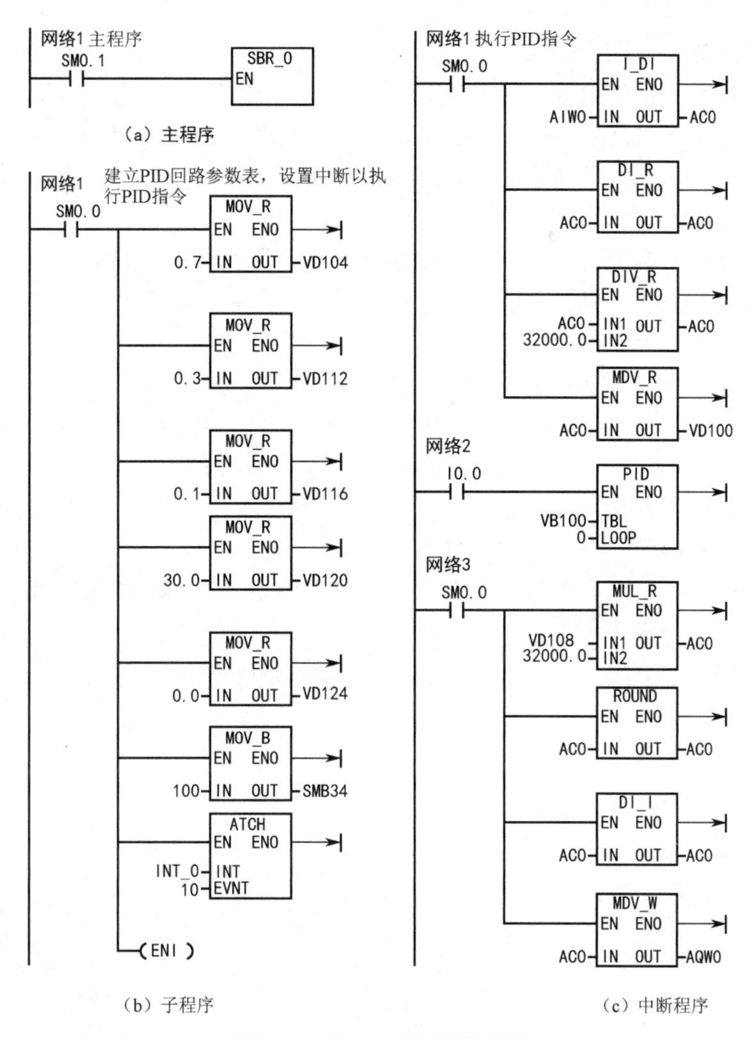

图 4-57　例 4-19 控制梯形图

【思考题与习题】

1．数据传送指令有哪些？

2．试编写程序，开机时自动将 VW100～VW200 的单元清零。

3．已知 VB10=18，VB20=30，VB21=33，VB32=98。将 VB10，VB30，VB31，VB32 中的数据分别送到 AC1，VB200，VB201，VB202 中。写出梯形图及语句表程序。

4．用传送指令控制输出的变化，要求控制 Q0.0～Q0.7 对应的 8 个指示灯，在 I0.0 接通时，使输出隔位接通，在 I0.1 接通时，输出取反后隔位接通。

5．编制检测上升沿变化的程序。每当 I0.0 接通一次，使存储单元 VW0 的值加 1，如果计数达到 5，输出 Q0.0 接通显示，用 I0.1 使 Q0.0 复位。

6．用数据类型转换指令实现将厘米转换为英寸。已知 1 英寸=2.54 厘米。

7．编写输出字符 8 的七段显示码程序。

8．编程实现下列控制功能，假设有 8 个指示灯，从右到左以 0.5s 的速度依次点亮，任意时刻只有一个指示灯亮，到达最左端，再从右到左依次点亮。

9．用算术运算指令求 cos30°。

10．将 VW200 开始的 20 个字的数据送到 VW300 开始的存储区。

11．编写程序完成数据采集任务，要求每 100ms 采集一个数。

12．编写一个输入/输出中断程序，要求实现：

（1）0～职 255 的计数。

（2）当输入端 I0.0 为上升沿时，执行中断程序 0，程序采用加计数。

（3）当输入端 I0.0 为下降沿时，执行中断程序 1，程序采用减计数。

（4）计数脉冲为 SM0.5。

13．编写实现脉宽调制 PWM 的程序。要求从 PLC 的 Q0.1 输出高速脉冲，脉宽的初始值为 0.5s，周期固定为 5s，其脉宽每周期递增 0.5s，当脉宽达到设定的 4.5s 时，脉宽改为每周期递减 0.5s，直到脉宽减为 0，以上过程重复执行。

14．编写一高速计数器程序，要求：

（1）首次扫描时调用一个子程序，完成初始化操作。

（2）用高速计数器 HSC1 实现加计数，当计数值=200 时，将当前值清 0。

本单元我们设置了自测题，可以扫描边上的二维码进行自测。

第四单元　自测题

第 5 单元　PLC 通信设计与连接

【学习要点】

（1）掌握 S7-200 PLC 常用通信部件的基本功能。

（2）掌握 PC 与 PLC 编程通信连接及通信参数设置方法。

（3）掌握两台 PLC 之间的 PPI 通信协议及连接方法。

（4）掌握网络读/网络写指令的功能并能够应用其进行简单的通信。

（5）了解 PLC 自由口通信协议及网络发送/接收指令。

随着计算机通信网络技术的日益成熟及企业对工业自动化程度要求的提高，自动控制系统也从传统的集中式控制向多级分布式控制方向发展，这就要求构成控制系统的 PLC 必须有通信及网络功能，能够相互连接、远程通信，以构成网络。

无论是计算机还是 PLC，它们都是数字设备。它们之间交换的信息主要是由“0”和“1”表示的数字信号。通常把具有一定编码、格式和位长的数字信号称为数字信息。数字通信是指将数字信息通过适当的传输线路，从一台机器传送到另一台机器。这里的机器可以是计算机、PLC 或有通信功能的其他数字设备。数字通信系统一般由传输设备、传输控制设备、传输协议及通信软件等组成。

PLC 通信主要是指在 PLC 与 PC 之间、PLC 与 PLC 之间、PLC 与现场设备或远程 I/O 之间完成数据的传输、信息的交换、通信的处理等任务。

项目 5.1　认识 S7-200 通信部件

【项目目标】

（1）了解并辨识 S7-200 PLC 常用通信部件。

（2）掌握 S7-200 PLC 常用通信部件的基本功能。

【项目分析】

在计算机控制与网络技术不断推广和普及的今天，对参与控制系统中的设备提出了可相互连接、构成网络及远程通信的要求，S7 可编程控制器生产厂商为此加强了可编程控制器的网络通信能力。因此，认识 S7-200 通信部件，对理解 S7-200 PLC 的通信原理及连接方法有着重要的意义。

S7-200 常用通信部件主要包括通信口、PC/PPI 电缆、通信卡及 S7-200 通信扩展模块等。

【相关知识】

一、常见的基本概念及术语

（1）并行传输与串行传输。并行传输是指通信中同时传送构成一个字或字节的多位二进制数据，而串行传输是指通信中构成一个字或字节的多位二进制数据是一位一位被传送的。很容易看出两者的特点，与并行传输相比，串行传输的传输速度慢，但传输线的数量少，成本比并行传输低，故常用于远距离传输且速度要求不高的场合，如计算机与可编程控制器间的通信、计算机 USB 口与外围设备的数据传送。并行传输的速度快，但传输线的数量多，成本较高，故常用于近距离传输的场合，如计算机内部的数据传输、计算机与打印机的数据传输。

（2）异步传输和同步传输。在异步传输中，信息以字符为单位进行传输，当发送一个字符代码时，字符前面都具有自己的一位起始位，极性为 0，接着发送 5～8 位的数据位、1 位奇偶校验位，1～2 位的停止位。数据位的长度视传输数据格式而定，奇偶校验位可有可无，停止位的极性为 1，在数据线上不传送数据时，全部为 1。异步传输中一个字符中的各个位是同步的，但字符与字符之间的间隔是不确定的，也就是说，线路上一旦开始传送数据，就必须按照起始位、数据位、奇偶校验位、停止位这样的格式连续传送，但传输下一个数据的时间不定，不发送数据时线路保持 1 状态。

异步传输的优点就是收、发双方不需要严格的位同步，所谓“异步”是指字符与字符之间的异步，字符内部仍为同步。其次异步传输电路比较简单，链络协议易实现，所以得到了广泛的应用。其缺点在于通信效率比较低。

在同步传输中，不仅字符内部为同步，字符与字符之间也要保持同步。信息以数据块为单位进行传输，发送双方必须以同频率连续工作，并且保持一定的相位关系，这就需要通信系统中有专门使发送装置和接收装置同步的时钟脉冲。在一组数据或一个报文之内不需要启停标志，但在传送中要分成组，每组含有多个字符代码或多个独立的码元。在每组开始和结束须加上规定的码元序列作为标志序列。发送数据前，必须发送标志序列，接收端通过检验该标志序列来实现同步。同步传输的特点是可获得较高的传输速率，但实现起来较复杂。

（3）信号的调制和解调。串行通信通常传输的是数字量，这种信号包括从低频到高频极其丰富的谐波信号，要求传输线的频率很高。而远距离传输时，为降低成本，传输线频带不够宽，使信号严重失真、衰减，常采用的方法是调制解调技术。调制就是发送端将数字信号转换成适合传输线传送的模拟信号，完成此任务的设备叫调制器。接收端将收到的模拟信号还原为数字信号的过程称为解调，完成此任务的设备叫解调器。实际上一个设备工作起来既需要调制，又需要解调，将调制、解调功能由一个设备完成，称此设备为调制解调器。当进行远程数据传输时，可以将可编程控制器的 PC/PPI 电缆与调制解调器进行连接以增加数据传输的距离。

（4）传输速率。传输速率是指单位时间内传输的信息量，它是衡量系统传输性能的主要指标，常用波特率（Baud Rate）表示。波特率是指每秒传输二进制数据的位数，单位是 bps。常用的波特率有 19200bps、9600bps、4800bps、2400bps、1200bps 等。例如，1200bps 的传输速率，每个字符格式规定包含 10 个数据位（起始位、停止位、数据位），信号每秒传输的数据为 1200/10=120（字符/秒）。

（5）信息交互方式。主要有：单工通信、半双工和全半双工通信方式。单工通信方式是指信息始终保持一个方向传输，而不能进行反向传输，如无线电广播、电视广播等就属于这种类型。半双工通信是指数据流可以在两个方向上流动，但同一时刻只限于一个方向流动，又称双向交替通信。全双工通信方式是指通信双方能够同时进行数据的发送和接收。

二、传输介质

目前在分散控制系统中普遍使用的传输介质有同轴电缆、双绞线、光缆，而其他介质如无线电、红外线、微波等，在 PLC 网络中应用很少。在使用的传输介质中双绞线（带屏蔽）成本较低、安装简单；而光缆尺寸小、重量轻、传输距离远，但成本高、安装维修困难。

1. 双绞线

一对相互绝缘的线以螺旋形式绞合在一起就构成了双绞线，两根线一起作为一条通信电路使用，两根线螺旋排列的目的是使各线对之间的电磁干扰减小到最小，如图 5-1（a）所示。而通常人们将几对双绞线包装在一层塑料保护套中，如两对或四对双绞线构成的产品称为非屏蔽双绞线，在外塑料层下增加屏蔽层的称为屏蔽双绞线。

双绞线根据传输特性可分为 5 类，1 类双绞线常用于传输电话信号，3、4、5 类或超 5 类双绞线通常用于连接以太网等局域网，3 类和 5 类的区别在于绞合的程度，3 类线较松，而 5 类线较紧，使用的塑料绝缘性更好。3 类线的带宽为 16MHz，适用于 10Mbps 数据传输；5 类线带宽为 100MHz，适用于 100Mbps 的高速数据传输。超 5 类双绞线单对线传输带宽仍为 100MHz，但对 5 类线的若干技术指标进行了增强，使得 4 对超 5 类双绞线可以传输 1000Mbps（1Gbps）。现在 6 类、7 类线技术的草案已经提出，带宽可分别达到 200MHz 和 600MHz。

双绞线的螺旋形排列仅仅解决了相邻绝缘线对之间的电磁干扰，但对外界的电磁干扰还是比较敏感的，同时信号会向外辐射，有被窃取的可能。

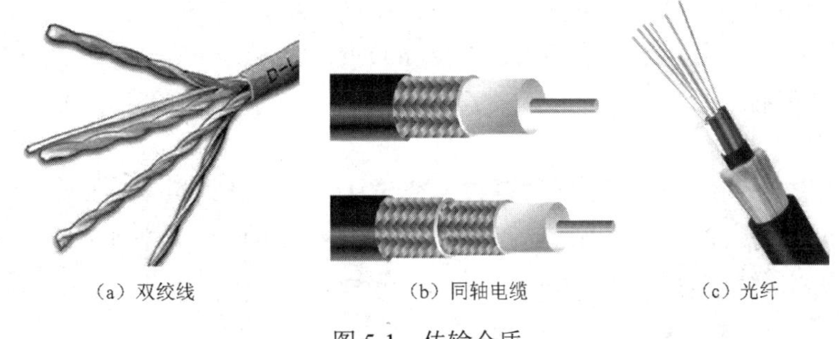

（a）双绞线　（b）同轴电缆　（c）光纤

图 5-1　传输介质

2. 同轴电缆

同轴电缆是从内到外依次由内导体（芯线）、绝缘线、屏蔽层铜线网及外保护层的结构制造的，如图 5-1（b）所示。由于从横截面看这四层构成了 4 个同心圆，故而得名。

同轴电缆外面加了一层屏蔽铜丝网，是为了防止外界的电磁干扰而设计的，因此它比双绞线抗外界电磁干扰的能力要强。根据阻抗的不同，可分为基带同轴电缆，特性阻抗为 50Ω，适用于计算机网络的连接。由于是基带传输，数字信号不经调制直接送上电缆，是单路传输，数据传输速率可达10Mbps。宽带同轴电缆特性阻抗为75Ω，常用于有线电视（CATV）的传输，如有线电视同轴电缆带宽达750MHz，可同时传输几十路电视信号，并同时通过调制解调器支持20Mbps的计算机数据传输。

3. 光纤（又称光导纤维或光缆）

光纤常应用在远距离快速传输大量信息中，它是由石英玻璃经特殊工艺拉成细丝来传输光信号的介质（图5-1（c）），这种细丝的直径比头发丝还要细，一般直径在8~9μm（单模光纤）及50/62.5μm（多模光纤，50μm为欧洲标准，62.5μm为美国标准），但它能传输的数据量却很大。人们已经实现了在一条光纤上传输几百个“太”位的信息量，而且这还远不是光纤的极限。

光纤根据工艺的不同分为单模光纤和多模光纤两大类。单模光纤由于直径小，与光波波长相当，光纤如同一个波导，光脉冲在其中没有反射，而沿直线进行传输，所使用的光源为方向性好的半导体激光。多模光纤在给定的工作波长上，光源发出的光脉冲以多条线路（又称多种模式）同时传输，经多次全反射后先后到达接收端，它所使用的光源为发光二极管。单模光纤由于传输时没有反射，所以衰减小，传输距离远，接收端的一个光脉冲中的光几乎同时到达，脉冲窄，脉冲间距可以排得密，因而数据传输速率高；而多模光纤中光脉冲多次全反射，衰减大，因而传输距离近，接收端的一个光脉冲中的光经多次全反射后先后到达，脉冲宽，脉冲间距排得疏，因而数据传输速率低。单模光纤的缺点是价格比多模光纤昂贵。

光纤是以光脉冲的形式传输信号的，它具有的优点如下：

（1）所传输的是数字的光脉冲信号，不会受电磁干扰，不怕雷击，不易被窃听；

（2）数据传输安全性好；

（3）传输距离长，且带宽大，传输速率高。

缺点：光纤系统设备价格昂贵，光纤的连接与连接头的制作需要专门工具和专门培训的人员。

三、串行通信接口标准

RS-232C是美国电子工业协会（Electronic Industry Association，EIA）于1962年公布，并于1969年修订的串行接口标准。它已经成为国际上通用的标准。1987年1月，RS-232C再次修订，标准修改得不多。

早期人们借助电话网进行远距离数据传送而设计了调制解调器Modem，为此就需要有关数据终端与Modem之间的接口标准，RS-232C标准在当时就是为此目的而产生的。目前RS-232C已成为数据终端设备（Data Terminal Equipment，DTE），如计算机与数据设备（Data Communication Equipment，DCE）、Modem的接口标准。不仅在远距离通信中要经常用到它，就是两台计算机或设备之间的近距离串行连接也普遍采用RS-232C接口。PLC与计算机的通信也通过此接口。

1. RS-232C

计算机上配有RS-232C接口，它使用一个25针的连接器。在这25个引脚中，20个引脚作为RS-232C信号，其中有4个数据线，11个控制线，3个定时信号线，2个地信号线。另外，还保留了2个引脚，有3个引脚未定义。PLC一般使用9脚连接器，距离较近时，3脚也可以完成。如图5-2所示为3脚连接器与PLC的连接图。

TD（Transmitted Data）：发送数据，串行数据的发送端。

RD（Received Date）：接收数据，串行数据的接收端。

GND（GROUND）：信号地，它为所有的信号提供一个公共的参考电平，相对于其他型号，它为 0V 电压。

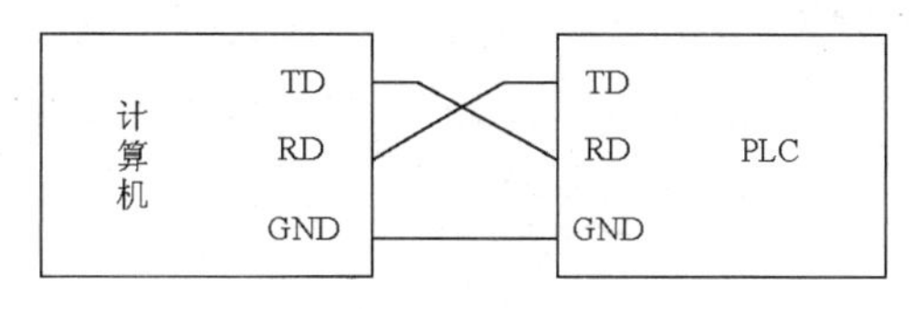

图 5-2　3 脚连接器与 PLC 的连接

常见的引脚如下：

RTS（Request To Send）：请求发送，当数据终端准备好送出数据时，就发出有效的 RTS 信号，通知 Modem 准备接受数据。

CTS（Data Terminal Ready）：清除发送（也称允许发送），当 Modem 已准备好接收数据终端传送的数据时，发出 CTS 有效信号来响应 RTS 信号。所以 RTS 和 CTS 是一对用于发送数据的联系信号。

DTR：数据终端准备好，通常当数据终端加电，该信号就有效，表明数据终端准备就绪。它可以用做数据终端设备发给数据通信设备 Modem 的联络信号。

DSR（Data Set Ready）：数据装置准备好，通常表示 Modem 已接通电源连接到通信线路上，并处在数据传输方式，而不是处于测试方式或断开状态。它可以用做数据通信设备 Modem 响应数据终端设备 DTR 的联络信号。

保护地（机壳地）：一个起屏蔽保护作用的接地端。一般应参考设备的使用规定，连接到设备的外壳或机架上，必要时要连接到大地。

2．RS-232C 的不足

RS-232C 既是一种协议标准，又是一种电气标准，它采用单端的、双极性电源电路，如图 5-3 所示，可用于最远距离为 15m、最高速率达 20kbps 的串行异步通信。它仍有一些不足之处，主要表现在：

（1）传输速率不够高。该标准规定最高传输速率为 20kbps，尽管能满足异步通信要求，但不能适应高速的同步通信。

（2）传输距离不够远。该标准规定各装置之间电缆长度不超过 50 英尺（约 15m）。实际上，RS-232C 能够实现 100 英尺或 200 英尺的传输，但在使用前，一定要先测试信号的质量，以保证数据的正确传输。

图 5-3　RS-232C 串口线的端口

（3）RS-232C 接口采用不平衡的发送器和接收器，每个信号只有一根导线，两个传输方向仅有一个信号线地线，因而，电气性能不佳，容易在信号间产生干扰。

3．RS-485

由于 RS-232C 存在的不足，美国的 EIC-1977 年指定了 RS-499，RS-422A 是 RS-499 的子集，RS-485 是 RS-422 的变形。RS-485 为半双工，不能同时发送和接收信号。目前，工业环境中广泛应用 RS-422、RS-485 接口。S7-200 系列 PLC 内部集成的 PPI 接口的物理特性为 RS-485

串行接口，可以用双绞线组成串行通信网络，不仅可以与计算机的RS-232C接口互联通信，而且可以构成分布式系统，系统中最多可有32个站，新的接口部件允许连接128个站。

【实施步骤】

1. 准备项目的PLC及常用通信部件

（1）S7-200 PLC。

（2）PC/PPI电缆，网络连接器，PROFIBUS网络电缆等。

2. 观察该PLC装置的通信端口

如图5-4所示，S7-200系列PLC内部集成的PPI接口的物理特性为RS-485串行接口，为9针D型，该端口也符合欧洲标准EN50170中的PROFIBUS标准。S7-200 CPU上的通信口外形如图5-5所示，表5-1给出了提供通信端口物理连接的连接器，并描述了通信端口的引脚分配。

图5-4　S7-200 PLC

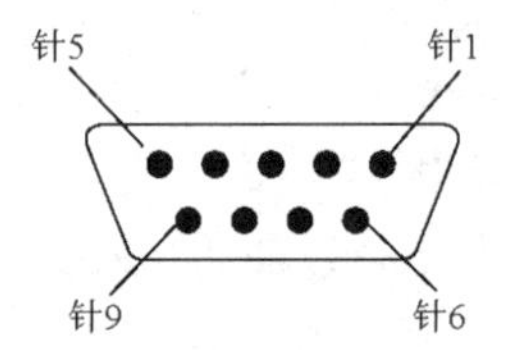

图5-5　RS-485串行接口外形

表5-1　S7-200通信口各引脚名称

引脚	PROFIBUS名称	端口0/端口1
1	屏蔽	机壳地
2	24V返回	逻辑地
3	RS-485信号B	RS-485信号B
4	发送申请	RTS（TTL）
5	5V返回	逻辑地
6	+5V	+5V，100Ω串联电阻
7	+24V	+24V
8	RS-485信号A	RS-485信号A
9	不用	10位协议选择（输入）
连接器外壳	屏蔽	机壳接地

3. 观察PC/PPI电缆

PC/PPI电缆为多主站电缆，一般用于PLC与计算机通信，这是一种低成本的通信方式。根据接口方式的不同，PC/PPI电缆有两种不同的形式，分别是RS-232/PPI多主站电缆和USB/PPI多主站电缆。USB/PPI多主站电缆没有任何DIP开关，外形如图5-6所示，LED状态见表5-2。

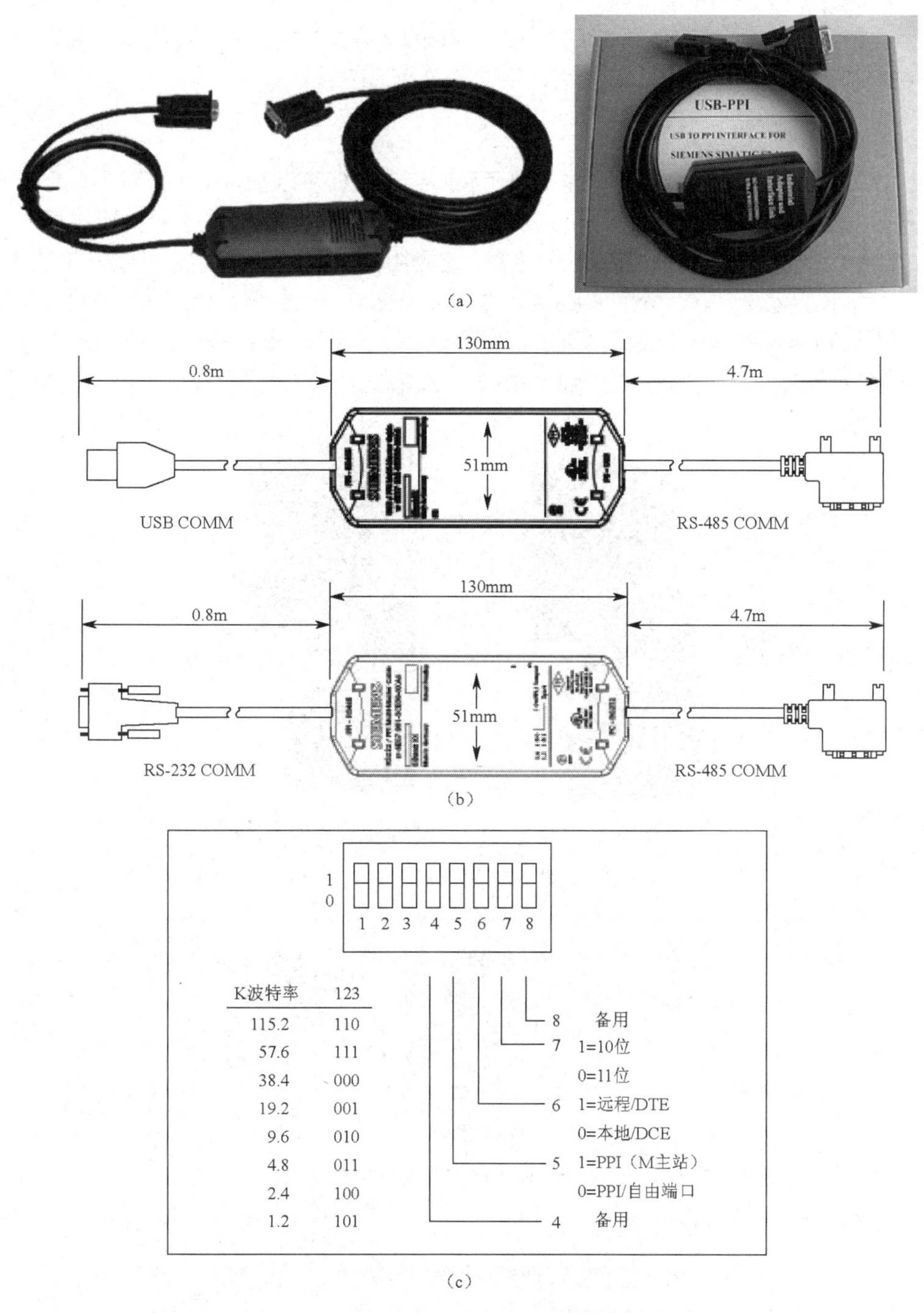

(a)

(b)

(c)

图 5-6　S7-200 PC/PPI 多主站电缆的外形和尺寸

表 5-2　S7-200 PC/PPI 多主站电缆 LED 不同颜色的意义

LED 灯	颜色	描　　述
TX	绿色	RS-232/USB 发送指示灯
RX	绿色	RS-232/USB 接收指示灯
PPI	绿色	RS-485 发送指示灯

注意：使用USB电缆，必须安装STEP 7-Micro/Win V3.2.4（或更高版本），且最好配合S7-200 CPU22x或更新型的PLC来使用，不支持自由口通讯。

4. 观察网络连接器

如图5-7所示，利用西门子公司提供的两种网络连接器可以把多个设备很容易地连到网络中。两种连接器都有两组螺钉端子，可以连接网络的输入和输出。通过网络连接器上的选择开关可以对网络进行偏置和终端匹配。两个连接器中的一个连接器仅提供连接到CPU的接口，而另一个连接器增加了一个编程接口。带有编程接口的连接器可以把SIMATIC编程器或操作面板增加到网络中，而不用改动现有的网络连接（见图5-8）。编程口连接器把CPU的信号传到编程口(包括电源引线)。这个连接器对于连接从CPU取电源的设备(如TD200或OP3)很有用。

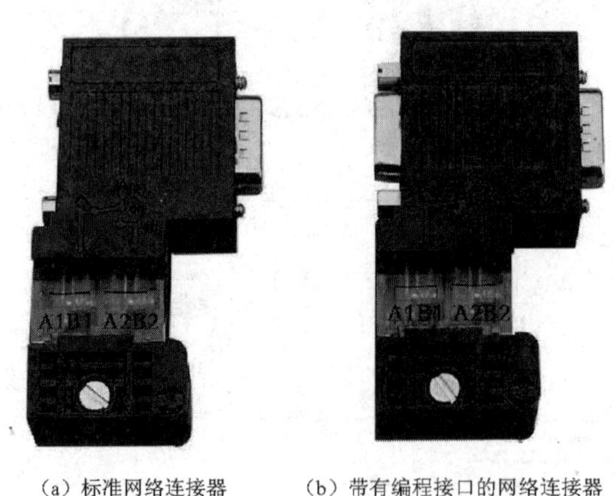

（a）标准网络连接器　　（b）带有编程接口的网络连接器

图5-7　网络连接器

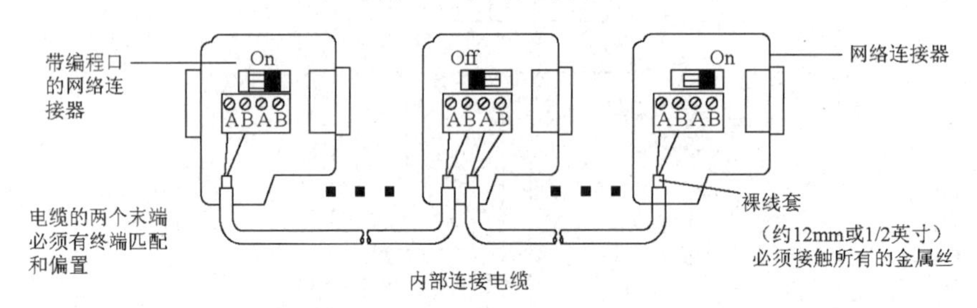

图5-8　连接器的连接

5. 观察PROFIBUS网络电缆

如图5-9所示，两根PROFIBUS数据线被指定为A和B。通常标准PROFIBUS电缆线使用以下分配：数据电缆线A（－）为绿色，数据电缆线B（＋）为红色。当通信设备相距较远时，可使用PROFIBUS电缆进行连接，表5-3列出了PROFIBUS网络电缆的性能指标。

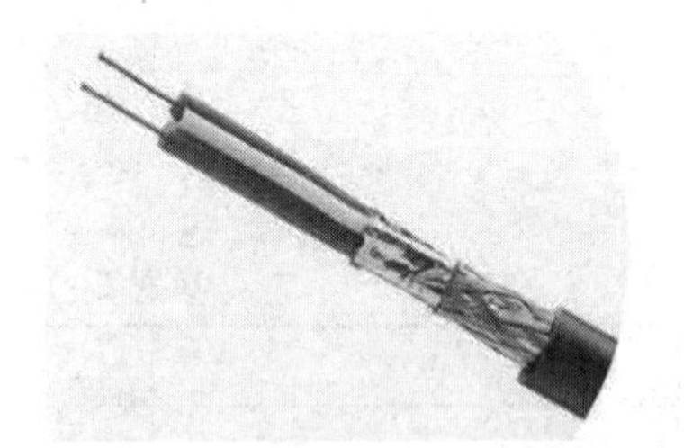

图5-9　标准PROFIBUS网络电缆

PROFIBUS网络的最大长度有赖于波特率和所用电缆的类型，表5-4列出了各种传输速率下的网络段的最大长度。

表 5-3　PROFIBUS 电缆性能指标

通用特性	规范
类型	屏蔽双绞线
导体截面积	24AWG（$0.22mm^2$）或更粗
电缆容量	<60pF/m
阻抗	100～200Ω

表 5-4　PROFIBUS 网络段的最大长度

传输速率/bps	网络段的最大电缆长度/m
9.6～93.75k	1200
187.5k	1000
500k	400
1～1.5M	200
3～12M	100

6．观察网络中继器

如图 5-10 所示，西门子公司提供连接到 PROFIBUS 网络环的网络中继器。如图 5-11 所示，利用中继器可以延长网络通信距离，允许在网络中加入设备，并且提供了一个隔离不同网络环的方法。在波特率是 9600bps 时，PROFIBUS 允许在一个网络环上最多有 32 个设备，这时通信的最长距离是 1200m（3936 英尺）。每个中继器允许加入另外 32 个设备，而且可以把网络再延长 1200m（3936 英尺）。在网络中最多可以使用 9 个中继器。每个中继器为网络环提供偏置和终端匹配。

图 5-10　网络中继器

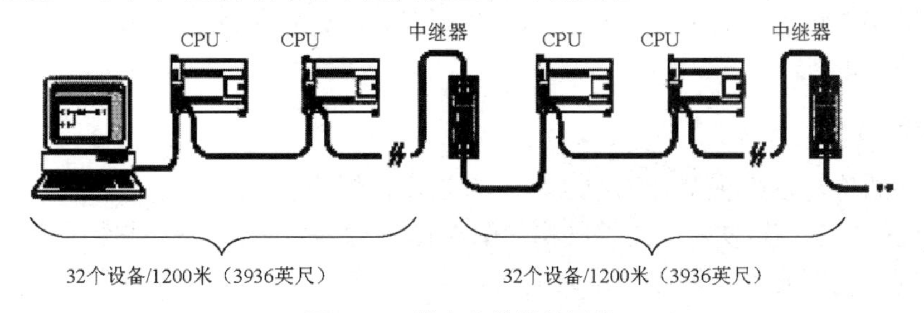

图 5-11　带有中继器的网络

项目 5.2　PLC 与计算机的编程通信连接与设置

【项目目标】

（1）了解 S7-200 PLC 支持的通信协议。

（2）掌握 S7-200 PLC 与计算机编程通信的连接方式及通信参数的设置方法。

【项目分析】

西门子提供两种用于将计算机连接至 S7-200 的编程选项：一种是带 PPI 多主站电缆的直接连接，另一种是带 MPI 电缆的通信处理器（CP）卡。可以使用个人计算机（PC）作为主设备，通过 PC/PPI 电缆或 MPI 卡与一台或多台 PLC 相连接，实现主、从设备之间的通信。要将计算机连接至 S7-200，使用 PPI 多主站编程电缆是最常用和最经济的方式。它将 S7-200 的编程口与计算机的 RS-233 相连。PPI 多主站编程电缆也可用于将其他通信设备连接至 S7-200。如图 5-12 所示，其中计算机已经装有对应编程通信软件 STEP 7-Micro/WIN。为了使编程通信顺利进行，其中参数的设置就显得尤为重要了。

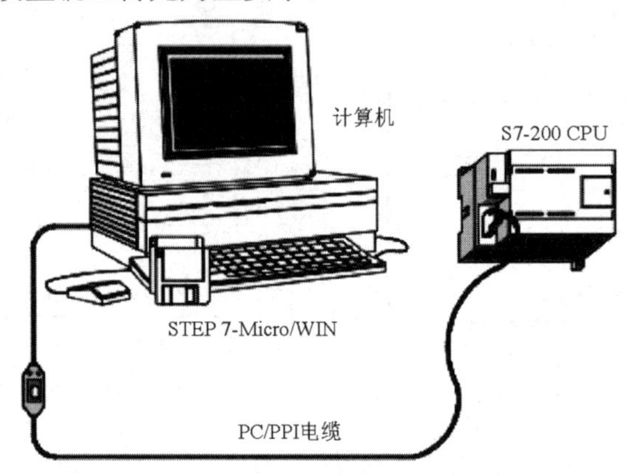

图 5-12　S7-200 编程通信系统

【相关知识】

一、局域网的拓扑结构

网络拓扑结构是指网络中的通信线路和节点间的几何连接结构，表示了网络的整体结构外貌。网络中通过传输线连接的点称为节点或站点。拓扑结构反映了各个站点间的结构关系，对整个网络的设计、功能、可靠性和成本都有影响。常见的有星形网络、环形网络、总线型网络 3 种拓扑结构形式。

1. 星形网络

星形拓扑结构是以中央节点为中心与各节点连接组成的，网络中任何两个节点要进行通信都必须经过中央节点转发，其网络结构如图 5-13（a）所示。星形网络的特点是：结构简单，便于管理控制，建网容易，网络延迟时间短，误码率较低，便于程序集中开发和资源共享。但系统花费大，网络共享能力差，负责通信协调工作的上位计算机负荷大，通信线路利用率不高，且系统可靠性不高，对上位计算机的依赖性也很强，一旦上位机发生故障，整个网络通信就会停止。在小系统、通信不频繁的场合可以应用。星形网络常用双绞线作为传输介质。上位计算机（也称主机、监控计算机、中央处理机）通过点到点的方式与各现场处理机（也称从机）进行通信，就是一种星形结构。各现场处理机之间不能直接通信，若要进行相互间数据传输，就必须通过中央节点的上位计算机协调。

2. 环形网络

环形网中，各个节点通过环路通信接口或适配器，连接在一条首尾相连的闭合环形通信线路上，环路上任何节点均可以请求发送信息。请求一旦被批准，便可以向环路发送信息。环形网中的数据主要是单向传输，也可以是双向传输。由于环线是公用的，一个节点发出的信息可能穿越环中多个节点，才能到达目的地址，如果某个节点出现故障，信息不能继续传向环路的下一个节点，应设置自动旁路。环形网络结构如图 5-13（b）所示。

环形网具有容易挂接或摘除节点，安装费用低，结构简单的优点；由于在环形网络中数据信息在网中是沿固定方向流动的，节点之间仅有一个通路，大大简化了路径选择控制；某个节点发生故障时，可以自动旁路，提高系统的可靠性。所以工业上的信息处理和自动化系统常采用环形网络的拓扑结构。但节点过多时，会影响传输效率，整个网络响应时间变长。

3. 总线型网络

利用总线把所有的节点连接起来，这些节点共享总线，对总线有同等的访问权。总线型网络结构如图 5-13（c）所示。

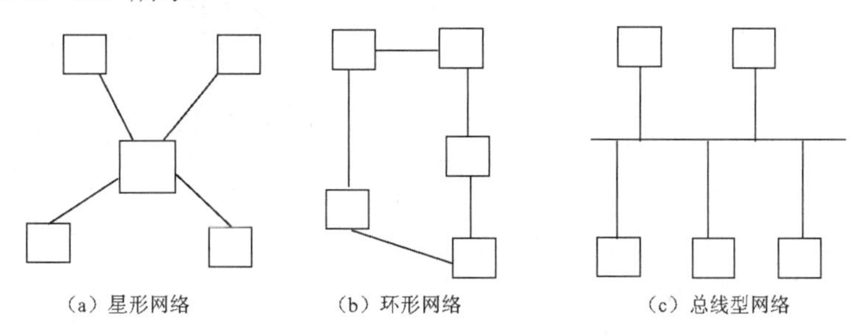

图 5-13　网络的拓扑结构

总线型网络由于采用广播方式传输数据，任何一个节点发出的信息经过通信接口（或适配器）后，沿总线向相反的两个方向传输，因此可以使所有节点接收到，各节点将目的地址是本站站号的信息接收下来。这样就无须进行集中控制和路径选择，其结构和通信协议在总线形网络中，所有节点共享一条通信传输链路，因此，在同一时刻，网络上只允许一个节点发送信息。一旦两个或两个以上节点同时发送信息就会发生冲突，应采用网络协议控制冲突。这种网络结构简单灵活，容易挂接或摘除节点，节点间可直接通信，速度快，延时小，可靠性高。

二、S7-200 PLC 的通信

1. 通信协议

PLC 网络是由各种数字设备（包括 PLC、计算机等）和终端设备通过通信线路连接起来的复合系统。在这个系统中，由于数字设备型号、通信线路类型、连接方式、同步方式、通信方式等的不同，给网络各节点间的通信带来了不便，甚至影响到 PLC 网络的正常运行。因此在网络系统中，为确保数据通信双方能正确而自动地进行通信，应针对通信过程中的各种问题，制定一整套的约定，这就是网络系统的通信协议，又称网络通信规程。通信协议就是一组约定的集合，是一套语义和语法规则，用来规定有关功能部件在通信过程中的操作。通常通信协议必备的两种功能是通信和信息传输，包括了识别和同步、错误检测和修正等。

2. 通信主站和从站

在通信网络中，各种设备有不同的角色。通信网络一般有主站和从站。

主站——可以主动发起数据通信，读写其他站点数据。

从站——从站不能主动发起通信进行数据交换，只能响应主站的访问，提供或接收数据。从站不能访问其他从站。

设备在网络中究竟作为主站还是从站是由通信协议决定的，用户在编制通信协议时各自定义各通信设备在通信活动中的角色。安装编程软件 Micro/WIN 的 PC 一定是通信主站，所有的 HMI 也是通信主站，与 S7-200 PLC 通信的 S7-300/400 往往也作为主站。S7-200 CPU 在读写其他 S7-200 CPU 数据时（使用 PPI 协议）就作为主站；S7-200 PLC 通过附加扩展的通信模块也可以充当主站，如在 AS-i 网络中作为 AS-i 主站。在多数情况下，S7-200 PLC 在通信网络中是作为从站出现的，它响应主站设备的数据请求。S7-200 CPU 使用自由口通信模式时，既可以做主站也可以做从站。如 S7-200 PLC 用 USS 协议控制西门子驱动装置时是从站，使用 Modbus RTU 从站指令库时就是从站。

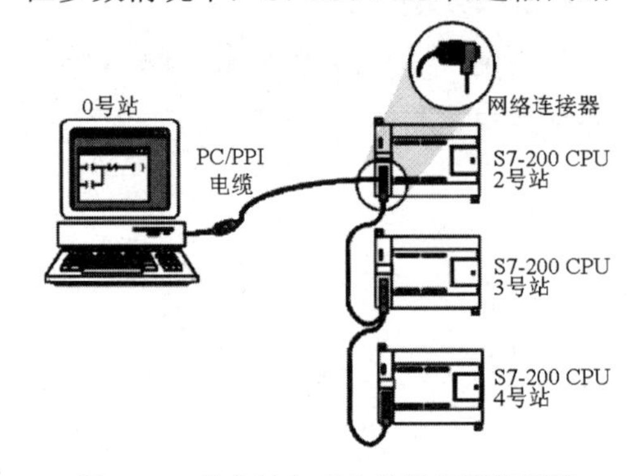

图 5-14　单主站与多个从站相连的网络

单主站网络：单主站与一个或多个从站相连（见图 5-14），SETP 7-Micro/WIN 每次和一个 S7-200CPU 通信，但是它可以访问网络上所有的 CPU。

多主站网络：通信网络中有多个主站、一个或多个从站。图 5-15 中带 CP 通信卡的计算机和文本显示器 TD200、操作面板 OP15 是主站，S7-200 CPU 可以是从站或主站。

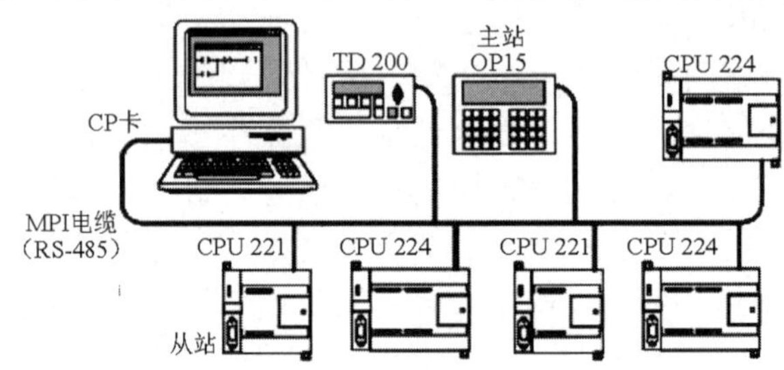

图 5-15　有多个主站的通信网络

3．S7-200 PLC 支持的通信协议

S7-200 是一类小型 PLC 系统，它支持的通信协议很多，具体说来有 PPI、MPI、PROFIBUS-DP、S7 协议、AS-i、USS、MODBUS、自由口通信等，其中 PPI、MPI、自由口通信是 CPU 上的通信口所支持的，它们都是基于字符的异步通信协议，带有起始位、8 位数据、偶校验和一个停止位。只要波特率相同，各站地址不同，三个协议可以在网络中同时运行，不会相互影响。其他通信协议需要有专门的 CP 模块或 EM 模块的支持。不同的 S7-200 CPU 具有一到两个 RS-485 通信口，例如，CPU221、CPU222、CPU224 有一个通信口，CPU224XP，CPU226 有两个通信口。CPU 上的通信口各自独立，每个通信口都有自己的网络地址、通信速率等参数设置。通信口的参数在编程软件 Micro/ WIN 的“系统块”中查看、设置，新的设置在系统块下载到 CPU 中后起作用。

PPI 协议（Point to Point Interface）是西门子内部协议，不公开。点对点接口，是一个主/从协议。Micro/WIN 与 CPU 进行编程通信也通过 PPI 协议。

【实施步骤】

1．准备课题的 PLC 等装置

（1）S7-200 PLC 一台。

（2）装有 STEP 7-Micro/WIN V3.2 SP4（或更高版本）软件的计算机一台。

（3）RS-232/PPI 电缆一根。

2. RS-232/PPI 多主站电缆的连接

将 PC/PPI 电缆标有“PC”的 RS-232 端连接到计算机的 RS-232 通信接口，标有“PPI”的 RS-485 端连接到 CPU 模块的通信口，拧紧两边螺钉即可。拧两边螺钉时要注意同步性。

RS-232/PPI 电缆上的 DIP 开关选择的波特率（表 5-5）应与编程软件和 PLC 设置的波特率一致。如可选通信速率的默认值 9600bps，除 2 号开关打为 1 外，其余开关可打为 0，这样等于替代了老版本的 PC/PPI 电缆，主要用于单主站 PPI 网络，如需要兼容多主站 PPI 网络，5 号开关要打到 1 状态，如图 5-16 所示，而 USB/PPI 电缆不需要设置。

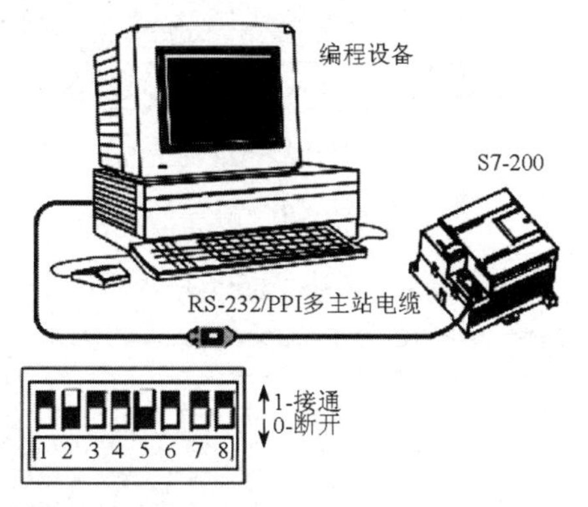

图 5-16　PPI 模式下计算机与 CPU 的通信连接

表 5-5　开关设置与波特率的关系

开关 1、2、3	传输速率/bps	转换时间/s
000	38400	0.5
001	19200	1
010	9600	2
011	4800	4
100	2400	7
101	1200	14
110	600	28

3. PC/PPI 电缆通信设置与建立

要进行 S7-200 的编程通信，除了通信电缆连接正确及 DIP 开关设置正确外，还必须注意使通信双方（即安装了 Micro/WIN 的 PC 和 S7-200 的 CPU 或通信模块上的通信口）设置正确的通信端口和网络地址，通信速率、通信协议要符合或兼容，否则不会顺利连通。

1）为 STEP 7-Micro/WIN 设置波特率、网络地址和通信端口

必须为 STEP 7-Micro/WIN 设置波特率和网络地址。其波特率必须与网络上其他设备的波特率一致，而且网络地址必须唯一。通常情况下，不需要改变 STEP 7-Micro/WIN 的默认网络地址。如果网络上还含有其他编程工具包，那么可能需要改变 STEP 7-Micro/WIN 的网络地址。

如图 5-17 所示，为 STEP 7-Micro/WIN 设置波特率和网络地址非常简单。在导航栏中单击通信图标，然后执行以下步骤：

（1）在通信设置窗口中双击图标。

（2）在设置 PG/PC 接口对话框中选择 PC/PPI cable（PPI）项并单击“属性”按钮。

（3）为 STEP 7-Micro/WIN 选择网络地址，默认为 0。

（4）为 STEP 7-Micro/WIN 选择波特率（与所通信设备的波特率一致），默认为 9.6kbps。

（5）单击 Local　Connection 选项卡，选择 COM1（跟实际接线一致），如图 5-18 所示。

注意：如果在 PG/PC 接口对话框中没有列出正在使用的硬件，必须安装正确的硬件。

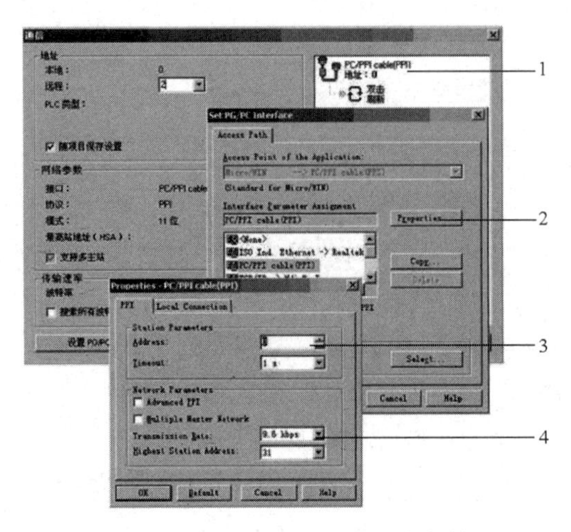

图 5-17　STEP 7-Micro/WIN 通信参数设置

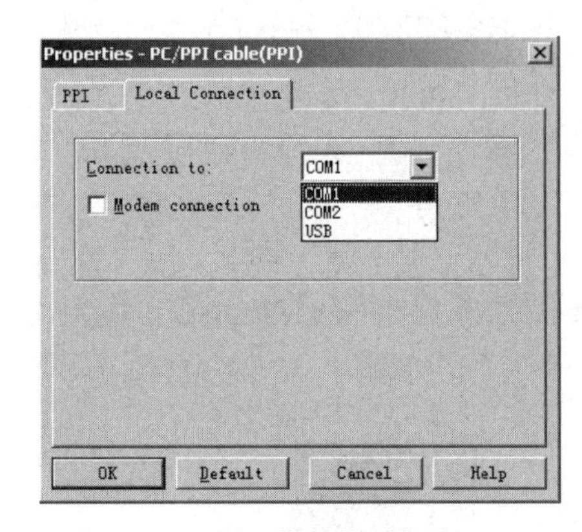

图 5-18　设置计算机的通信端口

2）为 S7-200 设置波特率和网络地址

必须为S7-200设置波特率和网络地址。S7-200的波特率和网络地址存储在其系统块中。如图 5-19 所示，使用 STEP 7-Micro/WIN 为 S7-200 设置波特率和网络地址。可以在导航栏中单击系统块图标，或者在菜单中选择“视图”→“组件”→“系统块”命令，然后执行以下步骤：

(1)为S7-200选择网络地址，默认为2。

(2) 为 S7-200 选择波特率（与 PPI 多主站电缆开关设置一致），默认为 9.6kbps。

(3) 单击“确认”按钮后，必须将系统块下载到 S7-200，设置成功。

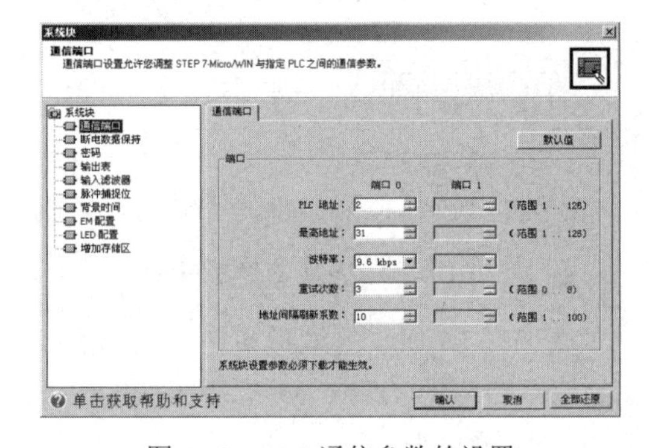

图 5-19　PLC 通信参数的设置

注意：对于修改通信参数，第 3 步显得尤为重要。在系统块对话框修改新的波特率并下载成功，可以回头再查看 STEP 7-Micro/WIN 的波特率是否与新修改的一致。在系统块下载成功时，STEP 7-Micro/WIN 的波特率会及时更新，通信就会成功；否则如果先修改 STEP 7-Micro/WIN 的波特率，就会发现通信无法建立。对于计算机连接只有一个通信端口的PLC，默认为Port0端口，两个端口的 PLC，如 CPU226、CPU216、CPU224XP REL2.00 等有两个通信端口，设置的参数要和实际通信接线一致。

3）与 S7-200 CPU 建立在线联系

可以搜索并且识别连接在网络上的 S7-200。在寻找 S7-200 时，也可以搜索特定波特率上的网络或所有波特率上的网络。只有在使用PPI多主站电缆时，才能实现全波特率搜索。若在使用 CP 卡进行通信的情况下，该功能将无法实现。搜寻从当前选择的波特率开始，如图 5-20 所示。

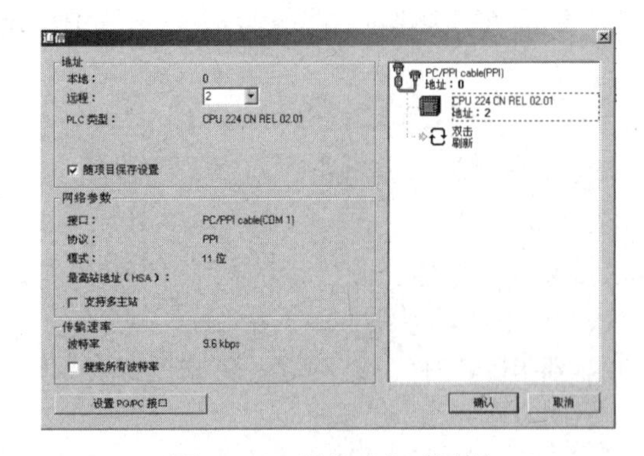

图 5-20　通信建立对话框

（1）打开通信对话框并双击刷新图标开始搜寻。

（2）要使用所有波特率搜索，选中“搜索所有波特率”复选框。

（3）搜索完毕后，双击对话框中所选的站，就可以看到对应的通信参数。

（4）需要和具体某台 PLC 进行通信时，在远程地址框中可以选择。

4）通信接口的安装和删除

在设置 PG/PC 接口对话框中，可以使用安装/删除接口对话框来安装或者删除计算机上的通信接口，如图 5-21 所示。

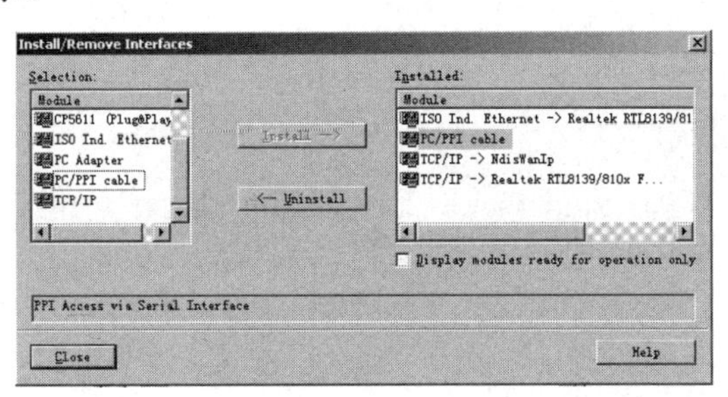

图 5-21　通信接口的安装和删除对话框

（1）在设置 PG/PC 接口对话框中，单击 Select 按钮，弹出安装/删除接口对话框。选择框中列出了可以使用的接口，安装框中显示计算机上已经安装了的接口。

（2）如何添加通信接口：选择在计算机上安装的通信硬件，然后单击 Install 按钮。当关闭安装/删除接口对话框后，设置 PG/PC 接口对话框中会在已使用的接口参数分配框中显示接口。

（3）如何删除通信接口：选择要删除的接口，然后单击 Uninstall 按钮。当关闭安装/删除接口对话框后，设置 PG/PC 接口对话框中会在已使用的接口参数分配框中删除该接口。

（4）使用 STEP 7-Micro/WIN 软件进行编程，并使用下载、运行、程序状态监控、上传等通信功能。

思考：在默认波特率为 9.6kbps 通信成功的基础上如更改通信波特率为 19.2kbps，为了使编程通信能够成功，应怎样操作？

提示：RS-232/PPI 电缆上的 DIP 开关的设置，S7-200 波特率的修改，STEP 7-Micro/WIN 波特率的修改等，注意先后顺序。

项目 5.3　PLC 与 PLC 之间的 PPI 通信

【项目目标】

（1）掌握两台 PLC 之间的 PPI 通信连接方法。

（2）掌握网络读和网络写指令的功能。

（3）能使用网络读和网络写指令完成两台 PLC 的通信。

【项目分析】

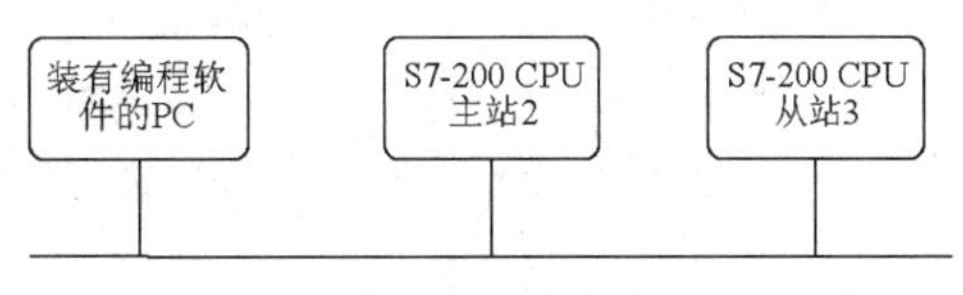

图 5-22　S7-200 CPU 之间的 PPI 通信网络

实现两台 S7-200 PLC 通过 PORT0 口互相进行 PPI 通信，分别定义为 2 号站和 3 号站，通信系统的网络配置如图 5-22 所示，其中 PC 为 0 号站，2

号站为主站（甲机），3 号站为从站（乙机）。在控制功能上实现甲机的 I0.0 控制乙机的电动机的星形—三角形启动，要求其间延时 6s，甲机 I0.1 停止乙机的电动机转动；乙机的 I0.0 控制甲机的电动机的星形—三角形启动，要求其间延时 6s，乙机 I0.1 停止甲机的电动机转动，甲机和乙机的 I/O 分配见表 5-6。

表 5-6　甲机与丙机的 I/O 分配表

甲机（主站，2 号站）	乙机（从站，3 号站）
I0.0　启动乙机电动机	I0.0　启动甲机电动机
I0.1　停止乙机电动机	I0.1　停止甲机电动机
Q0.0 星形	Q0.0 星形
Q0.1 三角形	Q0.1 三角形

【相关知识】

一、PPI 通信协议

PPI 通信协议（Point to Point Interface，点对点接口）是西门子内部协议，不公开。点对点接口是一个主/从协议。主站向从站发送申请，从站进行响应，从站不发信息，不初始化信息，只是等待主站的要求并对要求做出响应，如图 5-23 所示。但当主站发出申请或查询时，从站对其响应。主站可以是其他 CPU 主机（如 S7-300 等）、编程器或 TD200 文本显示器。网络中的所有 S7-200 都默认为从站。S7-200 系列中一些 CPU，如果在程序中允许 PPI 主站模式，则在 RUN 模式下可以作为主站，此时可以利用相关的通信指令来读写其他主机，同时还可以作为从站来响应其他主站的申请或查询。

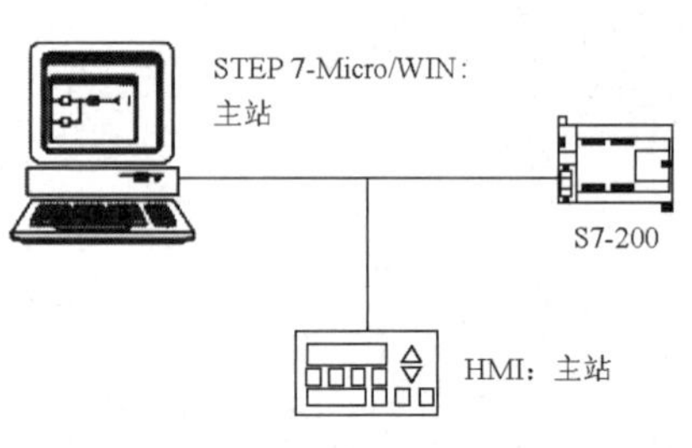

图 5-23　PPI 通信网络

主站靠一个 PPI 协议管理的共享连接来与从站通信。PPI 并不限制与任意一个从站通信的主站数量，但是在一个网络中，主站的个数不能超过 32。如果在用户程序中使能 PPI 主站模式，S7-200 CPU 在运行模式下可以作主站。在使能 PPI 主站模式之后，可以使用网络读写指令来读写另外一个 S7-200。当 S7-200 做 PPI 主站时，它仍然可以作为从站响应其他主站的请求。

可以用两种方法编程实现 PPI 网络读写通信：在网络读写通信中，只有主站需要调用 NetR/NetW 指令，从站只可编程处理数据缓冲区（取用或准备数据）；使用 Micro/WIN 中的 Instruction Wizard（指令向导）中的 NeiR Network Read，（网络读）/NetW Network Write，（网络写）向导也可实现。不管使用哪种方法，PPI 网络上的所有站点都应该有各自不同的网络地址，否则通信不会正常进行。

PPI 通信协议是西门子专为 S7-200 系列 PLC 开发的一个通信协议，可通过普通的两芯屏蔽双绞电缆进行联网，波特率为 9.6kbps、19.2kbps 和 187.5kbps 。S7-200 CPU 的通信口（Port0、Port1）支持 PPI 通信协议，S7-200 的一些通信模块也支持 PPI 协议。Micro/WIN 与 CPU 进行编程通信也通过 PPI 协议。S7-200 CPU 的 PPI 网络通信建立在 RS-485 网络的硬件基础上，因此其连接属性和需要的网络硬件设备是与其他 RS-485 网络一致的。PPI 通信方式使用 1 对 RS-485 中继器可以最远达到 1200m。这种方式是最容易实现的通信，只要编程设置主站通信端口的工作模式，然后就可以用网络读写指令（NetR/NetW）读写从站数据。

二、PPI 通信网络配置举例

1. 单主站的 PPI 网络

对于简单的主站网络来说，编程站可以通过 PPI 多主站电缆或编程站上的通信处理器

（CP）与 S7-200 PLC 进行通信。在图 5-24（a）中，编程站是网络中的主站；在图 5-24（b）图中，人机界面（HMI 设备，如 TD200、TP 或 OP）是网络中的主站。在这两个网络中，S7-200 CPU 都是从站，只响应来自主站的要求。

对于单主站 PPI 网络，需要设置 STEP 7-Micro/WIN 使用 PPI 协议。如果可能，请不要选择多主网（Multiple Master Network）选项，也不要选中高级 PPI 高级（Advanced PPI）选项（见图 5-17）。如果一个 PPI 网络选中了高级 PPI 或 PPI 多主选项，主站个数可以增加到 32 个，就属于多主站 PPI 网络。一个 PLC 的通信口只能连接 4 个设备，即使采用 EM 277，也只可以连接 6 个设备。

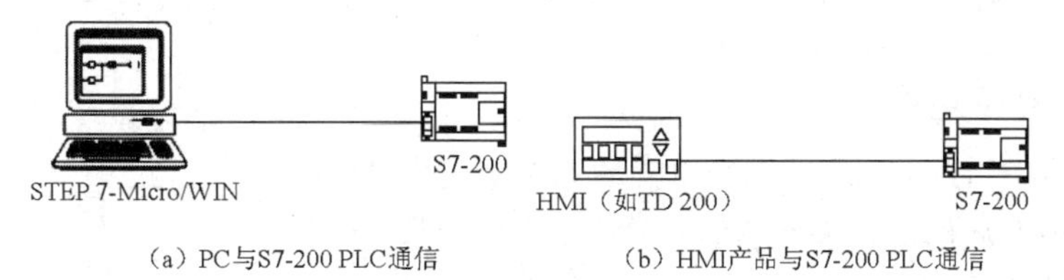

（a）PC与S7-200 PLC通信　　（b）HMI产品与S7-200 PLC通信

图 5-24　单主站的 PPI 网络

2. 多主站的 PPI 网络

图 5-25（a）是有一个从站的多主站网络示例。编程站（STEP 7-Micro/WIN）可以选用 CP 卡或 PPI 多主站电缆。STEP 7-Micro/WIN 和 HMI 设备都是网络的主站，S7-200 CPU 为从站。图 5-25（b）给出了多个主站和多个从站进行通信的 PPI 网络实例。在例子中，STEP 7-Micro/WIN 和 HMI 可以对任意 S7-200 CPU 从站读写数据。因为 PPI 协议是一种主/从通信协议，所以在网络中的多个主站之间不能相互通信。

对于带多个主站和一个或多个从站的网络，需设置 STEP 7-Micro/WIN 使用 PPI 协议，应选择多主网络选项和高级 PPI 选项。如果使用的电缆是 PPI 多主站电缆，那么多主网络和 PPI 高级选项便可以忽略。

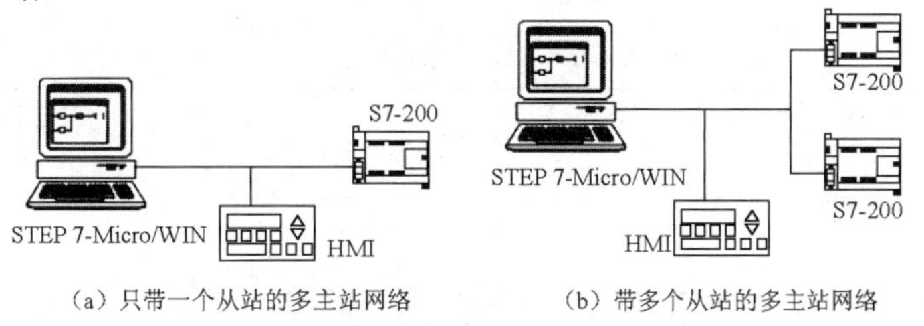

（a）只带一个从站的多主站网络　　（b）带多个从站的多主站网络

图 5-25　多主站 PPI 网络

3. 复杂的 PPI 网络

图 5-26（a）给出了一个带点到点通信的多主站网络。如果一个 S7-200 PLC 除作为 HMI 或 PC 的从站外，在用户程序中还被定义为 PPI 主站模式，那么这个 S7-200PLC 就可以使用网络读（NetR）和网络写（NetW）指令读写另外作为从站的 S7-200 PLC。图 5-26（b）中给出了另外一个带点到点通信的多主网络的复杂 PPI 网络实例。在本例中，每个 HMI 监控一个 S7-200 CPU。S7-200 CPU 使用 NetR 和 NetW 指令相互读写数据（点到点通信）。

对于复杂的 PPI 网络（见图 5-26），需设置 STEP 7-Micro/WIN 使用 PPI 协议，应选择多主网络选项和高级 PPI 选项，那么多主网络和 PPI 高级选框便可以忽略。

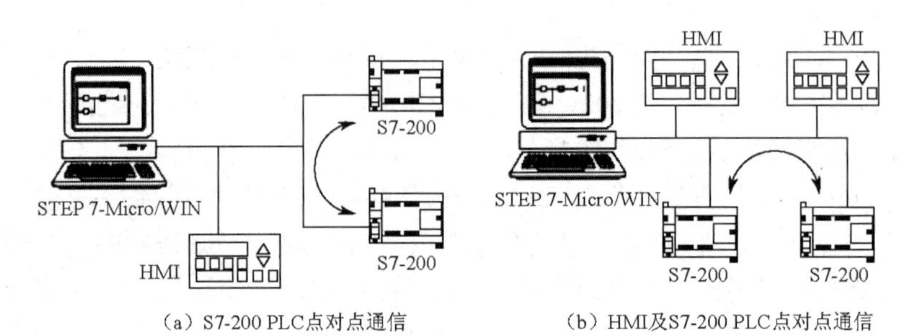

（a）S7-200 PLC点对点通信　（b）HMI及S7-200 PLC点对点通信

图 5-26 复杂的 PPI 网络

三、网络读和网络写指令

S7-200 系列 CPU 上集成的编程口就是 PPI 通信联网接口，利用 PPI 通信协议进行通信非常简单方便，只用 NetR 和 NetW 两条语句，即可进行数据信号的传递，不用额外再配置模块或软件。

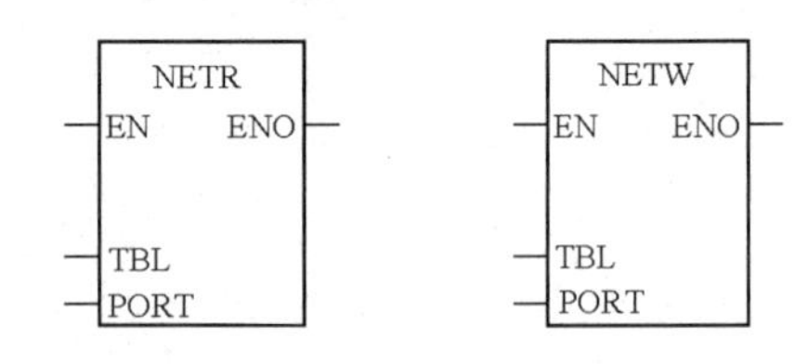

图 5-27　网络读/写指令格式

网络读/写（NetR/NetW）指令格式如图 5-27 所示。

TBL：缓冲区首址，操作数为字节。

PORT：操作端口，CPU 226 为 0 或 1，其他只能为 0。

网络读 NetR 指令通过端口（PORT）接收远程设备的数据并保存表（TBL）中，可从远方站点最多读取 16 字节的信息。

网络写 NetW 指令通过端口（PORT）向远程设备写入表（TBL）中的数据，可向远方站点最多写入 16 字节的信息。

在程序中可以有任意多 NetR/NetW 指令，但在任意时刻最多只能有 8 个 NetR 及 NetW 指令有效。TBL 表中的参数定义见表 5-7。

表 5-7　TBL 表的参数定义

字节 0	D	A	E	0	错误码
字节 1	远程站点的地址：被访问的 PLC 地址				
字节 2	指向远程站点的数据指针（双字）：指向远程 PLC 存储区中的数据的间接指针				
字节 3					
字节 4					
字节 5					
字节 6	数据长度（1～16 字节）：远程站点被访问的字节数				
字节 7	数据字节 0	接收或发送数据区：保存数据的 1～16 个字节，其长度在“数据长度”字节中定义。对于 NetR 指令，此数据区是执行 NetR 后存放从远程站点读取的数据区。对于 NetW 指令，此数据区是执行 NetW 前发送给远程站点的数据存储区			
字节 8	数据字节 1				
⋮	⋮				
字节 122	数据字节 15				

表中字节 0 的各部分意义如下。

D：操作已完成。0=未完成，1=功能完成。

A：激活（操作已排队）。0=未激活，1=激活。

E：错误。0=无错误，1=有错误。

错误码：4 位错误码说明如下。

0——无错误。

1——超时错误。远程站点无响应。

2——接收错误。有奇偶错误等。

3——离线错误。重复的站地址或无效的硬件引起冲突。

4——排队溢出错误。多于 8 条 NetR/NetW 指令被激活。

5——违反通信协议。没有在 SMB30 中允许 PPI，就试图使用 NetR/NetW 指令。

6——非法参数。

7——没有资源。远程站点忙（正在进行上载或下载）。

8——第七层错误。违反应用协议。

9——信息错误。错误的数据地址或错误的数据长度。

使用网络读写指令对另外的 S7-200 PLC 进行读写操作时，首先要将应用网络读写的 S7-200 PLC 定义为主站模式，即通信初始化。其中 SMB30 是 S7-200 PLC PORT0 通信口的控制字，SMB130 是 S7-200 PLC PORT1 通信口的控制字，SMB30 控制和设置通信端口 0，如果 PLC 主机上有通信端口 1，则用 SMB130 来进行控制和设置。SMB30 和 SMB130 的对应数据位功能相同，每位的含义如下：

P	P	D	B	B	B	M	M

（1）PP 位：奇偶校验选择位。

00 和 10 表示无奇偶校验，01 表示奇校验，11 表示偶校验。

（2）D 位：有效位数选择位。

0 表示每个字符有效数据位为 8 位，1 表示每个字符有效数据位为 7 位。

（3）BBB 位：自由口波特率选择位。

000 表示 38.4kbps，001 表示 19.2kbps，010 表示 9.6kbps，011 表示 4.8kbps，100 表示 2.4kbps，101 表示 1.2kbps，110 表示 600bps，111 表示 300bps。

（4）MM 位：协议选择位。

00 表示点到点接口 PPI 协议从站模式，01 表示自由口协议，10 表示点到点接口 PPI 协议主站模式，11 表示保留（默认设置为 PPI 从站模式）。

在 PPI 模式下，控制字节的 2～7 位是忽略掉的。

例 5-1　根据图 5-22 所示的通信系统网络配置图，试编程并利用网络读/网络写指令完成如下功能：甲机（主站 2）的 I0.0～I10.7 控制乙机（从站 3）的 Q0.0～Q0.7；乙机的 I0.0～I0.7 控制甲机的 Q0.0～Q0.7。

根据题意可知，甲机利用网络读指令读取乙机的 IB0 值后，将它写入本机的 QB0，甲机同时用网络写指令将自己的 IB0 的值写入乙机的 QB0，在本例中，乙机在通信中是被动的，它不需要通信程序。表 5-8 是甲机的网络读/网络写缓冲区内的地址的定义。图 5-28 是甲机的通信程序。

表 5-8　缓冲区各地址定义

字节意义	状态字节	远程站地址	远程站数据指针	读写的数据长度	数据字节
NetR 缓冲区	VB100	VB101	VD102	VB106	VB107
NetW 缓冲区	VB110	VB111	VD112	VB116	VB117

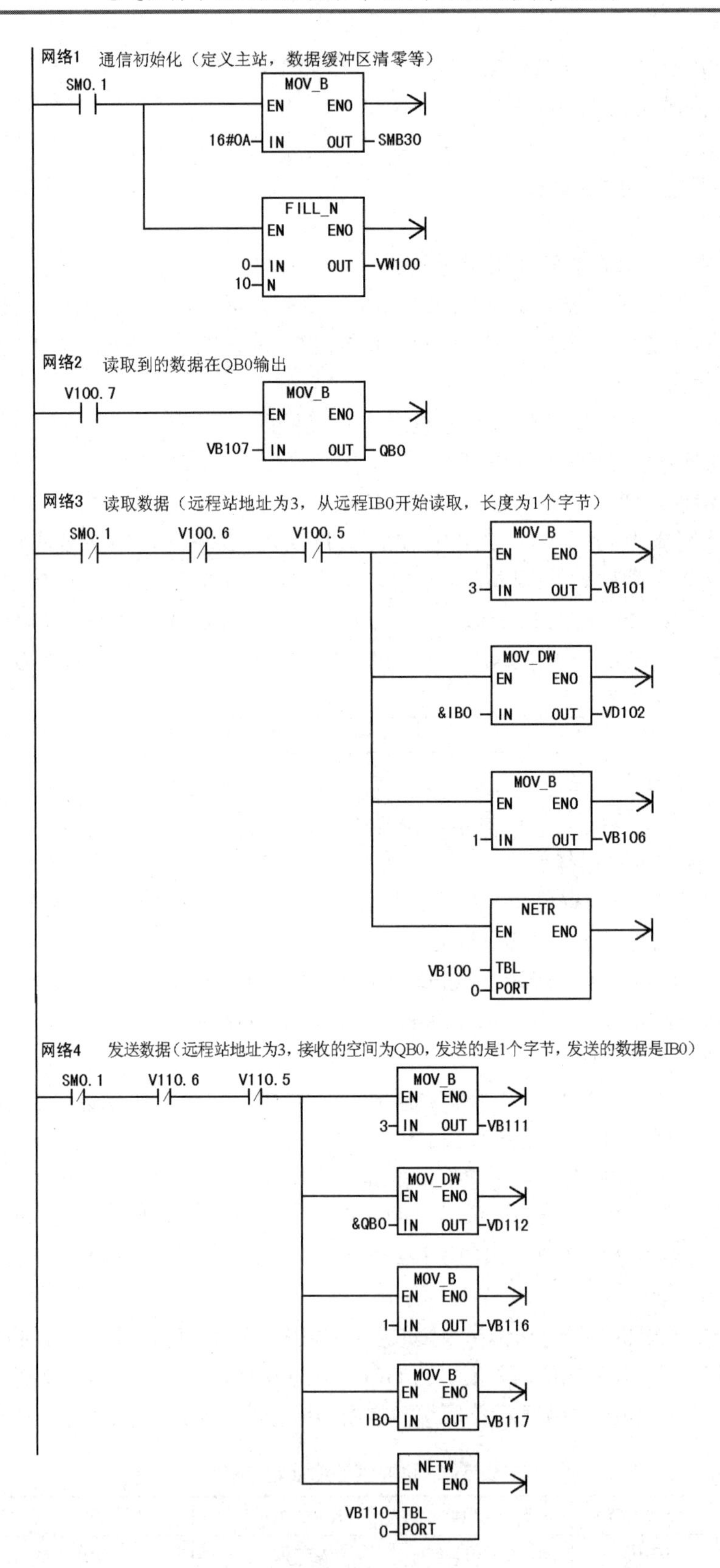
网络1 通信初始化（定义主站，数据缓冲区清零等）
SM0.1
MOV_B
EN ENO
16#0A IN OUT SMB30
FILL_N
EN ENO
0 IN OUT VW100
10 N
网络2 读取到的数据在QB0输出
V100.7
MOV_B
EN ENO
VB107 IN OUT QB0
网络3 读取数据（远程站地址为3，从远程IB0开始读取，长度为1个字节）
SM0.1 V100.6 V100.5
MOV_B
EN ENO
3 IN OUT VB101
MOV_DW
EN ENO
&IB0 IN OUT VD102
MOV_B
EN ENO
1 IN OUT VB106
NETR
EN ENO
VB100 TBL
0 PORT
网络4 发送数据（远程站地址为3，接收的空间为QB0，发送的是1个字节，发送的数据是IB0）
SM0.1 V110.6 V110.5
MOV_B
EN ENO
3 IN OUT VB111
MOV_DW
EN ENO
&QB0 IN OUT VD112
MOV_B
EN ENO
1 IN OUT VB116
MOV_B
EN ENO
IB0 IN OUT VB117
NETW
EN ENO
VB110 TBL
0 PORT

图 5-28　甲机通信程序

【实施步骤】

1. PLC 端口参数的设置

参照项目 5.2 对 PLC 通信参数的设置，用 USB/PPI 编程电缆单独连接一台 S7-200 PLC 后，在导航栏中单击系统块图标，或者在菜单中选择“视图”→“组件”→“系统块”命令，设置端口 0 为 2 号站，波特率为 9.6kbps，如图 5-29 所示，并把系统块下载到 CPU 中；用同样的方法设置另一台端口 0 为 3 号站，波特率为 9.6kbps。

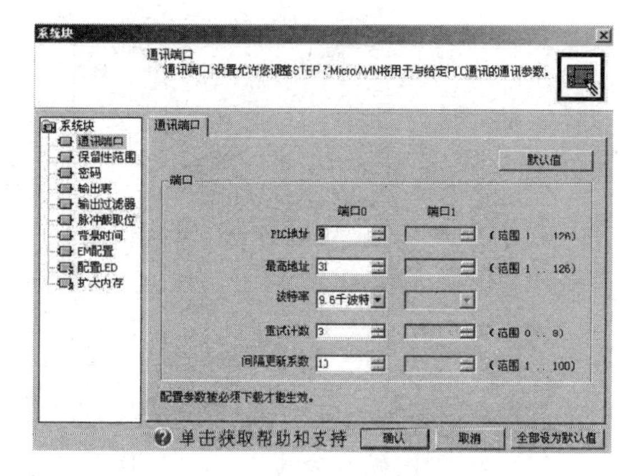

图 5-29　PLC 端口参数设置对话框

2. 通信的连接

根据通信网络系统配置图（图 5-22），利用 USB/PPI 电缆、网络电缆把计算机的 COM1 端口和两台 PLC 的端口 0 连接，如图 5-30 所示，两台 S7-200 PLC 都通过 PORT0 口互相进行 PPI 通信，其中计算机已经装有编程通信软件 STEP 7-Micro/WIN，两台 S7-200 PLC 已按第 1 步设置好端口参数。网络电缆两端带网络连接器，一个为标准网络连接器，另一个为带编程接口网络连接器。

连接完毕以后，计算机便可以通过编程软件和 PLC 进行在线联系了（具体方法可参考项目 5.2），如图 5-31 所示，可把程序下载到具体某台 PLC 上。

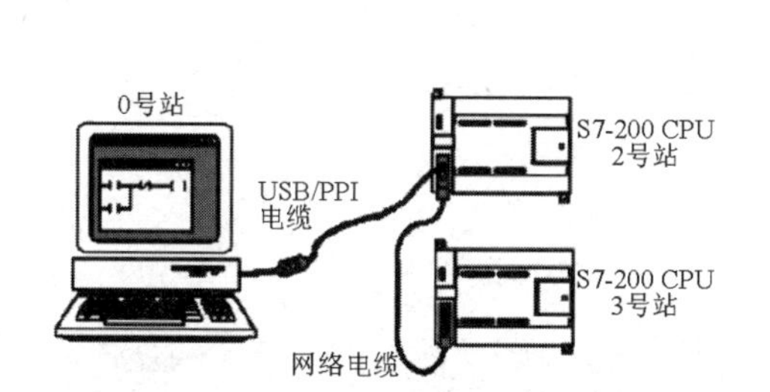

图 5-30　PLC 与 PLC 通信连接方法

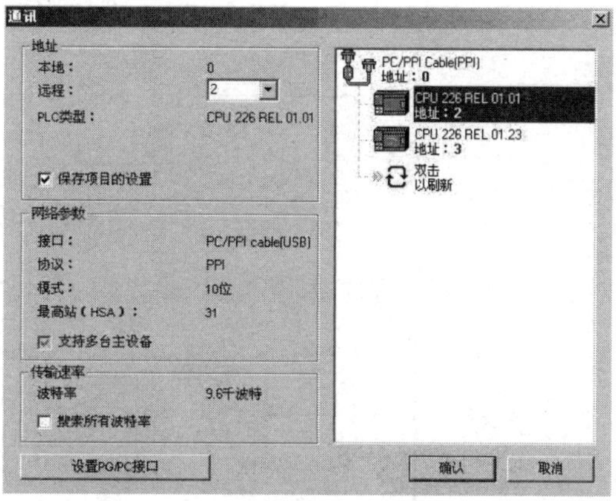

图 5-31　PPI 网络上的 S7-200 站

3. 程序的编制

缓冲区内地址的定义见表 5-9。

表 5-9　本程序甲机的网络读/网络写缓冲区内地址的定义

字节意义	状态字节	远程站地址	远程站数据指针	读写的数据长度	数据字节
NetR 缓冲区	VB100	VB101	VD102	VB106	VB107
NetW 缓冲区	VB110	VB111	VD112	VB116	VB117

（1）甲机主站程序如图 5-32 所示。

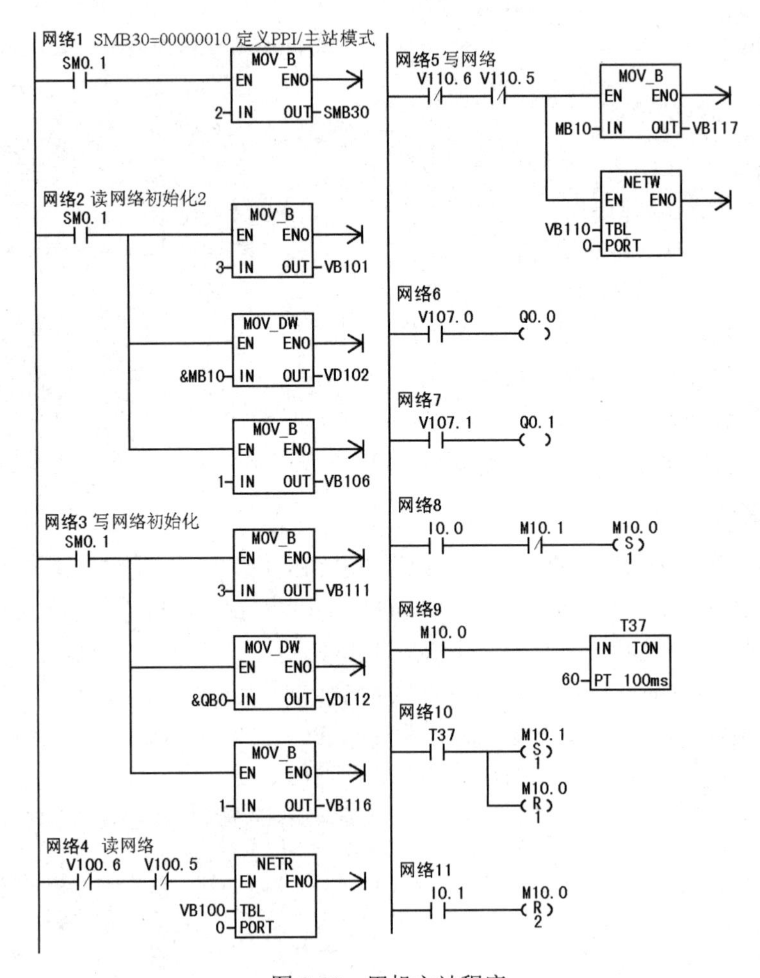

图5-32　甲机主站程序

（2）乙机从站程序如图5-33所示。

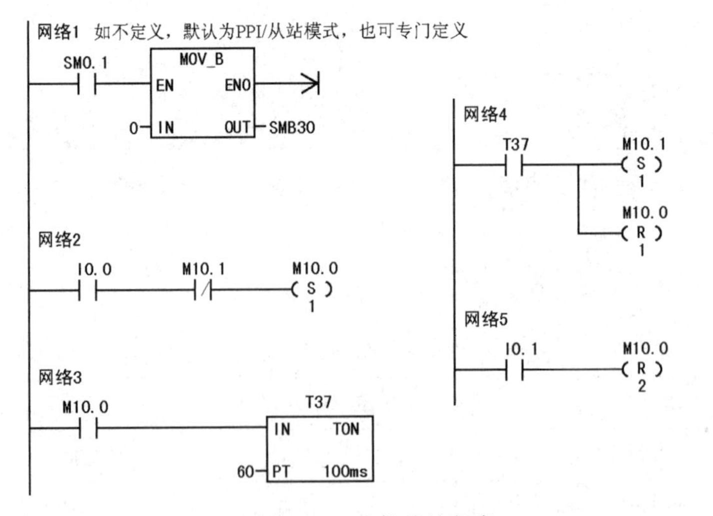

图5-33　乙机从站程序

4．编译，下载到各自对应的 PLC，运行

对程序进行编译，无误后下载到各自对应的 PLC 并运行。

思考：（1）如果 I/O 分配见表 5-10，上面的程序该怎么修改？

（2）如果有三台 PLC，分别为甲机（主站 2）、乙机（从站 3）、丙机（从站 4），通过 PORT0 端口通信，乙机和丙机相互控制，控制功能 I/O 分配见表 5-11，实施步骤有哪些？程序该怎么编写？

表 5-10　I/O 分配表

甲机（主站，2 号站）	乙机（从站，3 号站）
I0.0　启动乙机电动机	I0.2　启动甲机电动机
I0.1　停止乙机电动机	I0.3　停止甲机电动机
Q0.4 星形	Q0.6 星形
Q0.5 三角形	Q0.7 三角形

表 5-11　I/O 分配表

乙机（从站，3 号站）	丙机（从站，4 号站）
I0.0　启动乙机电动机	I0.2 启动甲机电动机
I0. 1　停止乙机电动机	I0.3　停止甲机电动机
Q0.4 星形	Q0.6 星形
Q0.5 三角形	Q0.7 三角形

提示：PPI 通信程序由甲机完成。

项目 5.4　PLC 与 PLC 之间的自由口通信

【项目目标】

（1）了解自由口通信协议。

（2）了解发送/接收指令的功能。

（3）能使用发送/接收指令实现自由口通信。

【项目分析】

实现两台 S7-200 PLC 通过 PORT0 口互相进行自由口通信，分别定义为 2 号站和 3 号站，如图 5-34 所示是通信系统的网络配置图，其中 PC 为 0 号站，2 号站为甲机，3 号站为乙机。在控制功能上实现甲机的 I0.0 控制乙机的电动机的星形—三角形启动，要求其间延时 6s，甲机 I0.1 停止乙机的电动机转动；乙机的 I0.0 控制甲机的电动机的星形—三角形启动，要求其间延时 6s，乙机 I0.1 停止甲机的电动机转动。甲机和乙机的 I/O 分配见表 5-12。

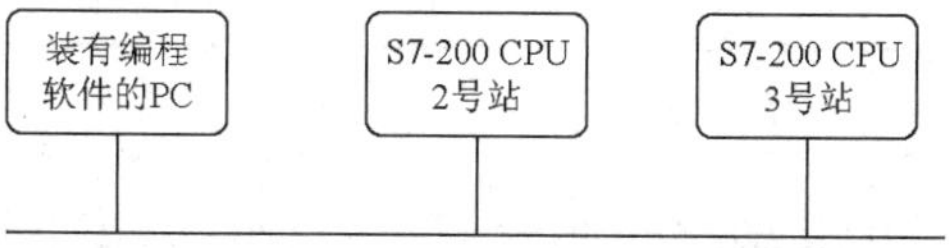

装有编程软件的PC　S7-200 CPU 2号站　S7-200 CPU 3号站

图 5-34　S7-200 CPU 之间的自由口通信网络

表 5-12　甲机与丙机的 I/O 分配表

甲机（2 号站）	乙机（3 号站）
I0.0　启动乙机电动机	I0.2　启动甲机电动机
I0.1　停止乙机电动机	I0.3　停止甲机电动机
Q0.2 星形	Q0.0 星形
Q0.3 三角形	Q0.1 三角形

【相关知识】

一、自由口通信基本概念

S7-200 系列 PLC 的串行通信可以由用户程序来控制，这种由用户程序控制的通信方式称为自由端口通信模式。自由口通信模式为 S7-200/300 系列 PLC 的特殊通信模式。在这种模式下，用户可以自定义通信协议（在用户程序中选择通信协议，设定波特率、校验方式、字符的有效数据位），通过建立通信中断事件，使用通信指令，控制 PLC 的串行通信口与其他具有 RS-232 串行接口的设备进行通信，如打印机、条形码阅读器、变频器、调制解调器等。也可用于两个 CPU 间简单的数据交换，例如 ASCII 码字符，用户可通过编程来编制通信协议。自由口模式通信是指用户程序在自定义的协议下，通过端口 0 控制 PLC 主机与其他的带编程口的智能设备进行通信。

在 S7-200 中，只有当主机处于 RUN 工作方式时（此时特殊继电器 SM7.0 为 1），才允许自由口通信模式，此时用户可以用接收中断、发送中断和相关的通信指令编写程序来控制通信口的运行。如果选择了自由口通信模式，S7-200 便失去了 PPI 通信功能，此时不能与编程设备通信，如使用计算机对程序状态监视或对 CPU 进行操作。当主机处于 STOP 方式时，自由口通信被禁止，通信口自动切换到正常的 PPI 协议运行。

二、自由口通信初始化与控制字节

对 S7-200 PLC 的初始化是对特殊标志位 SMB30（端口 0）、SMB130（端口 1）写入通信控制字，设置通信的波特率、奇偶校验位、停止位和字符长度。显然，这些设定必须与 PC 的设定相一致。通过向 SMB30 或 SMB130 的协议位分别置 1，可以使通信端口设置为自由口模式。同时也可以用 SM0.7 来控制自由口模式的进入，当 SM0.7 为 1 时，方式开关置 RUN，此时可选择自由口模式；当 SM0.7 为 0 时，方式开关置 TERM，此时应选 PC/PPI 协议模式。

SM30 和 SM130 具体数据位的功能含义和项目 5.3 中介绍的相同，为了便于快速设置控制字节 SMB30 和 SMB130，可以参照表 5-13 给出的控制字节值。

表 5-13　控制字节值

波特率		38.4 kbps	19.2 kbps	9.6 kbps	4.8 kbps	2.4 kbps	1.2 kbps	600 bps	300 bps
8字符	无校验	01H	05H	09 H	0D H	11H	15H	19H	1DH
	奇校验	41H	45H	49H	4DH	51H	55H	59H	5DH
	偶校验	C1H	C5H	C9H	CDH	D1H	D5H	D9H	DDH
7字符	无校验	21H	25H	29H	2DH	31H	35H	39H	3DH
	奇校验	61H	65H	69H	6DH	71H	75H	79H	7DH
	偶校验	E1H	E5H	E9H	EDH	F1H	F5H	F9H	FDH

三、相关特殊存储器字节

接收信息时用到一系列特殊功能存储器。端口 0 用 SMB86 和 SMB94，端口 1 用 SMB186 和 SMB194。各字节的功能描述见表 5-14。

表 5-14　特殊功能寄存器

端口 0	端口 1	说明
SMB86	SMB186	接收信息状态字节
SMB87	SMB187	接收信息控制字节
SMB88	SMB188	信息字符的开始
SMB89	SMB189	信息的终止符
SMB90	SMB190	信息间的空闲时间设定，空闲后收到的第一个字符是新信息的首字符
SMB92	SMB192	信息内定时器设定，超过这一时间则终止接收信息
SMB94	SMB194	一条信息要接收的最大字符数（0～255）

1．接收信息状态字节

状态字节 SMB86 和 SMB186 的位数据含义如下：

N	R	E	0	0	T	C	P

N=1 表示用户通过禁止命令结束接收信息操作。

R=1 表示因输入参数错误或缺少起始结束条件引起的接收信息结束。

E=1 表示接收到结束字符。

T=1 表示超时，接收信息结束。

C=1 表示字符数超长，接收信息结束。

P=1 表示奇偶校验错误，接收信息结束。

2．接收信息控制字节

接收信息控制字节 SMB87 和 SMB187 主要用于定义和识别信息的判据，各数据位的含义如下：

EN	SC	EC	IL	C/M	TMR	BK	0

EN 表示接收允许。EN=0，禁止接收信息；EN=1，允许接收信息。

SC 表示是否使用 SMB88 或 SMB188 的值检测起始信息。SC=0，忽略；SC=1，使用。

EC 表示是否使用 SMB89 或 SMB189 的值检测结束信息。EC=0，忽略；EC =1，使用。

IL 表示是否使用 SMB90 或 SMB190 的值检测空闲信息。IL=0，忽略；IL =1，使用。

C/M 表示定时器定时性质。C/M=0，内部字符定时器；C/M=1，信息定时器。

TMR 表示是否使用 SMB92 或 SMB192 的值终止接收。TMR=0，忽略；TMR =1，使用。

BK 表示是否使用中断条件来检测起始信息。BK=0，忽略；BK =1，使用。

通过对接收控制字节各个位的设置，可以实现多种形式的自由口接收通信。

四、自由口发送/接收指令

自由口发送/接收指令格式见表 5-15。

表 5-15　自由口发送/接收指令格式

LAD	STL	功 能 描 述
XMT EN　ENO ????-TBL ????-PORT	XMT TABLE，PORT	发送指令 XMT，输入使能端有效时，激活发送的数据缓冲区（TABLE）中的数据。通过通信端口 PORT 将缓冲区的数据发送出去
RCV EN　ENO ????-TBL ????-PORT	RCV TABLE，PORT	接收指令 RCV，输入使能端有效时，激活初始化或结束接收信息服务。通过指定端口（PORT）接收从远程设备上传来的数据，并放到缓冲区（TABLE）

自由口发送接收指令说明如下。

（1）XMT、RCV 指令只有 CPU 处于 RUN 模式时，才允许进行自由口通信。

（2）TBL 指定接收/发送数据缓冲区的首地址。可寻址的寄存器地址为 VB、IB、QB、MB、SMB、*VD、*AC、SB；PORT 指定通信端口，可取 0 或 1。

（3）TBL 数据缓冲区中的第一个字节用于设定要发送/接收的字节数，从第二个数据开始是要发送/接收的内容。缓冲区的大小在 255 个字符以内。

（4）XMT 指令可以发送一个或多个字符，最多有 255 个字符缓冲区，数据格式如图 5-35 所示。通过向 SMB30（端口 0）或 SMB130（端口 1）的协议选择区置 1，可以允许自由口模式。当处于自由口模式时，不能与可编程设备通信。当 CPU 处于 STOP 模式时，自由口模式被禁止。通信端口恢复正常 PPI 模式，此时可以与可编程设备通信。

如果一个中断服务程序连接到发送结束事件上，在发完缓冲区中的最后一个字符时，则会产生一个中断（对端口 0 为中断事件 9，对端口 1 为中断事件 26）。当然也可以不用中断来判断发送指令（如向打印机发送信息）是否完成，而是通过监视 SM4.5 或 SM4.6 的状态，以此来判断发送是否完成。SM4.5 为特殊继电器，当通信口 0 发送空闲时，将该位置 1；SM4.6 也为特殊继电器，当通信口 1 发送空闲时，将该位置 1。

（5）RCV 指令可以接收一个或多个字符，最多有 255 个字符，数据格式如图 5-35 所示。在接收任务完成后产生中断事件 23（对端口 0）或中断事件 24（对端口 1）。如果有一个中断服务程序连接到接收完事件上，则可实现对应的操作。当然也可以不使用中断，而是通过监视 SMB86 或 SMB186 状态的变化，进行接收信息状态的判断。当接收指令没有被激活或接收已经结束时，SMB86 或 SMB186 为 1；当正在接收时，它们为 0。

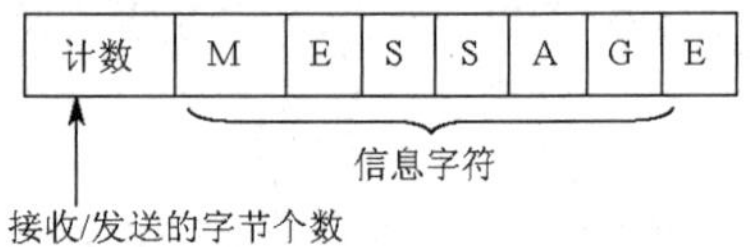

图 5-35　XMT/RCV 缓冲区格式

使用结束指令时，允许用户选择信息接收开始和信息结束的条件。应该注意的是，当接收信息缓冲区超界或奇偶校验错误时，接收信息功能会自动终止。所以必须为接收信息功能操作定义一个启动条件和一个结束条件。接收指令支持的启动条件有：空闲线检测、起始字符检测、断点检测、断点和起始字符检测及任意字符检测。支持的结束信息的方式有：结束字符检测、信息定时器、最大字符记数、校验错误、用户结束或以上几种方式的组合。

例 5-2　自由口发送/接收交换指令举例。

控制要求：在自由口通信模式下，实现一台本地 PLC（CPU224）与一台远程 PLC（CPU 224）之间的数据通信。本地 PLC 接收远程 PLC 的 20 字节数据，接收完成后，信息再发回对方。

硬件要求：两台 CPU224；网络连接器两个，其中一个带编程接口；网络线两根（其中一根为 RS-232/PPI 电缆）。

参数设置：CPU224 通信口设置为自由口通信模式。波特率为 9600，无奇偶校验，每字符 8 位。接受和发送用一个数据缓冲区，首地址为 VB100。

程序：主程序如图 5-36 所示。实现的功能是初始化通信口为自由口模式，建立数据缓冲区，建立中断联系，并允许全局中断。

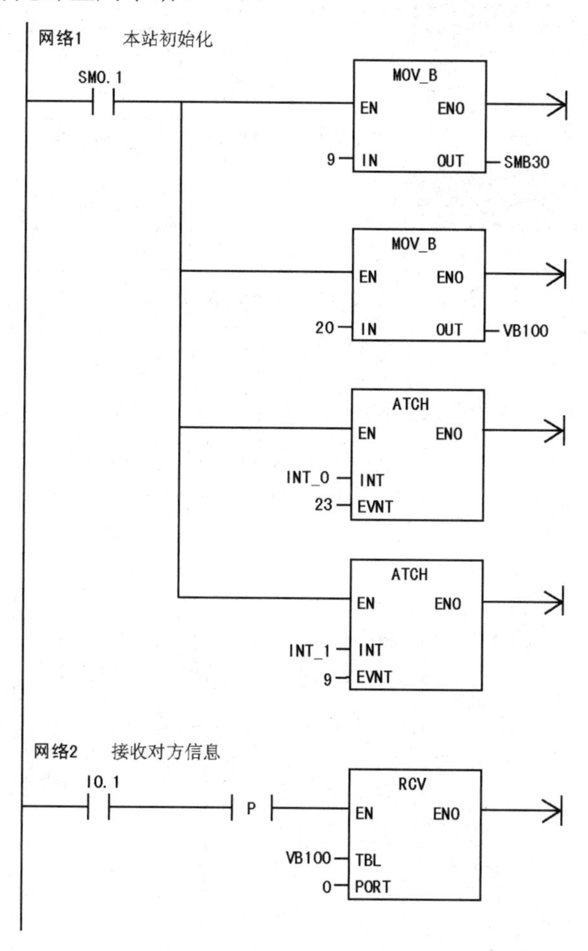

图 5-36 自由口通信主程序

中断程序 INT_0，当接收完成后，启动发送命令，将信息再发回对方，其梯形图如图 5-37 所示。中断程序 INT_1，当发送对方的信息结束时，显示任务完成，通信结束，其梯形图如图 5-38 所示。

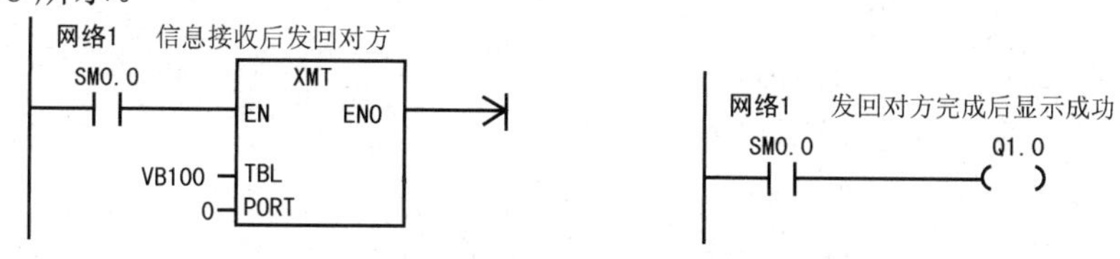

图 5-37 自由口通信中断程序 INT-0

图 5-38 自由口通信中断程序 INT-1

【实施步骤】

1. PLC 端口参数的设置及通信的连接

具体方法仿照项目 5.3，连接示意图如图 5-39 所示。

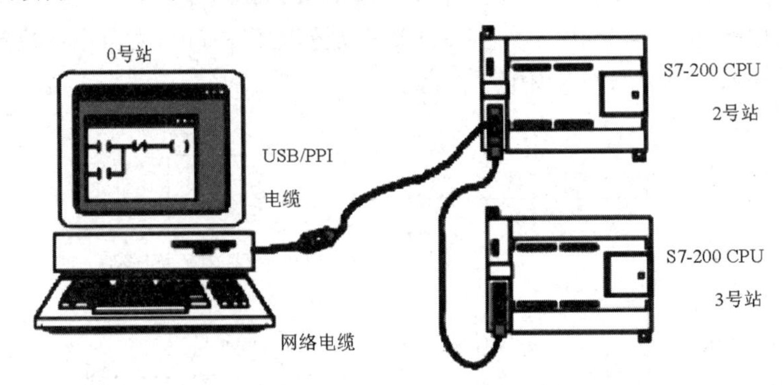

图 5-39　PLC 自由口通信连接示意图

2. 程序的编制

发送/接收数据缓冲区的分配见表 5-16，甲机程序如图 5-40～图 5-45 所示。

表 5-16　发送/接收数据缓冲区的分配表

甲机（2 号站）			乙机（3 号站）		
	地址	含义		地址	含义
发送区	VB100	发送字节数（含结束符）	发送区	VB100	发送字节数（含结束符）
	VB101	发送的数据		VB101	发送的数据
	VB102	结束符		VB102	结束符
接收区	VB200	接收到的字符数	接收区	VB200	接收到的字符数
	VB201	接收到的数据		VB201	接收到的数据
	VB202	结束字符		VB202	结束字符

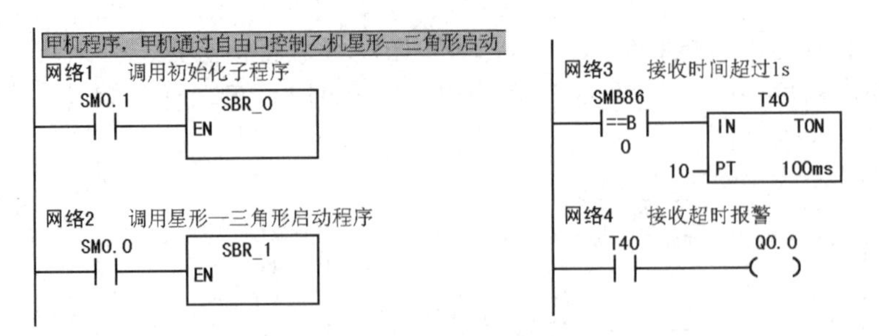

图 5-40　主程序梯形图

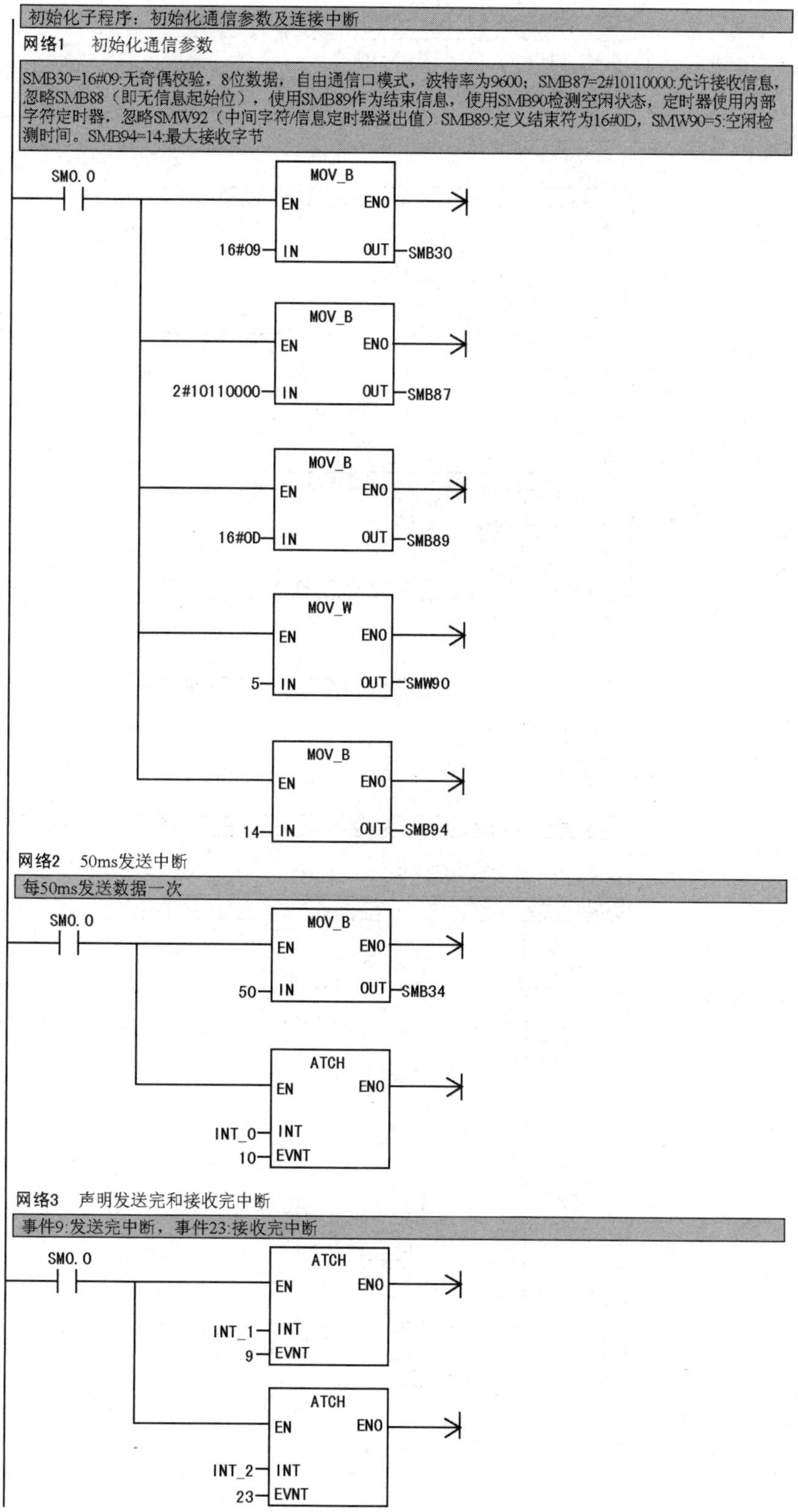

初始化子程序：初始化通信参数及连接中断

网络1　初始化通信参数

SMB30=16#09:无奇偶校验，8位数据，自由通信口模式，波特率为9600；SMB87=2#10110000:允许接收信息，忽略SMB88（即无信息起始位），使用SMB89作为结束信息，使用SMB90检测空闲状态，定时器使用内部字符定时器，忽略SMW92（中间字符/信息定时器溢出值）SMB89:定义结束符为16#0D，SMW90=5:空闲检测时间。SMB94=14:最大接收字节

SM0.0
MOV_B EN ENO 16#09-IN OUT-SMB30
MOV_B EN ENO 2#10110000-IN OUT-SMB87
MOV_B EN ENO 16#0D-IN OUT-SMB89
MOV_W EN ENO 5-IN OUT-SMW90
MOV_B EN ENO 14-IN OUT-SMB94

网络2　50ms发送中断

每50ms发送数据一次

SM0.0
MOV_B EN ENO 50-IN OUT-SMB34
ATCH EN ENO INT_0-INT 10-EVNT

网络3　声明发送完和接收完中断

事件9:发送完中断，事件23:接收完中断

SM0.0
ATCH EN ENO INT_1-INT 9-EVNT
ATCH EN ENO INT_2-INT 23-EVNT

图 5-41　初始化子程序 SBR_0

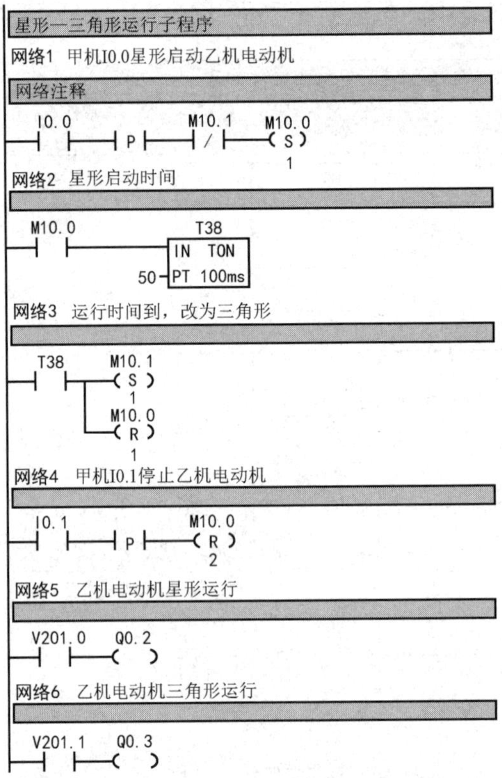

星形—三角形运行子程序

网络1　甲机I0.0星形启动乙机电动机

网络注释

I0.0　P　M10.1 /　M10.0 (S) 1

网络2　星形启动时间

M10.0　T38 IN TON　50-PT 100ms

网络3　运行时间到，改为三角形

T38　M10.1 (S) 1　M10.0 (R) 1

网络4　甲机I0.1停止乙机电动机

I0.1　P　M10.0 (R) 2

网络5　乙机电动机星形运行

V201.0　Q0.2 ( )

网络6　乙机电动机三角形运行

V201.1　Q0.3 ( )

图 5-42　乙机星形—三角形运行子程序 SBR_1

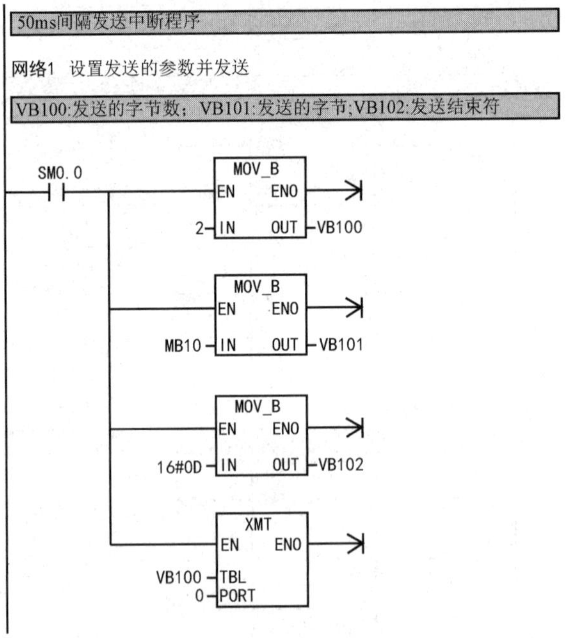

50ms间隔发送中断程序

网络1　设置发送的参数并发送

VB100:发送的字节数；VB101:发送的字节;VB102:发送结束符

SM0.0

MOV_B　EN ENO　2-IN OUT-VB100

MOV_B　EN ENO　MB10-IN OUT-VB101

MOV_B　EN ENO　16#0D-IN OUT-VB102

XMT　EN ENO　VB100-TBL　0-PORT

图 5-43　中断程序 INT_0

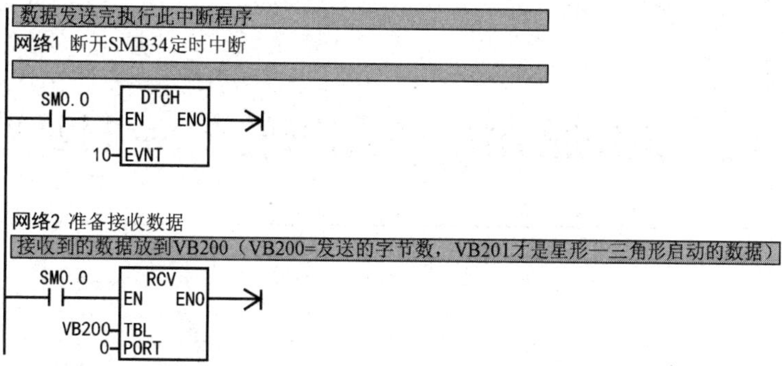

数据发送完执行此中断程序

网络1 断开SMB34定时中断

SM0.0　DTCH　EN　ENO　10　EVNT

网络2 准备接收数据

接收到的数据放到VB200（VB200=发送的字节数，VB201才是星形—三角形启动的数据）

SM0.0　RCV　EN　ENO　VB200　TBL　0　PORT

图 5-44　中断程序 INT_1

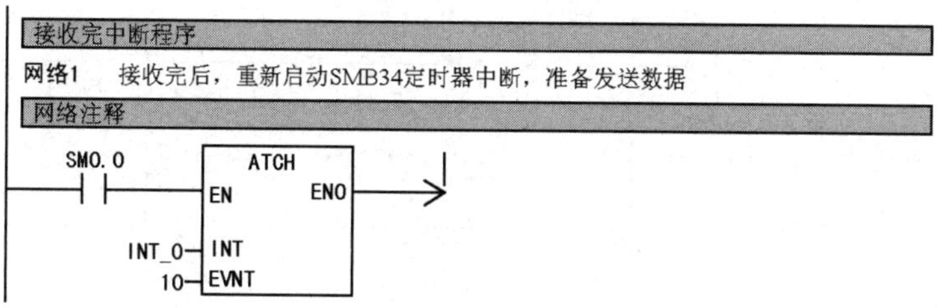

接收完中断程序

网络1　接收完后，重新启动SMB34定时器中断，准备发送数据

网络注释

SM0.0　ATCH　EN　ENO　INT_0　INT　10　EVNT

图 5-45　中断程序 INT_2

最后编译程序，下载并运行。

思考：仿照甲机程序，编制出乙机的程序。

【思考题与习题】

1．通信的传输速率是指什么？

2．RS-232C 的缺点表现在哪些方面？

3．网络连接器的作用是什么？分为哪些种类？

4．通信主站和从站分别有什么含义？

5．PLC 与计算机的编程通信参数的设置步骤有哪些？

6．PLC 与计算机无法建立编程通信，可能的原因有哪些？

7．PPI 通信协议是什么？用什么指令可完成 PPI 通信？

8．试举例画出多主站 PPI 网络连接示意图。

9．什么是自由口协议？

10．SMB30 和 SMB130 分别有什么作用？并说出其中各位的功能。

本单元我们设置了自测题，可以扫描边上的二维码进行自测。

第五单元　自测题

附录 A　部分常用电气图形符号新旧对照表

<table>
<tr><th colspan="2" rowspan="2">名　称</th><th rowspan="2">图形符号</th><th colspan="2">文字符号</th></tr>
<tr><th>新国标</th><th>旧国标</th></tr>
<tr><td colspan="2">刀开关</td><td> </td><td>QB</td><td>Q</td></tr>
<tr><td colspan="2">低压断路器</td><td> 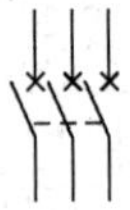</td><td>QA</td><td>QF</td></tr>
<tr><td colspan="2">熔断器</td><td> </td><td>FA</td><td>FU</td></tr>
<tr><td rowspan="3">按钮</td><td>启动</td><td> 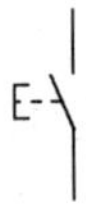</td><td rowspan="3">SF</td><td rowspan="3">SB</td></tr>
<tr><td>停止</td><td> </td></tr>
<tr><td>复合</td><td> </td></tr>
<tr><td rowspan="3">位置
开关</td><td>常开
触头</td><td> </td><td rowspan="3">BG</td><td rowspan="3">SQ</td></tr>
<tr><td>常闭
触头</td><td> </td></tr>
<tr><td>复合
触头</td><td> 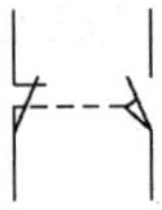</td></tr>
<tr><td>接触器</td><td>线圈</td><td> 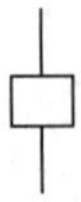</td><td>QA</td><td>KM</td></tr>
</table>

续表

名　称		图形符号	文字符号	
			新国标	旧国标
	主触头			
	常开辅助触头			
	常闭辅助触头			
时间继电器	通电延时线圈	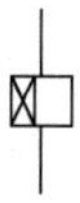	KF	KT
	断电延时线圈	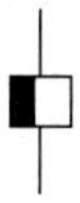		
	通电延时闭合常开触头			
	通电延时断开常闭触头			
	断电延时闭合常闭触头			
	断电延时断开常开触头			
电磁式继电器	过电压继电器线圈	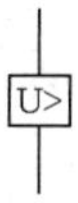 U>	KF	KV、KI、KA等
	欠电压继电器线圈	 U<		
	过电流继电器线圈	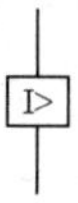 I>		

续表

名称		图形符号	文字符号	
			新国标	旧国标
	欠电流继电器线圈			
	中间继电器线圈			
	常开触头			
	常闭触头			
速度继电器	常开触头		BS	KS
	常闭触头			
热继电器	热元件		BB	FR
	常闭触头			
信号灯元件	照明灯		EA	EL
	信号灯		PG	HL
	电铃		PB	HA
	蜂鸣器			HZ
指示仪表	电压表		PG	PV
	检流计			PA

附录 B　斯沃电气项目仿真使用方法

打开斯沃数控机床仿真软件，其主界面如图 B-1 所示。

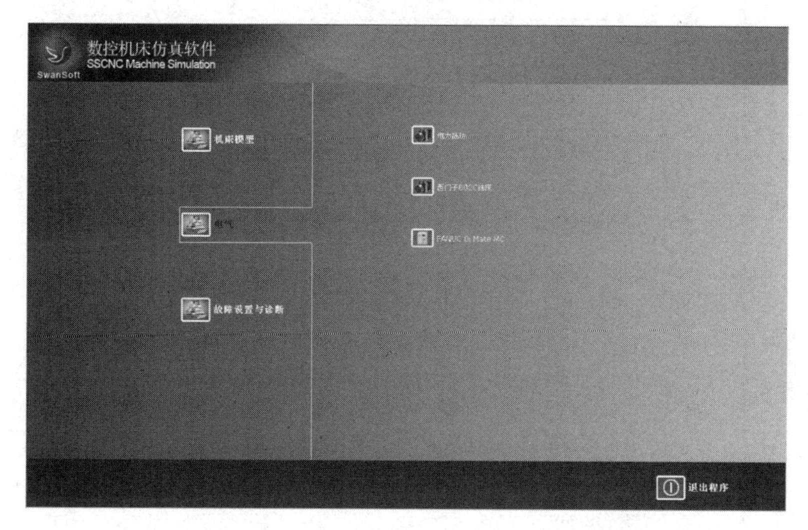

图 B-1　斯沃数控机床仿真软件主界面

将鼠标指针放置到左则模块上，在右侧项目栏单击，进入普通电气实验界面，如图 B-2 所示。用户可以在此界面中进行普通电气的连接和仿真。

图 B-2　斯沃普通电气仿真项目界面

斯沃电气仿真软件中还内置了一些常用电气实验，可以在电气仿真界面的常用电气仿真工具条中选取，从左到右分别是车床仿真、点动、点动自锁、星形—三角形降压启动、行程开关自动往复及正反转实验。在选择了实验项目后，软件还提供了相关的电路图和操作步骤，只要将指针移至图 B-2 界面的右边框，系统会自动弹出常用普通电气实验原理图及所需电气元件，如图 B-3 所示。

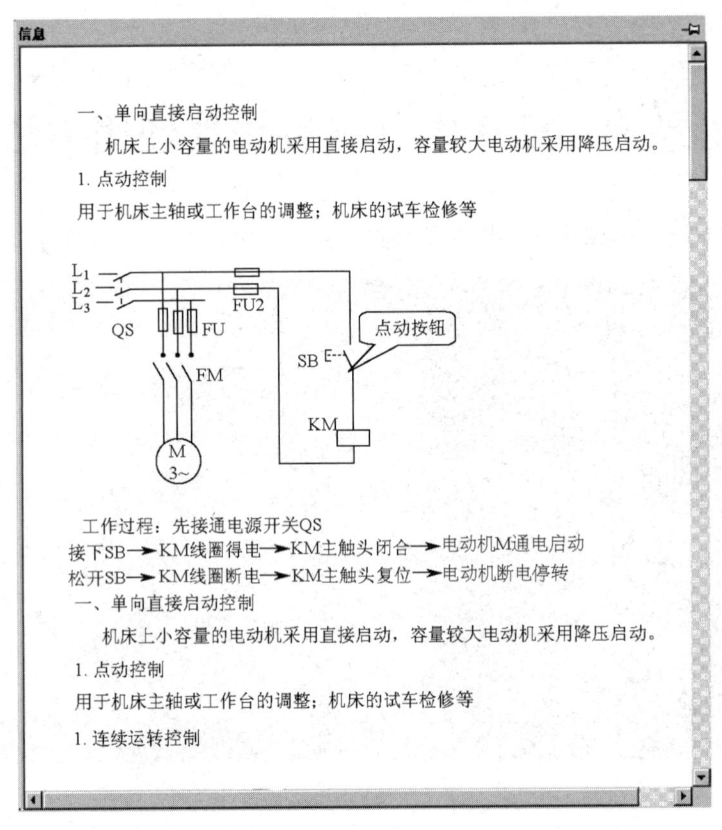

图 B-3　斯沃电气仿真项目提示

根据图 B-3 或者按自己的构思可以进行电气元件的选择。其方法是在图 B-2 所示工具栏中单击，会出现放置电气元件界面，如图 B-4 所示。可在电气元件放置界面内用鼠标选择合适的电气元件，这些电气元件就会出现在电气仿真项目的主界面上。

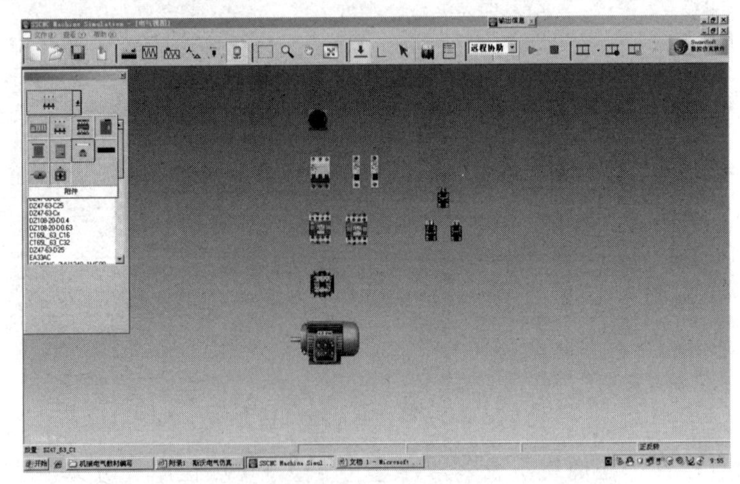

图 B-4　带有电气元件放置界面的电气仿真界面

此时可以进行电气接线，单击电气仿真主界面工具条中的，会出现接线界面，如图 B-5 所示，可以选择导线的大小和颜色，然后通过鼠标单击各电气元件上的接线点进行导线连接。各电气元件连接了导线后的界面如图 B-6 所示。

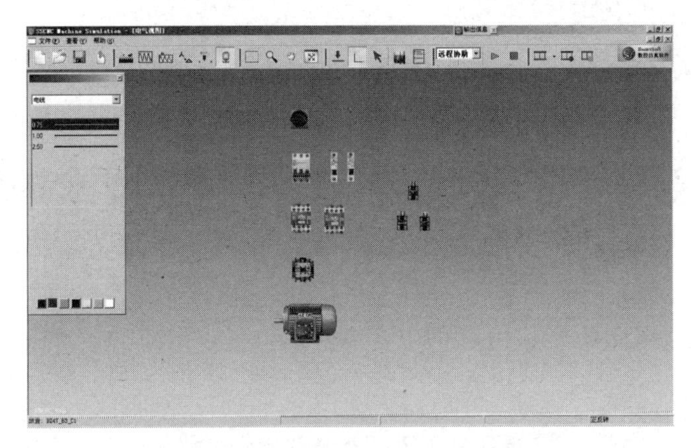

图 B-5　带有接线界面的电气仿真界面

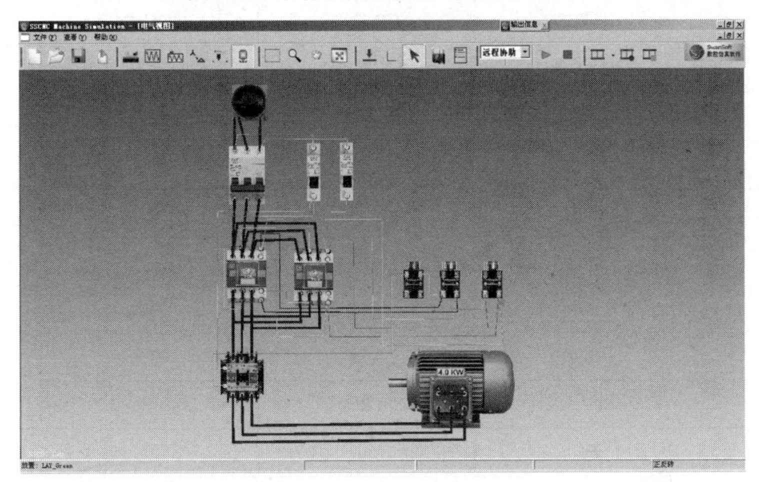

图 B-6　连接完导线的电气仿真界面

在完成了电路的设计和连接后，可以先单击仿真界面工具条中的，保存所设计的项目。然后，可以用鼠标打开总电源开关，合上空气开关，单击启动按钮进行电气仿真。如果电路设计正确，导线连接合理，电动机就可以按控制要求进行运动，如图 B-7 所示。

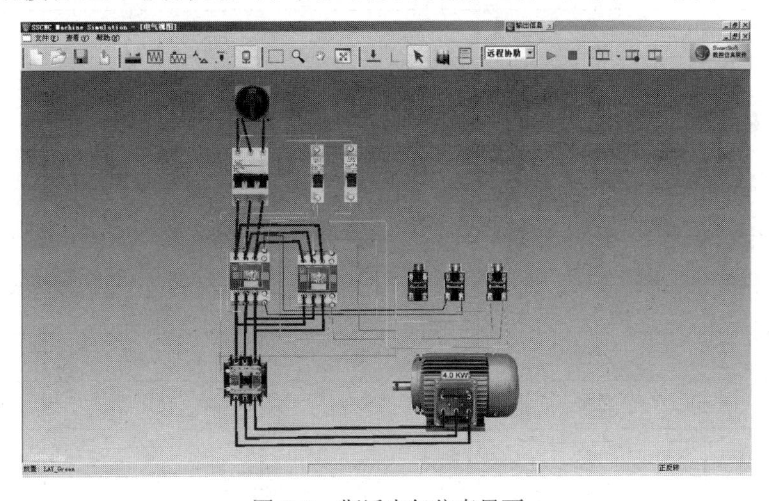

图 B-7　斯沃电气仿真界面

附录 C　S7-200 PLC 的主要技术规格

PLC 的技术性能指标是选用 PLC 的主要依据，S7-200 系列 PLC 的 CPU 主要技术指标见表 C-1。

表 C-1　CPU 22x 主要技术指标

特性	CPU221	CPU222	CPU224	CPU226
外形尺寸/mm	90×80×62	90×80×62	120.5×80×62	190×80×62
电源				
输入电压	20.4～28.8VDC / 85～264VAC（47～63Hz）			
24VDC 传感器电源容量	180mA	180mA	280mA	400mA
存储器				
程序 / 字	2048	2048	4096	4096
用户数据 / 字	1024	1024	2560	2560
用户存储器类型	EEPROM	EEPROM	EEPROM	EEPROM
数据后备典型值/ h	50	50	190	190
输入输出				
本机 I/O	6 入 / 4 出	8 入 / 6 出	14 入 / 10 出	24 入 / 16 出
扩展模块数量	无	2	7	7
数字量 I/O 映象区大小	256（128/128）	256（128/128）	256（128/128）	256（128/128）
模拟量 I/O 映象区大小	无	16 入 / 16 出	32 入 / 32 出	32 入 / 32 出
指令				
33MHz 下布尔指令执行速度	0.37μs/指令	0.37μs/指令	0.37μs/指令	0.37μs/指令
I/O 映象寄存器	128I 和 128Q	128I 和 128Q	128I 和 128Q	128I 和 128Q
内部继电器	256	256	256	256
计数器/定时器	256/256	256/256	256/256	256/256
字入/字出	无	16/16	32/32	32/32
顺序控制继电器	256	256	256	256
For/Next 循环	有	有	有	有
整数运算	有	有	有	有

续表

特性	CPU221	CPU222	CPU224	CPU226
实数运算	有	有	有	有
附加功能				
内置高速计数器	4H/W（20kHz）	4H/W（20kHz）	4H/W（20kHz）	4H/W（20kHz）
模拟量调节电位计	1	1	2	2
脉冲输出	2（20kHz，DC）	2（20kHz，DC）	2（20kHz，DC）	2（20kHz，DC）
通信中断	1发送器/2接收器	1发送器/2接收器	1发送器/2接收器	1发送器/2接收器
定时中断	2（1～255ms）	2（1～255ms）	2（1～255ms）	2（1～255ms）
硬件输入中断	4，输入滤波器	4，输入滤波器	4，输入滤波器	4，输入滤波器
实时时钟	有（时钟卡）	有（时钟卡）	有（内置）	有（内置）
口令保护	有	有	有	有
通信口				
通信口数量	1（RS-485）	1（RS-485）	1（RS-485）	2（RS-485）
支持协议 0号口	PPI、DP/T、自由口	PPI、DP/T、自由口	PPI、DP/T、自由口	PPI、DP/T、自由口
支持协议 1号口	N / A	N / A	N / A	N / A
PROFIBUS点到点	（NetR / NetW）	（NetR / NetW）	（NetR / NetW）	（NetR / NetW）

附录 D　S7-200 PLC 扩展模块的技术规格

分类	型号	I/O 规格	功能
数字量扩展模块	EM221	DI8×24VDC	8 路数字量 24VDC 输入
	EM222	DO8×24VDC	8 路数字量 24VDC 输出（固态 MOSFET）
		DO8×继电器	8 路数字量继电器输出
	EM223	DI4/DI4×24VDC	4 路数字量 24VDC 输入/输出（固态）
		DI4/DO4×24VDC 继电器	4 路数字量 24VDC 输入 4 路数字量继电器输出
		DI8/DO8×24VDC	8 路数字量 24VDC 输入/输出（固态）
		DI8/DO8×24VDC 继电器	8 路数字量 24VDC 输入 8 路数字量继电器输出
		DI16/DO16×24VDC	16 路数字量 24VDC 输入/输出（固态）
		DI16/DO16×24VDC 继电器	16 路数字量 24VDC 输入 16 路数字量继电器输出
模拟量扩展模块	EM231	AI4×12 位	4 路模拟输入、12 位 A/D 转换
		AI4×热电偶	4 路热电偶模拟输入
		AI4×RTD	4 路热电阻模拟输入
	EM232	AQ2×12 位	2 路模拟输出
	EM235	AI4/AQ1×12 位	4 模拟输入，1 模拟输出，12 位转换
通信模块	EM227	PROFIBUS-UP	将 S7-200 CPU 作为从站连接到网络
现场设备接口模块	CP243-2	CPU 22x 的 AS-I 主站	最大扩展 124DI/124DO

参考文献

[1] 王永华. 现代电气控制及PLC应用技术[M]. 2版. 北京：北京航空航天大学出版社，2008.
[2] SIMMENS公司. SIMATIC S7-200可编程序控制器系统手册. 2002.
[3] 上海驰盈机电自动化技术有限公司. 机电一体化教学实训演示系统操作说明. 2006.
[4] 吴志敏. 西门子PLC与变频器、触摸屏综合应用教程[M]. 北京：中国电力出版社，2009.
[5] 李全利. PLC运动控制技术应用设计与实践[M]. 北京：机械工业出版社，2009.
[6] 翟红程. 西门子S7-200 PLC应用教程[M]. 北京：机械工业出版社，2007.
[7] 杨后川. 西门子S7-200 PLC应用100[M]. 北京：电子工业出版社，2009.
[8] 张伟林. 电气控制与PLC综合应用技术[M]. 北京：人民邮电出版社，2009.
[9] 李道霖. 电气控制与PLC原理及应用[M]. 北京：电子工业出版社，2006.
[10] 胡晓林. 电气控制与PLC应用技术[M]. 北京：北京理工大学出版社，2010.
[11] 齐占庆. 机床电气控制技术[M]. 北京：机械工业出版社，2010.
[12] 冀建平. PLC原理与应用[M]. 北京：清华大学出版社，2010.
[13] 田效伍. 电气控制与PLC应用技术[M]. 北京：机械工业出版社，2009.